普通高等教育临床医学专业 5+3 "十四五" 规划教材

供临床医学、预防医学、口腔医学
医学影像学、医学检验学等专业用

有机化学

（第3版）

Organic Chemistry

主　审　周健民

主　编　杨丽珠　于姝燕

副主编　潘乔丹　王春华　陈大茴　王　敏

编　委　（以姓氏笔画为序）

于姝燕（内蒙古医科大学）

马明放（济宁医学院）

王　军（济宁医学院）

王　敏（内蒙古医科大学）

王春华（滨州医学院）

石　英（宁夏医科大学）

曲家乐（滨州医学院）

李　雪（内蒙古医科大学）

李仁豪（温州医科大学）

李航鹰（宁夏医科大学）

杨丽珠（温州医科大学）

况媛媛（内蒙古医科大学）

张大军（沈阳医学院）

陈大茴（温州医科大学）

陈瑞蛟（济宁医学院）

赵云洁（温州医科大学）

解增洋（济宁医学院）

潘乔丹（右江民族医学院）

江苏凤凰科学技术出版社 · 南京

凤凰医学
Phoenix MedPub

图书在版编目(CIP)数据

有机化学 / 杨丽珠，于姝燕主编. —3 版. —南京：
江苏凤凰科学技术出版社，2024.1
ISBN 978 - 7 - 5713 - 4063 - 6

Ⅰ. ①有… Ⅱ. ①杨… ②于… Ⅲ. ①有机化学-高
等学校-教材 Ⅳ. ①O62

中国国家版本馆 CIP 数据核字(2023)第 256870 号

有机化学

主 编	杨丽珠 于姝燕	
责 任 编 辑	徐祝平 钱新艳	
责 任 校 对	仲 敏	
责 任 监 制	刘文洋	
出 版 发 行	江苏凤凰科学技术出版社	
出版社地址	南京市湖南路 1 号 A 楼，邮编：210009	
出版社网址	http://www.pspress.cn	
排 版	南京紫藤制版印务中心	
印 刷	徐州绪权印刷有限公司	
开 本	890 mm×1 240 mm 1/16	
印 张	15.5	
字 数	400 000	
版 次	2013 年 6 月第 1 版 2024 年 1 月第 3 版	
印 次	2024 年 1 月第 13 次印刷	
标 准 书 号	ISBN 978 - 7 - 5713 - 4063 - 6	
定 价	65.90 元	

图书如有印装质量问题，可随时向我社印务部调换。

再版说明

"普通高等教育临床医学专业5+3系列教材"自2013年第1版出版至今走过了10年的历程,在这些年的使用实践中,得到了广大地方医学院校师生的普遍认可,对推进我国医学教育的健康发展、保证教学质量发挥了重要作用。这套教材紧扣教学目标,结合教学实际,深入浅出,结构合理,贴近临床,精编、精选、实用,老师好教,学生好学;尤其突出医学职业高等教育的特点,在不增加学生学习负担的前提下,注重临床应用,帮助医学生们顺利通过国家执业医师资格考试,为规培和考研做好衔接。

教材建设是精品课程建设的重要组成部分,是提高高等教育质量的重要措施。为贯彻落实《国务院办公厅关于加快医学教育创新发展的指导意见》(国办发〔2020〕34号)、《普通高等学校教材管理办法》(教材〔2019〕3号)、《普通高等学校本科专业类教学质量国家标准》和《高等学校课程思政建设指导纲要》等文件精神,提升教育水平和培养质量,推进新医科建设,凤凰出版传媒集团江苏凤凰科学技术出版社在总结汲取上一版教材成功经验的基础上,再次组织全国从事一线教学、科研、临床工作的专家、学者、教授们,对本套教材进行了全面修订,推出这套全新版"普通高等教育临床医学专业5+3'十四五'规划教材"。

其修订和编写特点如下:

1. 突出5+3临床医学专业教材特色。本套教材紧扣5+3临床医学专业的培养目标和专业认证标准,根据"四证"(本科毕业证、执业医师资格证、住院医师规范化培训证和硕士研究生毕业证)考核要求,紧密结合教、学、临床实践工作编写,由浅入深、知识全面、结构合理、系统完整。全套教材充分突出了5+3临床医学专业知识体系,渗透了5+3临床医学专业人文精神,注重体现素质教育和创新能力与实践能力的培养,反映了5+3临床医学专业教学核心思想和特点。

2. 体现教材的延续性。本套教材仍然坚持"三基"(基础理论、基本知识、基本技能)、"五性"(思想性、科学性、先进性、启发性、实用性)、"三特定"(特定的对象、特定的要求、特定的限制)的原则要求。同时强调内容的合理安排,深浅适宜,适应5+3本科教学的需求。部分教材还编写了配套的实验及学习指导用书。

3. 体现当代临床医学先进发展成果的开放性。本套教材汲取了国内外最新版本相关经典教材的新内容,借鉴了国际先进教材的优点,结合了我国现行临床实践的实际情况和要求,并加以创造性地利用,反映了当今医学科学发展的新成果。

4. 强调临床应用性。为加快专业学位教育与住院医师规范化培训的紧密衔接,教材加强了基础与临床的联系,深化学生对所学知识的理解,实现"早临床、多临床、反复临床"的理念。

5. 在教材修订工作中,全面贯彻党的二十大精神。将"立德树人"的关键要素贯彻教材编写全过程,围绕解决"培养什么人、怎样培养人、为谁培养人"这一根本问题展开修订。结合专业自身特点,本套教材内容有机融入医学人文等课程思政亮点,注重培养医学生救死扶伤的大爱情怀。

6. "纸""数"融合,实现教材立体化建设。为进一步适应"互联网+医学教育"发展趋势,丰富数字教学资源,部分教材根据教学实际需要制作了配套的数字内容,在相应知识点处设置二维码,学生通过手机终端扫描二维码即可自学和拓展知识面。

7. 兼顾教学内容的包容性。本套教材的编者来自全国几乎所有省份,教材的编写兼顾了不同类型学校和地区的教学要求,内容涵盖了执业医师资格考试的基本理论大纲的知识点,可供全国不同地区不同层次的学校使用。

本套教材的修订出版,得到了全国各地医学院校的大力支持,编委均来自各学科教学一线教师,具有丰富的临床、教学、科研和写作经验。相信本套教材的再版,必将继续对我国临床医学专业5+3教学改革和专业人才培养起着积极的推动作用。

前　言

　　《有机化学》教材自 2013 年第一版面世以来，被多所本科院校临床医学等专业选为基础教材，2017 年在浙江省被评为"十二五"高校优秀教材。为适应以学生为中心、以问题为导向的当代高等教育教学改革的要求，适应以"5＋3"临床医学教育为代表的应用型人才培养模式改革的需要，我们在前面两版的基础上，结合广大院校教师的建议，对本教材进行了进一步的修订和完善。

　　本版教材特色：注重对学生的知识、能力、素质的协调培养；注重与医学、生命科学、环境科学、卫生学、营养学、药学等学科的交叉融合；注重融入人文教育；注重学科发展前沿知识和拓展阅读；注重课程思政元素的融入；注重与PBL（problem-based learning）以问题为导向的教学方法、翻转课堂的教学模式的衔接。本教材为新形态教材，含微课、拓展阅读等数字化资源。教材中应用的数字化资源依托的课程已先后获得 2018 年浙江省精品开放课程、2019 年浙江省一流课程（线上线下混合式）、2020 年浙江省一流课程（线上）、2022 浙江省高校课程思政示范课程。本教材适用于临床医学、眼视光学、口腔医学、基础医学、精神医学、全科医学、药学、医学检验、麻醉学、医学影像学、法医学、生物工程、生物医学等专业。

　　本书参加编写的有右江民族医学院潘乔丹（第一章），内蒙古医科大学于姝燕（第二章），内蒙古医科大学王敏（第三章），滨州医学院王春华（第四章），滨州医学院曲家乐（第五章），济宁医学院王军、马明放（第六章），温州医科大学李仁豪（第七章），沈阳医学院张大军（第八章），济宁医学院解增洋（第九章），温州医科大学杨丽珠（第十章），济宁医学院陈瑞蛟（第十一章），温州医科大学陈大茴（第十二章），内蒙古医科大学况媛媛（第十三章），温州医科大学赵云洁（第十四章），内蒙古医科大学李雪（第十五章），宁夏医科大学石英、李航鹰（第十六章）。

　　由于时间和水平有限，虽经再次修订，本教材难免存在瑕疵甚至有不当之处，欢迎各位专家、同仁和读者批评、指正。

杨丽珠　于姝燕

2024 年 1 月

目　录

第一节　有机化合物和有机化学

有机化学（organic chemistry）是研究有机化合物的组成、结构、性质、分离纯化和合成及变化规律的一门科学。其研究对象是有机化合物（organic compounds），简称有机物。

微课：有机化合物和有机化学

人类利用和加工有机化合物已有悠久的历史。人们对有机化合物的认识是一个逐渐由浅入深、由表及里的过程。在古代，人们对有机化合物的认识主要基于实用的目的，如用谷物酿酒、制醋，从植物中提取染料、香料，以及用中草药治病救人等。到18世纪末才对纯物质有了一定认识并开始从动植物中提取到一系列较纯的有机物质，如1773年首次从尿中得到较纯的尿素，1805年从鸦片中提取到第一个生物碱——吗啡。曾经有段时期流行的"生命力"学说认为，动植物的有机体具有生命力，有机化合物必须依靠这种神奇的生命力才能形成。然而，1828年德国青年化学家F.Wöhler未利用任何生物体，就能把无机化合物氰酸铵加热制成典型的有机化合物尿素（原来从尿中分离出来的化合物）。

$$NH_4^+NCO^- \xrightarrow{加热} \underset{H_2N \quad NH_2}{\overset{\overset{\textstyle O}{\parallel}}{C}}$$

氰酸铵　　　　　　尿素

此后，人们又相继合成了许多有机化合物。科学实验的事实打破了"生命力"学说的神话。如今，许多生命活性物质，如蛋白质（我国科学家于1965年在世界上首次合成了具有生物活性的蛋白质——结晶牛胰岛素）、核酸和激素等也都成功地合成出来。

虽然有机化合物的名称至今还在使用，但与原来的含义已相差甚远。1848年，德国化学家L.Gmelin和A.Kekulé把有机化合物定义为含碳的化合物，但CO、CO_2、碳酸盐、金属氰化物等仍属无机化合物范畴。近代，德国化学家C.Schorlemmer把有机化合物定义为碳氢化合物（烃）及其衍生物。

有机化学和人类的生活及生命的全过程密切相关。有机化学的研究成果使我们在衣食住行各个方面受益匪浅；医学研究的对象是人体，人体组成中除了水分子和一些无机盐外，绝大部分是有机化合物；临床上用于预防和治疗疾病的药物绝大部分是有机化合物；人体机体的代谢过程，同样遵循有机化学反应的活性规律。因此，只有掌握了有机化合物的基础知识，以及结构与性质的关系，才能认识生命物质的结构和功能，为探索生命的奥秘奠定基础。

第二节　有机化合物的特性

有机化合物分子中都含有碳元素，碳原子的特殊结构导致了大多数有机化合物与无机化合物的性质有较大的差别。与无机化合物比较,有机化合物具有下列特性。

一、同分异构现象普遍存在

同分异构体又称同分异构物,在化学中,是指有着相同分子式的分子,但是原子的排列却是不同的。也就是说,它们有着不同的"结构式"。如乙醇和二甲醚、正丁烷和异丁烷等。

有机化合物是以共价键结合形成的,有链状、环状等不同的结构,容易产生同分异构现象。许多同分异构体有着相同或相似的化学性质。同分异构现象是有机化合物种类繁多、数量巨大的原因之一。

二、可燃性

绝大多数有机化合物燃点较低,如棉花、汽油、柴油、液化气、天然气、纸、木材、油脂、乙醇和乙醚等都容易燃烧,而大部分无机化合物不能燃烧或难燃烧。

三、熔点低

有机化合物的熔点都较低,一般不超过 400 ℃。常温下多数有机化合物为易挥发的气体、液体或低熔点固体。而无机化合物的熔点较高,例如氯化钠的熔点是 800 ℃,氧化铝的熔点则高达 2 050 ℃。

四、难溶于水易溶于有机溶剂

绝大多数有机化合物难溶于水,而易溶于有机溶剂。有机溶剂是指作为溶剂的液态有机化合物,如酒精、汽油、甘油、乙醚和苯等。而无机化合物则相反,大多易溶于水,难溶于有机溶剂。

五、稳定性差

多数有机化合物不如无机化合物稳定。有机化合物常因温度、空气、光照或细菌等因素的影响而发生分解或变质,如维生素 C 片剂是白色的,若长时间放置会被空气氧化而变质呈黄色,失去药效。许多抗生素片剂或针剂常注明有效期,就是因为这些药物稳定性差,经过一定时间后会发生变质而失效。

六、反应速率比较慢

多数无机化合物之间的反应速率较快,如离子反应能在瞬间完成。而多数有机化合物之间的反应速率较慢,有的需几个小时、几天,甚至更长时间才能完成。因此,常采用加热、光照或使用催化剂等来加快有机化学反应的进行。

七、反应产物复杂

多数有机化合物之间的反应,常伴有副反应发生,所以产物常常是混合物。而无机化合物之间的反应,一般很少有副反应发生。

虽然有机化合物与无机化合物的结构和性质有所不同,但是它们都遵循一般化学变化的基本规律。

第三节 有机化合物的分类和表示方法

数目繁多是有机化合物的特点,为了便于对其进行系统的研究,对有机化合物科学地进行分类是非常必要的。一般的分类方法有 2 种,即根据碳原子的连接方式(按碳的骨架)和官能团进行分类。

一、根据碳原子的连接方式分类

（一）开链化合物

化合物分子中的碳原子连接成链状而不形成首尾闭合的环状化合物，由于油脂分子中的脂肪酸主要是这种链状结构，故又称为脂肪族化合物，如丙烷（$CH_3CH_2CH_3$）、正己醇（$CH_3CH_2CH_2CH_2CH_2CH_2OH$）、正丁酸（$CH_3CH_2CH_2COOH$）等。

（二）碳环化合物

化合物分子中的碳原子连接成环状结构，分为脂环族化合物和芳香族化合物。

1. 脂环族化合物　如：

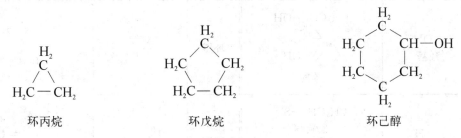

环丙烷　　　　　　　　环戊烷　　　　　　　　环己醇

2. 芳香族化合物　如：

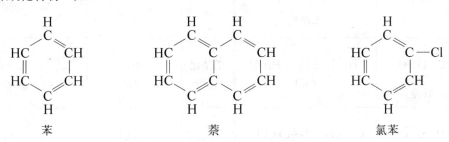

苯　　　　　　　　　　萘　　　　　　　　　　氯苯

（三）杂环化合物

化合物分子中成环的原子除了碳原子还有非碳原子，如：

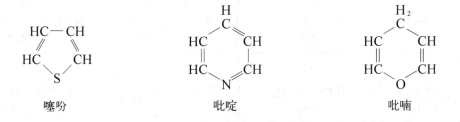

噻吩　　　　　　　　　吡啶　　　　　　　　　吡喃

二、根据官能团分类

有机化合物分子中能体现一类化合物性质的价键、原子或基团称为官能团，或称为功能基（表1-1）。官能团是有机化合物分子中比较活泼的部位，在条件合适的情况下它们就会充分发生化学反应。

表 1-1　常见的有机化合物官能团及相关的化合物类型

化合物类别	官能团结构（名称）	举例（名称）	化合物类别	官能团结构（名称）	举例（名称）
烯烃	C=C 碳碳双键	$H_2C{=}CH_2$ 乙烯	酰卤	O‖ —C—X	H_3C—C—Cl 乙酰氯

4 ◎ 第一章 绪 论

化合物类别	官能团结构（名称）	举例（名称）	化合物类别	官能团结构（名称）	举例（名称）
炔烃	$-C \equiv C-$ 碳碳三键	$HC \equiv CH$ 乙炔	内酯	（环状酯结构）	环戊内酯
卤代烃	$-X$ 卤素	H_3C-X $X=(F, Cl, Br, I)$ 卤代甲烷	内酰胺	（环状 NH，=O 结构）	环戊酰胺
醇及酚	$-OH$ 羟基	CH_3CH_2-OH 乙醇；苯酚 $-OH$	环醚	（环氧三元环结构）	环氧乙烷
硫醇和硫酚	$-SH$ 巯基	CH_3CH_2-SH 乙硫醇；苯硫酚 $-SH$	环酮	（环丙酮结构 $=O$）	环丙酮
醚	$-C-O-C-$ 醚键	$CH_3CH_2-O-CH_2CH_3$ 乙醚	硝基化合物	$-NO_2$ 硝基	硝基苯 $-NO_2$
硫醚	$-C-S-C-$ 硫醚键	$CH_3CH_2-S-CH_2CH_3$ 乙硫醚	磺酸	$-SO_3H$ 磺酸基	苯磺酸 $-SO_3H$
醛	$-\overset{O}{\overset{\|}{C}}-H$ 醛基	$H_3C-\overset{O}{\overset{\|}{C}}-H$ 乙醛	酯	$-\overset{O}{\overset{\|}{C}}-O-$ 酯基	$H_3CH_2C-\overset{O}{\overset{\|}{C}}-O-CH_2CH_3$ 丙酸乙酯
酮	$\overset{O}{\overset{\|}{C}}$ 酮基	$H_3C-\overset{O}{\overset{\|}{C}}-CH_3$ 丙酮	酸酐	$-\overset{O}{\overset{\|}{C}}-O-\overset{O}{\overset{\|}{C}}-$ 酸酐	$H_3C-\overset{O}{\overset{\|}{C}}-O-\overset{O}{\overset{\|}{C}}-CH_3$ 乙酸酐
羧酸	$-\overset{O}{\overset{\|}{C}}-OH$ 羧基	$H_3C-\overset{O}{\overset{\|}{C}}-OH$ 乙酸	酰胺	$-\overset{O}{\overset{\|}{C}}-N$ 酰胺	$H_3C-\overset{O}{\overset{\|}{C}}-NH_2$ 乙酰胺
胺	$-NH_2$ 氨基	H_3C-NH_2 甲胺			

化合物中一些物理性质和化学性质是由分子中的官能团决定的,含有相同官能团的有机化合物具有相似的化学性质。因此,有机化学很重要的一项工作就是鉴定有机化合物分子中的官能团。现在,一种化合物经分离、提纯后,就可以用化学方法、光谱方法迅速地找出它的官能团,特别是光谱方法更加迅速。

三、有机化合物的表示方法

有机化合物普遍存在着同分异构现象,一个相同的分子式可能同时具有多种不同的分子结构。有机化合物结构可以用结构式(蛛网式)、结构简式和键线式(骨架式)表示(表1-2)。用键线式书写有机化合物的构造最简单方便,碳原子和氢原子的符号可以省略,只需表示出碳架,并写出与碳相连的各原子或原子团即可。

表1-2　结构式、结构简式和键线式示例

分子式	结 构 式	结构简式	键线式
$C_4H_{10}O$	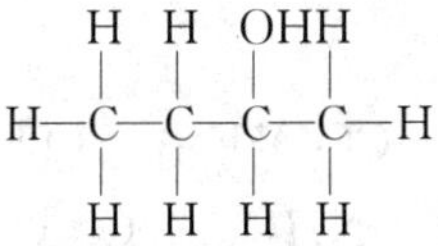	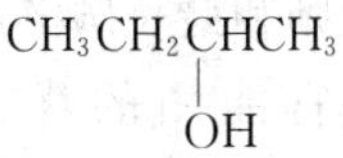 $CH_3CH_2CHCH_3$ $\quad$ OH	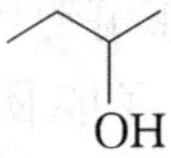
C_6H_{12}	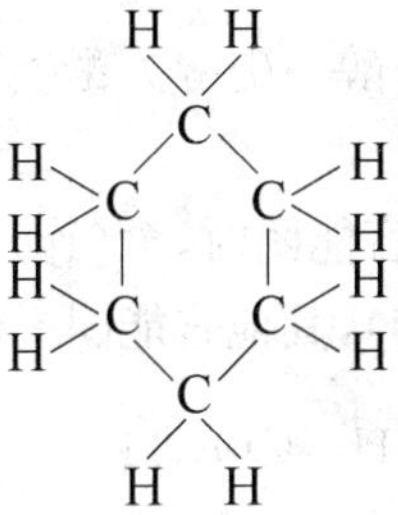	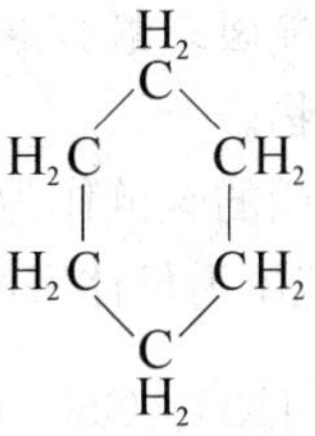	

第四节　有机化合物命名的基本原则和一般链状化合物的命名方法

有机化合物种类繁多,数目庞大,即使同一分子式,也有不同的异构体,要区分各种化合物必须有一个完整的命名方法,否则在使用过程中会造成极大的混乱,因此认真学习每一类化合物的命名是有机化学的一项重要内容。

一、常见的命名方法

(一) 俗名及缩写

一些有机化合物常根据它的来源采用俗名,需掌握一些常用俗名代表的化合物结构式。例如:木醇(甲醇)、酒精(乙醇)、石炭酸(苯酚)、甘油(丙三醇)、蚁酸(甲酸)、水杨酸(邻羟基苯甲酸)、草酸(乙二酸)、甘氨酸(α-氨基乙酸)等。还有相当多化合物也常用缩写及商品名,如阿司匹林(乙酰水杨酸)、煤酚皂或来苏儿(47%～53%的三种甲酚的肥皂水溶液)、RNA(核糖核酸)、DNA(脱氧核糖核酸)、福尔马林(40%的甲醛水溶液)、尼古丁(烟碱)等。

(二) 普通命名法(common nomenclature)

普通命名法也称为习惯命名法。适用于结构简单的有机化合物,特别是直链的化合物,但对于结构复杂存在多个支链的有机化合物就很不适用。

(三) 系统命名法(systematic nomenclature)

1892 年,在日内瓦召开了国际化学会议,制定了有机化合物的国际命名法。1957 年,国际纯粹与应用化学联合会(international union of pure and applied chemistry)召开会议并修订了国际命名法，称为"IUPAC"命名法。目前我国采用的命名法是在IUPAC命名法基础上，结合我国汉字特点，于1982年由中国化学会修订，称为系统命名法。系统命名法的命名原则适用于各类有机化合物。

系统命名法是有机化合物命名的重点，必须熟练掌握各类化合物的命名原则。其中烃类的命名是基础，光学异构体和多官能团化合物的命名是难点。

现在图书、期刊中常用普通命名法和系统命名法。

二、系统命名法的一般步骤

系统命名法分为选主链、编号和写出名称三个步骤。

（一）选主链

选主链遵循官能团次序规则和最长碳链原则。

1. 官能团次序规则　　官能团的优先次序为：—COOH＞—SO₃H＞—COOR＞—COX＞—CONH₂＞—CN＞—CHO＞—CO—＞—OH＞—SH＞—NH₂＞—C≡C—＞—C＝C—＞—OR＞—SR＞—F＞—Cl＞—Br＞—I＞—NO₂。

即羧酸＞磺酸＞羧酸酯＞酰卤＞酰胺＞腈＞醛＞酮＞醇＞硫醇＞酚＞硫酚＞胺＞炔烃＞烯烃＞醚＞硫醚＞卤代烃＞硝基化合物。

有机化合物含(连)有官能团的碳链作为主链；有多个官能团时，含(连)有最优先的官能团的碳链作为主链。其中，最优先的官能团为母体官能团(主官能团)，其他官能团一般作为取代基。例如：

$$H_3C-CH-CH-CH_2-CH-COOH$$
$$\quad\quad |\quad\ \ |\quad\quad\quad\ |$$
$$\quad\quad Cl\quad OH\quad\quad CHO$$

该化合物同时连有氯原子、羟基、醛基和羧基，在这些官能团中，羧基是最优先的官能团，选择含有羧基的作为主链，并以羧酸作为母体来命名。

2. 最长碳链原则

（1）选择碳原子数最多的碳链作为主链，当化合物含官能团时，应选择含官能团的碳原子最多的碳链为主链。例如：

$$H_3C-CH-CH_2-CH_2-CH-CH_2-CH_3$$
$$\quad\quad\ |\quad\quad\quad\quad\quad\ |$$
$$\quad\quad H_2C-CH_3\quad H_2C-CH_2-CH_3$$

$$\quad\quad\quad\quad\quad\quad\quad\quad\quad\quad\quad\quad OH$$
$$\quad\quad\quad\quad\quad\quad\quad\quad\quad\quad\quad\quad |$$
$$H_3C-CH-CH_2-CH_2-CH-CH_3$$
$$\quad\quad\ |\quad\quad\quad\quad\quad\ |$$
$$\quad\quad H_2C-CH_3\quad H_2C-CH_2-CH_3$$

（2）有多条链碳原子数相等的最长碳链时，选择含取代基最多的碳链作为主链。例如：

$$\quad\quad\quad\quad\quad\quad CH_3$$
$$\quad\quad\quad\quad\quad\quad\ |$$
$$CH_3-CH_2-C-CH-CH_3$$
$$\quad\quad\quad\quad\ \ ||$$
$$\quad\quad\quad\quad\ \ CH_2$$

实线和虚线覆盖的两条主链，后者连接的取代基较多，应选择后者。

（二）编号

编号从主链的一端开始，遵循"最低系列原则"和"取代基次序规则"（也称为"小基团先编号原则"）。

1. 最低系列原则

（1）编号时，官能团（或官能团所连的碳原子）具有最小的位次；如有多个官能团，则优先让主官能团的位次最小。例如：

$$\overset{7}{CH_3}-\overset{6}{CH}-\overset{5}{CH}-\overset{4}{CH_2}-\overset{3}{CH_2}-\overset{2}{\underset{\parallel}{C}}-\overset{1}{CH_3}$$

5,6-二甲基-2-庚酮

$$\overset{6}{CH_3}-\overset{5}{CH}-\overset{4}{CH}-\overset{3}{CH_2}-\overset{2}{CH_2}-\overset{1}{COOH}$$

4-硝基-5-羟基己酸

(2) 若官能团具有相同的编号时,应使取代基具有最小的位次。例如:

$$\overset{1}{H_3C}-\overset{2}{CH}-\overset{3}{CH}-\overset{4}{CH_2}-\overset{5}{CH}=\overset{6}{CH}-\overset{7}{CH_2}-\overset{8}{CH_2}-\overset{9}{CH_2}-\overset{10}{CH_3}$$

3-甲基-2-氯-5-癸烯

(3) 若化合物不含官能团,只需考虑取代基的位次最小,即最先遇到的取代基位次最小(而不是位次加和数最小)。若两边遇到一样近的基团,应使其他的基团位次最小,也就是具有最小的编号系列,称为"最低系列原则"。例如:

$$\overset{1}{CH_3}\overset{2}{CH}\overset{3}{CH_2}\overset{4}{CH_2}\overset{5}{CH_2}\overset{6}{CH_2}\overset{7}{CH}-\overset{8}{CH}\overset{9}{CH_2}\overset{10}{CH_3}$$

2,7,8-三甲基癸烷(不是3,4,9-三甲基癸烷)

$$\overset{1}{CH_3}\overset{2}{CH}\overset{3}{CH_2}\overset{4}{CH}\overset{5}{CH_2}\overset{6}{CH_2}\overset{7}{CH}\overset{8}{CH_3}$$

2,4,7-三甲基辛烷

2. 取代基次序规则(sequence rules)　常见取代基的优先次序:

(1) 直接比较所连基团的第一个原子的原子序数,原子序数大者为优先基团,也叫大基团,原子序数小者为次优基团,也叫小基团;同位素的大小按相对原子质量从大到小排序。常见原子或基团的优先次序是:

—Br>—Cl>—OH>—NH₂>—CHO>—CH₃>—D>—H

微课:取代基的
次序规则

(2) 若第一个原子相同,则比较与第一个原子相连的其他三个原子,所连的三个原子中有一个原子的原子序数大即为大基团,依此沿碳链延伸,直至比较出大小为止。例如:—CH₂OH和—CH₂CH₃,这两个基团的第一个原子都是 C,在—CH₂OH 中,与 C 相连的是(O, H,H),而在—CH₂CH₃中,与 C 相连的是(C, H, H),由于原子序数 O>C,故—CH₂OH 是大基团。再比如:—CH(CH₃)₂和—CH₂CH₂CH₃,第一个原子都是 C,—CH(CH₃)₂与 C 相连的是(C, C, H),—CH₂CH₂CH₃与 C 相连的是(C, H, H),因原子序数 C>H,故—CH(CH₃)₂是大基团。常见烷烃基的优先次序是:

—C(CH₃)₃>—CH(CH₃)₂>—CH₂CH₂CH₃>—CH₂CH₃>—CH₃

(3) 对于含有不饱和键的基团,双键相当于两个单键,三键相当于三个单键。例如:—C≡N,可看作 C 上连了(N, N, N),—CH=CH₂,可看作 C 上连了(C, C, H),故常见的含有不饱和键的基团的优先次序是:

—COOH>—CHO>—C≡N>—C≡CH>—CH=CH₂

取代基次序规则的应用:当在 2 种不同编号中,2 个不同的取代基位于相同的位次时,此时应用

"最低系列原则"不能判断编号方向,应使优先次序小的基团具有小的编号,又称为"**小基团先编号原则**"。例如:

$$\overset{9}{C}H_3\overset{8}{C}H_2\overset{7}{C}H_2\overset{6}{C}H\overset{5}{C}H_2—\overset{4}{C}H\overset{3}{C}H_2\overset{2}{C}H_2\overset{1}{C}H_3$$
$$\underset{CH_2CH_3}{|}\qquad\underset{CH_3}{|}$$

4-甲基-6-乙基壬烷(不是 6-甲基-4-乙基壬烷)

注:上述选主链和编号时遵循的四项原则的优先顺序是官能团次序规则、最长碳链原则、最低系列原则和取代基次序规则(小基团先编号原则),必须是在不违反前面的原则的情况下才能考虑后面的原则。

(三) 写出名称

在母体名称的前面标明各取代基的位次和名称。若有相同的取代基,则合并取代基,在其前用二、三、四……标明个数,取代基的位次用阿拉伯数字标出,数字间用","隔开,位次和名称之间用半字线连接;若有不同的取代基,则按照取代基次序规则,先列出小的基团,后列出大的基团,不同取代基之间也用半字线连接。官能团位置不在 1 号位的需标注。例如:

$$\underset{CH_3}{|}\overset{CH_2CH_3}{|}$$
$$\overset{7}{C}H_3\overset{6}{C}H_2\overset{5}{C}\overset{4}{C}H_2\overset{3}{C}H\overset{2}{C}H_2\overset{1}{C}HO$$
$$\underset{CH_3}{|}\quad\underset{CH_3}{|}$$

3,5-二甲基-5-乙基庚醛

$$\overset{CH_3}{|}$$
$$\overset{8}{C}H_3\overset{7}{C}H_2\overset{6}{C}H_2\overset{5}{C}\overset{4}{C}H_2\overset{3}{C}H_2\overset{2}{C}H\overset{1}{C}H_3$$
$$\underset{CH_2CH_3}{|}\quad\underset{OH}{|}$$

5-甲基-5-乙基-2-辛醇

第五节　共价键的属性

一、键长

键长(bond length)是指分子中两个成键原子的原子核间的平衡距离。共价键的键长取决于原子轨道的重叠程度。光谱及衍射实验结果表明,同一种键在不同分子中的键长几乎相等。有机化合物中常见的碳碳键有 3 种,其中碳碳单键 C—C 的键长为 154 pm,碳碳双键 C=C 的键长为 134 pm,碳碳三键 C≡C 的键长为 120 pm。

问题 1-1　C—C、C=C、C≡C 的键长依次缩短吗?

问题 1-2　苯分子的所有 6 个碳碳键的键长均为 140 pm,属于碳碳单键还是碳碳双键?

二、键角

键角(bond angle)是指分子中同一原子所形成的两个共价键之间的夹角。键角反映有机化合物分子的空间构型,键角的大小与成键的中心原子杂化状态有关,同时由于不同分子中各原子或基团的相互影响不同,键角会有些改变。如甲烷分子的碳原子是 sp^3 杂化状态,两个碳氢键的夹角为 109°28′,是正四面体构型;乙烯中碳原子是 sp^2 杂化状态,键的夹角接近 120°,分子结构为平面型;乙炔中碳原子是 sp 杂化状态,键的夹角为 180°,分子结构为直线型。

三、键能

键能(bond energy)是从能量因素衡量化学键强弱的物理量。原子结合成分子时会放出能量,将分子解离成原子,则需吸收能量。在标准状况下,将 1 mol 双原子分子 AB(气态)解离为原子 A,B(气态)所需的能量,称为 A—B 键的解离能,也就是它的键能(用 E 表示,单位为 kJ·mol^{-1})。键能是衡量共价键强度的重要参数,在一定程度上反映了键的牢固程度。如碳碳单键 C—C 的键能为 332 kJ·mol^{-1},碳碳双键 C═C 的键能为 611 kJ·mol^{-1}。

问题 1-3 假定碳碳双键 C═C 中的一个共价键的键能与碳碳单键 C—C 的键能基本相等,那么双键 C═C 中的另一个共价键是否比较稳定?

四、分子的极性与键的极性

任何分子都是由带正电荷的原子核和带负电荷的电子组成的。倘若正、负电荷中心能够重合的分子是非极性分子,正、负电荷中心不重合的分子则为极性分子。分子的极性大小通常用分子的偶极矩(dipole moment)μ 表示,偶极矩 μ 为分子中正电荷或负电荷中心上的电荷值(q)乘以正负电荷中心间的距离(d)。

微课:键的极性
与极化

$$\mu = q \times d$$

μ 的单位为 C·m(库仑·米)或"德拜"(debye, D)。1 D = 3.336 × 10^{-30} C·m。

μ 越大,分子的极性越大,反之,极性越小。$\mu = 0$ 的分子为非极性分子。极性分子的 μ 一般在 1~3 D 范围内(表 1-3)。

表 1-3 一些分子的偶极矩

化合物	μ/D	化合物	μ/D	化合物	μ/D
H_2	0	H_2O	1.85	CO_2	0
Cl_2	0	NH_3	1.47	$CH_3CH═CH_2$	0.4
HI	0.42	CH_3Cl	1.87	$HC≡CH$	0
HBr	0.80	CH_2Cl_2	1.55	C_2H_5OH	1.70
HCl	1.08	$CHCl_3$	1.02	CH_3OCH_3	1.29
HF	1.91	CCl_4	0	CH_3COCH_3	2.88

分子的极性首先取决于分子中各个键的极性。由同种原子形成的共价键,成键的一对电子均等分配在两个原子之间,如氢分子(H—H)或氯分子,这种共价键称为非极性共价键。不同原子形成的共价键,由于电负性的差异,成键电子云总是靠近电负性较大的原子,使其带部分负电荷(δ^-),电负性较小的原子则带部分正电荷(δ^+),如 $\overset{\delta^+}{H_3C}—\overset{\delta^-}{Cl}$。这种成键电子不是平均分配在成键原子核之间的共价键称为极性共价键(polar covalent bonds)。

分子的极性是分子中所有化学键极性的向量和。对于双原子分子,键的极性就是分子的极性。多原子分子的极性不仅取决于各个键的极性,也取决于分子的形状。共价键虽为极性键,但整个分子却不一定是极性的。空间结构对称的多原子分子,键的极性相互抵消,分子不具有极性,为非极性分子,如 CO_2、CCl_4 分子。而空间结构不对称的多原子分子,键的极性不可能相互抵消,分子中正负电荷的中心不重合,为极性分子,如 CH_3Cl 分子。

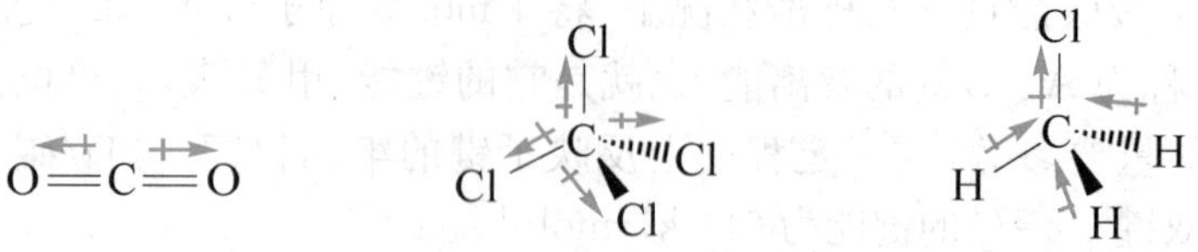

$$O = C = O$$

$$\mu = 0 \text{ D} \qquad \mu = 0 \text{ D} \qquad \mu = 1.87 \text{ D}$$

注：符号"➝"表示键的偶极，箭头所指方向是从部分正电荷到部分负电荷的方向。

分子的极性越大，分子间相互作用力就越大，因此化合物分子的极性大小直接影响其沸点、熔点、溶解度等物理性质和化学性质。

五、分子的极化与键的极化

无论是极性分子还是非极性分子，在外电场（如反应试剂、极性溶剂等）作用下，分子内的正、负电荷中心都会发生相对位移，这一过程叫作分子的极化（polarization）。其极性发生变化的相对程度称为分子的极化度（polarizability）。

极化度大小与成键原子半径、电负性、键的种类及电场强度有关。成键原子的半径越大、电负性越小，键的极化度就大；反之，极化度就小。例如，C—X 键的极化度顺序是 C—I＞C—Br＞C—Cl＞C—F。

分子的极化只是在外界电场作用下产生的，是暂时现象，当外界电场除去后即可恢复到原来的状态。

分子的极化在化学反应中起着重要的作用。有机化学反应的实质，就是在一定条件下，由于分子中共价键电子云的移动而发生的旧键的断裂和新键的形成过程。

第六节 有机化学的反应类型

有机化学反应（organic chemical reaction）通常有两种分类方法：按化学键的断裂和生成分类；按反应物和产物的结构关系分类。

微课：有机化学的
反应类型（Ⅰ）

一、按化学键的断裂和生成分类

（一）协同反应

在反应过程中，旧键断裂和新键形成都相互协调地在同一步骤中完成的反应称为协同反应。协同反应往往有一个环状过渡态。它是一种基元反应。

（二）自由基型反应

分子经过均裂产生自由基而发生的反应称为自由基型反应。

一般在光照、高温或自由基引发剂（如过氧化物）的作用下共价键易发生均裂，同时，对于共价键自身来讲，非极性或极性小的共价键易发生均裂。

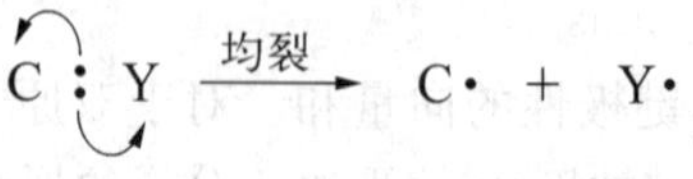

$$C : Y \xrightarrow{均裂} C\cdot + Y\cdot$$

碳自由基
（均裂的反应式）

（三）离子型反应

分子经过异裂生成离子而发生的反应称为离子型反应。

在极性溶剂中或有催化剂的影响时共价键易发生异裂,同时,对于共价键自身来讲,极性共价键易发生异裂。

$$C \overset{\frown}{:} Y \xrightarrow{\text{异裂}} C^+ + :Y^-$$
$$\text{碳正离子}$$

$$C \overset{\frown}{:} Y \xrightarrow{\text{异裂}} C^- : + Y^+$$
$$\text{碳负离子}$$
$$(\text{异裂的反应式})$$

共价键断裂后生成的碳自由基、碳正离子和碳负离子均非常活泼,不稳定,寿命短,只能作为反应的中间体。这些活泼的中间体可以继续作用形成反应产物。

离子型反应可以分为亲核型和亲电型两种。能提供电子的试剂称为亲核试剂,包括负离子(如 OH^-,RO^-、CN^-)和含孤对电子的化合物(如 H_2O、NH_3、RNH_2),由亲核试剂进攻而发生的反应称为亲核反应。缺电子的试剂称为亲电试剂,包括正离子(如 H^+、Cl^+、Br^+、NO_2^+)和缺电子的化合物(如 BF_3、$AlCl_3$、$FeCl_3$),由亲电试剂进攻而发生的反应称为亲电反应。

二、按反应物和产物的结构关系分类

(一) 加成反应

两个或多个分子相互作用,生成一个加成产物的反应称为加成反应。这是不饱和化合物的一种特征反应。其中最常见的是烯烃、炔烃的亲电加成和羰基的亲核加成。

微课:有机化学的
反应类型(Ⅱ)

$$R-CH=CH_2 + H_2 \xrightarrow{Ni} R-CH_2-CH_3$$

(二) 取代反应

有机化合物分子中的一个原子或原子团被其他原子或原子团所代替的反应,称为取代反应。有自由基取代(常见于烷烃的取代)、亲核取代(常见于羧酸衍生物的取代)和亲电取代(常见于芳香烃的卤代)之分。

$$CH_4 + Cl_2 \xrightarrow{h\nu} CH_3Cl + HCl$$

(三) 重排反应

当化学键的断裂和形成发生在同一分子中时,会引起组成分子的原子的配置方式发生改变,从而形成组成相同,结构不同的新分子,这种反应称为重排反应。

$$R_2-\underset{\underset{R_3}{|}}{\overset{\overset{R_1}{|}}{C}}-\underset{\underset{OH}{|}}{\overset{\overset{R_4}{|}}{C}}-R_5 \xrightarrow{H^+(-H_2O)} R_2-\underset{\underset{R_3}{|}}{\overset{\overset{R_1}{|}}{C}}-\underset{\underset{\oplus}{|}}{\overset{\overset{R_4}{|}}{C}}-R_5 \xrightarrow{\text{重排}} R_1-\underset{\underset{R_2}{|}}{\overset{\oplus}{C}}-\underset{\underset{R_3}{|}}{\overset{\overset{R_4}{|}}{C}}-R_5 \xrightarrow{H_2O(-H^+)} R_1-\underset{\underset{R_2}{|}}{\overset{\overset{OH}{|}}{C}}-\underset{\underset{R_3}{|}}{\overset{\overset{R_4}{|}}{C}}-R_5$$

(四) 消除反应

消除反应是指有机化合物分子和其他物质反应,失去部分原子或官能团(称为离去基)。反应往往会产生不饱和有机化合物。

$$CH_3CH_2OH \xrightarrow{\text{加热}} H_2C=CH_2 + H_2O$$

(五) 氧化还原反应

有机化学中的氧化和还原是指有机化合物分子中碳原子和其他原子的氧化和还原,可根据氧化数的变化来确定。氧化数升高为氧化,氧化数降低为还原。氧化和还原总是同时发生的,由于有机反应的属性是根据底物的变化来确定的,因此常常将有机化合物分子中碳原子氧化数升高的反应称为氧化反应,碳原子氧化数降低的反应称为还原反应。有机反应中,多数氧化反应表现为分子中氧的增加或氢的减少,多数还原反应表现为分子中氧的减少或氢的增加。

$$3RCH=CHR' + 2KMnO_4 + 4H_2O \longrightarrow 3R-\underset{OH}{CH}-\underset{OH}{CH}-R' + 2MnO_2\downarrow + 2KOH$$

（六）缩合反应

两种或两种以上有机化合物分子相互作用后以共价键结合成大分子的反应统称为缩合反应。在缩合反应中,有新的共价键形成,同时也往往有水或其他比较简单的有机化合物或无机化合物分子形成。缩合反应通常需要在缩合剂的作用下进行,无机酸、碱、盐或醇钠、醇钾等是常用的缩合剂。

$$RCOOH + R'OH \xrightarrow{\text{浓 } H_2SO_4} RCOOR' + H_2O$$

（七）热裂反应

无试剂存在,化合物在高温条件下发生键的断裂形成小分子化合物,这种反应称为热裂反应。如石油的裂解等。

$$CH_3CH_2CH_2CH_3 \xrightarrow[\text{加压}]{\text{加热}} \begin{cases} CH_4 + CH_3CH=CH_2 \\ CH_3CH_3 + CH_2=CH_2 \\ H_2 + CH_3CH=CHCH_3 \end{cases}$$

（八）聚合反应

含有双键或三键的某些有机化合物,以及含有双官能团或多官能团的化合物在适当条件下发生加成或缩合等反应,使两个分子、三个分子或多个分子结合成为高分子的反应,称为聚合反应。如氯乙烯的聚合等。

$$n\left[H_2C=CH-Cl\right] \longrightarrow \left[\begin{matrix} H & H \\ | & | \\ C-C \\ | & | \\ H & Cl \end{matrix}\right]_n$$

聚氯乙烯(PVC)

（九）颜色反应

通过化学物质的改变(生成了新的物质)使颜色发生改变的反应。如酚与 $FeCl_3$ 的颜色反应,蛋白质的双缩脲反应,蛋白质和氨基酸的茚三酮反应,还原性糖类与斐林试剂、托伦试剂的颜色反应等。

第七节　研究有机化合物的一般步骤

从天然资源中提取有机化合物成分以及工业生产、实验室合成的有机化合物都是混合物,还没有直接得到纯净物,如果要鉴定和研究未知有机化合物的结构与性质,必须得到纯净的有机化合物。因此,必须对所得到的产品进行分离提纯。那么,该怎样对有机化合物进行研究呢? 一般的步骤和方法是什么?

一、分离、提纯

分离、提纯物质的方法很多,如萃取、重结晶、升华、蒸馏、离子交换法和色谱分离法等。可根据不同的物质及需要,选择分离、提纯物质的方法。分离、提纯物质总的原则:① 不引入新杂质;② 不减少提纯物质的量;③ 效果相同的情况下可用物理方法的不用化学方法;④ 可用低反应条件的不用高反应条件。

二、纯度的检验

纯的有机化合物有固定的物理常数,如熔点、沸点、相对密度和折光率等。通过测定有机化合物的物理常数就可以检验其纯度,例如纯的有机化合物熔点距很小,不纯的有机化合物熔点距大,没有恒定的熔点。

三、元素分析和分子式的确定

得到纯的有机化合物后,就可以进行元素定性分析,确定是由哪些元素组成,接着做元素定量分析,现在可以在自动化仪器中进行,再求出各元素的质量比,通过计算得到它的实验式,然后进一步测定其相对分子质量,从而确定分子式。

实验式和分子式的确定:提纯后的有机化合物,就可以进行元素定性分析,确定它是由哪些元素组成的,接着做元素定量分析,求出各元素的重量比,通过计算就能得出它的实验式。实验式是表示化合物分子中各元素原子的相对数目的最简单式子,不能确切表明分子的真实原子个数。因此,必须进一步测定其分子量,从而确定分子式。

例如:实验测得其分子量为 60。实验式为 CH_2O。故这个样品的分子式应为:

$$(CH_2O)_n = 60, \qquad (12+1\times2+16)n = 60, \qquad n = 2$$

这个化合物分子式为 $C_2H_4O_2$。

四、结构的确定

确定有机化合物结构的方法有物理方法和化学方法。

如果得到的有机化合物是未知物就需要研究其物理和化学性质,然后确定其结构。结构的测定是相当复杂的,首先要通过元素定性和定量的方法求出未知物的分子式,更重要的是要知道分子中各原子的结合方式,这需要通过各种化学反应来确定分子中可能存在的基团,把它降解为比较简单的化合物或制成某些衍生物与已知物进行比较,最后还要设计一定的线路去合成我们认为的可能结构的化合物,再与被研究的未知物进行比较来验证所得结构的准确性。

现代物理方法能准确、迅速地确定有机化合物的结构,但无论是物理方法还是化学方法都有一定的局限性,常要结合运用才能确定一种物质的结构。

习　　题

1. 现代有机化合物和有机化学的含义是什么?
2. 从某有机反应液中分离出少量固体,其熔点高于 300 ℃。能否用一种简单方法推测它是无机化合物还是有机化合物?
3. 按官能团分类法,下列化合物属于哪一类化合物,并指出其所含官能团。

(1) $CH_3CH_2CH_2OH$　　　　　　(2) CH_3NH_2　　　　　　(3) $H_3CHC=CHCH_3$

(4) $H_3CC≡CH$　　　　　　(5) $CH_3CH_2-\overset{\overset{\displaystyle O}{\|}}{C}-CH_3$　　　　　　(6) $H_3C-\!\!\!\langle\!\!\bigcirc\!\!\rangle\!\!-NO_2$

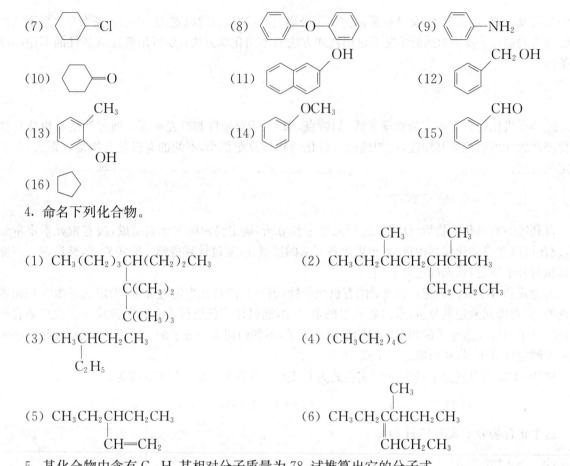

4. 命名下列化合物。

(1) $CH_3(CH_2)_3CH(CH_2)_2CH_3$

$|$
$C(CH_3)_2$
$|$
$C(CH_3)_3$

(2) $CH_3CH_2CHCH_2CHCHCH_3$

(3) $CH_3CHCH_2CH_3$

$|$
C_2H_5

(4) $(CH_3CH_2)_4C$

(5) $CH_3CH_2CHCH_2CH_3$

$|$
$CH=CH_2$

(6) $CH_3CH_2CHCH_2CH_3$

5. 某化合物中含有 C、H,其相对分子质量为 78,试推算出它的分子式。

6. 某化合物的分子量为 80,其元素组成为 C:45%,H:7.5%,F:47.5%,试推算出它的分子式。

7. 已知化合物 A 含有 C、H、N、O 元素,其质量百分含量分别为 49.3%、9.6%、19.2% 和 21.9%;又知质谱测得该化合物的分子量为 146。写出该化合物的分子式。

(潘乔丹)

第二章
链 烃

仅由碳和氢 2 种元素组成的化合物称为烃(hydrocarbon),烃是有机化合物的母体,其他各类有机化合物都可以看作烃的衍生物(derivative)。根据性质的不同,可以把烃类分为脂肪烃和芳香烃两大类。脂肪烃又分为饱和烃、不饱和烃和脂环烃,饱和烃即指烷烃,不饱和烃包括烯烃和炔烃;芳香烃又分为苯系芳香烃和非苯系芳香烃。根据结构的不同,可以把烃类分为链烃和环烃。链烃广泛分布于自然界中,其主要作用是用作燃料及化工和医药产品的原料,石油和天然气是链烃的主要来源,医药中常用的石蜡和凡士林都是烷烃的混合物。本章重点讨论链状的烷烃(alkane)、烯烃(alkene)和炔烃(alkyne)。

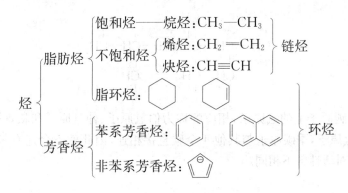

第一节 烷、烯和炔的结构

一、烷烃的结构

烷烃分子中碳原子都采用 sp^3 杂化,碳碳之间及碳氢之间均以 σ 键结合。烷烃分子中的键角接近 109°28′,C—C 键的键长约 0.154 nm,C—H 键的键长约 0.110 nm。由于 σ 键电子云沿键轴呈近似圆柱状对称分布,故成键的 2 个原子可以绕键轴"自由"旋转。

(一) 甲烷的结构

甲烷是烷烃中结构最简单的分子。甲烷分子中的碳原子以 4 个 sp^3 杂化轨道分别与 4 个氢原子的 1s 轨道"头碰头"最大程度地重叠,形成 4 个 C—Hσ 键,C—H 键的键角为 109°28′,甲烷分子的空间构型为正四面体,分子中原子间相互距离最远,排斥力最小,体系能量最低,非常稳定,如图 2-1 所示。

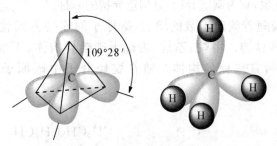

图 2-1 C 的 sp^3 杂化及甲烷分子的电子云图

(二) 乙烷的结构

乙烷分子中,2 个碳原子各以一个 sp^3 杂化轨道"头碰头"最大程度地重叠,形成 1 个 C—Cσ 键,每

微课:碳原子的
杂化轨道

微课:烷烃的
结构

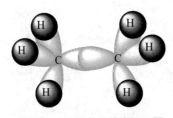

图2-2 乙烷分子的电子云图

个碳原子剩下的 3 个 sp^3 杂化轨道分别与 3 个氢原子的 $1s$ 轨道重叠,形成 3 个 C—Hσ 键,分子中的键角均接近$109°28'$,如图 2-2 所示。

烷烃的分子通式为 C_nH_{2n+2},我们把分子通式和结构特征相同的一系列化合物称为同系列,同系列中的各种化合物互称同系物(homolog),相邻的两种同系物在组成上的不变的差数—CH_2—称为同系列差。同系物的结构相似,化学性质也相似,物理性质会随碳原子数的增加呈现规律性的变化。

(三) 烷烃中碳原子的类型

烷烃中的碳原子均为饱和碳原子,根据它所连接的碳原子数目的不同,可以把碳原子分为伯、仲、叔、季碳原子,也可以叫一级碳原子、二级碳原子、三级碳原子、四级碳原子,分别用$1°$、$2°$、$3°$、$4°$表示。一级碳原子就是只与 1 个其他碳原子直接相连的碳原子,二级碳原子是与 2 个其他碳原子直接相连的碳原子,以此类推,三级碳原子是与 3 个其他碳原子直接相连的碳原子,四级碳原子是与 4 个其他碳原子直接相连的碳原子。例如:

$$
\begin{array}{c}
\overset{1°}{CH_3} \\
| \\
\overset{1°}{CH_3}-\overset{3°}{CH}-\overset{4°}{C}-\overset{2°}{CH_2}-\overset{3°}{CH}-\overset{1°}{CH_3} \\
| \quad\quad | \quad\quad\quad | \\
\underset{1°}{CH_3} \ \underset{1°}{CH_3} \quad\quad \underset{1°}{CH_3}
\end{array}
$$

连接在伯、仲、叔碳原子上的氢原子,相应的称为伯氢原子、仲氢原子和叔氢原子,也可以叫 $1°$氢原子、$2°$氢原子和 $3°$氢原子,季碳原子与其他 4 个碳直接相连,因此就不会连有氢原子。不同类型的氢原子化学反应的相对活性各不相同。

问题 2-1 某烷烃分子式为 C_7H_{16},分子中各类氢原子数之比为$1°:2°:3°=6:1:1$,请写出此烷烃的结构式。

(四) 烷烃的碳链异构

具有相同的分子组成而分子的结构不同的现象称为同分异构现象(isomerism),分子式相同而结构式不同的化合物互称为同分异构体,简称异构体(isomer)。同分异构包括构造异构和立体异构(见第四章),构造是指分子中原子之间相互连接的次序和方式,分子式相同而分子中原子间相互连接的次序和方式不同的现象称为构造异构。烷烃分子中,分子式相同,仅仅由于碳链结构不同而产生的同分异构现象,称为碳链异构,是构造异构的一种。

烷烃随着碳原子数的增加,碳原子的连接方式就会有改变,导致碳链结构不同,因此就会出现碳链异构。甲烷、乙烷、丙烷无碳链异构体,丁烷分子式 C_4H_{10},有两种异构体,戊烷分子式 C_5H_{12},有三种异构体。随着烷烃分子中碳原子数目的增多,碳链异构体的数目也随之增加。

$$
C_4H_{10} \quad\quad CH_3CH_2CH_2CH_3 \quad\quad\quad
\begin{array}{c}
CH_3 \\
| \\
CH_3CHCH_3
\end{array}
$$

丁烷   异丁烷

$$C_5H_{12} \quad CH_3CH_2CH_2CH_2CH_3 \quad CH_3\underset{\displaystyle CH_3}{\overset{\displaystyle CH_3}{|}}CHCH_2CH_3 \quad CH_3\underset{\displaystyle CH_3}{\overset{\displaystyle CH_3}{\underset{|}{\overset{|}{C}}}}CH_3$$

戊烷　　　　　　异戊烷　　　　　　新戊烷

二、烯烃的结构

(一) 乙烯的结构

微课:烯烃的结构

烯烃是含有碳碳双键的不饱和烃,直链单烯烃的通式为 C_nH_{2n}。单烯烃中,连接碳碳双键的碳原子都采用 sp^2 杂化。最简单的烯烃是乙烯,其中 2 个碳原子都是 sp^2 杂化,3 个 sp^2 杂化轨道分别指向平面正三角形的 3 个顶角,轨道之间的夹角为 120°,未杂化的 p 轨道垂直于杂化轨道的平面。2 个碳原子各自用 1 个 sp^2 杂化轨道沿键轴方向"头碰头"最大程度地重叠,形成 1 个 C—C σ 键,在 σ 键形成的同时,各自未杂化的 p 轨道"肩并肩"侧面重叠,形成 C—C 之间的第二个键 π 键,其余 4 个 sp^2 杂化轨道分别与氢的 1s 轨道重叠,形成 4 个 C—H σ 键。因 sp^2 杂化轨道是平面型的,故乙烯分子中,2 个 C 和 4 个 H 共平面,乙烯分子是平面型结构,如图 2-3 所示。

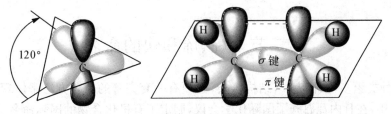

图 2-3　C 的 sp^2 杂化及乙烯分子的电子云图

(二) 烯烃的异构

烯烃与相同碳原子数的烷烃相比,构造异构体的数目更多,其构造异构包括碳链异构和位置异构,比如丁烯有三个异构体:

$$C_4H_8 \qquad H_2C\!=\!CH\!-\!CH_2CH_3 \qquad CH_3\!-\!CH\!=\!CH\!-\!CH_3 \qquad CH_3\!-\!\underset{\displaystyle CH_3}{\overset{\displaystyle CH_3}{\underset{|}{C}}}\!=\!CH_2$$

　　　　　　(Ⅰ) 1-丁烯　　　　　　(Ⅱ) 2-丁烯　　　　　　(Ⅲ) 2-甲基丙烯

上述丁烯的三个异构体中,(Ⅰ)、(Ⅱ)和(Ⅲ)之间碳原子的连接方式不同,属于碳链异构,而(Ⅰ)和(Ⅱ)之间是碳碳双键(官能团)的位置不同,属于位置异构。

问题 2-2　某烯烃的分子式为 C_5H_{10},请写出此烯烃的可能的结构简式。

三、炔烃的结构

(一) 乙炔的结构

微课:炔烃的结构

炔烃是含有碳碳三键的不饱和烃,直链单炔烃的通式为 C_nH_{2n-2}。结构最简单的炔烃为乙炔,其中碳原子采用 sp 杂化,2 个 sp 杂化轨道之间的夹角为 180°,未杂化的两个 p 轨道和杂化轨道之间两两垂直。成键的两个碳原子各自用 1 个 sp 杂化轨道沿键轴方向"头碰头"最大程度地重叠,形成 1 个 C—C σ 键,在 σ 键形成的同时,未杂化的 2 个 p 轨道分别"肩并肩"地侧面重叠,形成 C—C 之间的另外 2 个 π 键,其余 2 个 sp 杂化轨道分别与氢的 1s 轨道重叠,形成 2 个 C—Hσ 键。因 sp 杂化轨道是直线型的,故乙炔分子为直线型分子,如图 2-4 所示。

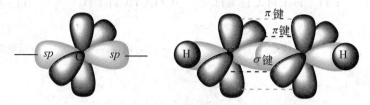

图 2-4　C 的 sp 杂化及乙炔分子的电子云图

(二) 炔烃的异构

同烯烃一样,炔烃的构造异构也包括碳链异构和位置异构,但由于三键碳原子只能连一个取代基,而且三键碳原子也不能连接支链,故与相同碳原子数的烯烃相比,其异构体的数目较少。例如丁炔只有两个异构体,属于位置异构。

$$HC\equiv CCH_2CH_3 \qquad\qquad CH_3C\equiv CCH_3$$

1-丁炔 　　　　　　　　　2-丁炔

第二节　烷、烯和炔的命名

有机化合物种类繁多,数目庞大,结构复杂,必须有一套完善的命名方法来体现各类化合物名称的一致性。1892 年,在日内瓦召开了国际化学会议,制定了有机化合物的国际命名法。1957 年,国际纯粹与应用化学联合会(international union of pure and applied chemistry)召开会议并修订了国际命名法,称为"IUPAC"命名法。目前我国采用的命名法是在 IUPAC 命名法基础上,结合我国汉字特点,于 1982 年由中国化学会修订,称为系统命名法。系统命名法的命名原则适用于各类有机化合物。

一、烷烃的命名

烷烃的命名原则是其他各类有机化合物命名的基础,常用的有普通命名法(common nomenclature)和系统命名法(systematic nomenclature)。

微课:烷烃的
普通命名法

(一) 普通命名法

碳原子数少于或等于 10 个的直链烷烃,分别用天干:甲、乙、丙、丁、戊、己、庚、辛、壬、癸表示对应的碳原子个数,在后面加上"烷"字,这就是烷烃的普通命名法。如 CH_4:甲烷;C_2H_6:乙烷;C_3H_8:丙烷;C_4H_{10}:丁烷……$C_{10}H_{22}$:癸烷。碳原子数多于 10 个的烷烃,用中文数字表示,在后面加上"烷"字,如 $C_{11}H_{24}$:十一烷;$C_{20}H_{42}$:二十烷。烷烃的英文后缀为-ane,10 个碳原子以下的直链烷烃的英文名称见表 2-1。

表 2-1　1~10 个碳原子的直链烷烃

结　构　式	中文名	英文名	结　构　式	中文名	英文名
CH_4	甲烷	methane	$CH_3(CH_2)_4CH_3$	己烷	hexane
CH_3CH_3	乙烷	ethane	$CH_3(CH_2)_5CH_3$	庚烷	heptane
$CH_3CH_2CH_3$	丙烷	propane	$CH_3(CH_2)_6CH_3$	辛烷	octane
$CH_3(CH_2)_2CH_3$	丁烷	butane	$CH_3(CH_2)_7CH_3$	壬烷	nonane
$CH_3(CH_2)_3CH_3$	戊烷	pentane	$CH_3(CH_2)_8CH_3$	癸烷	decane

烷烃的异构体可以用"正""异""新"来区分，正（n-）表示直链烷烃；异（iso-）表示碳链一端有异丙基，此外再无其他侧链的烷烃；新（neo-）表示碳链一端有叔丁基，此外再无其他侧链的烷烃。

$$CH_3CH_2CH_2CH_2CH_3 \qquad CH_3\underset{|}{CH}CH_2CH_3 \qquad H_3C\underset{\underset{CH_3}{|}}{\overset{\overset{CH_3}{|}}{C}}CH_3$$

正戊烷   异戊烷   新戊烷

n-pentane   iso-pentane   neo-pentane

问题 2-3 请用普通命名法命名下列化合物：

$$CH_3\underset{\underset{CH_3}{|}}{CH}CH_2CH_2CH_3 \qquad\qquad CH_3\underset{\underset{CH_3}{|}}{\overset{\overset{CH_3}{|}}{C}}CH_2CH_3$$

普通命名法只适用于结构简单的烷烃，直链烷烃的"正"字通常可以省略。如果烷烃的结构比较复杂，就要用系统命名法加以命名了。

（二）系统命名法

1. 取代基的命名　烷烃中的取代基即指各种烷基（用 R-表示），烷基就是烷烃分子中去掉一个氢原子后剩下的基团，命名时将相应的"烷"字改为"基"字。常见的烷基见表 2-2。

微课：烷烃的系统命名法

表 2-2　常见的烷基结构和名称

烷　　烃	烷烃名称	烷　烃　基	烷烃基名称	烷烃基英文名	简　写
CH_4	甲烷	$CH_3—$	甲基	methyl	Me
CH_3CH_3	乙烷	$CH_3CH_2—$	乙基	ethyl	Et
$CH_3CH_2CH_3$	丙烷	$CH_3CH_2CH_2—$	丙基	propyl	Pr
		$CH_3\underset{|}{CH}CH_3$	异丙基	iso-propyl	iso-Pr
$CH_3CH_2CH_2CH_3$	丁烷	$CH_3CH_2CH_2CH_2—$	丁基	butyl	Bu
		$CH_3\underset{|}{CH}CH_2CH_3$	仲丁基	sec-butyl	sec-Bu
$CH_3\underset{\underset{CH_3}{|}}{CH}CH_3$	异丁烷	$CH_3\underset{\underset{CH_3}{|}}{CH}CH_2—$	异丁基	iso-butyl	iso-Bu
		$CH_3\underset{\underset{CH_3}{|}}{\overset{\overset{CH_3}{|}}{C}}$	叔丁基	tert-butyl	tert-Bu

2. 命名方法

（1）选主链 烷烃不含官能团，根据最长碳链原则选择连续的最长碳链作主链，有多条链碳原子数相等时选取代基最多的最长碳链为主链，并根据主链上的碳原子数命名为某烷，作为母体名称。例如：

$$\begin{array}{c} \qquad\qquad\qquad CH_3\quad CH_3 \\ \qquad\qquad 5\quad 4\quad 3|\quad 2|\quad 1 \\ CH_3-CH_2-CH_2-CH-CH_2-CH-C-CH_3 \\ \quad\ H_3C-CHCH_2CH_3 \qquad\quad CH_3 \\ \qquad\qquad 6\quad 7\quad 8 \end{array}$$

2,2,3,6-四甲基-5-丙基辛烷
2,2,3,6-tetramethyl-5-propyloctane

（2）编号 当取代基位于不同位次时，按"最低系列原则"给主链编号。例如：

$$\begin{array}{c} 1\quad 2\quad 3\quad 4\quad 5\quad 6\quad 7\quad 8 \\ CH_3CHCH_2CHCH_2CH_2CHCH_3 \\ \quad CH_3\qquad CH_3\qquad\quad CH_3 \end{array}$$

2,4,7-三甲基辛烷
2,4,7-trimethyloctane

当取代基位于相同位次时，按"小基团先编号原则"给主链编号。例如：

$$\begin{array}{c} 8\quad 7\quad 6\quad 5\quad 4\quad 3\quad 2\quad 1 \\ CH_3CH_2CHCH_2CH_2CHCH_2CH_3 \\ \qquad CH_2CH_3\qquad CH_3 \end{array}$$

3-甲基-6-乙基辛烷
6-ethyl-3-methyloctane

（3）写出名称 将取代基的位次和名称写在母体之前。中文名称根据取代基次序规则先小基团后大基团的顺序列出。英文名称的取代基的列出顺序是按英文首字母的排列顺序，且表示多个相同取代基的"二、三、四"用英文前缀"di、tri、tetra"表示。例如：

$$\begin{array}{c} \qquad\quad CH_2CH_3 \\ CH_3CH_2CCH_2CHCH_2CH_3 \\ \qquad\quad CH_3\ CH_3 \end{array}$$

3,5-二甲基-3-乙基庚烷
3-ethyl-3,5-dimethylheptane

$$\begin{array}{c} \qquad\qquad\quad CH_3 \\ CH_3CHCH_2CCH_2CHCH_3 \\ \quad CH_3\ CH_3\ CH_2CH_3 \end{array}$$

2,4,4,6-四甲基辛烷
2,4,4,6-tetramethyloctane

二、烯烃和炔烃的命名

微课：烯烃和炔烃的命名

烯烃和炔烃的系统命名法与烷烃相似。

1. 选主链 选择含有官能团（碳碳双键或碳碳三键）在内的最长碳链作主链。

2. 编号 使官能团的位次最低，其次，使取代基的位次最低。

3. 写出名称 对取代基的位次进行标示，其名称的表示方法与烷烃相似。且双键或三键的位次写在母体名称的前面，并用半字线连接。烯烃的英文后缀为-ene，炔烃的英文后缀为-yne。常见的烯烃基有：

$$-CH=CH_2 \qquad CH_3-CH=CH- \qquad CH_2=CH-CH_2-$$

乙烯基 丙烯基 烯丙基

烯烃、炔烃命名,例如:

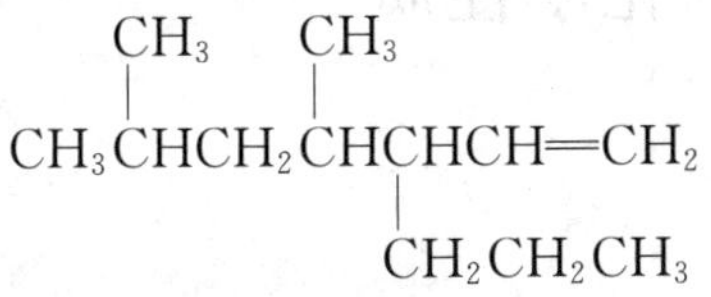

$$CH_3CHCH_2CHCHCH=CH_2$$

4,6-二甲基-3-丙基-1-庚烯
4,6 - dimethyl - 3 - propyl - 1 - heptene

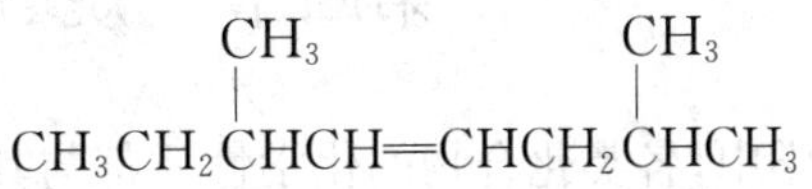

$$CH_3CH_2CHCH=CHCH_2CHCH_3$$

2,6-二甲基-4-辛烯
2,6 - dimethyl - 4 - octene

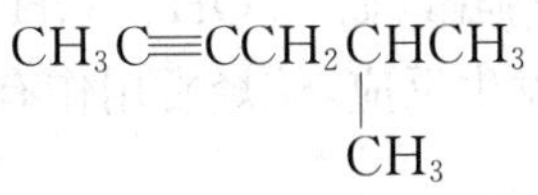

$$CH_3C≡CCH_2CHCH_3$$

5-甲基-2-己炔
5 - methyl - 2 - hexyne

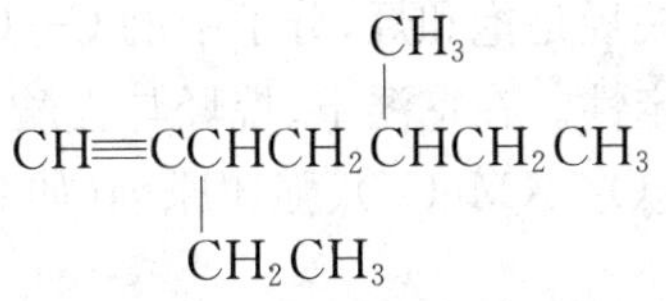

$$CH≡CCHCH_2CHCH_2CH_3$$

5-甲基-3-乙基-1-庚炔
3 - ethyl - 5 - methyl - 1 - heptyne

第三节　烷、烯和炔的物理性质

有机化合物的物理性质通常指物态、沸点、熔点、溶解度、密度、旋光度、折光率、光谱性质等。

一、烷烃的物理性质

微课:烷烃、烯烃、
炔烃的物理性质

烷烃的物理性质常常随着碳原子数的增加而呈现规律性的变化。

常温常压下,1~4 个碳的直链烷烃为气态,5~17 个碳的直链烷烃为液态,多于 18 个碳的直链烷烃为固态。

直链烷烃的沸点随碳原子数的增多呈现规律性的升高。大多数烷烃,链上每增多一个碳原子,沸点升高 20~30 ℃。在烷烃的碳链异构体中,取代基越多,沸点越低。这是由于液体沸点的高低是由分子间作用力决定的。

直链烷烃的熔点也随碳原子数的增多而升高,但其变化没有沸点那样规则,含偶数个碳原子的烷烃比含奇数个碳原子的烷烃熔点升高幅度大。在烷烃的碳链异构体中,分子结构的对称性越好的烷烃熔点越高。

烃是非极性或弱极性的有机化合物,易溶于非极性或极性较小的有机溶剂中,如苯、氯仿、乙醚等,而难溶或微溶于水和其他强极性溶剂中。

问题 2-4　请将下列化合物按沸点由高到低的顺序排列:丁烷、2-甲基丁烷、2,3-二甲基丁烷、3-甲基戊烷、己烷。

二、烯烃、炔烃的物理性质

常温常压下,2~4 个碳的烯烃、炔烃为气态,5~18 个碳的烯烃、炔烃为液态,19 个碳以上的烯烃、炔烃为固态。烯烃、炔烃的沸点随碳原子数的增多而升高,直链烯烃、炔烃的沸点比含有支链的沸点高。

第四节 烷、烯和炔的化学性质

有机化学中,各类化合物的化学性质都与其结构相关。

微课:烷烃的
化学性质

一、烷烃的性质

（一）稳定性

烷烃是饱和烃,分子中的 C—C 键和 C—H 键都是牢固的 σ 键,所以烷烃具有高度的化学稳定性。在室温下,烷烃与强酸(如 H_2SO_4、HNO_3)、强碱(如 NaOH、KOH)、强氧化剂(如 $K_2Cr_2O_7$、$KMnO_4$)、强还原剂(如 Zn+HCl)通常都不发生反应,烷烃常用作有机溶剂和药物的基质。

（二）卤代反应

烷烃的稳定性也是相对的,在适宜条件下,比如光照、高温或在催化剂作用下,烷烃也能发生一些化学反应,主要有卤代反应。烷烃分子中的氢原子被卤原子取代的反应称为卤代反应(halogenation reaction)。

以甲烷的卤代反应为例,卤素与甲烷的反应活性顺序依次为: $F_2>Cl_2>Br_2>I_2$。氟代反应过于剧烈,难以控制,碘代反应活性太差,很难进行,所以烷烃的卤代反应通常是指氯代反应和溴代反应。甲烷的氯代反应需要在紫外光照射或温度在 $250\sim400\ ℃$ 的条件下进行,产物为一氯甲烷、二氯甲烷、三氯甲烷和四氯化碳的混合物。

$$CH_4+Cl_2 \xrightarrow{\text{光或热}} CH_3Cl+HCl \qquad CH_3Cl+Cl_2 \xrightarrow{\text{光或热}} CH_2Cl_2+HCl$$

$$CH_2Cl_2+Cl_2 \xrightarrow{\text{光或热}} CHCl_3+HCl \qquad CHCl_3+Cl_2 \xrightarrow{\text{光或热}} CCl_4+HCl$$

甲烷的氯代反应很难控制在某一步,但可以通过控制反应条件如反应时间、调整物料比例等,使某个产物成为主要产物。

1. 卤代反应的机制　反应机制就是对化学反应过程的详细描述,是在大量实验事实的基础上,推理总结得出的理论假设。卤代反应属于共价键均裂的自由基反应(free-radical reaction)。自由基反应又叫链锁反应,一般包括三个阶段:链的引发、链的增长和链的终止。

（1）链的引发　在光照或加热条件下,氯气分子吸收约 $253\ kJ\cdot mol^{-1}$ 的能量,使 Cl—Cl 键均裂(Cl—Cl 键的键能为 $243\ kJ\cdot mol^{-1}$),产生两个氯自由基。

$$Cl\colon Cl \xrightarrow{\text{光或热}} 2Cl\cdot$$

（2）链的增长　氯自由基碰撞甲烷分子使其 C—H 键均裂,生成甲基自由基和氯化氢分子,接下来,甲基自由基与氯分子反应生成一氯甲烷和氯自由基,这步反应放出的能量足以维持这两步反应循环往复地进行,使链不断增长。

$$CH_4+Cl\cdot \longrightarrow CH_3\cdot +HCl$$

$$CH_3\cdot +Cl_2 \longrightarrow CH_3Cl+Cl\cdot$$

当生成的一氯甲烷浓度足够大时,氯自由基除与甲烷作用外,还可以与一氯甲烷作用,生成一氯甲基自由基,一氯甲基自由基与氯作用生成二氯甲烷,反应就这样不断进行下去,直至生成三氯甲烷和四氯化碳。所以甲烷的氯代反应的产物是混合物。

$$CH_3Cl+Cl\cdot \longrightarrow \cdot CH_2Cl+HCl$$

$$\cdot CH_2Cl + Cl_2 \longrightarrow CH_2Cl_2 + Cl\cdot$$
$$CH_2Cl_2 + Cl\cdot \longrightarrow \cdot CHCl_2 + HCl$$
$$\cdot CHCl_2 + Cl_2 \longrightarrow CHCl_3 + Cl\cdot$$
$$CHCl_3 + Cl\cdot \longrightarrow \cdot CCl_3 + HCl$$
$$\cdot CCl_3 + Cl_2 \longrightarrow CCl_4 + Cl\cdot$$

（3）链的终止 2个活泼的自由基结合,就生成稳定的分子,自由基消除,链反应终止。此外,加入少量降低自由基活性的抑制剂,也可以使反应的速率减慢或链反应终止。

$$Cl\cdot + Cl\cdot \longrightarrow Cl_2$$
$$Cl\cdot + CH_3\cdot \longrightarrow CH_3Cl$$
$$CH_3\cdot + CH_3\cdot \longrightarrow CH_3CH_3$$

2. 烷烃卤代反应的取向 烷烃中常含有不同类型的氢原子,因此发生卤代反应时常生成不同卤代产物的混合物。例如:

$$CH_3CH_2CH_3 + Cl_2 \xrightarrow[25\,℃]{光照} CH_3CH_2CH_2Cl + \underset{\underset{Cl}{|}}{CH_3CHCH_3}$$

1-氯丙烷(43%)　　2-氯丙烷(57%)

丙烷分子中有6个1°氢原子和2个2°氢原子,那么相应的氢原子被氯代所得产物的比率应为3:1,而实际上,室温下此两种产物的得率之比为43:57,说明这两种氢原子的反应活性不一样;2°氢原子的反应活性比1°氢原子大些。

$$\underset{\underset{CH_3}{|}}{CH_3CHCH_3} + Cl_2 \xrightarrow[25\,℃]{光照} \underset{\underset{CH_3}{|}}{CH_3CHCH_2Cl} + \overset{\overset{Cl}{|}}{\underset{\underset{CH_3}{|}}{CH_3CCH_3}}$$

2-甲基-1-氯丙烷(37%)　2-甲基-2-氯丙烷(63%)

2-甲基丙烷中有9个1°氢原子和1个3°氢原子,那么相应的氢原子被氯代所得产物的比率应为9:1,而实际上室温下,此两种产物的得率之比为37:63,说明3°氢原子的反应活性比1°氢原子大得多。大量氯代反应的实验结果表明,室温下,3°氢原子、2°氢原子、1°氢原子的氯代反应相对活性之比约为5:4:1。

烷烃的氯代反应,由于氯的活泼性较大,对各种类型氢原子的选择性较差,各产物的相对比例相差不大;如果是溴代反应,由于溴的活泼性较小,选择性很强,几乎只选择活性高的叔氢原子生成主要产物,因此总是以一种产物占优势。例如:

$$CH_3CH_2CH_3 + Br_2 \xrightarrow[127\,℃]{光照} CH_3CH_2CH_2Br + \underset{\underset{Br}{|}}{CH_3CHCH_3}$$

1-溴丙烷(3%)　　2-溴丙烷(97%)

$$\underset{\underset{CH_3}{|}}{CH_3CHCH_3} + Br_2 \xrightarrow[127\,℃]{光照} \underset{\underset{CH_3}{|}}{CH_3CHCH_2Br} + \overset{\overset{Br}{|}}{\underset{\underset{CH_3}{|}}{CH_3CCH_3}}$$

2-甲基-1-溴丙烷(<1%)　2-甲基-2-溴丙烷(>99%)

自阅材料　自由基与人体健康

　　自由基是含有一个孤对电子的原子或原子团。人体中也有自由基,自由基对人体健康是一把双刃剑,一方面,生命活动离不开自由基,它们可以帮助传递维持生命活动所需的能量,具有信号传导和免疫功能,被用来杀灭细菌和寄生虫,还能参与排除毒素;另一方面,自由基具有强氧化作用,会损害人体的组织和细胞,当人体中的自由基超过一定量,并失去控制时,就会给我们的身体带来危害。大量研究表明,肿瘤、炎症、衰老、血液病,以及心、肝、肺、皮肤等各种疑难疾病的发生,都与体内清除自由基能力的下降或自由基产生过多有着密切关系。

　　我们生物体系中主要的自由基是氧自由基,例如超氧阴离子自由基、脂氧自由基、羟自由基、二氧化氮和一氧化氮自由基,另外还有过氧化氢、单线态氧和臭氧,通称为活性氧。体内活性氧自由基具有一定的功能,如传递能量、参与免疫和信号传导过程。但过多的活性氧自由基就会起破坏作用,导致人体正常细胞和组织的损坏,从而引起多种疾病。此外,外界环境中的阳光辐射、空气污染、吸烟、农药等都会使人体产生过多的活性氧自由基,使核酸突变,这是人类衰老和患病的根源。

　　自由基不仅存在于人体内,也存在于人体外,那么,降低自由基危害的途径就有两条:一是利用内源性自由基清除系统清除体内多余的自由基,二是发掘外源性抗氧化剂——自由基清除剂,阻断自由基对人体的损害。大量研究表明,人体本身就具有清除过多自由基的能力,这主要是靠内源性自由基清除系统,它包括过氧化物歧化酶、过氧化氢酶、谷胱甘肽过氧化物酶等一些酶类和维生素 E、维生素 C、还原性谷胱甘肽、β-胡萝卜素和硒等一些抗氧化剂。酶类的防御作用仅限于细胞内,而抗氧化剂有些作用于细胞膜,有些甚至在细胞外就能起到防御作用,这些物质就深藏于我们体内,只要维持它们的量和活力,就能发挥清除体内多余自由基的作用,使我们体内的自由基保持平衡。目前,我国已陆续发现很多有价值的天然抗氧化剂,例如,一些特有的食用和药用植物中,含有大量酚类物质,这些物质很容易被自由基夺走电子,使自由基失去活性,同时它们失去电子后会生成对人体没有损害的稳定物质。

微课:烯烃的化学
性质(加成反应)

二、烯烃的性质

　　烯烃的官能团是碳碳双键,其中的 π 键重叠程度较小,键不牢固,容易断裂,因此烯烃容易发生加成反应和氧化反应。

　　加成反应即碳碳双键中的 π 键打开,两个碳原子分别与其他的原子或基团形成两个新的 σ 键,从而由不饱和烃生成饱和烃,这是烯烃的主要反应。

(一) 催化加氢

　　烯烃的加氢反应,在金属催化剂 Ni、Pt、Pd 的作用下进行,生成同碳原子数的烷烃。

$$R-CH=CH-R' + H_2 \xrightarrow{\text{Ni(或 Pt、Pd)}} R-CH_2-CH_2-R'$$

(二) 亲电加成反应

　　由亲电试剂进攻不饱和键而引起的加成反应称为亲电加成反应(electrophilic addition reaction)。烯烃可与卤素、卤化氢、水等发生亲电加成反应。

　　1. 与卤素的加成　卤素与烯烃加成反应活性顺序为:$Cl_2 > Br_2 > I_2$,由于 Br_2 的 CCl_4 溶液呈红棕色,反应后生成无色的卤代烃,反应灵敏,因此常用此反应来鉴别烯烃。

$$CH_3-CH{=}CH_2 + Br_2(CCl_4 \text{溶液}) \longrightarrow CH_3-\underset{\underset{Br}{|}}{CH}-\underset{\underset{Br}{|}}{CH_2}$$

丙烯　　　　　　　（红棕色）　　　　　1,2-二溴丙烷(无色)

2. 与卤化氢的加成　卤化氢与烯烃加成反应活性顺序为：HI＞HBr＞HCl,结构对称的烯烃与卤化氢加成只生成一种产物,而结构不对称的烯烃与卤化氢加成会得到两种产物,以哪种产物为主呢? 应符合马尔可夫尼克夫规则(Markovnikov's Rule),简称马氏规则,即当不对称烯烃与 HX 发生加成反应时,HX 中的 H^+ 总是加到碳碳双键中含氢较多的碳原子上,而 X^- 加到含氢较少的碳原子上。例如：

$$CH_3CH{=}CHCH_3 + HBr \longrightarrow CH_3\underset{\underset{H}{|}}{CH}-\underset{\underset{Br}{|}}{CHCH_3}$$

$$CH_3CH{=}CH_2 + HBr \longrightarrow CH_3\underset{\underset{Br}{|}}{CH}-\underset{\underset{H}{|}}{CH_2}$$

主要产物

问题 2-5　写出 2-甲基丙烯与溴化氢加成的主要产物。

---

(1) 反应机制　烯烃与卤化氢的加成反应是分步进行的亲电加成反应。第一步是 HX 中的 H^+ 作为亲电试剂进攻碳碳双键的 π 电子,生成碳正离子中间体;第二步是 HX 中的 X^- 与碳正离子结合生成主要加成产物。

$$\underset{}{\text{C}}{=}\text{C} \xrightarrow[\;H^+\;]{\text{慢}} \overset{}{\underset{\underset{H}{|}}{\text{C}}}-\overset{+}{\text{C}} \xrightarrow[\;X^-\;]{\text{快}} \underset{\underset{H}{|}}{\text{C}}-\overset{\overset{X}{|}}{\text{C}}$$

在此过程中,第一步生成碳正离子的过程较慢,是决定整个反应速率的关键步骤。

(2) 诱导效应　在多原子分子中,由于原子或基团的电负性不同,使成键原子间的电子云向一个方向偏移的现象称为诱导效应(inductive effect),用符号 I 表示,是有机化学电子效应的一种。例如：

微课:诱导效应

$$H-\underset{\underset{H}{|}}{\overset{\overset{H}{|}}{\underset{3}{C}}} \xrightarrow{\delta\delta\delta^+} \underset{\underset{H}{|}}{\overset{\overset{H}{|}}{\underset{2}{C}}} \xrightarrow{\delta\delta^+} \underset{\underset{H}{|}}{\overset{\overset{H}{|}}{\underset{1}{C}}} \xrightarrow{\delta^+} \overset{\delta^-}{Cl}$$

在 1-氯丙烷中,C—Cl 键是极性键,成键电子向电负性较大的氯原子靠近,使氯原子带部分负电荷,用"δ^-"表示,而与其相连的电负性较小的碳原子 C_1 带部分正电荷,用"δ^+"表示,受 C_1 的影响,使 C_1—C_2 的成键电子向 C_1 偏移,则 C_2 带上更微量的正电荷,用"$\delta\delta^+$"表示,以此类推,C_3 带上极微量的正电荷,用"$\delta\delta\delta^+$"表示。由此可见,诱导效应是一种静电引力作用,其特点是：沿着碳链传递并随碳链的延长迅速减弱,一般经过 3 个碳原子,其影响已极其微弱,可以忽略不计了,诱导效应是短程的作用。

诱导效应的方向是以 C—H 键中的 H 作为比较标准,若电负性大的某原子或基团 X 取代了 H,则 C—X 键的电子云向 X 偏移,X 具有吸电子性,称为吸电子基团,由此引起的诱导效应称为吸电子诱导效应,用"$-I$"表示;与此相反,若电负性小的某原子或基团 Y 取代了 H,则 C—Y 键的电子云向

C 偏移,Y 具有斥电子性,称为斥电子基团,由此引起的诱导效应称为斥电子诱导效应,用"+I"表示。

原子或基团的电负性大小,通过实验测定,排序如下:

$$—F > —Cl > —Br > —I > —OCH_3 > —NHCOCH_3 > —C_6H_5 > —CH{=\!=}CH_2 >$$
$$—H > —CH_3 > —CH_2CH_3 > —CH(CH_3)_2 > —C(CH_3)_3$$

排在 H 前面的是吸电子基团,排在 H 后面的是斥电子基团。

(3) 碳正离子的稳定性 碳正离子是某些化学反应过程中产生的活泼中间体,烷基碳正离子是 sp^2 杂化,这与烷基自由基的构型相似,不同的是碳正离子的 p 轨道上没有电子,而烷基自由基的 p 轨道上有 1 个电子,如图 2-5 所示。

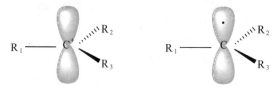

图 2-5 碳正离子及碳自由基的构型

按照碳正离子所连烃基数目的不同,把碳正离子分为甲基碳正离子、伯(1°)碳正离子、仲(2°)碳正离子和叔(3°)碳正离子。烷烃基是斥电子基,使成键电子云向碳正离子方向靠拢,从而使碳正离子的正电荷得到分散,所连烷烃基越多,碳正离子的正电荷的分散程度越高,碳正离子就越稳定。因此叔碳正离子最稳定,甲基碳正离子最不稳定,碳正离子的稳定性顺序为:

$$3° \text{ 碳正离子} > 2° \text{ 碳正离子} > 1° \text{ 碳正离子} > \text{甲基碳正离子}$$

在有活泼的碳正离子中间体生成的反应中,碳正离子越稳定,反应越容易进行。

问题 2-6 请从碳正离子稳定性的角度解释 2-甲基丙烯与溴化氢加成的主要产物。

但在过氧化物存在条件下,烯烃与溴化氢的加成反应不是亲电加成反应,而是自由基加成反应,生成的是反马氏规则加成产物,这称为过氧化物效应。

反应机制如下:

(1) 链引发

$$R—O—O—R \longrightarrow 2RO·$$
$$RO· + HBr \longrightarrow ROH + Br·$$

(2) 链增长

$$RCH{=\!=}CH_2 + Br· \longrightarrow RĊHCH_2Br$$
中间体

$$RĊHCH_2Br + HBr \longrightarrow RCH_2CH_2Br + Br·$$
加成产物

（3）链终止

$$2Br\cdot \longrightarrow Br_2$$

$$R\overset{\cdot}{C}HCH_2Br + Br\cdot \longrightarrow RCHBrCH_2Br$$

$$2R\overset{\cdot}{C}HCH_2Br \longrightarrow \begin{array}{c} RCHCH_2Br \\ | \\ RCHCH_2Br \end{array}$$

在链增长的这步反应中，溴自由基进攻双键时有两种取向，既可以生成 $R\overset{\cdot}{C}HCH_2Br$，也可以生成 $RCHBr\overset{\cdot}{C}H_2$，到底生成何种产物取决于自由基的稳定性，自由基的稳定性顺序与碳正离子的稳定性相同，即：

$$CH_2=CH-\overset{\cdot}{C}H_2 > 3° 碳自由基 > 2° 碳自由基 > 1° 碳自由基 > 甲基自由基 > CH=\overset{\cdot}{C}H\cdot$$

$R\overset{\cdot}{C}HCH_2Br$（2° 碳自由基）稳定性大于 $RCHBr\overset{\cdot}{C}H_2$（1° 碳自由基），中间体以 $R\overset{\cdot}{C}HCH_2Br$ 为主。

在卤化氢中，只有 HBr 有此过氧化物效应，这是因为 HF 和 HCl 的共价键比较牢固，不能形成 F 或 Cl 的自由基，HI 虽然可以形成 I 的自由基，但其活性较低，很难与碳碳双键发生自由基加成反应。

问题 2-7　请将下列自由基按稳定性从大到小的顺序加以排列：

（1）$CH_3CH=CH\overset{\cdot}{C}H_2$　　（2）$CH_3\overset{\underset{\displaystyle CH_3}{|}}{\overset{\cdot}{C}}CH_3$　　（3）$CH_3CH_2\overset{\cdot}{C}HCH_3$　　（4）$CH_3CH_2CH_2\overset{\cdot}{C}H_2$

---

3. 与水加成　在酸（如硫酸、磷酸等）催化条件下，烯烃可以直接与水加成生成醇。工业上常用此方法制备分子量较小的醇。

$$CH_2=CH_2 + H_2O \xrightarrow[\text{300 ℃}]{H_3PO_4} CH_3CH_2OH$$

酸催化下烯烃与水的加成也属于亲电加成反应，反应的主要产物也遵循马氏规则。例如：

$$CH_3CH=CH_2 + H_2O \xrightarrow{H_2SO_4(65\%)} CH_3\overset{\underset{\displaystyle OH}{|}}{C}H-\overset{\underset{\displaystyle H}{|}}{C}H_2$$

（三）氧化反应

在有机反应中，氧化反应是指有机化合物分子中加氧或去氢的反应。烯烃的碳碳双键很容易被氧化，常见的氧化剂有高锰酸钾、过氧化物及臭氧等，甚至空气中的氧也可以使烯烃氧化。

与酸性的高锰酸钾溶液或在加热的条件下反应，烯烃的碳碳双键发生断裂，生成羧酸、酮、二氧化碳或它们的混合物，反应的现象是紫红色的高锰酸钾溶液褪去。不同结构的烯烃被氧化成不同的产物。

$$R-CH=CH_2 \xrightarrow[H^+]{KMnO_4} RCOOH + CO_2\uparrow + H_2O$$

微课：烯烃的化学
性质（氧化反应）

$$R-\overset{\underset{\displaystyle R_1}{|}}{C}=CHR_2 \xrightarrow[H^+]{KMnO_4} R-\overset{\overset{\displaystyle O}{\|}}{C}-R_1 + R_2COOH$$

例如：

$$CH_3CH{=}CH_2 \xrightarrow[H^+]{KMnO_4} CH_3COOH + CO_2 \uparrow + H_2O$$

$$\underset{\underset{CH_3}{|}}{\overset{\overset{CH_3}{|}}{CH_3{-}C{=}C{-}CH_3}} \xrightarrow[H^+]{KMnO_4} 2CH_3\overset{\overset{O}{\|}}{C}{-}CH_3$$

此反应现象明显，经常用来鉴别烯烃，还可以根据产物的结构推断反应物烯烃的结构。

与碱性或中性高锰酸钾的冷溶液反应，烯烃的碳碳双键被氧化成邻二醇，高锰酸钾的紫红色褪去生成褐色的二氧化锰沉淀。

$$\underset{\underset{R_2}{|}}{\overset{\overset{R_1}{|}}{C}}{=}\underset{\underset{R_4}{|}}{\overset{\overset{R_3}{|}}{C}} \xrightarrow[KMnO_4]{H_2O} R_1{-}\underset{OH}{\overset{R_2}{\overset{|}{C}}}{-}\underset{OH}{\overset{R_4}{\overset{|}{C}}}{-}R_3 + MnO_2 \downarrow$$

问题 2-8 写出以下反应的主要产物：$\bigcirc \xrightarrow[H^+]{KMnO_4}$

（四）聚合反应

烯烃可以在引发剂或催化剂的作用下，碳碳双键断裂相互加成、聚合，生成大分子或高分子化合物。这种由分子量小的化合物相互作用生成分子量大的化合物的反应叫作聚合反应。在聚合反应中，参加反应的分子量小的化合物叫作单体，反应中生成的分子量大的化合物叫作聚合物。乙烯作为单体通过聚合反应可以合成聚乙烯，反应如下：

$$n\,CH_2{=}CH_2 \xrightarrow[100\sim250\ ℃,150\sim300\ MPa]{少量引发剂} {-}[CH_2{-}CH_2]_n$$
聚乙烯

聚乙烯耐酸、耐碱、抗腐蚀，具有优良的电绝缘性能，是优良的高分子材料。聚丙烯也是工业上应用很广的高分子材料，反应如下：

$$n\,CH_3CH{=}CH_2 \xrightarrow[50\ ℃,1\ MPa]{三烷基铝,三氯化钛} \underset{\underset{CH_3}{|}}{[CH{-}CH_2]_n}$$
聚丙烯

三、炔烃的性质

炔烃是不饱和烃，化学性质与烯烃相似，容易发生加成反应和氧化反应。

（一）加成反应

1. 催化加氢 在铂、钯或镍存在的条件下，炔烃可以和氢发生加成反应，通常反应不能停留在生成烯烃的阶段，而是直接生成烷烃。

微课：炔烃的
化学性质

$$CH{\equiv}CH \xrightarrow[H_2]{Pt} CH_2{=}CH_2 \xrightarrow[H_2]{Pt} CH_3CH_3$$
乙炔　　　　　乙烯　　　　　乙烷

2. **与卤素的加成**　与烯烃一样，炔烃也可以和卤素发生亲电加成反应，但反应速率比烯烃略慢一些。只要有足量的卤素，就可以打开两个 π 键，生成四卤代烷烃。

$$CH_3C{\equiv}CH + 2Br_2(CCl_4) \longrightarrow CH_3\overset{\overset{\displaystyle Br}{|}}{\underset{\underset{\displaystyle Br}{|}}{C}}\overset{\overset{\displaystyle Br}{|}}{\underset{\underset{\displaystyle Br}{|}}{CH}}$$

丙炔　　　　　（红棕色）　　1,1,2,2-四溴丙烷(无色)

炔烃与溴的四氯化碳溶液反应，使溴的四氯化碳溶液的红棕色褪去，此反应的现象明显，常用于炔烃的鉴别。

3. **与卤化氢的加成**　炔烃与一分子的卤化氢反应，生成卤代烯烃，继续和一分子的卤化氢反应，生成二卤代烷烃，加成产物符合马氏规则。例如：

$$CH_3C{\equiv}CH + HCl \longrightarrow CH_3\underset{\underset{\displaystyle Cl}{|}}{C}{=}CH_2 \xrightarrow{HCl} CH_3\overset{\overset{\displaystyle Cl}{|}}{\underset{\underset{\displaystyle Cl}{|}}{C}}CH_3$$

丙炔　　　　　　　　　2-氯丙烯　　　　　2,2-二氯丙烷

（二）氧化反应

炔烃的碳碳三键在酸性高锰酸钾等强氧化剂的作用下，可发生断裂，生成羧酸和二氧化碳等产物。

$$CH_3CH_2C{\equiv}CH \xrightarrow[H^+]{KMnO_4} CH_3CH_2COOH + CO_2\uparrow$$

$$CH_3(CH_2)_2C{\equiv}C\underset{\underset{\displaystyle CH_3}{|}}{C}HCH_3 \xrightarrow[H^+]{KMnO_4} CH_3(CH_2)_2COOH + (CH_3)_2CHCOOH$$

2-甲基-3-庚炔　　　　　　　　　丁酸　　　　　　2-甲基丙酸

此反应现象明显，常用于炔烃的初步鉴别；也可以根据产物的结构来推断原来炔烃的结构。

问题 2-9　某炔烃被酸性高锰酸钾氧化后，仅得到 2-甲基丙酸一种产物，试推测此炔烃的结构。

（三）末端炔烃的特征反应

炔烃中三键碳原子是 sp 杂化。碳原子的杂化类型不同，电负性也不一样，杂化轨道的 s 成分比例越大，电负性越大，即 $sp > sp^2 > sp^3$，因此，与三键碳原子相连的氢具有弱酸性，可以被一些金属离子取代，生成金属炔化物。

末端炔烃可以与硝酸银的氨溶液或氯化亚铜的氨溶液反应，生成白色的炔化银沉淀或砖红色的炔化亚铜沉淀。例如：

$$CH{\equiv}CH + AgNO_3 \xrightarrow{氨溶液} AgC{\equiv}CAg\downarrow$$

乙炔　　　　　　　　　乙炔银(白色)

$$CH_3C{\equiv}CH + CuCl \xrightarrow{氨溶液} CH_3C{\equiv}CCu\downarrow$$

丙炔　　　　　　　　丙炔亚铜(砖红色)

此反应现象明显，灵敏度高，常用于末端炔烃的鉴别，三键碳上不连有氢原子的炔烃不能发生此

类反应。金属炔化物在湿润时比较稳定,干燥状态下受热或振荡易发生爆炸。因此,反应结束后应及时加入稀硝酸将其分解。

问题 2-10　末端炔烃也可以与氨基钠($NaNH_2$)在液氨溶液中反应,生成炔化钠,请尝试写出 1-丁炔在此条件下的反应方程式。

第五节　二 烯 烃

含有 2 个碳碳双键的不饱和烃称为二烯烃(dienes),根据二烯烃中碳碳双键的相对位置,将二烯烃分为隔离二烯烃、累积二烯烃和共轭二烯烃 3 种类型。隔离二烯烃又叫孤立二烯烃,是指两个双键被两个或两个以上的单键隔开,隔离二烯烃的 2 个碳碳双键距离较远,相互影响较小,因此化学性质类似于单烯烃;累积二烯烃是指 2 个碳碳双键连在同一个碳原子上,连接 2 个双键的碳原子为 sp 杂化,这类化合物不稳定,在自然界中存在较少;共轭二烯烃是指 2 个碳碳双键被一个单键隔开,由于双键之间会相互影响,共轭二烯烃不仅会表现出单烯烃的性质,还会表现出一些特殊的性质。例如:

$$H_2C{=}CH{-}CH_2{-}CH{=}CH_2 \qquad H_2C{=}C{=}CH{-}CH_3 \qquad H_2C{=}CH{-}CH{=}CH_2$$

　　　1,4-戊二烯　　　　　　　　　　1,2-丁二烯　　　　　　　　　1,3-丁二烯
　　　隔离二烯烃　　　　　　　　　　累积二烯烃　　　　　　　　　共轭二烯烃

本节以 1,3-丁二烯为例来探讨共轭二烯烃的结构特点和特殊性质。

一、共轭二烯烃的结构和共轭效应

(一) 1,3-丁二烯的结构

1,3-丁二烯是结构最简单的共轭二烯烃,分子中,4 个碳原子都是 sp^2 杂化,碳原子之间用 sp^2 杂化轨道"头碰头"最大程度地重叠形成 3 个 C—Cσ 键,碳原子和氢原子之间以碳的 sp^2 杂化轨道和氢的 $1s$ 轨道"头碰头"最大程度地重叠形成 6 个 C—Hσ 键,分子中,4 个碳原子和 6 个氢原子是共平面的,每个碳原子上未杂化的 p 轨道都垂直于这个平面,并彼此"肩并肩"侧面重叠,形成大 π 键,如图 2-6 所示。

微课:二烯烃的结构和性质

在 1,3-丁二烯分子中,不仅仅 C_1—C_2、C_3—C_4 之间形成 π 键,C_2—C_3 之间的 p 轨道也发生部分重叠,也具有 π 键的性质。事实上,1,3-丁二烯分子中 4 个未杂化的 p 轨道上的电子,其运动空间已经不是局限在 C_1—C_2 及 C_3—C_4 之间的小范围了,而是扩展到 4 个碳原子的大范围,这些电子比单烯烃中 π 键具有更大的运动空间,这种现象称为 π 电子的离域,这种 π 键称为大 π 键或共轭 π 键,以区别单烯烃及隔离二烯烃中的 π 键。

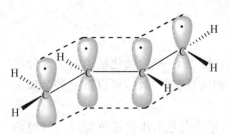

图 2-6　1,3-丁二烯分子的电子云图

1,3-丁二烯分子中的共轭 π 键是共轭体系的一种,称为 π-π 共轭体系,在单双键交替排列的多烯烃中,都存在着这种 π-π 共轭体系。这种共轭体系由于 π 电子离域,导致电子云密度分布平均化,使 1,3-丁二烯分子具有以下特点:

1. 键长平均化　共轭体系中,电子云密度平均化分布,体现在键长上也发生了平均化,即双键变长、单键变短。在 1,3-丁二烯分子中,碳碳双键的键长为 0.137 nm(比乙烯中碳碳双键的键长 0.134 nm 更长),碳碳单键的键长为 0.146 nm(比烷烃中碳碳单键的键长0.154 nm更短)。

$$\overset{0.137\ \text{nm}}{\underset{}{}}$$

（结构图：1,3-丁二烯的键长，标注 0.137 nm、0.146 nm、0.137 nm）

2. 共轭体系能量降低　共轭体系中,电子云密度平均化分布,导致体系的能量降低,所以以具有共轭体系的分子与相应的非共轭体系的分子相比,体系的能量较低,稳定性增强。

（二）共轭效应

共轭效应是指在共轭体系中,由于电子离域,导致电子云分布平均化(有时伴随交替极化),体系能量降低的现象。

问题 2-11　从原因、作用方式及结果等方面比较诱导效应与共轭效应的不同。

当共轭体系受到外电场的影响(或受到亲电试剂的进攻时),整个分子可以通过 π 电子的运动沿着共轭链而产生正负交替极化的现象。例如,1,3-丁二烯本身是非极性分子,当受到亲电试剂(H^+)进攻时,H^+ 产生吸电子的共轭效应,使 C_1—C_2 间的 π 电子云向 C_1 方向偏移,则 C_1 带上部分负电荷,而 C_2 带上部分正电荷,C_2 上的正电荷继续吸引 C_3—C_4 间的 π 电子云向 C_3 方向偏移,则 C_3 带上部分负电荷,而 C_4 带上部分正电荷,如此产生交替极化的现象。

$$\underset{4}{\overset{\delta^+}{CH_2}}=\underset{3}{\overset{\delta^-}{CH}}-\underset{2}{\overset{\delta^+}{CH}}=\underset{1}{\overset{\delta^-}{CH_2}}\quad H^+$$

共轭效应(conjugated effect)用 C 表示,是电子效应的一种,根据共轭效应的结果,共轭效应也分为斥电子共轭效应(+C)和吸电子共轭效应(−C)。共轭效应沿着共轭链传递,其强度一般不因共轭体系的增长而减弱。

（三）共轭体系

共轭体系除了 π-π 共轭体系之外,还有 p-π 共轭体系、σ-π 超共轭体系和 σ-p 超共轭体系。

1. π-π 共轭体系　有机分子中,凡是单键、双键交替排列的结构(两个双键以上)都是 π-π 共轭体系。其中,双键也可以用三键代替。例如:

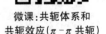

苯　　　　CH_3—CH=CH—CH=CH—CH=CH—CH_3　　　　CH_3—CH=CH—CH=O

　　　　　　　　　2,4,6-辛三烯　　　　　　　　　　　　　　　2-丁烯醛

微课:共轭体系和共轭效应(π-π 共轭)

2. p-π 共轭体系　与双键碳原子相连的原子,由于是共平面的,它的 p 轨道与形成 π 键的 p 轨道彼此平行,并发生侧面重叠,形成 p-π 共轭体系,如图 2-7 所示。

H_2C=CH—Br

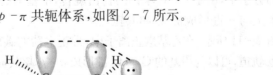

微课:共轭体系和共轭效应(p-π 共轭)

图 2-7　溴乙烯的 p-π 共轭体系

在溴乙烯的 p-π 共轭体系中,溴原子的 p 轨道上有一对电子,3 个原子核吸引 4 个 π 电子,是多

电子共轭体系。

　　如图 2-8 所示,在烯丙基碳正离子的 p-π 共轭体系中,碳正离子的 p 轨道上没有电子,是空的 p 轨道,3 个原子核吸引 2 个 π 电子,是缺电子共轭体系。

$$H_2C=CH-\overset{+}{C}H_2$$

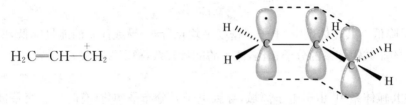

图 2-8　烯丙基碳正离子的 p-π 共轭体系

　　如图 2-9 所示,在烯丙基自由基的 p-π 共轭体系中,碳的自由基的 p 轨道上有 1 个电子,3 个原子核吸引 3 个 π 电子,是等电子共轭体系。

$$H_2C=CH-\overset{\cdot}{C}H_2$$

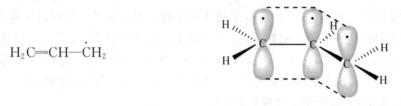

图 2-9　烯丙基自由基的 p-π 共轭体系

微课:共轭体系和
共轭效应(超共轭)

　　3. σ-π 与 σ-p 超共轭体系　　超共轭体系是由 C—Hσ 键参与的共轭体系,由于氢原子的体积很小,在 C—Hσ 键中好像是嵌在 C 和 H 形成的 σ 电子云中,C—Hσ 键类似于未共用电子对。C—Hσ 键虽然与毗邻的 π 键或 p 轨道不完全平行,但仍然可以发生一定程度的重叠,形成 σ-π 或 σ-p 超共轭体系,如图 2-10 所示。

$$H_2C=CH-CH_3$$

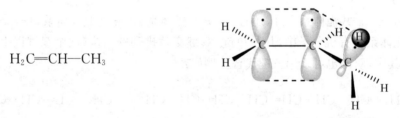

图 2-10　丙烯的 σ-π 超共轭体系

　　丙烯分子中,由于 C—C 单键的自由旋转,甲基上的 3 个 C—Hσ 键处于均等的地位,都有可能在最佳位置上与 π 键形成 σ-π 超共轭。

　　如图 2-11 所示,在乙基碳正离子中,带正电荷的碳原子为 sp^2 杂化,未杂化的 p 轨道上没有电子,是空的 p 轨道,可以与甲基的 C—Hσ 键形成 σ-p 超共轭。乙基自由基的 σ-p 超共轭体系与此类似。

$$CH_3-\overset{+}{C}H_2$$

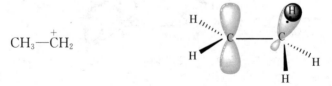

图 2-11　乙基碳正离子的 σ-p 超共轭体系

问题 2-12 请排列以下各碳正离子中间体的稳定性顺序：

(1) $\overset{+}{C}H_2CH_2CH{=}CH_2$ (2) $CH_3\overset{+}{C}HCH{=}CH_2$ (3) $(CH_3)_2\overset{+}{C}CH{=}CH_2$

(4) $CH_3CH{=}CH\overset{+}{C}H_2$

二、共轭二烯烃的性质

共轭二烯烃的性质与烯烃相似,也可以发生加成、氧化反应等,但由于 π-π 共轭体系的存在,也会表现出一些特殊的性质。例如,1,3-丁二烯与等量的 Br_2 发生加成反应时,可同时生成1,2-加成产物和1,4-加成产物。两种产物的比例取决于反应温度,低温下主要生成1,2-加成产物,升高温度则有利于生成1,4-加成产物。

$$H_2C{=}CH{-}CH{=}CH_2 + Br_2 \longrightarrow H_2C{=}CH{-}\underset{Br}{CH}{-}\underset{Br}{CH_2} + H_2C{-}\underset{Br}{CH}{=}CH{-}\underset{Br}{CH_2}$$

	1,2-加成产物	1,4-加成产物
$-80\ ℃$	80%	20%
$-15\ ℃$	55%	45%
$40\ ℃$	20%	80%
$60\ ℃$	10%	90%

1,3-丁二烯的亲电加成反应也是分两步进行,以1,3-丁二烯与 HCl 的反应为例,第一步是 H^+ 进攻1,3-丁二烯,当 H^+ 接近这个共轭体系时,引起共轭效应,导致 π 电子出现交替极化现象,H^+ 可以进攻带微量负电荷的 C_1 和 C_3,得到两种碳正离子 Ⅰ 和 Ⅱ。

$$\underset{4}{\overset{\delta^+}{C}H_2}{=}\underset{3}{\overset{\delta^-}{C}H}{-}\underset{2}{\overset{\delta^+}{C}H}{=}\underset{1}{\overset{\delta^-}{C}H_2} + H^+ \longrightarrow H_2C{=}CH{-}\underset{H}{\overset{+}{C}H}{-}CH_3 + H_2\overset{+}{C}{-}\underset{H}{CH}{-}CH{=}CH_2$$

（Ⅰ）烯丙基型碳正离子   （Ⅱ）伯碳正离子

这两种碳正离子中,Ⅰ要比Ⅱ稳定,因为Ⅰ存在着 p-π 共轭体系,将 π 电子分散到带正电荷碳的空 p 轨道上去,使得烯丙基型的碳正离子很稳定,是主要的中间体。同样由于这个共轭体系的存在,导致 π 电子离域,这个烯丙基型的碳正离子会存在两种共振式:

$$H_2C{=}CH{-}\underset{H}{\overset{+}{C}H}{-}CH_2 \rightleftharpoons H_2\overset{+}{C}{-}CH{=}CH{-}\underset{H}{CH_2}$$

反应的第二步是 Cl^- 结合碳正离子,分别生成1,2-加成产物和1,4-加成产物:

$$H_2C{=}CH{-}\underset{Cl}{CH}{-}\underset{H}{CH_2} + H_2\underset{Cl}{C}{-}CH{=}CH{-}\underset{H}{CH_2}$$

1,2-加成产物   1,4-加成产物

自阅材料 天然存在的共轭多烯烃——β-胡萝卜素

胡萝卜素是从胡萝卜中提取到的橘黄色物质,包括多种结构类似物,主要有 α、β、γ 三种异构体,其中

β-胡萝卜素是最主要的也是活性最高的组成成分,约占天然胡萝卜素的80%。β-胡萝卜素是天然存在的共轭多烯烃化合物,是维生素A(又称视黄醇)的前体,是人体内维生素A主要的安全的来源。

β-胡萝卜素

维生素A

β-胡萝卜素是一种抗氧化剂,它可以防止和清除体内代谢过程中产生的自由基,是氧自由基最强的"克星"。此外,β-胡萝卜素还具有防癌、抗癌、防衰老、防止白内障、保护视力、预防心血管疾病、提高机体免疫力等多种功效。

β-胡萝卜素是人体必需的维生素之一,正常人每天的摄入量约6 mg。许多天然食物中都含有丰富的β-胡萝卜素,如绿色蔬菜、胡萝卜、甘薯、木瓜、杜果等。在目前追求绿色食品的潮流下,天然胡萝卜素将会更受欢迎。

第六节 富勒烯简介

长期以来,人们一直坚信碳只有2种同素异形体:坚硬无比的金刚石和质地柔软的石墨。然而,近期的科学研究发现,除金刚石和石墨外,还有一些新的以单质形式存在的碳,于是以C_{60}为代表的全碳分子家族脱颖而出,并以它们独特的结构和神奇的性质展现出碳的第三种同素异形体的风采。

1985年,英国天体物理学家克罗托(H.Kroto)和化学家斯莫来(S.Smalley)等人首次在激光汽化石墨实验中发现由60个碳组成的碳原子簇结构分子C_{60},受美国著名建筑师富勒(R.Fuller)设计的拱形圆顶建筑结构的启发,经反复研究和科学计算,提出C_{60}具有封闭笼状结构的设想,后经红外光谱和^{13}C核磁共振谱得到证实。因其形状和结构酷似足球,又叫"足球烯",也叫巴基球。鉴于C_{60}结构的确定是基于富勒的启发,C_{60}、C_{70}及后来发现的一系列碳原子簇均称为富勒烯。克罗托、斯莫来等人因其在这个领域的特殊贡献而获得1996年度诺贝尔生理学与化学奖。

图2-12 C_{60}分子结构

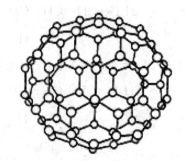

图2-13 C_{70}分子结构

C_{60}和C_{70}是富勒烯中稳定性最好的2种化合物。C_{60}(图2-12)为球形32面体,它是由60个碳原子以12个五元环和20个六元环构成的足球状中空的笼状分子,球体直径约0.710 nm,其中五边形彼此不相联接只与六边形相邻。C_{60} 由于球面弯曲效应的影响,以及五元环的存在,引起碳原子杂化方式的改变,C_{60} 分子中的杂化轨道介于 sp^2 和 sp^3 之间,处于顶点的碳原子各自用近于 sp^2 的杂化轨道重叠形成 σ 键,每个碳原子的三个 σ 键分别为一个五边形的边和两个六边形的边。碳原子的三个 σ 键不是共平面的,键角约为 $108°$ 或 $120°$,因此整个分子为球状。每个碳原子用剩下的一个未杂化的 p 轨道互相重叠形成一个含有 60 个 π 电子的闭合的共轭体系,因此在近似球形的笼内和笼外都围绕着 π 电子云。C_{70}(图 2-13)是由 70 个碳原子构成的类似于橄榄球状的中空的笼状分子,分子中含有 12 个五元环和 25 个六元环。C_{60}、C_{70} 这种特殊的笼状结构,使得它们在超导、光学、磁性、催化、材料及生物等方面表现出优异的性能,并得到广泛的应用。此外,C_{60} 在医药上也有潜在的应用前景,C_{60} 的衍生物具有抑制人体免疫缺损蛋白酶活性的功能,人体免疫缺损蛋白酶是一种能导致艾滋病的病毒,因此 C_{60} 的衍生物有望在防治艾滋病的研究上发挥作用。

拓展阅读

习   题

1. 命名或写出结构式。

(1) $(CH_3CH_2)_4C$

(2) $(CH_3)_2CHCH=CH_2$

(3)

(4)

(5) $CH_3CH_2C \equiv CCHCH_3$ (带 CH_3)

(6) $CH_3CH_2C \!\! \begin{smallmatrix} CH_3 \\ | \\ \end{smallmatrix} \!\! CHCH_2CH_3$，$CHCH_2CH_3$

(7) $H_2C=C \!\! \begin{smallmatrix} CH_3 \\ | \\ \end{smallmatrix} \!\! -CH=CHCH_3$

(8) $CH_3CH_2 \!\! \begin{smallmatrix} CH_3 \\ | \\ \end{smallmatrix} \!\! CHCH_2 \!\! \begin{smallmatrix} CH_2CH_3 \\ | \\ \end{smallmatrix} \!\! CHCH_3$，$CH_3$

(9) 2,5-二甲基-3-庚炔

(10) 2,2-二甲基-4-乙基辛烷

(11) 5-甲基-3-乙基-6-异丙基壬烷

(12) 5,6-二甲基-3-庚烯

(13) 2-甲基-6-乙基-4-辛烯

(14) 3,5-二甲基-1-己炔

(15) 2,2-二甲基-3-己炔

(16) 2-乙基-1-戊烯

(17) 2,4-二甲基-1,3,5-己三烯

(18) 2,6,6-三甲基-5-异丙基壬烷

2. 完成下列反应方程式。

(1) $H_3C \!\! \begin{smallmatrix} CH_3 \\ | \\ \end{smallmatrix} \!\! CH \!\! - \!\! CH_3 + Br_2(1\,mol) \xrightarrow[\triangle]{光照}$

(2) $CH_3CH_2C=CH_2 \xrightarrow[H^+]{KMnO_4}$ (带 CH_3)

(3) $(CH_3)_2C=CHCH_3 + HBr \longrightarrow$

(4) $(CH_3)_2C=CHCH_3 + HBr \xrightarrow{H_2O_2}$

（5）$(CH_3)_2CHC\equiv CH + HCl(1\ mol) \longrightarrow$

（6）$CH_3CH_2CH_2C\equiv CH + HBr(2\ mol) \longrightarrow$

（7）$CH_3C\equiv CH + AgNO_3(氨溶液) \longrightarrow$

（8）$CH_3CH\!=\!CHCH_2CH\!=\!CH_2 \xrightarrow[H^+]{KMnO_4}$

3. 以下各组是单烯烃经酸性高锰酸钾氧化后所得的主要产物，请根据这些产物的结构推测出原有烯烃的结构。

（1）丙酮和乙酸   （2）2-甲基丙酸和二氧化碳

（3）丁酮   （4）己二酸

4. 请根据以下条件，写出符合要求的烷烃的结构式并命名。

（1）不含有仲碳原子的 4 个碳的烷烃；

（2）分子式为 C_5H_{12}，12 个氢原子为等性氢原子；

（3）同时含有伯、仲、叔、季碳原子的相对分子质量最小的烷烃。

5. 鉴别题。

（1）丁烷、1-丁炔、2-丁炔

（2）丙烷、丙烯、丙炔

6. 推导题。

（1）A 和 B 均为链状化合物，分子式 C_4H_6，A 既可以使酸性高锰酸钾溶液褪色，也可以与硝酸银的氨溶液反应产生白色沉淀；B 只能使酸性高锰酸钾溶液褪色，而不能与硝酸银的氨溶液反应。请写出 A、B 可能的结构简式，并写出相应的反应方程式。

（2）分子式均为 C_5H_8 的两种链状化合物 A 和 B，经氢化后得到相同的产物 2-甲基丁烷，它们都可以与两分子溴加成，但 A 还可以使硝酸银的氨溶液产生白色沉淀，而 B 不能。请写出 A、B 的结构简式，并写出各步反应方程式。

（于姝燕）

环烃(cyclic hydrocarbon)又名闭链烃,是具有碳环结构的碳氢化合物。环烃可分为脂环烃(slicyclic hydrocarbons)和芳香烃(aromatic hydrocarbons)两类。

简单地说:在性质上与开链烃相似的环烃称为脂环烃,而具有与苯环及类似结构性质的环烃称为芳香烃。

第一节 脂 环 烃

脂环烃及其衍生物广泛存在于自然界中,如石油中的环烷烃、植物挥发油中的萜类、性激素甾族化合物都是脂环烃及其衍生物。

一、脂环烃的分类及命名

(一)脂环烃的分类

根据成环碳原子的饱和程度不同,脂环烃分为环烷烃、环烯烃和环炔烃,环烷烃归属饱和脂环烃,环烯烃和环炔烃归属不饱和脂环烃。

根据成环碳原子数,脂环烃分为小环(三、四元环)、常见环(五、六元环)、中环(七至十二元环)及大环(十二元环以上)。

微课:脂环烃的
分类和单环脂
环烃的命名

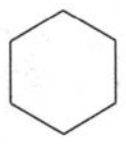

环烷烃(六元环) 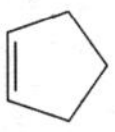　　　　　　　　　　环烯烃(五元环)

根据所含碳环的数目,脂环烃分为单环和多环脂环烃。在多环脂环烃中,根据环间连接方式不同,分为螺环烃和桥环烃。环与环共用一个碳原子的属螺环烃(spiro hydrocarbons),共用两个或更多个碳原子的属桥环烃(bridged hydrocarbons)。

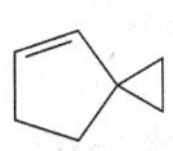

螺环烃 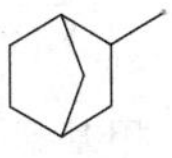　　　　　　　　　　　　　　桥环烃

问题 3-1　单环和多环环烷烃组成通式都为 C_nH_{2n} 吗?分子所含环的数目与所含的氢原子数目之间有怎样的关系?

(二)脂环烃的命名

1. 单环脂环烃命名　简单单环脂环烃命名以环为母体,根据环上碳原子数目,称为环某烷或环某烯。

取代环烷烃的命名：环上只有一个烃基时,母体环无须编号,直接命名某烃基环某烷,如甲基环戊烷;若有两个或更多的取代基,命名时把取代基的位置标出。环上的编号按连有取代基的碳开始,遵循"最低系列"原则;如连有两个不同的取代基,遵循"取代基次序规则",从连有小基团的碳开始编号。例如:

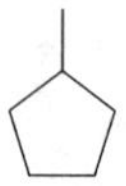

甲基环戊烷 　　　 1,3-二甲基环己烷 　　　 1-甲基-3-乙基环己烷
methylcyclopentane 　 1,3-dimethylcyclohexane 　 3-ethyl-1-methylcyclohexane

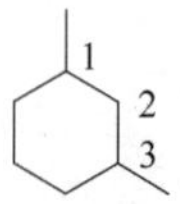

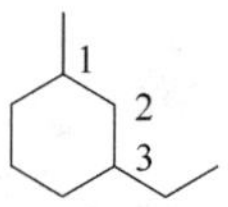

环烯烃的命名：环上碳原子的编号,从双键的两个碳原子编起,即双键碳原子为1、2号。例如:

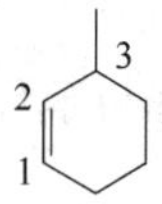

3-甲基-1-环己烯 　　　　 1,6-二甲基-1-环己烯
3-methyl-1-cyclohexene 　 1,6-dimethyl-1-cyclohexene

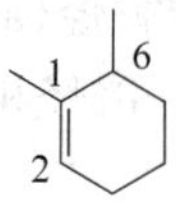

当环上有复杂取代基时,也可将环作为取代基命名,如:

CH₃CH₂CHCH₂CH₃

3-环丙基戊烷(3-cyclopropylpentane)

微课:双环脂
环烃的命名

2. 双环脂环烃命名

(1) 螺环烃命名　在螺环烃中,两个碳环共用的那个碳原子称作螺原子。

螺环根据成环碳原子的总数称为"螺[ ]某烃",在螺字后面的方括号中,用阿拉伯数标出两个碳环碳原子数目(螺原子不计算在内),先小后大,数字之间用下角圆点隔开。如:

螺原子

螺[2.4]庚烷(spiro[2.4]heptane)

编号从螺原子相邻的碳开始,沿小环经螺原子编到大环。若含有双键等官能团或取代基,应使官能团或取代基的位次尽可能小。如:

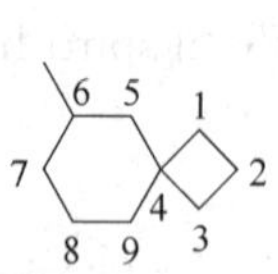

6-甲基螺[3.5]壬烷 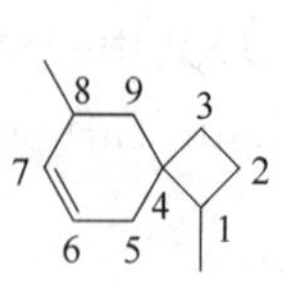 　　　 1,8-二甲基螺[3.5]-6-壬烯

(2) 桥环烃命名　在桥环烃中,各碳链的交汇点的原子称为桥头碳原子,两个桥头碳原子之间的3条碳链称为碳桥。

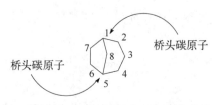

二环[3.2.1]辛烷(bicyclo[3.2.1]octane)

桥环烃根据成环碳原子的总数称为"二环[   ]某烃",在方括号中,用阿拉伯数标出 3 条碳桥的碳原子数目(桥头碳原子不计算在内),先大后小,数字之间用下角圆点隔开。编号从一个桥头碳原子开始,先长桥后短桥。若含有双键等官能团或取代基,应使官能团或取代基的位次尽可能小。如:

二环[3.2.1]-6-辛烯   7-甲基二环[4.3.0]-2-壬烯

在遵守环系编号规则的前提下,编号方向应满足"最低系列"原则。

二、环烷烃的结构

环丙烷的碳碳键,以 sp^3 轨道成键,轨道夹角约为 109°(实际 105.5°),因环丙烷 3 个碳位置的等边三角形几何关系,不能沿着两个碳原子核的连线实现最大程度的重叠,而是在两原子核连线的外侧重叠,形成弯曲键(又称香蕉键)(图 3-1)。

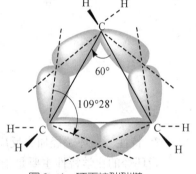

微课:环烷烃的结构

这种弯曲键像拉紧的弓一样具有张力(即一种趋向于原子轨道实现最大重叠的力量),具有高的内能而不稳定。另外,这种弯曲键的电子云分布在两原子核连线的外侧,受核的束缚力较小,且易受亲电试剂如卤素、卤化氢等的进攻,发生开环加成反应。

环丁烷的结构与环丙烷类似,碳碳键也是弯曲键,但其弯曲程度低,重叠程度较大,因而比环丙烷稳定。

五元及以上的环烷烃,基本上都能沿着两个碳原子核的连线进行头碰头重叠,形成几乎没有弯曲的 σ 键,实现最大程度重叠,环的张力很小甚至没有,所以五碳以上的环烷烃都比较稳定。

四元环及以上的环烷烃,成环碳原子不是在同一平面上。如环戊烷的空间结构:

图 3-1 环丙烷碳碳键

环戊烷的空间结构

问题 3-2 请比较碳碳 σ 键、弯曲键、π 键的轨道重叠程度大小。

化合物的稳定性可以体现在燃烧热数据上。燃烧热即燃烧一摩尔化合物产生二氧化碳和水所放出的能量,化合物燃烧热值越大,说明化合物内能越高、越不稳定。表 3-1 表明,环丙烷每个亚甲基的燃烧热值最高,环丁烷也较高,证明该两种小环内能高;环戊烷以上环烷烃的数据已经低至与开链烷烃接近,所以较为稳定。因此,稳定性从大到小的顺序为:环己烷>环戊烷>环丁烷>环丙烷。

表 3-1 环烷烃燃烧热数据

	环丙烷	环丁烷	环戊烷	环己烷	环庚烷	环十五烷	烷烃
每个—CH_2 燃烧热(kJ/mol)	697.1	686.2	664.0	658.6	661.8	659.0	658.6

三、脂环烃的性质

（一）脂环烃的物理性质

脂环烃的物理性质与开链烃类似，比水轻，不溶于水。常温下，环丙烷、环丙烯、环丁烷、环丁烯是气体，环戊烷、环戊烯是液体，高级脂环烃是固体。

（二）脂环烃的化学性质

1. 通性——与开链烃类似

脂环烃的化学通性与开链烃类似。

环烷烃与烷烃一样，常温较稳定，不与高锰酸钾反应，在高温或光照下可发生自由基取代反应。如：

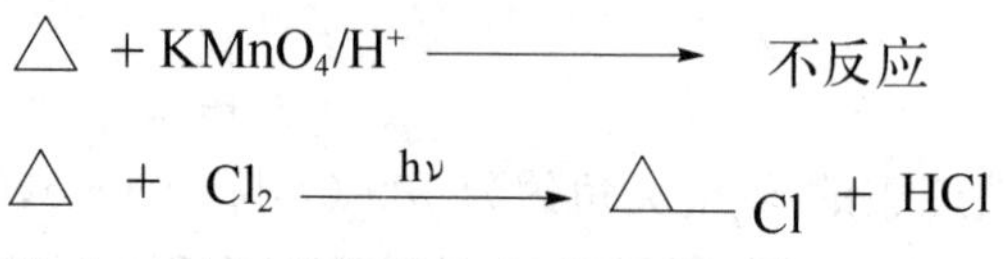

$$\triangle + KMnO_4/H^+ \longrightarrow \text{不反应}$$

$$\triangle + Cl_2 \xrightarrow{h\nu} \triangle\!\!-Cl + HCl$$

环烯烃与烯烃一样，主要发生双键上的加成和氧化反应。如：

环烷烃与烷烃一样，主要发生双键上的加成和氧化反应。如：

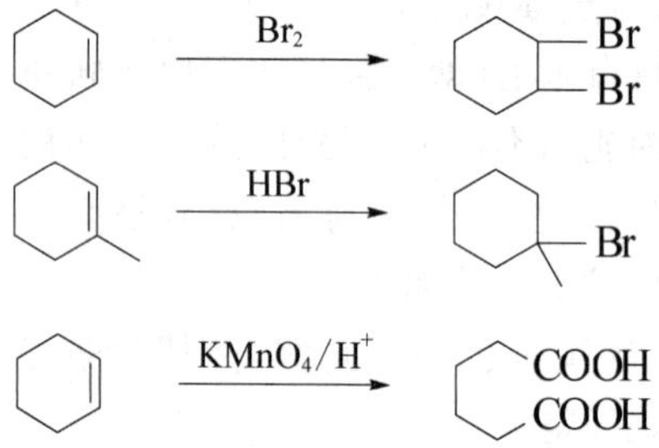

2. 特性——环烷烃加成反应

脂环烃的化学特性主要是指小环（三元环、四元环）不稳定，容易开环发生加成反应。

（1）加氢

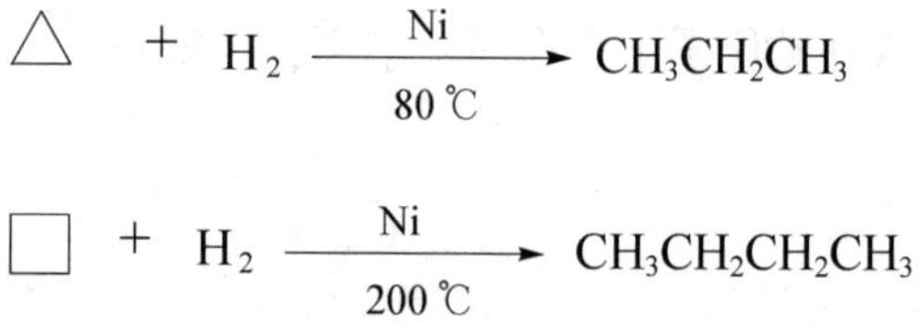

$$\triangle + H_2 \xrightarrow[80\,℃]{Ni} CH_3CH_2CH_3$$

$$\square + H_2 \xrightarrow[200\,℃]{Ni} CH_3CH_2CH_2CH_3$$

（2）加卤素、卤化氢

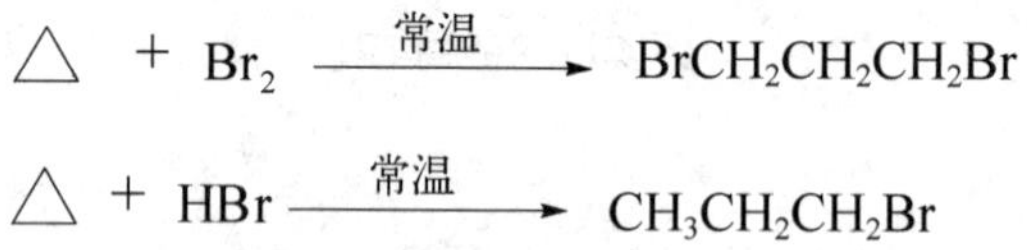

$$\triangle + Br_2 \xrightarrow{\text{常温}} BrCH_2CH_2CH_2Br$$

$$\triangle + HBr \xrightarrow{\text{常温}} CH_3CH_2CH_2Br$$

取代环丙烷与卤化氢加成，环的断裂发生在含氢最多与含氢最少的两个碳原子之间，加成产物符合马氏规则，卤化氢的氢原子加在含氢较多的碳原子上。例如：

$$\bigtriangleup\!\!\!\!\times + HBr \xrightarrow{\text{常温}} (CH_3)_2CBrCH(CH_3)_2$$

环丁烷在加热条件下可与卤素（或卤化氢）发生加成反应，环戊烷或环己烷与卤素（或卤化氢）不发生加成反应。

问题 3-3 环丙烷哪些性质与烷烃类似？哪些性质与烯烃类似？如何用化学方法鉴别环丙烷、烷烃、烯烃？

第二节　芳　香　烃

　　早年,人们从植物中提取一些具有芳香气味的不饱和化合物,却具有与烯、炔烃不同的特殊性质:不易发生加成和氧化反应,通过研究发现它们都含有苯环的结构,因此把具有苯环结构的化合物,归为新的一类化合物——称为芳香族化合物。

　　现在,芳香烃(简称"芳烃")概念有了新的扩展,除了苯环结构化合物外,把具有与苯环类似性质的不饱和环状烃类化合物也归为芳香烃,因此芳香烃包括苯系芳烃和非苯系芳烃。芳香烃具体分类如下:

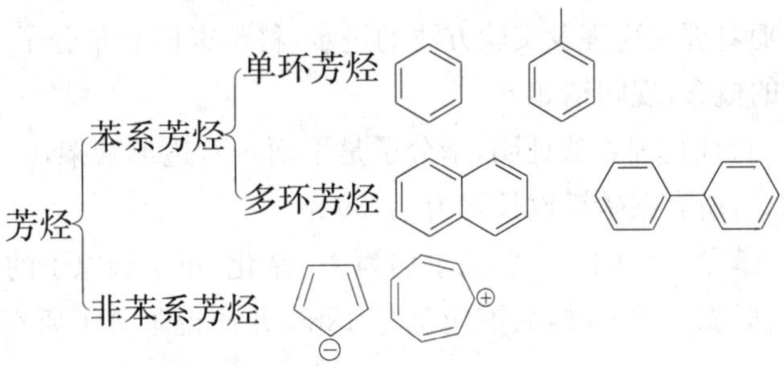

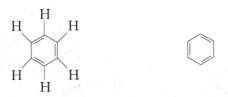

　　本节对单环芳烃、多环芳烃及非苯系芳烃分别进行讨论。

　　问题 3 - 4　芳香烃作为一种独立类别的不饱和化合物是基于早年提取物质的芳香气味,还是其有别于烯、炔烃的特殊性质?

一、单环芳烃

(一) 苯分子结构的近代概念

1865 年凯库勒根据苯的分子式 C_6H_6,提出了苯的结构式,即苯的凯库勒式:

　　按苯的凯库勒式,苯的邻位二元取代物应有下列两种异构体:

　　然而事实上苯的邻位二元取代物只有一种,为了解释之,凯库勒进一步提出摆动双键学说,苯环双键位置不是固定的,是处于快速的往返移动之中:

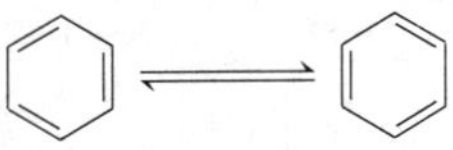

　　凯库勒(A.Kekule，1829—1896)，德国有机化学家。1857 年，他提出了有机分子中碳原子为四价，为现代结构理论奠定基础。他的另一重大贡献是在 1864 年冬天，在梦中的科学灵感导致苯的结构简式重大的突破，被称为一大美谈。

　　他记载道："我坐下来写我的教科书，但工作没有进展；我思想开小差了。我把椅子转向炉火，瞌睡来了。原子在我眼前跳跃着，长条分子……围绕、旋转着，像蛇一样地动着。看！那是什么？有一条蛇咬住了自己的尾巴……像是电光一闪，我醒了。"1865 年发表"论芳香族化合物的结构"论文，提出了苯的环状结构理论。

　　凯库勒式解决了困扰当时几十年的苯分子的大部分结构问题，虽然它还不能很好地解释为什么苯分子中有三个双键，但实际却不易发生类似于烯烃的加成和氧化反应。

　　到 20 世纪 30 年代，随着理论物理及实验方法的进步，科学家们对苯分子的结构有了更深入的研究，形成近代苯分子结构的概念，现归纳如下：

　　1. 苯分子结构数据　近代物理方法证明，苯分子是平面正六边形碳架，6 个碳与 6 个氢共处于同一平面；所有键角均为 120°；所有碳碳键键长均为 0.139 nm。

　　2. 苯分子结构解释　苯分子中的 6 个碳原子均为 sp^2 杂化，每个碳原子的 3 个 sp^2 杂化轨道分别与相邻的 2 个碳和 1 个氢形成 3 个 σ 键，故键角都是 120°，并使得苯分子所有原子都在同一平面上，如图 3-2。

图 3-2　苯分子的 σ 键

　　苯分子的每个碳原子还有一个垂直于苯分子平面的 $2p$ 轨道，每个 p 轨道上有一个未配对的 p 电子，并与相邻的 p 轨道从侧面彼此重叠，形成一个包含 6 个碳原子的环状闭合的大 π 键，6 个 π 电子离域，π 电子云对称均匀地分布于分子平面上方和下方，环上没有单双键之分，6 个碳碳键是一样的，如图 3-3。

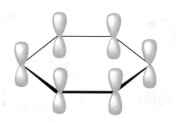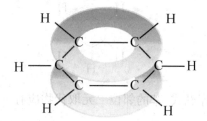

图 3-3　苯分子的 π 键

　　3. 苯环的稳定性　理论与实验都表明：苯环闭合大 π 键与烯、炔烃 π 键不同，苯具有特殊的稳定性，体现在化学性质上，苯不容易发生破坏苯环的加成和氧化反应。

　　关于苯的结构理论还在继续发展，但至今还没有找到更好的苯结构的表示方法，目前主要采用凯库勒式表示外，还用以下正六边形内加圆圈来表示苯的结构，其中圆圈代表环状的大 π 键。

（二）苯的同系物及衍生物的命名和异构

苯的烷基取代物为苯的同系物,苯的同系物按取代的烃基数目可分为一烷基苯、二烷基苯和三烷
基苯等。

1. 一烷基苯的命名　一般以苯环为母体,烷基为取代基,不需编号。例如:

甲苯　　　　　　　乙苯　　　　　　　　异丙苯
methylbenzene（toluene）　ethylbenzene　　isopropylbenzene

微课:苯的同系物及
衍生物的命名和异构

2. 二烷基苯的命名　二烷基苯有 3 种位置异构。命名时,除可用阿拉伯数字标记取代基的位次
外,可用邻、间、对,或用 o、m、p 标识。如:

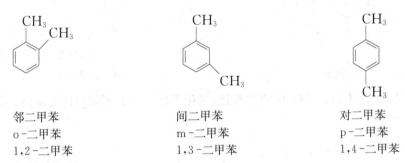

邻二甲苯　　　　　　间二甲苯　　　　　　对二甲苯
o-二甲苯　　　　　　m-二甲苯　　　　　　p-二甲苯
1,2-二甲苯　　　　　1,3-二甲苯　　　　　1,4-二甲苯

3. 三烷基苯的命名　如 3 个烃基相同,则有 3 种位置异构体。可用连、偏、均标识。如:

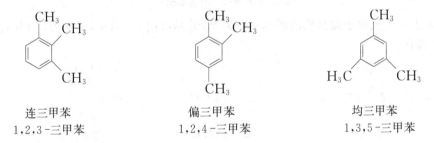

连三甲苯　　　　　　偏三甲苯　　　　　　均三甲苯
1,2,3-三甲苯　　　　1,2,4-三甲苯　　　　1,3,5-三甲苯

若苯环上所连的几个烷基不同,而其中一个是甲基,也可用甲苯作为母体。如:

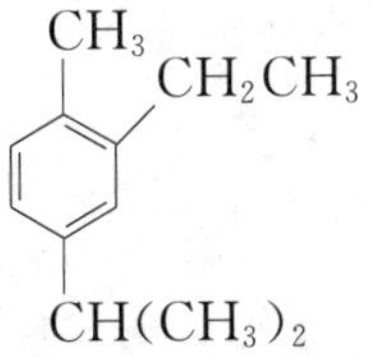

$$CH_3 \quad CH_2CH_3 \quad CH(CH_3)_2$$

1-甲基-2-乙基-4-异丙基苯（2-ethyl-4-isopropyl-1-methylbenzene）
2-乙基-4-异丙基甲苯（2-ethyl-4-isopropyltoluene）

若苯环上结合较复杂的烷基、不饱和烃基（如烯基或炔基）、含官能团的碳链时,则以苯环作为取
代基（称苯基）。如:

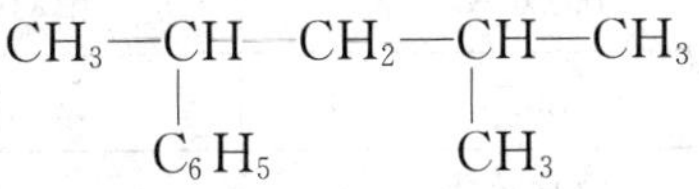

$$CH_3-CH \quad CH_2-CH-CH_3 \qquad CH_3-CH-CH_2-CH-COOH$$
$$C_6H_5 \qquad\qquad CH_3 \qquad\qquad C_6H_5 \qquad\qquad CH_3$$

2-甲基-4-苯基戊烷 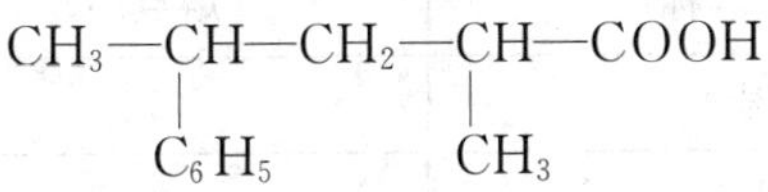　　　　　　　　　　　　2-甲基-4-苯基戊酸

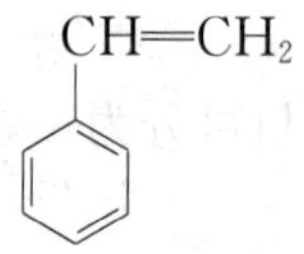

$$CH{=}CH_2$$

苯乙烯

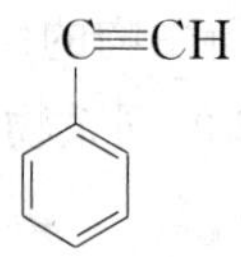

$$C{\equiv}CH$$

苯乙炔

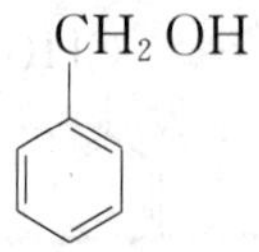

$$CH_2OH$$

苯甲醇

$$CH_2Cl$$

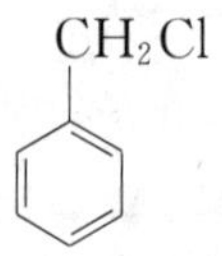

苯氯甲烷

若苯环与卤素、硝基、亚硝基直接相连,则苯作为母体。卤素、硝基、亚硝基在命名中通常是作为取代基。如:

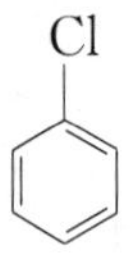

Cl

氯苯

$$NO_2$$ $$NO_2$$

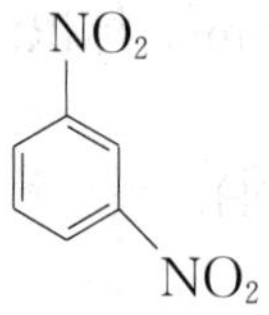

间二硝基苯

若苯环与—NH$_2$、—OH、—SO$_3$H 直接相连,则把苯胺、苯酚、苯磺酸作为母体。如:

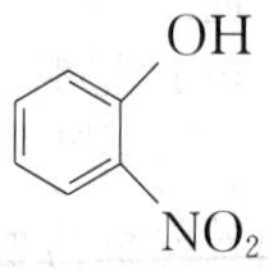

OH
$$NO_2$$

邻硝基苯酚(2-硝基苯酚)

芳烃分子失去一个氢原子而得到的烃基叫作芳基,芳基可用 Ar-表示,苯基可用 Ph-(phenyl)或 Φ 表示,常见的芳基有:

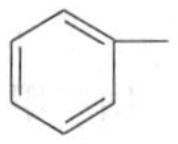

苯基

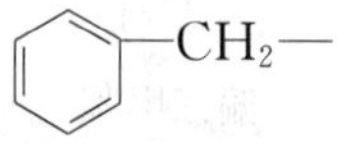

$$CH_2{-}$$

苯甲基(苄基)

$$CH_3$$

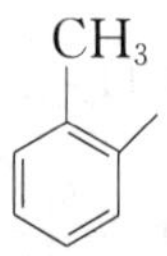

邻甲苯基

问题 3-5 苯环在命名中一般作为取代基,只有与少数基团连接时,苯环是作为母体命名。请列举苯环作为命名母体时所连的基团。

(三)苯及同系物的物理性质

苯及低级同系物是无色液体,有芳香气味,比水轻,难溶于水,而溶于石油醚、乙醚等有机溶剂,液态的芳烃自身也是一种良好的有机溶剂。苯及同系物有毒,吸入其蒸气会损害造血器官及神经系统。表 3-2 列举了苯及其同系物的部分物理常数。

微课:苯及同系物的物理性质

表 3-2 苯及同系物的部分物理常数

名　称	熔点/℃	沸点/℃	相对密度 d^{20}
苯	5.5	80.1	0.876 5
甲苯	-9.5	110.6	0.866 9

续　表

名　称	熔点/℃	沸点/℃	相对密度 d^{20}
邻二甲苯	−25	144.4	0.880 2
间二甲苯	−47.9	139.1	0.864 1
对二甲苯	13.2	138.4	0.861 0

苯分子熔点比分子量相近的许多烃分子熔点高,对二甲苯熔点比邻二甲苯与间二甲苯高,都是由于其分子具有高度的对称性,因而具有较高的晶格能。

问题 3 - 6　分子的对称性对沸点和熔点是否有直接的贡献?为什么?

（四）苯及同系物的化学性质

由于苯环稳定的结构,所以苯及同系物具有与烯烃性质显著不同的特殊性质——易亲电取代,不易加成与氧化。这是芳香族化合物的通性,称为"芳香性"(aromaticity)。

微课:苯及同系物
的化学性质

1. 氧化反应　苯环较难被氧化,一般的氧化剂如高锰酸钾、重铬酸钾等难以氧化苯环。

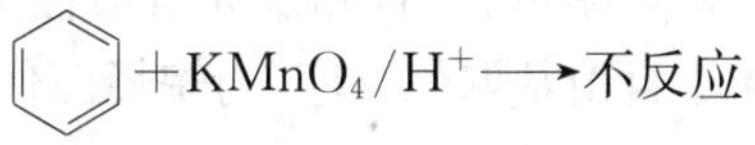

$$\bigcirc + KMnO_4/H^+ \longrightarrow 不反应$$

烷基苯可被高锰酸钾、重铬酸钾等氧化生成苯甲酸,但是被氧化的是侧链的烷基,而不是苯环,这进一步说明苯环的稳定性。

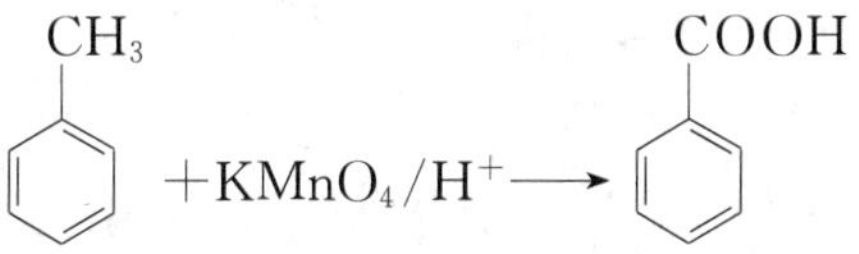

（苯甲基）CH$_3$ + KMnO$_4$/H$^+$ ⟶ （苯甲酸）COOH

不论侧链有多长,只要有 α - H,就易被氧化,侧链一般被氧化为羧基,若侧链无 α - H,如叔丁基,则不被氧化。如:

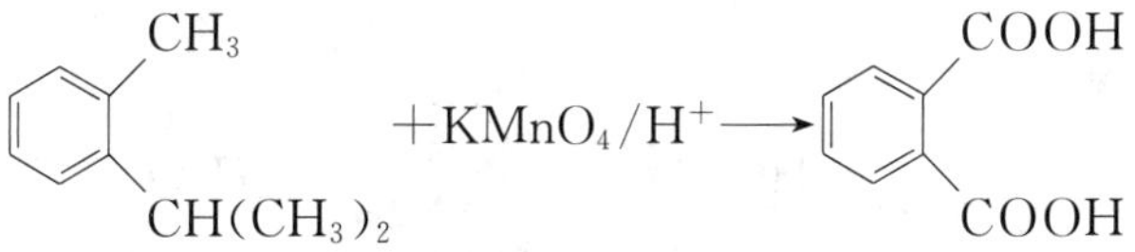

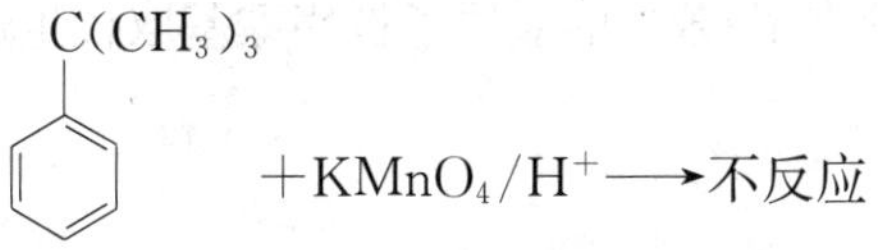

（邻甲基异丙苯）CH$_3$, CH(CH$_3$)$_2$ + KMnO$_4$/H$^+$ ⟶ （邻苯二甲酸）COOH, COOH

（叔丁基苯）C(CH$_3$)$_3$ + KMnO$_4$/H$^+$ ⟶ 不反应

2. 加成反应　苯分子不能与溴水发生加成反应,使其褪色。

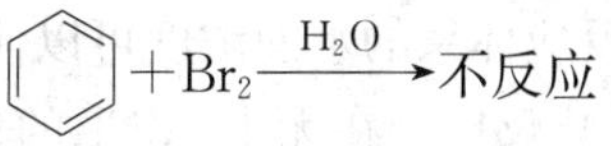

$$\bigcirc + Br_2 \xrightarrow{H_2O} 不反应$$

但是在特殊条件下,可以发生加成反应:

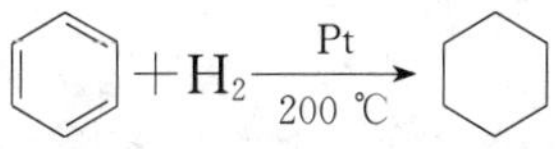

$$\bigcirc + H_2 \xrightarrow[200\ ℃]{Pt} \bigcirc$$

3. 苯环的亲电取代反应　芳烃取代反应有卤代、硝化、磺化、烷基化和酰基化等。其反应本质是苯环上的氢被亲电试剂 E⁺ 取代——即亲电取代反应(electrophilic substitution reaction):

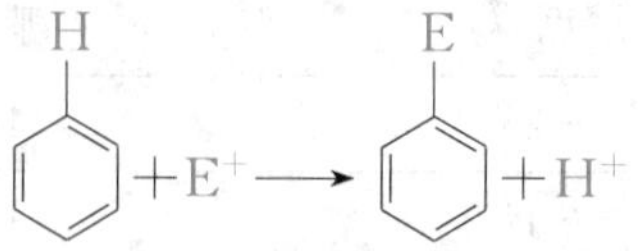

$$\text{H—} \bigcirc \ + E^+ \longrightarrow \text{E—} \bigcirc \ + H^+$$

(1) 卤代反应 苯与卤素在铁粉或三卤化铁的催化下,苯环上的氢原子被卤原子取代。

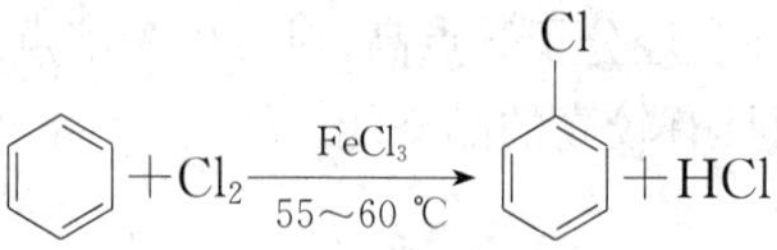

$$\bigcirc + Cl_2 \xrightarrow[55\sim60\ ℃]{FeCl_3} \bigcirc\text{—Cl} + HCl$$

甲苯比苯更容易发生卤代反应,得到邻对位取代产物。如:

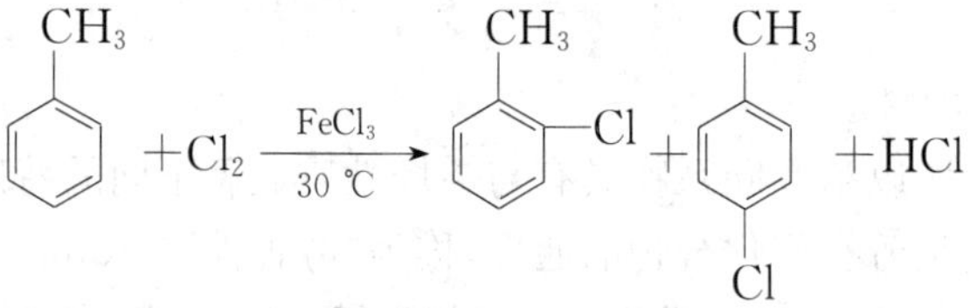

$$\bigcirc\text{—CH}_3 + Cl_2 \xrightarrow[30\ ℃]{FeCl_3} \bigcirc + \bigcirc + HCl$$

烷基苯与卤素在光照下,侧链氢被卤素取代,且侧链 α 氢活性突出,优先取代在 α 位上。但是此性质不属于苯环亲电取代反应,而属于自由基取代反应,与烷烃卤代反应机制相同。如:

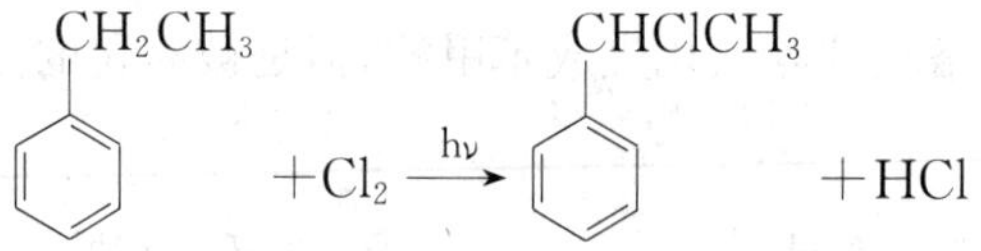

$$\bigcirc\text{—CH}_2\text{CH}_3 + Cl_2 \xrightarrow{h\nu} \bigcirc\text{—CHClCH}_3 + HCl$$

问题 3-7 甲苯与氯气发生取代反应属于亲电取代反应,这种说法正确吗?

---

(2) 硝化反应 苯与浓硝酸和浓硫酸的混合物作用,苯环上的氢原子被硝基取代,生成硝基苯。

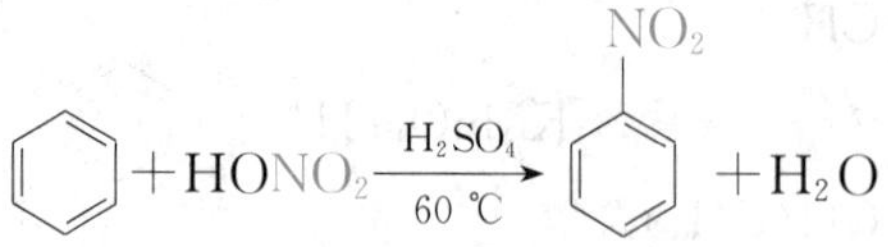

$$\bigcirc + HONO_2 \xrightarrow[60\ ℃]{H_2SO_4} \bigcirc\text{—NO}_2 + H_2O$$

(3) 磺化反应 苯与浓硫酸作用,苯环的氢原子被磺酸基取代生成苯磺酸。

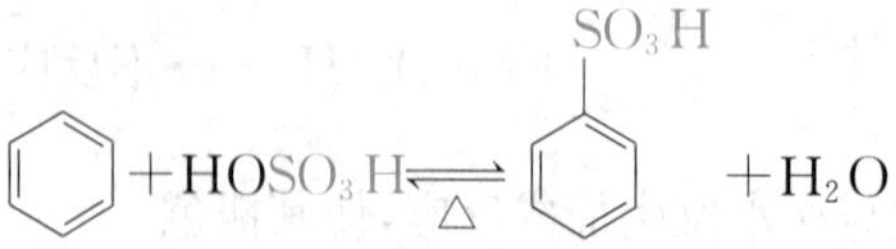

$$\bigcirc + HOSO_3H \underset{\triangle}{\rightleftharpoons} \bigcirc\text{—SO}_3H + H_2O$$

磺化反应是一种可逆反应,增加反应体系的水的浓度可以使苯磺酸水解成苯。

(4) Friedel-Crafts 烷基化和酰基化反应 在无水 AlCl₃ 的催化下,苯与卤代烷反应,苯环的氢原子被烷基取代,称为 Friedel-Crafts 烷基化反应。

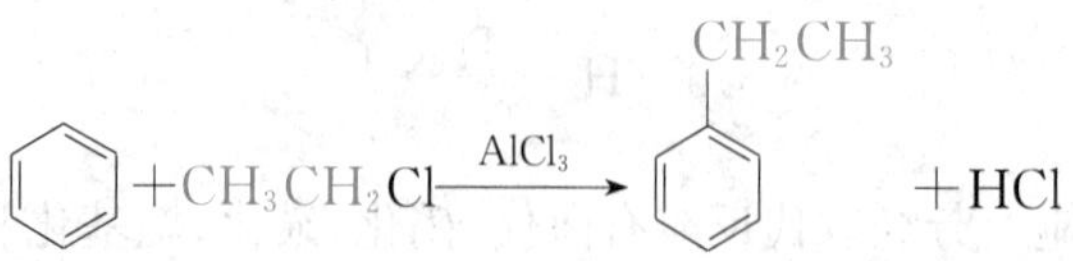

$$\bigcirc + CH_3CH_2Cl \xrightarrow{AlCl_3} \bigcirc\text{—CH}_2CH_3 + HCl$$

在无水 AlCl$_3$的催化下,苯与酰卤(或酸酐)反应,苯环的氢原子被酰基取代,称为 Friedel-Crafts 酰基化反应。

$$\text{苯} + CH_3COCl \xrightarrow{AlCl_3} \text{苯-}COCH_3 + HCl$$

在烷基化反应中,如导入的烷基碳链较长(三个碳原子及以上),则常发生复杂的异构化作用。如:

$$\text{苯} + CH_3CH_2CH_2Cl \xrightarrow{AlCl_3} \text{苯-}CH_2CH_2CH_3 + \text{苯-}CH(CH_3)_2$$
$$30\% \qquad 70\%$$

当苯环连有吸电子基如羰基、硝基、磺酸基等,不发生 Friedel-Crafts 反应。

(五) 苯环亲电取代的反应历程

以苯的溴代为例:

第一步:亲电试剂进攻苯环生成碳正离子中间体:

$$\text{苯} + Br^+ \longrightarrow \text{(+)} \begin{smallmatrix}H & E\end{smallmatrix}$$

微课:苯环亲电取代反应的反应历程及定位规律

亲电试剂 Br$^+$ 是由溴与催化剂作用生成:

$$Br_2 + FeBr_3 \rightleftharpoons Br^+ + FeBr_4^-$$

溴正离子进攻电子云丰富的苯环,接收苯环 2 个 π 电子形成碳溴 σ 键,在此过程中,与 Br 连接的碳原子由原来的 sp^2 杂化状态变成为 sp^3 杂化状态,无 p 轨道,生成 5 个碳原子,4 个 π 电子的碳正离子,属于不稳定的 σ-络合物。

第二步:碳正离子中间体失去 H$^+$,形成苯的取代物(溴苯)。

$$\text{(+)}\begin{smallmatrix}H & Br\end{smallmatrix} \longrightarrow \text{苯-}Br + H^+$$

问题 3-8 苯和溴在催化剂、加热条件下为什么生成取代产物而不是加成产物?

苯的硝化、磺化、Friedel-Crafts 反应历程,与卤代反应类似,因此可以把苯环的亲电取代反应历程概括如下:

$$\text{苯} + E^+ \xrightarrow{慢} \text{(+)}\begin{smallmatrix}H & E\end{smallmatrix} \xrightarrow{快} \text{苯-}E + H^+$$

与溴代类似,硝化、磺化、烷基化、酰基化的亲电试剂 NO$_2^+$、SO$_3$、R$^+$、R—C$^+$O 一般也由反应物在催化条件下产生。

碳正离子是苯亲电取代反应的中间体。生成碳正离子通常是整个反应历程中的慢步骤——决定速率的步骤,这和烯烃加成反应中生成的碳正离子的情况相似。因此,碳正离子中间体越稳定,中间体越易形成,取代反应越易进行。

微课:苯环亲电取代反应定位规律的解释

（六）苯环亲电取代的定位规律

1. 定位规律　当苯环已有一个取代基时,如果发生亲电取代反应,则第二个取代基进入苯环的位置取决于苯环上原有取代基的性质,而与第二个取代基的性质无关,因此把苯环上原有的取代基称作定位基(orientation group)。

例如甲苯发生亲电取代反应,如卤代、硝化、磺化等,一般以邻、对位取代为主,这里甲苯中的甲基具有邻对位定位作用:

$$\text{甲苯} \xrightarrow[30\,℃]{HNO_3,H_2SO_4} \underset{58\%}{邻硝基甲苯} + \underset{38\%}{对硝基甲苯} + \underset{4\%}{间硝基甲苯}$$

而硝基苯发生亲电取代反应,如卤代、硝化、磺化等,一般以间位取代为主,这里硝基苯中的硝基具有间位定位作用:

$$\text{硝基苯} \xrightarrow[90\,℃]{HNO_3,H_2SO_4} \underset{6.4\%}{邻二硝基苯} + \underset{0.3\%}{对二硝基苯} + \underset{93.3\%}{间二硝基苯}$$

苯环的定位基分为2种:邻对位定位基(邻对位取代产物比例大于60%)和间位定位基(间位取代产物比例大于40%)。

（1）邻对位定位基　属于邻对位定位基的有:$-O^-$、$-N(CH_3)_2$、$-NH_2$、$-OH$、$-OCH_3$、$-NHCOCH_3$、$-OCOCH_3$、$-CH_3$、$-X$(卤素)等。

邻对位定位基的结构特征:与苯环直接相连的原子,一般为饱和原子,大多数还具有孤对电子或负电荷。

邻对位定位基除了定位效应外,一般还可以增强苯的亲电取代反应活性,是活化基(卤素例外,卤素为弱的钝化基)。

一般来说,定位基的定位效应强度与活化效应强度次序一致,即活化效应越强其定位效应也越强。按以上书写的先后次序由强到弱排列。

（2）间位定位基　属于间位定位基的有:$-NR_3^+$、$-NO_2$、$-CN$、$-SO_3H$、$-CHO$、$-COR$、$-COOH$等。

间位定位基的结构特征:与苯环直接相连的原子一般具有重键(双键或三键)或带正电荷。

间位定位基除了定位效应外,还可以降低苯的亲电取代反应活性,具有钝化苯环的作用,是钝化基。

问题 3-9　间硝基苯酚发生亲电取代时,取代位置取决于活化基酚羟基,还是钝化基硝基?

---

2. 定位规律的解释　邻对位定位基一般有供电子效应,能使苯环电子云密度增高,有利于吸引亲

电试剂的进攻,对苯环取代有致活作用。由于共轭效应交替极化的影响,苯环每个碳原子上的 π 电子云密度增加程度是不同的,定位基的邻位和对位电子云密度增加更为显著。所以亲电试剂容易进攻邻、对位的碳原子。

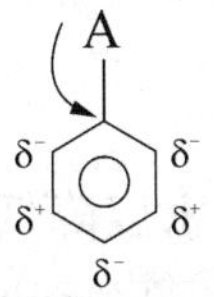

邻对位定位基(A)对苯环电子云的影响

例如甲苯,甲基有供电子诱导效应(+I),另外,甲基 C—H σ 键与苯环 π 键有 σ-π 超共轭效应(+C)。该诱导效应与超共轭效应的方向一致,都使苯环电子云密度增加。

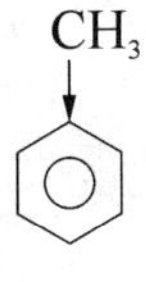

CH₃
甲基的诱导效应

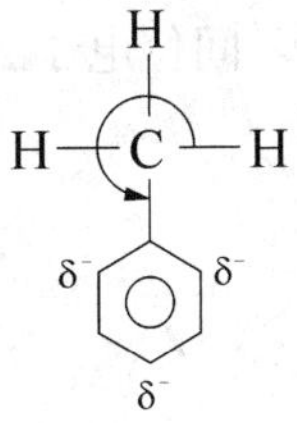

甲基的σ-π超共轭效应

苯环每个碳原子的电子云密度增加不一样。根据量子力学计算,如规定苯分子的各碳原子的相对电子云密度为 1,则甲基邻、对位的碳原子电子云密度都大于 1。因此甲苯的亲电取代反应比苯快,取代反应主要发生在甲基的邻、对位。

苯与甲苯分子的各碳原子的相对电子云密度

又如苯酚,羟基具有吸电子的诱导效应(−I),但羟基氧原子 p 轨道与苯环 π 键有 p-π 共轭效应(+C),导致氧原子的孤对电子向苯环方向转移。p-π 共轭效应与诱导效应的方向相反,在反应中,共轭效应占优势,总的结果使苯环上电子云密度增加,且由于交替极化,使羟基的邻、对位电子云密度增加更为显著。所以,当苯酚进行亲电取代反应时,比苯容易进行,且取代主要发生在羟基的邻位和对位。

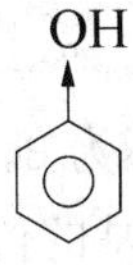

羟基的诱导效应

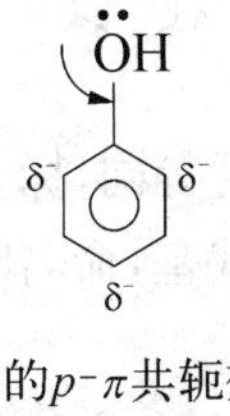

羟基的p-π共轭效应

其他的邻对位基如—O⁻、—N(CH₃)₂、—NH₂、—OCH₃、—X 等与苯环也有类似的 p-π 共轭效应(+C)与吸电子的诱导效应(−I),除了卤素,它们的 +C>−I,因此都是活化基。但卤素(Cl、Br、I)的 −I>+C,尽管卤素是邻对位基,却是钝化基。

卤素的诱导效应　　　　　　　　　卤素的 p-π 共轭效应

间位定位基有吸电子效应,使苯环电子云密度降低,不利于吸引亲电试剂的进攻,对苯环取代有致钝作用。由于共轭效应交替极化的影响,苯环每个碳原子上的电子云密度降低程度是不同的,定位基的邻位和对位电子云密度降低更为显著,间位电子云密度相对较高,所以亲电试剂容易进攻间位碳原子。

例如硝基苯,硝基具有吸电子的诱导效应(-I)和吸电子的共轭效应(-C),硝基 π 键与苯环 π 键构成 π-π 共轭,氮氧电负性比碳强,共轭链电子云移向硝基,诱导效应与共轭效应方向一致,降低了苯环的电子云密度,不利于亲电取代,硝基苯取代反应比苯慢;由于交替极化的影响,硝基的邻、对位电子云密度比间位下降更多,间位电子云密度相对较高,因此硝基苯取代的主要产物是间位取代物。

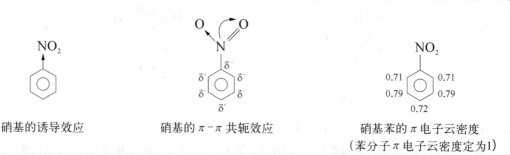

硝基的诱导效应　　　　　硝基的 π-π 共轭效应　　　　　硝基苯的 π 电子云密度
（苯分子 π 电子云密度定为1）

简单地说,致活、致钝效应由总的电子效应决定(综合考量共轭与诱导效应),定位由苯环的共轭效应决定。

二、稠环芳烃

微课:稠环芳烃

稠环芳烃是由两个或两个以上的苯环以两个邻位碳原子并联在一起的化合物,在煤焦油中有较多种稠环芳烃组分,重要的有萘、蒽、菲等。

(一)萘

1. 萘的结构

萘(naphthalene)为无色结晶,熔点为 80 ℃,沸点为 218 ℃,不溶于水,易溶于苯、乙醚等有机溶剂,易升华。以前市售卫生丸用萘做成,因有害于人体,已禁止使用。

萘分子式 $C_{10}H_8$,由 2 个苯环稠合而成,其结构式及环编号表示如下:

其中 C_1、C_4、C_5、C_8 位置等同,标为 α;C_2、C_3、C_6、C_7 位置等同,标为 β。

如果碳环只有一个取代基,命名时可以用数字或 α、β 标明取代基的位置:

1-甲基萘(α-甲基萘)　　　　　　　2-甲基萘(β-甲基萘)

如果碳环上有两个或两个以上的取代基,命名时只用阿拉伯数字标明取代基的位置:

1,5-二甲基萘

根据 X 射线分析,萘的 10 个碳原子处于同一平面上,每个碳原子的 p 轨道都平行重叠,形成闭合共轭体系,如图 3-4。

图 3-4 萘分子的 π 键

各 p 轨道重叠程度不是完全相同,因此萘分子中碳碳键键长不完全相等;α 位碳的电子云密度高于 β 位碳,因此,萘的亲电取代反应易发生在 α 位,萘分子的 π 键稳定性即"芳香性"比苯差,比苯容易发生加成和氧化反应。

2. 萘的化学性质

(1) 亲电取代反应　萘的卤代、硝化主要发生在 α 位上,磺化反应根据温度不同,反应产物可为 α-萘磺酸或 β-萘磺酸。例如:

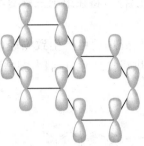

(2) 加成反应　萘加成活性比苯强,控制不同的反应条件,可以得到不同的产物。

四氢化萘　　十氢化萘

(二) 蒽和菲

蒽(anthracene)与菲(phenanthrene)都为具荧光的无色片状晶体。蒽的熔点 216 ℃,沸点 340 ℃;菲的熔点 101 ℃,沸点 340 ℃。分子式皆为 $C_{14}H_{10}$,互为同分异构体,其结构式碳原子编号表示为:

蒽和菲闭合共轭体系上的各个碳电子云密度不均等,各个碳原子的反应能力相应有所不同,其中的 9、10 位碳原子活性较大。

完全氢化的菲与环戊烷稠合的结构称作环戊烷多氢菲,碳骨架如下:

环戊烷多氢菲的衍生物广泛分布在动植物体内,具重要生理作用。例如,胆固醇、胆酸、维生素 D、性激素等,这类化合物被称为甾族化合物,将在第十三章学习。

（三）致癌芳香烃

一些有机物经过高温或不完全燃烧处理后可产生致癌烃(carcinogenic hydrocarbons),存在于煤焦油、沥青、汽车废气、香烟烟雾、烟熏烘烤食品等,它们大多是四个或四个以上稠环苯环结构,如苯并[b]芘(benzopyrene)等:

1,2,3,4-二苯并菲

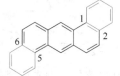

1,2,5,6-二苯并蒽

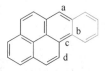

苯并[b]芘

问题 3-10　有一种物质可以看成由许许多多的苯环以各个方向稠合而成,可以导电,可用作电极材料,试问这可能是什么物质?

微课:非苯芳烃和休克尔规则

三、非苯芳烃和 Hückel 规则

苯、萘、蒽、菲都具有苯环结构,具有共同的性质:环系稳定,难加成和氧化,易取代,即"芳香性"。实际上,还有一类不含苯环结构的环烯烃类分子也具有相似的"芳香性",这类化合物称为非苯芳香烃。

（一）休克尔规则

1931 年德国化学家 Hückel 用简化的分子轨道法(HMO 法),计算了许多单环多烯烃的 π 电子能级,提出了判断芳香性的规则:在一个单环多烯烃分子中,只要它具有闭合共轭体系,其 π 电子数等于 $4n+2$($n=0$ 及 $1,2……$正整数),该化合物就具有芳香性。这就是著名的判断是否具有芳香性的休克尔(Hückel)规则,也叫 $4n+2$ 规则。

按照休克尔规则,芳香性化合物必须具备以下 3 个条件:① 环必须是平面结构;② 环上每个原子均为 sp^2 杂化(有一个 p 轨道);③ π 电子数等于 $4n+2$。

苯分子具有闭合共轭体系,6 个 π 电子,符合 Hückel 规则(即 $n=1$),具有芳香性。

（二）非苯芳烃

1. 环丙烯正离子　环丙烯正离子 π 电子数为 2(图 3-5),符合 $4n+2$ 规则($n=0$),具有芳香性。

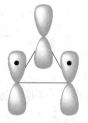

图 3-5　环丙烯正离子的 π 键

　　经测定,环丙烯正离子三个碳碳键的键长均为 0.140 nm,这说明三个碳原子完全等同。2 个 π 电子在三个碳原子的 p 轨道上离域,环丙烯正离子稳定。目前已合成了一些有取代基的环丙烯正离子的盐,如三苯基环丙烯正离子氟硼酸盐。

　　2. 环戊二烯负离子　其 π 电子数为 6(图 3-6),符合 $4n+2$ 规则($n=1$),具有芳香性。

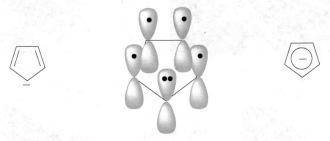

图 3-6　环戊二烯负离子的 π 键

　　问题 3-11　环戊二烯具有明显的酸性,为什么?

---

　　3. 薁　薁环 π 电子数为 10,符合 $4n+2$ 规则($n=2$),所以有芳香性,难加成和氧化,能进行硝化和 Friedel-Crafts 反应。薁为蓝色固体,熔点 99 ℃,是挥发油的成分,具有抗菌、镇静及镇痛作用。

自阅材料　碳纳米管和石墨烯简介

　　碳纳米管(carbon nanotubes,CNTs)是和环烃结构非常相似的一种特殊的碳材料。碳有石墨、金刚石和富勒烯三种同素异形体。1991 年,日本 NEC 公司的电镜专家 Iijima 在用电弧法制备 C_{60} 时发现了碳纳米管,它是由碳六元环构成的类石墨平面按一定的螺旋角卷曲而成,每个碳原子与周围 3 个碳原子发生键合,各单层管的顶端由于形成封闭曲面的需要,存在一定量的五元环。它的管径一般为几纳米到几十纳米,管壁厚度仅为几纳米,像铁丝网一样卷成的一个空心圆柱状"笼形管"。作为石墨、金刚石等碳晶体家族的新成员,碳纳米管导电性强、韧性高、场发射性能优良,兼具金属和半导体性质,强度比钢高 100 倍,比重却只有钢的 1/6。

　　根据石墨层片的层数不同,碳纳米管可分为单壁碳纳米管和多壁碳纳米管(图 3-7);根据石墨层片卷曲方式的不同,碳纳米管可分为对称型和不对称型;按照生长取向性的不同,碳纳米管可分为直立有序碳纳米管及无序碳纳米管。

　　碳纳米管因其性能奇特,被科学家称为未来的"超级纤维",也成为国内外研究的热点。1993 年,Iijima 等和 Bethune 等采用电弧法,在石墨电极中添加一定的催化剂制备得到单壁碳纳米管。1995 年,英国科学家 Cytochromec 等在开口的碳纳米管里填充蛋白质,利用碳纳米管的管腔做药物/基因输送的研究。1996 年,我国中科院物理研究所实现了碳纳米管大面积的直立生长。1998 年,Wong 等利用化学修饰的碳纳米管做原子力显微镜(AFM)或扫描探针显微镜(SPM)的探针,应用于化学力和生物力的成像分析。1999 年,韩国科学家制成碳纳米管阴极彩色显示器样管。2000 年,中国科学家利用直立碳纳米管制备场发射像素管,研制出新一代显示器样品。如今,碳纳米管在各个相关领域的研究已经走向了成熟和争鸣的时代。

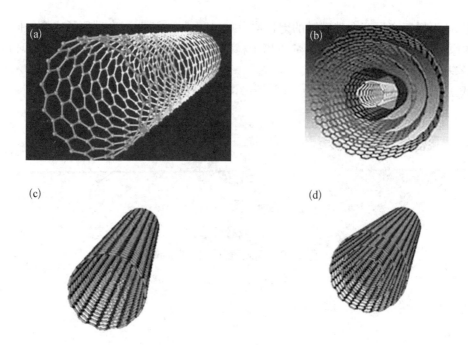

图 3-7　碳纳米管的结构图

(a),(c) 单壁碳纳米管　　(b),(d) 多壁碳纳米管

石墨烯(graphene，GR)是一种由碳原子以 sp^2 杂化轨道组成六角形呈蜂巢结构的二维碳纳米材料(图 3-8)。2004 年,英国曼彻斯特大学的安德烈·盖姆(Andre Geim)和康斯坦丁·诺沃肖洛夫(Konstantin Novoselov)发现一种非常简单的方法——微机械剥离法得到石墨烯。微机械剥离法其实是很"土"的一种方法,因为石墨烯具有完整的层状解理特性,可以按层剥离。他们用透明胶带在石墨上粘一下,这样就会有石墨层被粘在胶带上。将胶带对折后,粘一下再拉开,这样胶带两端都粘有石墨层,石墨层又变薄了。如此反复就得到了单层的石墨烯。2009 年,安德烈·盖姆和康斯坦丁·诺沃肖洛夫在石墨烯中发现了整数量子霍尔效应及常温条件下的量子霍尔效应,也因此共同获得 2010 年度诺贝尔物理学奖。

石墨烯可分为单层石墨烯(单层苯环结构堆垛构成)、双层石墨烯(两层苯环结构堆垛构成)、少层石墨烯(3～10 层以苯环结构堆垛构成)和多层石墨烯(10 层以上 10 nm 以下苯环结构堆垛构成)。石墨烯常见的生产方法为机械剥离法、氧化还原法、取向附生法、碳化硅外延法、赫默(Hummer)法和化学气相沉积法(CVD)等。

石墨烯具有优异的光学、电学、力学特性,在电池材料、电极材料、传感器、半导体器件、透明显示屏、电容器和晶体管等方面已经广泛应用。比如,石墨烯优秀的导电性和机械性能可以使石墨烯电池在短时间内迅速充电并且具有持久耐用力,其输出密度是锂电池的 4 倍。美国特斯拉公司广受好评的 Model S 电动汽车就使用石墨烯电池,一次充电就可以行驶约 426 km。如今用石墨烯制造手机屏幕的方法也已被联想、三星等公司使用,尽管技术还不是很成熟,但未来石墨烯在电子产品领域的使用也是必然的趋势。虽然从合成至今只有短短十几年时间,石墨烯却已经成为近年来科学研究的热点。随着石墨烯的制备方法不断被开发,石墨烯会在不久的将来被更广泛地应用到化学、材料、物理、生物、医学、药学、环境和能源等众多的领域中。

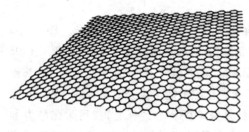

图 3-8　单层石墨烯的结构图

拓展阅读

习　　题

1. 命名或写出结构式。

(1) 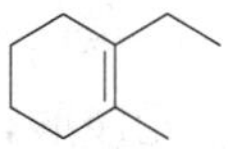　　　　　(2) 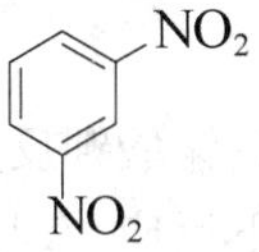　　　　　(3)

(4) 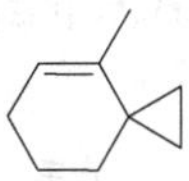　　　　　(5) 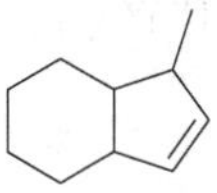　　　　　(6)

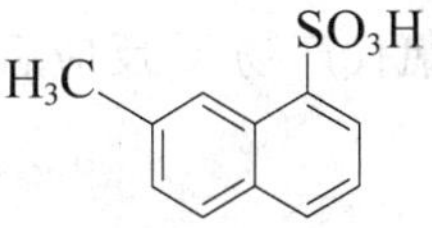

(7) 2-甲基-5-环丁基己烷　　(8) 1-甲基-3-乙基-1-环戊烯　　(9) 对氯甲苯

(10) 1-甲基螺[3.4]辛烷　　(11) 1,2-二甲基二环[3.2.0]庚烷　　(12) β-甲基萘

2. 鉴别题。

(1) 丙炔、丙烯、环丙烷

(2) 苯、甲苯、环己烯

3. 完成下列反应式。

(1) 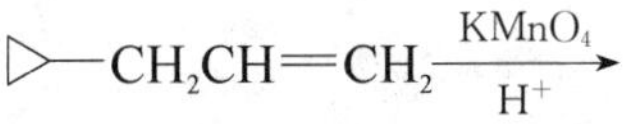 ▷—CH₂CH=CH₂ $\xrightarrow[H^+]{KMnO_4}$

(2) 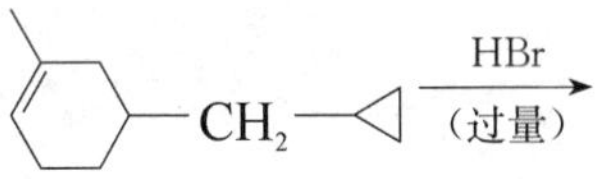 $\xrightarrow[（过量）]{HBr}$

(3) 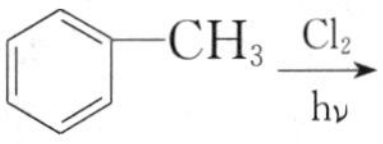 $\xrightarrow[h\nu]{Cl_2}$

(4) $\xrightarrow[H^+]{KMnO_4}$

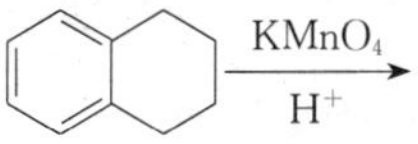

(5) 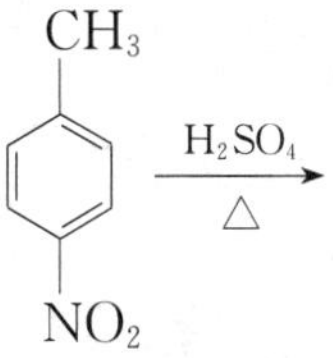 $\xrightarrow[\triangle]{H_2SO_4}$

4. 按亲电取代反应活性由强到弱排列下列化合物。

(1) 苯甲酸、苯酚、甲苯、氯苯、苯

(2) 苯、硝基苯、间二硝基苯

5. 标出下列化合物发生亲电取代反应（单取代）的主要取代位置。

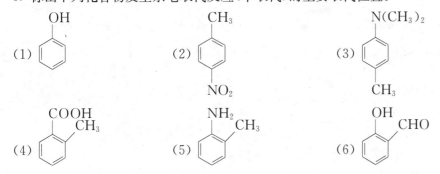

6. 根据 Hückel 规则判断下列化合物是否具有芳香性。

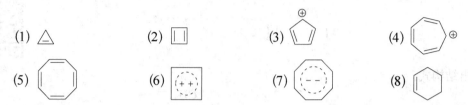

(1) (2) (3) (4) (5) (6) (7) (8)

7. 推导题。

有 A,B,C 3 种化合物,分子式均为 C_9H_{12},与酸性高锰酸钾反应后,A 氧化为一元羧酸,B 氧化为二元羧酸,C 氧化为三元羧酸;A、B、C 与氯气在铁催化下反应,A 反应后主要得到 2 种一氯代产物,B 反应后只得到 2 种一氯代产物,C 反应后只得到 1 种一氯代产物。请写出化合物 A、B、C 的结构简式。

（王　敏）

第四章
立 体 异 构

分子式相同而结构不同的现象称为同分异构现象（isomery），其中的这些化合物互称同分异构体，同分异构可分为构造异构和立体异构。构造异构（structural isomerism）是指分子中原子或基团的连接顺序或方式不同而产生的异构，包括碳链异构、官能团异构、位置异构和互变异构。立体异构（stereo isomerism）是指分子中原子或基团的连接顺序或方式相同，但在空间的排列方式不同而产生的异构，包括构象异构、顺反异构和对映异构。

```
                    ┌── 碳链异构
                    ├── 位置异构
         构造异构 ──┤
                    ├── 官能团异构
                    └── 互变异构
同分异构 ┤
                    ┌── 构型异构 ──┬── 顺反异构
         立体异构 ──┤              └── 对映异构
                    └── 构象异构
```

第一节　顺　反　异　构

一、顺反异构的概念和形成条件

由于分子中存在限制不同原子或基团自由旋转的因素（如双键或脂环），导致分子中的原子或基团在空间的排列方式不同的立体异构称为顺反异构（cis-trans isomerism）。例如，2-丁烯存在顺、反2种异构体。

微课:顺反异构

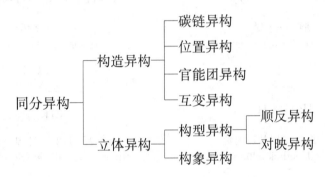

　　　　　顺-2-丁烯 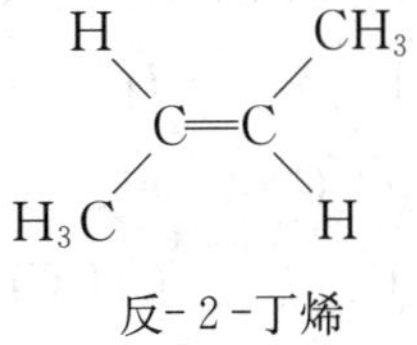　　　　　　　　　　　反-2-丁烯

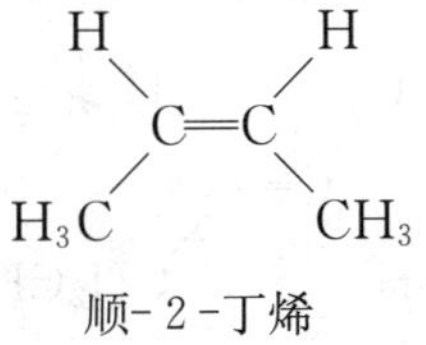

产生顺反异构必须具备以下条件：① 分子中存在限制原子或基团自由旋转的因素，如双键或脂环；② 不能自由旋转的原子连接2个不同的原子或基团。

当 a≠b,d≠e 时,产生顺反异构现象;而当 a=b 或 d=e 时,就不会产生顺反异构现象。

问题 4-1 1-丁烯有顺反异构体吗?

二、顺反异构体的命名方法

(一) 顺反命名法

通常将两个相同原子或基团处于双键或脂环同侧的,称为顺式(cis),反之称为反式(trans)。书写时分别冠以顺、反,并用半字线与化合物名称相连。例如:

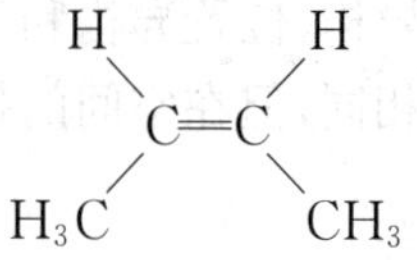

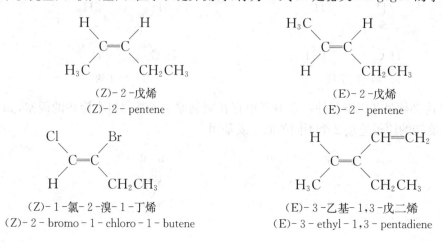

顺-2-丁烯
cis-2-butene

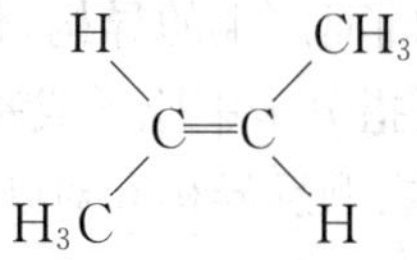

反-2-丁烯
trans-2-butene

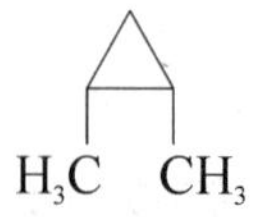

顺-1,2-二甲基环丙烷
cis-1,2-dimethylcyclopropane

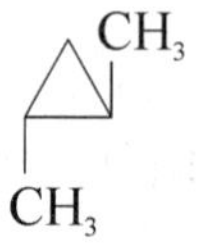

反-1,2-二甲基环丙烷
trans-1,2-dimethylcyclopropane

(二) Z/E 命名法

当 2 个不能自由旋转的原子所连接的 4 个原子或基团均不相同时,就不能用顺反命名法命名,而采用 Z/E 命名法。例如:

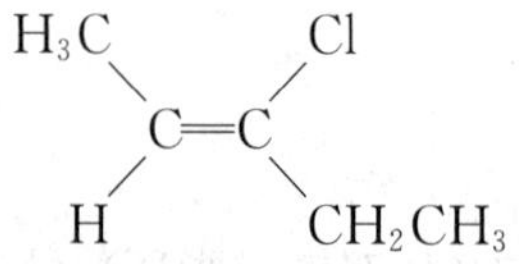

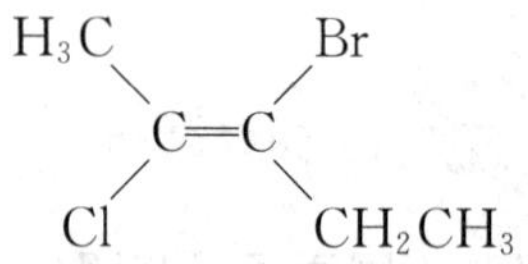

用 Z/E 命名法时,首先根据"次序规则"排列每一个不能自由旋转的原子上所连接的 2 个原子或基团,当 2 个较优基团(较大基团)位于双键同侧时,称为 Z 式(Z 是德文 Zusammen 的字首,同侧之意);当 2 个较优基团(较大基团)位于双键异侧时,称为 E 式(E 是德文 Entgegen 的字首,相反之意)。

(Z)-2-戊烯
(Z)-2-pentene

(E)-2-戊烯
(E)-2-pentene

(Z)-1-氯-2-溴-1-丁烯
(Z)-2-bromo-1-chloro-1-butene

(E)-3-乙基-1,3-戊二烯
(E)-3-ethyl-1,3-pentadiene

Z/E命名法适用于所有烯烃的顺反异构体的命名,它和顺反命名法所依据的规则不同,彼此之间没有必然的联系。

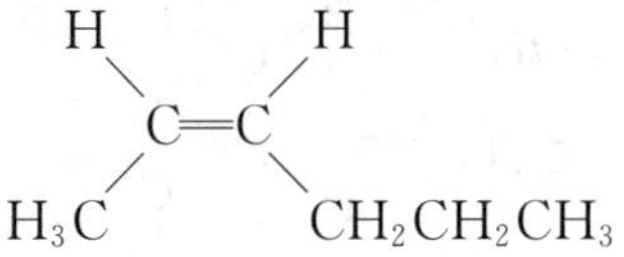

顺-2-己烯
(Z)-2-己烯

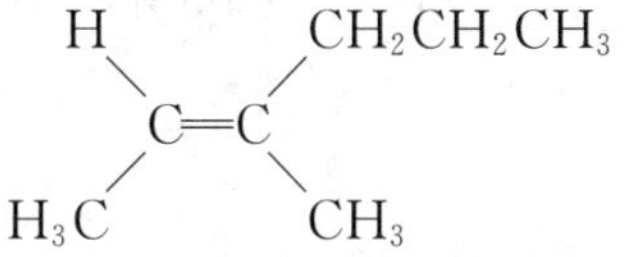

顺-3-甲基-2-己烯
(E)-3-甲基-2-己烯

三、顺反异构体在性质上的差异

(一)物理性质

顺反异构体的物理性质有所不同,并表现出一些规律性,其中较显著的有熔点、溶解度和偶极距等。例如,顺、反-丁烯二酸的物理性质见表4-1。

表4-1 丁烯二酸异构体的物理性质

名　称	俗　名	pKa_1	密度(20 ℃)/$g \cdot cm^{-3}$	熔点/℃	沸点/℃	溶解度(25 ℃)/$g \cdot (100\ g\ H_2O)^{-1}$	燃烧热/$kJ \cdot mol^{-1}$
顺-丁烯二酸	马来酸	1.83	1.590	139～140	355.5	79.8	1 372
反-丁烯二酸	延胡索酸	3.03	1.635	286～287	290	0.7	1 335

由于羧基是吸电子基,丁烯二酸中一个羧基的吸电子诱导效应,使另一羧基的H^+更加容易发生电离。在丁烯二酸分子中当两个羧基处于同侧时因空间距离较近,故相互影响比较大;而当两个羧基处于异侧时,空间距离变大,相互影响减弱,这就说明了第一电离常数是顺式大于反式。

反式异构体中的原子排列比较对称,分子能规则地排入晶体结构中,因而具有较高的熔点。而顺式异构体中两个电负性相同的原子或基团处在分子的同侧,不像反式异构体比较对称地排列,因而顺式分子的偶极距比反式大,沸点比反式的高,在水中的溶解度也比较大。

问题4-2 比较2-丁烯顺反异构体熔点、沸点的高低,并解释原因。

(二)化学性质

顺反异构体具有相同的官能团,大多数顺反异构体的化学性质是相同或相似的。但有些反应与原子或基团在空间的相对位置有关,因此化学性质上有所差别。例如,顺-丁烯二酸的2个羧基处在双键的同侧,距离比较近而容易发生脱水反应;反式异构体的2个羧基处在双键的异侧,距离较远,在同样温度下不反应。但加热到较高的温度,反式先转变成顺式,再脱水生成酸酐。

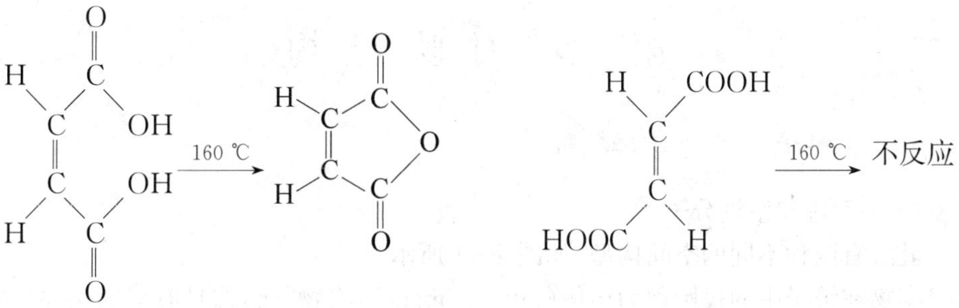

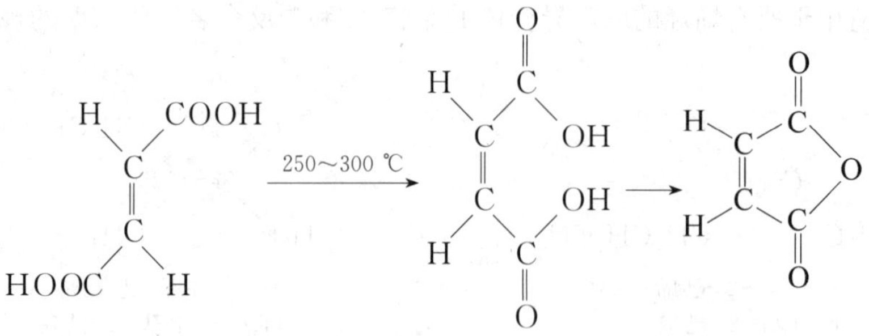

巴豆酸的 2 个顺反异构体,用甲醇酯化时,顺-巴豆酸的羧基和甲基处在双键的同侧,空间位阻较大,不易酯化;而反-巴豆酸中羧基和甲基处在双键的异侧,空间位阻较小,容易酯化。

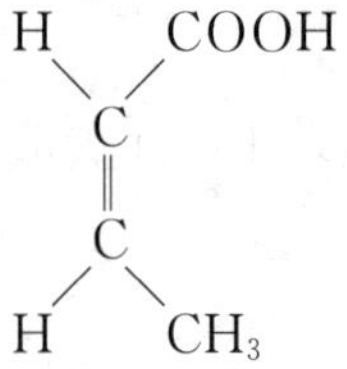

顺-巴豆酸 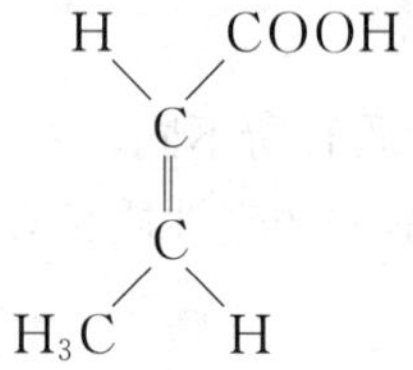　　　　　　　　　　反-巴豆酸

（三）生理活性

顺反异构体在生理活性上也有很大差异。这种差异有时表现在强度上,有时表现在类型上,因此在医药上具有重要意义。例如,维生素 A 分子中的 4 个双键全部为反式,顺式构型的活性大大降低;有降血脂作用的花生四烯酸全部为顺式构型;顺-巴豆酸味辛辣,而反-巴豆酸味甜;顺-丁烯二酸有毒,而反-丁烯二酸无毒,治疗贫血的药物——富血铁就是反-丁烯二酸铁;反式己烯雌酚生理活性大,顺式则很低。

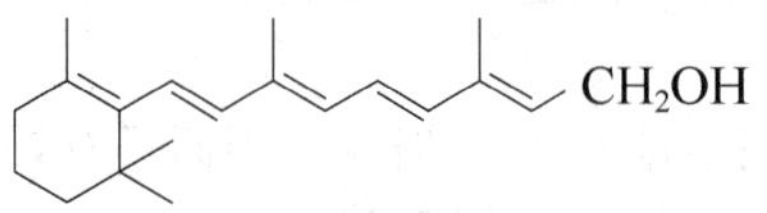

维生素 A 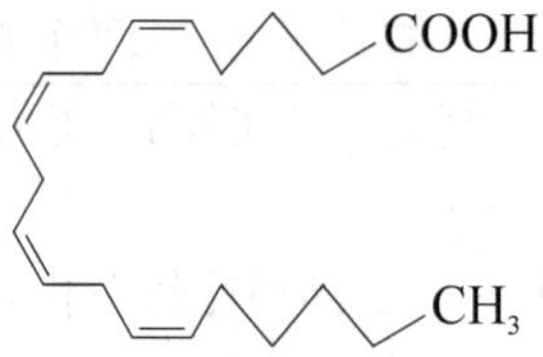　　　　　　　　　　花生四烯酸

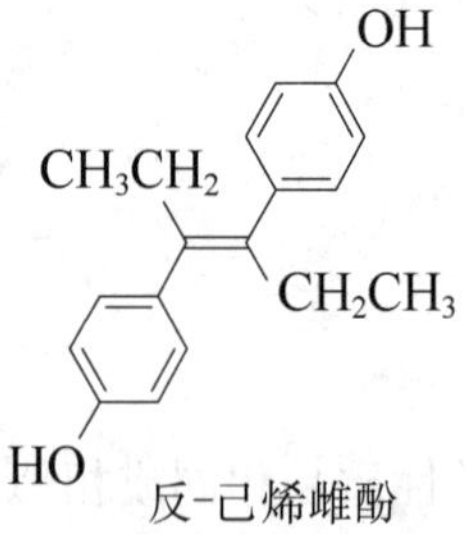

反-己烯雌酚 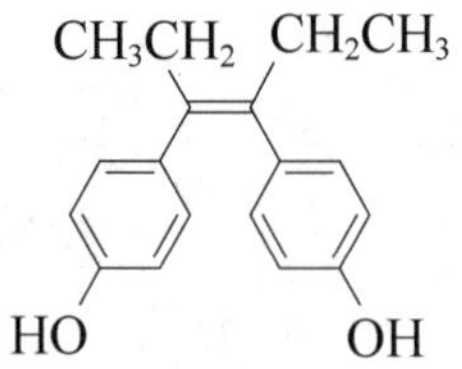　　　　　　　　　顺-己烯雌酚

分子药理学研究表明,药物中某些基团的距离对药物与受体之间的最佳作用能产生明显的影响,一般药物与受体结合越牢固,生理活性就越强;反之,则越弱。

第二节　对映异构

一、手性分子和对映异构体

（一）手性和手性分子

乳酸有两种不同的空间构型,如图 4-1 所示。

实物在镜子中的投影称为镜像（mirror image）,实物与镜像具有对映关系。有的实物与其镜像能够完全重合,如一个圆球与其镜像,有的实物与其镜像则不能。由图 4-1 可以看出,乳酸分子的两种构型的关系就像左手和右手的关系,互为实物与镜像关系,能对映而不能重叠。互为实物和镜像关系,但又不能重叠的两种构型称为对映异构体(enantiomers),简称为对映体,这种异构现象称为对映异构现象。物质分子的实物与其镜像能对映而不能重叠的特征称为物质分子的手性(chirality)。具有手性的分子叫作手性分子(chiral molecules)。如果物质分子与其镜像能够完全重叠,就不具有手

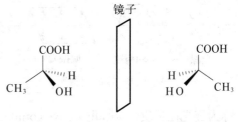

图 4-1 乳酸分子的两个异构体

性,这样的分子称为非手性分子(achiral molecules)。

（二）手性和分子的对称因素

分子的手性与对称因素有关,下面介绍分子中常见的两种对称因素:对称面和对称中心。

1. 对称面 假如有一个平面可以把分子切割成两部分,而一部分正好是另一部分的镜像,这个平面就是分子的对称面(symmetric plane,符号 σ)。顺-2-丁烯具有两个对称面,一个是分子所在平面,另一个是通过双键垂直于分子平面的平面,如图 4-2 所示。2-溴丙烷分子中有一个对称面,如图 4-3 所示。

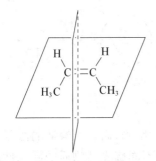

图 4-2 顺-2-丁烯的对称面

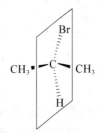

图 4-3 2-溴丙烷的对称面

2. 对称中心 若分子中有一点,通过该点画任何直线,如果在离该点等距离的直线两端有相同的原子,则这个点称为分子的对称中心(symmetry center,符号 i),如图 4-4 和图 4-5 所示。

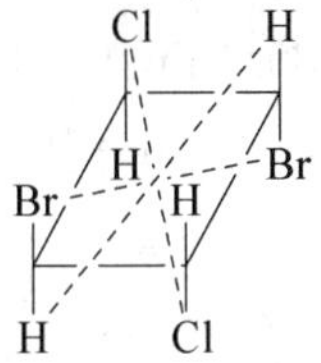

图 4-4 1,3-二氯-2,4-二溴环丁烷的对称中心

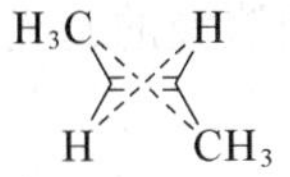

图 4-5 反-2-丁烯的对称中心

考察发现,乳酸等具有手性的分子大多具有一个共同的结构特点,分子中存在着一个连有 4 个互不相同的原子或基团的碳原子,这种碳原子称为手性碳原子(chiral carbon atom),常用 C^* 表示。含一个手性碳原子的化合物一定是手性分子。手性原子是引起化合物产生手性的原因之一,但是不能将是否含有手性原子作为产生手性分子的绝对条件,产生手性的充分和必要条件是分子与其镜像能对映而不能重叠。物质分子在结构上具有对称面或对称中心的化合物和它的镜像是能重合的,因此就无手性;既无对称面,也无对称中心的,一般就具有手性。

二、对映异构体的旋光性

（一）平面偏振光和旋光性

光是一种电磁波,光波的振动方向与其前进方向垂直。普通光在所有垂直于其前进方向

光源　Nicol棱镜　偏振光

图4-6　平面偏振光

的平面上振动。在普通光通过一个尼科尔(Nicol)棱镜时，只有与尼科尔棱镜晶轴互相平行的光才能通过。这种只在一个平面上振动的光称为平面偏振光，简称偏振光。

能使平面偏振光振动平面旋转的性质称为旋光性(optical activity)，能使平面偏振光振动平面旋转的物质称为旋光性物质(optically active compounds)。

（二）旋光度与比旋光度

能使偏振光振动平面向顺时针方向旋转的物质称为右旋体，用"＋"或"d"表示；能使偏振光振动平面向逆时针方向旋转的物质称为左旋体，用"－"或"l"表示；使偏振光振动平面旋转的角度称为旋光度，用 α 表示。

通常用旋光仪测定化合物的旋光性，旋光仪主要是由两个尼科尔棱镜（起偏镜和检偏镜），一个盛液管和一个刻度盘组装而成。若盛液管中为旋光性物质，当偏振光透过该物质时会使偏振光向左或右旋转一定的角度，如要使旋转一定的角度后的偏振光能透过检偏镜光栅，则必须将检偏镜旋转一定的角度，目镜处视野才明亮，检偏镜上刻度盘旋转的角度即为该物质的旋光度 α，如图4-7所示。

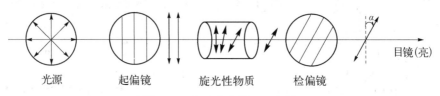

光源　起偏镜　旋光性物质　检偏镜　目镜(亮)

图4-7　旋光仪的原理示意图

物质旋光度的大小和旋光方向，不仅取决于旋光性物质的结构，而且与溶液的浓度、盛液管的长度、测定时的温度、光源波长以及使用的溶剂有关。为了比较不同旋光性物质的旋光性能，一般用比旋光度 $[\alpha]_\lambda^t$ 来表示。

$$[\alpha]_\lambda^t=\frac{\alpha}{L\times C}$$

式中，λ 是测量时所采用的光波波长，通常用钠光D线($\lambda=589.3\ nm$)；t 是测量时的温度(℃)；α 是由旋光仪测得的溶液的旋光度；L 是盛液管的长度，单位为 dm (1 dm＝10 cm)；C 是溶液的浓度，单位为 g/ml。

例如：葡萄糖 $[\alpha]_D^t=+52.5°$(水)；果糖$[\alpha]_D^t=-92.0°$。

100 mg/ml 的蔗糖水溶液，用 10 cm 的盛液管，测得旋光度为＋6.67°，则蔗糖的比旋光度为：

$$[\alpha]_D^t=\frac{\alpha}{L\times C}=\frac{+6.67}{0.1\times1}=+66.7°$$

上面公式既可用来计算物质的比旋光度，也可用于测定物质的浓度或鉴定物质的纯度。

三、对映异构体的表示方法

微课：对映异构体的表示方法

对映异构属于立体异构，最好的表示方法是用三维立体结构式，但书写起来非常不方便。为了便于书写和进行比较，对映体的构型常用费歇尔(Fischer)投影式表示：横、竖两条直线的交点代表手性碳原子，位于纸平面上，横线表示与手性碳相连的两个键指向纸平面的前方，竖线表示指向纸平面的背后，简称为"横前竖后"。乳酸的 Fischer 投影式如图4-8所示。

如果只使用"横前竖后"原则，会发现同一化合物在形式上出现很多种 Fischer 投影式，

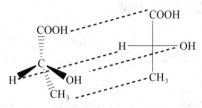

图 4-8 乳酸的 Fischer 投影式

它们实际上是同一化合物。通常采用标准 Fischer 投影式,即按系统命名法原则,主碳链直立,编号小的碳原子放在最上端。

Fischer 投影式是用平面式表示三维空间的立体结构,使用时应注意以下几点:

1. 一个 Fischer 投影式不离开纸平面旋转 180°,得到的 Fischer 投影式和原来构型相同,若在纸平面上旋转 90°或 270°,得到的构型与原来相反。

2. 一个 Fischer 投影式手性碳原子上连接的原子和原子团,经偶数次交换后,得到的 Fischer 投影式和原来的构型相同;若经奇数次交换后,则得到的构型与原来相反。

以上两种变换规则通常适用于只含一个手性碳原子的化合物。

四、对映异构体的标记

(一) D/L 相对构型标记法

在早期还没有实验方法测定分子的构型,为避免混淆和研究的需要,Fischer 人为选择用甘油醛作为标准,规定在标准 Fischer 投影式中,手性碳原子上的—OH 在右侧的定为 D-构型(D:dexter,拉丁文,右),—OH 在左侧的 L-构型(L:laevus,拉丁文,左)。

微课:对映异构体的标记

其他旋光性物质的构型可通过一定的化学转变与甘油醛联系起来,在转变过程中与手性碳原子直接相连的化学键不能发生断裂。凡可由 L-甘油醛转变而成的化合物,其构型为 L-构型;凡可由

D-甘油醛转变而成的化合物,则构型为 D-构型。

$$
\underset{\text{D-(+)-甘油醛}}{\overset{\text{CHO}}{H-\!\!\!-\!\!\!-OH}}\ \xrightarrow{[O]}\ \underset{\text{D-(-)-甘油酸}}{\overset{\text{COOH}}{H-\!\!\!-\!\!\!-OH}}\ \xrightarrow{[H]}\ \underset{\text{D-(-)-乳酸}}{\overset{\text{COOH}}{H-\!\!\!-\!\!\!-OH}}
$$

D/L 标记法是相对于人为规定的标准物而言的,所以这样标记的构型又叫作相对构型。

由于 D/L 标记法是以甘油醛作为标准,被标记的化合物必须与甘油醛的结构类似,或者与甘油醛有一定的联系。所以,D/L 标记法有很大的局限性,目前一般用于标记氨基酸和糖类化合物的构型。

（二）R/S 绝对构型标记法

R/S标记法是根据手性碳原子上的 4 个原子或基团在空间的真实排列来标记的,因此用这种方法标记的构型是真实的构型,叫作绝对构型。

按照取代基次序规则,将手性碳原子上的 4 个原子或基团按优先次序的先后从大到小排列,将最小基团放在离眼睛最远的位置,按大→中→小的顺序观察其余 3 个原子或基团的排列走向,若为顺时针排列,叫作 R-构型(Rectus,拉丁文,右);若为逆时针排列,叫作 S-构型(Sinister,拉丁文,左)。

2-氯丁烷分子中手性碳原子上 4 个基团的从大到小的次序为:—Cl>—C_2H_5>—CH_3>—H。

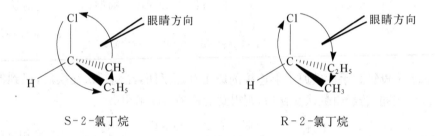

S-2-氯丁烷　　　　　　　　R-2-氯丁烷

对于 Fischer 投影式,快速判断其构型的规律是:当最小基团位于横向(在左或右)时,若其余 3 个基团由大→中→小为顺时针方向,则此投影式的构型为 S,反之为 R;当最小基团位于竖向(在上或下)时,若其余 3 个基团由大→中→小为顺时针方向,则此投影式的构型为 R,反之为 S。

D/L 与 R/S 只表示构型,而(+)、(-)表示旋光方向,两者之间没有必然的联系。

五、具有手性碳原子化合物的对映异构

（一）具有一个手性碳原子的化合物

具有一个手性碳的化合物有一对对映异构体,其中一个是右旋体,一个是左旋体。因此,对映异构体又称为旋光异构体(或光学异构体)。

微课:具有一个手性碳原子化合物的对映异构

$$
\begin{array}{ccc}
& \text{COOH} & \\
\text{H} & \!\!-\!\!\!\!\!-\!\! & \text{OH} \\
& \text{CH}_3 &
\end{array}
\qquad\qquad
\begin{array}{ccc}
& \text{COOH} & \\
\text{HO} & \!\!-\!\!\!\!\!-\!\! & \text{H} \\
& \text{CH}_3 &
\end{array}
$$

R-(—)-乳酸　　　　　　　　　S-(＋)-乳酸

对映体理化性质一般都相同,对偏振光表现出不同的旋光性能,旋转角度相等,方向相反,见表 4 - 2。

表 4 - 2　乳酸的物理性质

名　称	熔点/℃	$[\alpha]_D$ 水	pK_a(25 ℃)
(＋)-乳酸	53	+3.8°	3.79
(—)-乳酸	53	−3.8°	3.79
(±)-乳酸	18	0	3.79

在手性环境的条件下,如手性试剂、手性溶剂、手性催化剂的存在下也会表现出某些不同的性质。如:生物体中非常重要的催化剂酶具有很高的手性,因此许多可以受酶影响的化合物,其对映体的生理作用表现出很大的差别。(＋)-葡萄糖在动物代谢中能起独特的作用,具有营养价值,但其对映体(—)-葡萄糖则不能被动物代谢。又如左旋氯霉素具有抗菌作用,其对映体则无疗效。

由等量的一对对映体混合组成外消旋体(racemate)。如乳酸除了可以从肌肉、细菌发酵分别得到右旋体、左旋体外,还可以从酸败的牛奶中或用合成方法制得。后一方法得到的乳酸其构造式都一样,可是没有旋光性。这是由于用人工合成方法制得的乳酸是等量的右旋和左旋乳酸的混合物,它们对偏振光的作用相互抵消,所以没有旋光性。我们称这种乳酸为外消旋乳酸,外消旋体一般用(±)或(dl)表示。

(二) 具有两个手性碳原子的化合物

1. 具有两个不同手性碳原子的化合物　2,3-二氯戊烷分子中含有 2 个不同的手性碳原子(不同的手性碳原子是指 2 个手性碳原子上连接的 4 个基团不完全相同)。已知含有一个手性碳原子的化合物有 2 个旋光异构体,则含有两个不同手性碳原子的 2,3-二氯戊烷就应该有 4 个旋光异构体:

微课:具有两个手性碳原子化合物的对映异构

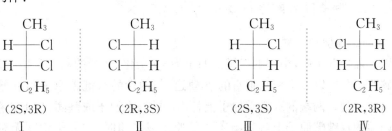

(2S,3R)　　　　　　(2R,3S)　　　　　　(2S,3S)　　　　　　(2R,3R)
Ⅰ　　　　　　　　　Ⅱ　　　　　　　　　Ⅲ　　　　　　　　　Ⅳ

化合物Ⅰ和Ⅱ是一对对映体,化合物Ⅲ和Ⅳ也是一对对映体,2 对对映体可组成 2 个外消旋体。化合物Ⅰ或Ⅱ与化合物Ⅲ或Ⅳ不是实物和镜像的关系。这种彼此不为实物和镜像关系的异构体叫作非对映体(diastereomers)。

随着分子中手性碳原子数目的增加,旋光异构体的数目也会增多。含 n 个不同手性碳原子的化合物有 2^n 个旋光异构体,可组成 2^{n-1} 个外消旋体。

非对映异构体的物理性质不同(熔点、沸点、溶解度等);比旋光度不同;旋光方向可能相同也可能不同;化学性质相似,但反应速度有差异。

2. 具有两个相同手性碳原子的化合物　2,3-二氯丁烷、酒石酸等分子中含有 2 个相同的手性碳原子。酒石酸可能的异构体有:

COOH	COOH	COOH	COOH
H——OH	HO——H	H——OH	OH——H
HO——H	H——OH	H——OH	OH——H
COOH	COOH	COOH	COOH
(2R,3R)	(2S,3S)	(2R,3S)	(2S,3R)
Ⅰ	Ⅱ	Ⅲ	Ⅳ

化合物Ⅰ和Ⅱ是一对对映体;化合物Ⅲ与Ⅳ虽也互为镜像关系,但能重合,它们是同一物质,这是由于Ⅲ和Ⅳ分子中有一对称面,因此分子无手性。这种分子结构中含有手性碳原子,但分子不具有旋光性的化合物称为内消旋体(meso compound)。例如,酒石酸的物理性质见表4-3。

表4-3 酒石酸的物理性质

名　　称	熔点/℃	溶解度(25 ℃)/g·(100 g H_2O)$^{-1}$	[α]$_D$ 水	pK$_{a1}$
(+)酒石酸	170	147.0	+12°	4.23
(-)酒石酸	170	147.0	-12°	4.23
(±)酒石酸	206	20.6	0	4.24
内消旋酒石酸	140	125.0	0	4.68

含有两个相同手性碳原子的化合物只有3个立体异构体(旋光异构体),少于2^n个,外消旋体数目也少于2^{n-1}个。

外消旋体与内消旋体都没有旋光性,但它们有本质的不同。外消旋体是等量一对对映体的混合物,可拆分;内消旋体是分子内有对称面的单一化合物,不可拆分。

问题 4-3 1,2-二氯丁烷、1,3-二氯丁烷和2,3-二氯丁烷,哪种化合物中存在内消旋体?

微课:不具有手性碳原子化合物的对映异构

六、不具有手性碳原子化合物的对映异构

(一) 丙二烯型化合物

在丙二烯型分子中,中间的双键碳原子为sp杂化,两端的双键碳原子为sp^2杂化。中间的双键碳原子分别以2个相互垂直的p轨道,与两端的双键碳原子的p轨道重叠形成两个相互垂直的π键。两端的双键碳原子上各连接的2个原子或基团,分别处在相互垂直的平面上。当两端的双键碳原子上各连有不同的原子或基团时,则分子中既无对称面又无对称中心,分子具有手性,也就具有旋光性,如1,3-二溴丙二烯分子就有一对对映体存在。

1,3-二溴丙二烯

（二）联苯型化合物

在联苯分子中，2 个苯环可以围绕中间单键旋转，是非手性分子。如果在苯环中的邻位上即 2,2′, 6,6′ 位置上引入不同的较大取代基（—NO$_2$，—COOH 等），则 2 个苯环围绕单键旋转就要受到阻碍，2 个苯环不能处在同一平面上，整个分子就没有对称面或对称中心，成为手性分子而具有旋光性。

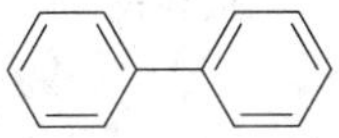

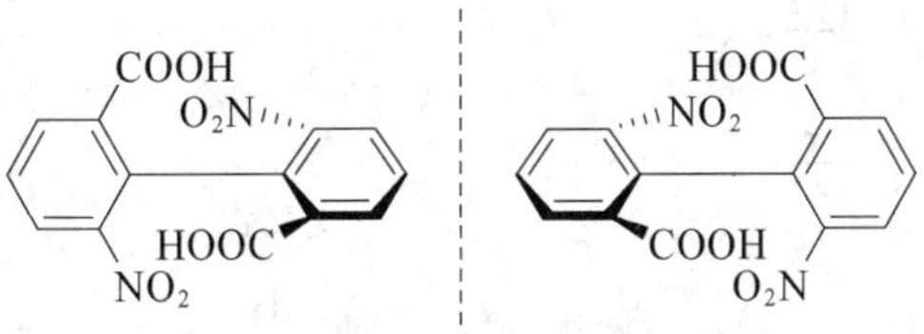

2,2′-二硝基-6,6′-联苯二甲酸

第三节　构 象 异 构

由于单键的自由旋转，使分子中原子或基团在空间产生不同的排列形式，这种排列形式称为构象（conformation）。同一分子的不同构象称为构象异构体。

微课：构象异构

一、乙烷的构象

乙烷分子有无数种构象异构体，图 4-9 是乙烷的两种典型构象：最稳定的交叉式构象和最不稳定的重叠式构象。

常用锯架式（Sawhorse）或纽曼（Newman）投影式表示不同的构象。锯架式是从分子的侧面观察分子所得到的立体表达方式，能直接反映 C 原子和 H 原子在空间的排列情况：先画出一条斜线，斜线的两个端点表示 2 个碳原子，然后从每个端点引出 3 条互为 120° 的线段作为碳原子上的 3 个价键，再写出每个价键所连接的原子或基团。

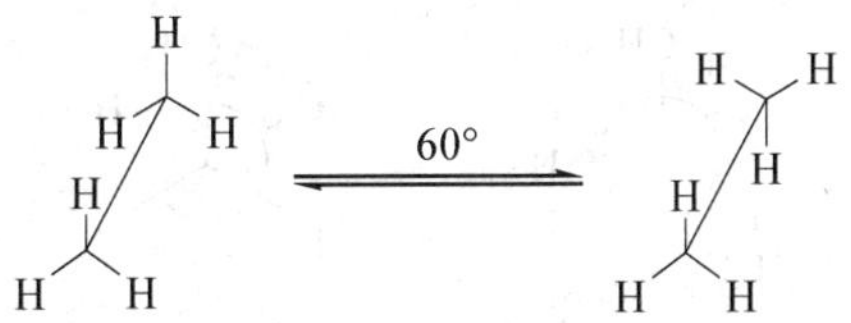

重叠式构象　　　　　交叉式构象

图 4-9　乙烷的锯架式

纽曼投影式是沿着 C—C 键轴观察分子得到的平面投影，用圆心表示前面的碳原子，用圆表示后面的碳原子，分别从圆心和圆上引出 3 条互为 120° 的线段用以连接碳原子上的 3 个原子或基团。例如，乙烷的纽曼投影式如图 4-10 所示。从纽曼投影式可以看出相互邻近的、非直接键合的原子或基团的空间关系，主要用来进行构象分析。

重叠式构象　　　　　交叉式构象

图 4-10　乙烷的纽曼投影式

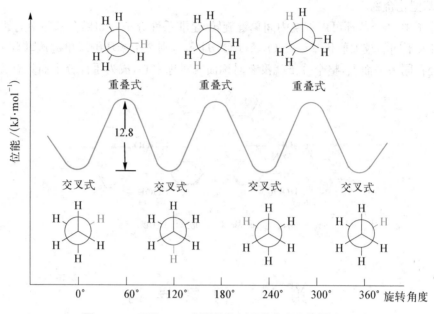

图 4-11 乙烷 C—C 单键旋转过程的构象和能量变化

在如图 4-11 的交叉式中非键合氢原子间的距离大,其相互间的排斥力小,能量最低,是乙烷最稳定的构象,也称为优势构象;而在重叠式中非键合氢原子间距离最小,相互间的排斥力最大,能量最高。交叉式与重叠式的构象虽然内能不同,但差别较小,约为 12.5 kJ/mol。因此,在室温时可以把乙烷看作是交叉式与重叠式以及介于两者之间的无数种构象异构体的平衡混合物,无法分离出某一构象异构体,但大多数乙烷分子处于最稳定的交叉式构象。

二、丁烷的构象

正丁烷也有无数种构象异构体。当围绕 C_2—C_3 键旋转时,丁烷会出现 4 种典型的构象异构体:对位交叉式、邻位交叉式、部分重叠式和全重叠式,如图 4-12 所示。

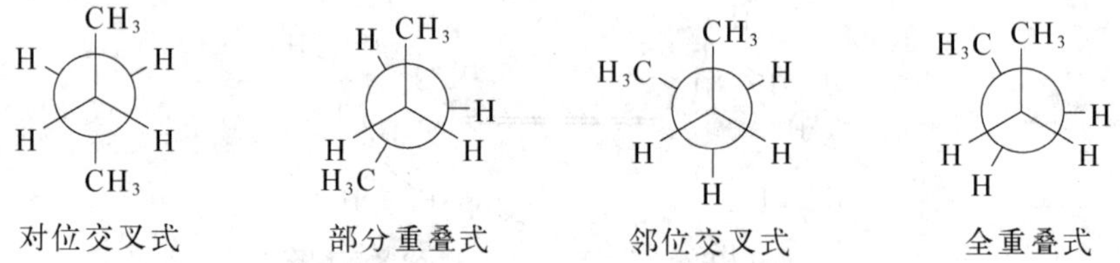

对位交叉式　　部分重叠式　　邻位交叉式　　全重叠式

图 4-12 丁烷的纽曼投影式

对位交叉式中,2 个体积较大的甲基相距最远,彼此间的排斥力最小,分子的能量最低,是最稳定的优势构象;邻位交叉式的 2 个甲基处于邻位,2 个甲基间的斥力使其能量较对位交叉式高;全重叠式中的 2 个甲基及氢原子都处于重叠位置,排斥力最大,能量也最高,是最不稳定的构象。部分重叠式中甲基和氢原子的重叠使其能量较高,但比全重叠式的能量低。因此,4 种典型构象的稳定性次序是:对位交叉式>邻位交叉式>部分重叠式>全重叠式。在室温时,由于分子的热运动,正丁烷所有构象间的相互转变非常快,不可能分离出单一的构象。丁烷 C_2—C_3 键旋转的能量变化如图 4-13 所示。

药物分子的构象与药物的疗效密切相关,当药物分子与受体相互作用时,药物与受体互补并结合时的构象,称为药效构象。药效构象并不一定是药物的优势构象,不同构象异构体的生物活性差异显著。

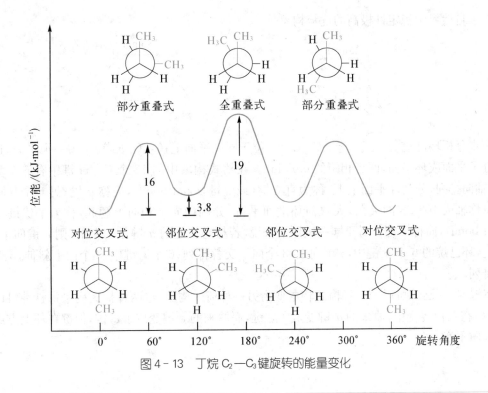

图 4 - 13　丁烷 C₂—C₃键旋转的能量变化

问题 4 - 4　丁烷沿着 C₁—C₂键旋转所形成的典型构象有几种？

三、环己烷的构象

在环己烷分子中，每个碳原子都采取 sp^3 杂化，6 个碳原子不在同一平面内，碳碳键之间的夹角可以保持 109°28′，因此环很稳定。环己烷通过 σ 键的转动可形成无数个非平面的构象，在一系列构象的动态平衡中椅式构象（chair conformation）和船式构象（boat conformation）是 2 种典型的构象，这两种构象通过 C—C 单键的旋转，可相互转变（图 4 - 14）。

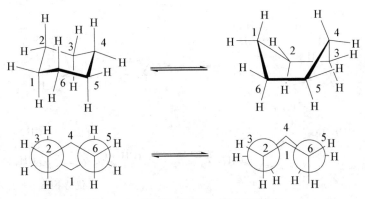

图 4 - 14　椅式构象和船式构象的转变

船式构象比椅式构象能量高，从纽曼投影式中可以看出船式构象中存在着全重叠式构象，氢原子之间的斥力比较大；船头和船尾上的 2 个氢原子相距较近（约为 183 pm），因而有较大的排斥作用，是一个不稳定的构象。而椅式构象中，所有相邻碳原子上的氢原子都处于邻位交叉式；环上 C₁、C₃、C₅或 C₂、C₄、C₆上的竖氢原子间的距离较远（约为 250 pm），分子的内能低，所以环己烷的椅式构象是广泛存在于自然界中稳定性极高的优势构象。

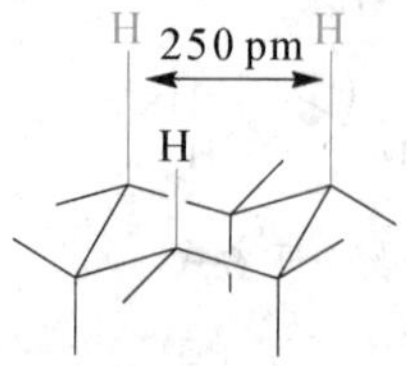

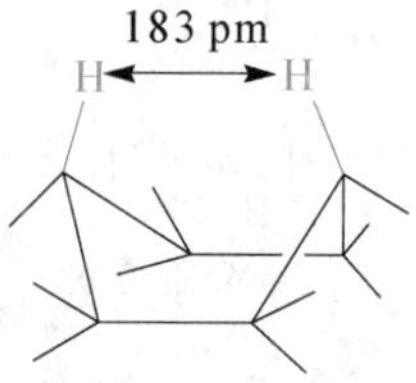

进一步分析环己烷的椅式构象：C_1、C_3、C_5 位于同一平面上；C_2、C_4、C_6 位于另一个平面，这 2 个平面称为分子平面或环平面，两者相距约 0.05 nm。在椅式构象中的 12 个 C—H 键中有 6 个垂直于环平面，呈轴向排列，分列环平面上下，称为直立键（或竖键，axial bond），简称 a 键；另 6 个与垂直于环平面的对称轴成 $109°28'$ 的夹角，大致与环平面平行，分别稍向下和向上翘起，称为平伏键（或横键，equaorial bond），简称 e 键。对于同一碳原子来说，若与它相连的 a 键是向上的，则 e 键向下，反之亦然。因此，环己烷的 6 个 a 键中，3 个向上，3 个向下交替排列；6 个 e 键中，3 个向上斜伸，3 个向下斜伸交替排列。

在室温时，环己烷可以由一种椅式构象变为另一种椅式构象，这两种椅式构象每秒钟可以翻转约为 10^6 次。在互相转变中，原来的 a 键变成了 e 键，而原来的 e 键变成了 a 键，但键在环上方或环下方的空间取向不变。

四、环己烷衍生物的构象

环己烷的一元取代物有 2 种可能的构象：a 键取代或 e 键取代。其中取代基处于 a 键时，分子中的非键斥力比较大，分子内能较高，所以 e 键取代的构象更稳定，是优势构象。例如：

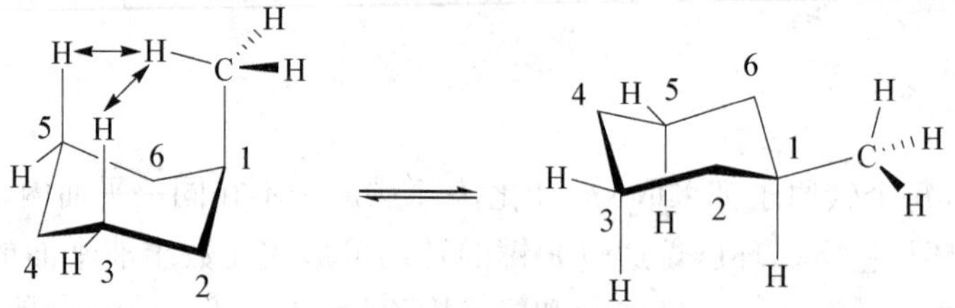

对于多取代环己烷，e 键取代最多的构象是稳定构象；当环上有不同取代基时，较大基团处于 e 键的构象是稳定构象。

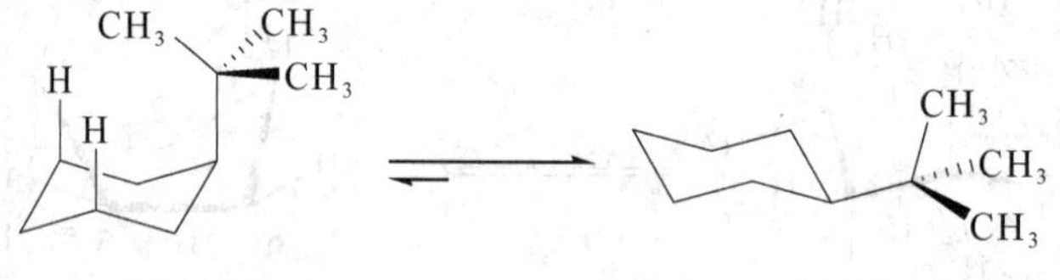

<0.1%   >99.9%

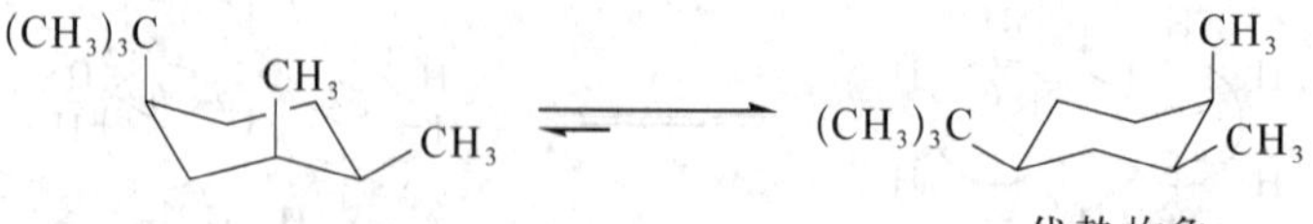

优势构象

二取代环己烷有 4 种位置异构，即 1,1 位、1,2 位、1,3 位和 1,4 位，其中 1,1-二取代环己烷只有一种构象异构体，余下 3 种不仅有构象异构，还有构型异构。以 1,4-二甲基环己烷为例，在反-1,2-二甲基环己烷中，C_1 和 C_4 上的甲基，只能占有 a，a（或 e，e）取代才符合反式要求的几何形状。

葡萄糖在水溶液中主要以吡喃六元环形式存在，有 α、β 两种椅式构象，β 型葡萄糖中大基团（—CH$_2$OH）及其他羟基都占有 e 键的位置，是优势构象。

问题 4-5　写出 1,4-二甲基环己烷的优势构象。

自阅材料　手性药物

　　手性药物,是指药物分子结构中引入手性中心后,得到的一对互为实物与镜像的对映异构体。手性药物的药理作用是通过与体内大分子之间严格手性匹配与分子识别实现的,药物分子必须与受体分子几何结构匹配,才能起到应有的药效。对于手性药物,一个异构体可能是有效的,而另一个异构体可能是无效甚至是有害的。

　　在 20 世纪 50 年代,镇静药沙利度胺(反应停)消除孕妇妊娠反应效果很好,但是服用过此药的孕妇中许多产下海豚状畸形儿,成为震惊国际医药界的悲惨事件。后来经过研究发现,沙利度胺是包含一对对映异构体的外消旋药物,它的 R-(+)对映体有缓解妊娠反应作用,而 S-(-)对映体对胚胎有很强的致畸作用。

　　恢复脑内 L-多巴胺的水准,对于治疗帕金森病非常有效,但是多巴胺不能跨越血-脑屏障进入作用部位,只能服用前药多巴,由体内的酶将多巴催化脱羧而释放出具药物活性的多巴胺。体内的脱羧酶具有专一性,只能对左旋多巴发生脱羧作用,因此必须服用纯的左旋多巴。服用消旋体,右旋体不能被体内的酶分解,会聚积在体内,可能危害人体的健康。

　　在临床治疗方面,服用对映体纯的手性药物不仅可以排除由于无效对映体所引起的毒副作用,还能减少药剂量和人体对无效对映体的代谢负担,对药物动力学及剂量有更好的控制,提高药物的专一性。手性药物的开发是国际新药研究的主要方向之一。

拓展阅读

习　　题

1. 名词解释。
(1) 顺反异构　　　(2) 旋光性　　　(3) 比旋光度　　　(4) 对映异构体
(5) 非对映异构体　(6) 外消旋体　　(7) 内消旋体　　　(8) 构象异构

2. 命名下列化合物。

(1) $\begin{array}{c} H_3C \\ \diagdown \\ \end{array} C = C \begin{array}{c} CH_2CH_2CH_3 \\ \diagup \\ \diagdown \\ \end{array}$
　　　H　　　　　CH₂CH₃

(2) $\begin{array}{c} Cl \\ \diagdown \\ \end{array} C = C \begin{array}{c} CH_3 \\ \diagup \\ \diagdown \\ \end{array}$
　　　H₃C　　　　CH₂CH₃

(3) $\begin{array}{c} CH_3 \\ | \\ H - \!\!\!-\!\!\!- Cl \\ | \\ CH_2CH_3 \end{array}$

(4) $\begin{array}{c} H_3C \\ \diagdown \\ \end{array} C = C \begin{array}{c} CH_2CH_3 \\ \diagup \\ \diagdown \\ \end{array}$
　　　H　　　　　CH₃

(5) $\begin{array}{c} H_3C \\ \diagdown \\ \end{array} C = C \begin{array}{c} Cl \\ \diagup \\ \diagdown \\ \end{array}$
　　　H　　　　　Br

(6) HO $-\!\!\!-\!\!\!-$ CH(CH₃)₂, 上 CH₃, 下 C₂H₅

3. 用星号标出下列化合物中的手性碳原子并指出可能有的旋光异构体数目。

(1) $CH_3CH_2\overset{\displaystyle |}{\underset{\displaystyle Cl}{C}}HCH_3$

(2)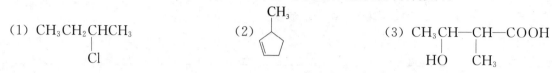

(3) $CH_3\overset{\displaystyle |}{\underset{\displaystyle HO}{C}}H-\overset{\displaystyle |}{\underset{\displaystyle CH_3}{C}}H-COOH$

4. 下列化合物与 $\begin{array}{c}F\\ H-\!\!\!-Br\\ Cl\end{array}$ 比较,哪些是对映异构体,哪些是同一种物质?

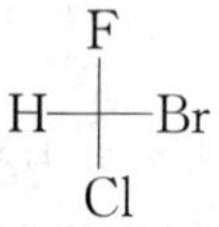

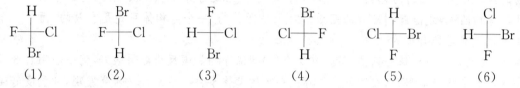

(1)　　　　(2)　　　　(3)　　　　(4)　　　　(5)　　　　(6)

5. 简答题。

如果将如下图的乳酸的一个费歇尔投影式离开纸平面翻转过来,或在纸面上旋转 90°,它们应代表何构型?与下图中的乳酸是什么关系?

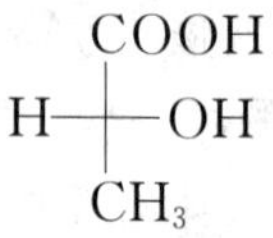

$$\begin{array}{c}COOH\\ H-\!\!\!-OH\\ CH_3\end{array}$$

6. 推断题。

分子式是 $C_5H_{10}O_2$ 的酸,有旋光性,写出它的一对对映体的投影式,并用 R,S 标记法命名。

7. 写出下列化合物的优势构象。

(1) 1-甲基-2-乙基-3-叔丁基环己烷

(2) cis-1-甲基-4-叔丁基环己烷

（王春华）

第五章

卤 代 烃

　　烃分子中的氢原子被卤原子取代后的化合物称为卤代烃(halohydrocarbon)。卤原子(氟、氯、溴、碘)是卤代烃的官能团。卤代烃是有机化学中的基础物质,是联系烃和烃的其他衍生物的重要桥梁。

　　卤代烃在医药、生产及生活中应用广泛,氯仿、四氯化碳是常用的有机溶剂,许多卤代烃是合成农药、麻醉剂和防腐剂等的重要中间体和原料。天然卤代烃的种类不多,大多数卤代烃由化学合成获得。自然界中含卤素的有机物主要分布在海洋生物中,具有抗菌及抗肿瘤的作用。

第一节　卤代烃的分类和命名

一、卤代烃的分类

　　根据卤代烃分子中烃基的不同,卤代烃可分为脂肪卤代烃(饱和卤代烃与不饱和卤代烃)、脂环卤代烃及芳香卤代烃。不饱和卤代烃中,卤原子与碳碳双键($>C=C<$)或苯环直接相连的卤代烃称为乙烯型卤代烃;卤原子与碳碳双键($>C=C<$)或苯环之间隔一个饱和碳原子的卤代烃称为烯丙型卤代烃。例如:

微课:卤代烃
的分类

$$CH_3CH_2X \qquad CH_2=CHCH_2X \qquad \text{脂环卤代烃} \qquad \text{芳香卤代烃}$$

饱和卤代烃　　　　不饱和卤代烃　　　　脂环卤代烃　　　　芳香卤代烃

　　根据卤原子所连碳原子类型不同,卤代烃可分为伯卤代烃(一级卤代烃 1°)、仲卤代烃(二级卤代烃 2°)和叔卤代烃(三级卤代烃 3°)。例如:

$$CH_3CH_2CH_2Cl \qquad (CH_3)_2CHCl \qquad (CH_3)_3CCl$$

伯卤代烷　　　　　　仲卤代烷　　　　　　叔卤代烷

　　根据卤原子的不同,卤代烃可分为氟代烃、氯代烃、溴代烃、碘代烃;按卤原子数目的多少还可分为一卤代烃和多卤代烃。例如:$CH_3CH_2CH_2Cl$,$CHCl_3$,CCl_2F_2。

　　由于氟代烃的制法和性质都比较特殊,一般讨论的卤代烃多指氯代烃、溴代烃和碘代烃。

　　问题 5-1　根据烃基的不同,卤代烃分为_____卤代烃、____卤代烃和_____卤代烃。

　　问题 5-2　根据卤原子直接连接的碳原子不同,卤代烃可分为:_____、_____和_____。

二、卤代烃的命名

(一) 普通命名法
简单卤代烃可将卤素名称放在烃的名称前面称为"卤(代)某烃",例如:

微课:卤代烃的命名
(普通命名法)

CH₃CH₂Cl　　　　　CH₂=CHBr　　　　　 —CH₂Cl

氯乙烷　　　　　　　溴乙烯　　　　　　　氯化苄
chloroethane　　　　bromoethylene　　　　chlorobenzene

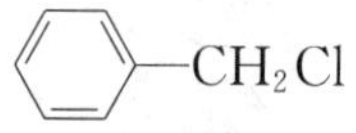

也可以将烃基放在卤素的前面命名为"某烃基卤",例如:

CH₃Cl　　　(CH₃)₂CHBr　　　(CH₃)₃CCl　　　CH₂=CHCH₂Br　　　⬡—CH₂Br

甲基氯　　　　　异丙基溴　　　　　　叔丁基氯　　　　　烯丙基溴　　　　　　　苄基溴
methyl chloride　isopropyl bromine　tertbutyl chloride　allyl bromine　　　　benzyl bromine

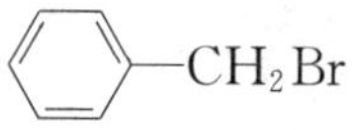

(二) 系统命名法

微课:卤代烃的命名
（系统命名法）

复杂的卤代烃用系统命名法命名。以烃为母体,卤原子为取代基。

饱和卤代烃以烷为母体,选择连有卤原子在内的最长碳链为主链,从取代基最近一端编号。例如:

CH₃CH₂CHCH₂CHCH₂CH₃　　　　　　CH₃CHCH₂CHCH₂CH₂CHCH₃
　　　　|　　　|　　　　　　　　　　　　　|　　　|　　　　　|
　　　　CH₃　Cl　　　　　　　　　　　　　CH₃　I　　　　　Cl

3-甲基-5-氯庚烷　　　　　　　　　　　2-甲基-7-氯-4-碘辛烷
5-chloro-3-methylheptane　　　　　　　7-chloro-2-methyl-4-iodooctane

不饱和卤代烃选择含不饱和键和卤原子在内的最长碳链为主链,使不饱和键的位次最小。例如:

CH₃CH=CHCH₂Br　　　　　　　　　　CH₃CHCH=CHCH₃
　　　　　　　　　　　　　　　　　　　　|
　　　　　　　　　　　　　　　　　　　　Br

1-溴-2-丁烯　　　　　　　　　　　　　4-溴-2-戊烯
1-bromo-2-butene　　　　　　　　　　　4-bromo-2-pentene

CH₂=CCH₂CH₂CH₂Br　　　　　　　　　　　⬡—Br
　　　|
　　　CH₂CH₃

2-乙基-5-溴-1-戊烯　　　　　　　　　　3-溴环己烯
5-bromo-2-ethyl-1-pentene　　　　　　　3-bromocyclohexene

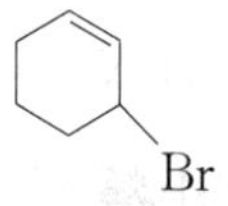

当卤原子连在芳环上时,以芳烃为母体,卤原子为取代基;如卤原子连在芳环侧链时,以烃为母体,芳基和卤原子为取代基。例如:

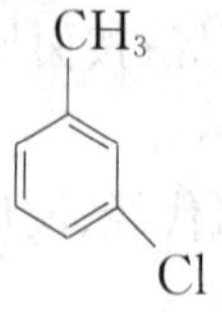

间氯甲苯(3-氯甲苯)　　　　　　　　　1-甲基-3,7-二氯萘
m-chloromethylbenzene(3-chloromethylbenzene)　　　3,7-dichloro-1-methylnaphthalene

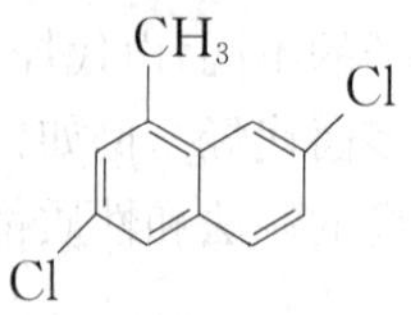

CH₃CHCH₂CHCH₃　　　　　　　　　　BrCH₂CH=CCH₃
　　|　　　|　　　　　　　　　　　　　　　　　　　|
　　I　　　C₆H₅　　　　　　　　　　　　　　　　　C₆H₅

2-苯基-4-碘戊烷　　　　　　　　　　　3-苯基-1-溴-2-丁烯
4-iodo-2-phenylpentane　　　　　　　　1-bromo-3-phenyl-2-butene

有些多卤代烃常用俗名,例如:CHI₃(碘仿,iodoform),CHCl₃(氯仿,chloroform),CF₃CF₂CF₃

（全氟丙烷），CCl₄（四氯化碳，tetrachloromethane）。

问题 5 - 3　化合物 CH₃CH₂CHClCH₂CH=CH₂的系统命名是（　　）
A. 5-氯-1-己烯；B. 4-氯-1-己烯；C. 3-氯-1-己烯；D. 2-氯-1-己烯；E. 3-氯-5-己烯

第二节　卤代烃的物理性质

卤代烃的物理性质因烃基及卤原子的种类和数目的不同而异。在室温下，除一氯甲烷、一氯乙烷和溴甲烷是气体外，其他常见的一卤代烃为液体，15 个碳原子以上的卤代烃为固体。

一卤代烃的熔点、沸点变化规律与烷烃相似，即随分子中碳原子数的增多，熔点、沸点升高。含有相同碳原子数的氯代烷、溴代烷、碘代烷的沸点依次升高。在卤代烷异构体中，支链越多，沸点越低。

卤代烃难溶于水，易溶于有机溶剂，卤代烃是常用的溶剂。除少数氯代烃外，溴代烃、碘代烃及多卤代烃的相对密度都大于 1。部分卤代烃的物理数据见表 5-1。

微课：卤代烃的
物理性质

表 5-1　卤代烃的物理性质

名　称	英文名称	结构式	沸点/℃	相对密度
氯甲烷	chloromethane	CH₃Cl	−24	0.920
溴甲烷	bromomethane	CH₃Br	3.5	1.732
碘甲烷	iodomethane	CH₃I	42.5	2.279
二氯甲烷	dichloromethane	CH₂Cl₂	40	1.327
三氯甲烷	chloroform	CHCl₃	61	1.483
四氯化碳	tetrachloromethane	CCl₄	76.5	1.590
氯乙烷	chloroethane	CH₃CH₂Cl	12.2	0.910
溴乙烷	bromoethane	CH₃CH₂Br	38.4	1.430
碘乙烷	iodoethane	CH₃CH₂I	72.3	1.933

第三节　卤代烃的化学性质

一、卤代烷的亲核取代反应

卤代烷的化学性质是由于卤原子（官能团）引起的。在卤代烷结构中，卤原子的电负性大于碳原子，卤原子带部分负电荷，碳原子带部分正电荷，C—X 键为极性共价键（C$^{δ+}$—X$^{δ-}$），在化学反应中容易异裂。卤代烷中的碳原子较活泼，易受亲核试剂进攻，发生亲核取代反应（—X 被—OH，—CN，—OR，—NH₂，—ONO₂等基团取代），从而转化成各种其他类型的化合物。

例如：卤代烷与氢氧化钠或氢氧化钾的水溶液共热，卤原子被羟基取代生成醇，此反应又称为卤代烃的水解。卤代烷与醇钠作用，卤原子被烷氧基取代生成醚，这是合成混合醚（R—O—R′）的一种方法,称为威廉姆森(Williamson)合成法。卤代烃与氰化钠(或氰化钾)反应,卤原子被氰基取代生成腈,腈水解可得羧酸。由于反应后分子中增加了一个碳原子,该反应是有机合成中增长碳链的方法之一。与硝酸银的醇溶液作用生成硝酸酯和卤化银沉淀,此反应常用于不同类型卤代烃的鉴别。

$$R-X \begin{cases} \xrightarrow[\triangle]{NaOH/H_2O} ROH \\ \xrightarrow[\triangle]{NaOR'} ROR' \\ \xrightarrow[\triangle]{NaCN/醇} RCN \xrightarrow[H^+]{H_2O} RCOOH \\ \xrightarrow[\triangle]{AgNO_3/醇} RONO_2 + AgX\downarrow \end{cases}$$

上述反应中卤代烷带部分正电荷的碳原子,均受到带负电荷或含有未共用电子对的试剂进攻,这些试剂称为亲核试剂(nucleophilic reagent)。这种由亲核试剂进攻而引起的取代反应称为亲核取代反应(nucleophilic substitution reaction),以 S_N 表示。反应可用通式表示如下:

$$RCH_2-X + :Nu^- \longrightarrow RCH_2Nu + :X^-$$

其中,Nu^- 为亲核试剂,$:X^-$ 为离去基团(leaving group),卤代烷在反应中受到亲核试剂的进攻,称为底物。

微课:卤代烃的化学性质(单分子亲核取代反应)

大量实验表明,亲核取代反应有两种不同的反应机制:单分子的亲核取代机制和双分子的亲核取代机制。

1. 单分子的亲核取代机制(S_N1) 叔丁基溴在碱性溶液中水解反应的速率仅与反应物卤代烷的浓度有关,与亲核试剂 OH^- 的浓度无关,决定反应速率的一步反应是单分子反应,用 S_N1(1 代表单分子)表示。此反应在动力学上为一级反应。

$$(CH_3)_3C-Br + OH^- \longrightarrow (CH_3)_3C-OH + Br^-$$

$$\nu = k[(CH_3)_3C-Br]$$

反应分以下两步进行。

第一步:

$$CH_3-\underset{\underset{CH_3}{|}}{\overset{\overset{CH_3}{|}}{C}}-Br \xrightarrow{慢} \left[CH_3-\underset{\underset{CH_3}{|}}{\overset{\overset{CH_3}{|}}{\overset{\delta^+}{C}}}\cdots\cdots\overset{\delta^-}{Br} \right] \longrightarrow CH_3-\underset{\underset{CH_3}{|}}{\overset{\overset{CH_3}{|}}{C^+}} + Br^-$$

过渡态(1)

第二步:

$$CH_3-\underset{\underset{CH_3}{|}}{\overset{\overset{CH_3}{|}}{C^+}} + OH^- \xrightarrow{快} \left[CH_3-\underset{\underset{CH_3}{|}}{\overset{\overset{CH_3}{|}}{\overset{\delta^+}{C}}}\cdots\cdots\overset{\delta^-}{OH} \right] \longrightarrow CH_3-\underset{\underset{CH_3}{|}}{\overset{\overset{CH_3}{|}}{C}}-OH$$

过渡态(2)

反应的第一步是叔丁基溴异裂成活性中间体叔丁基碳正离子,是慢反应,决定整个反应的速率。第二步碳正离子迅速与碱反应生成叔丁醇,这一步反应较快。图 5-1 是叔丁基溴水解反应的能量变化图。

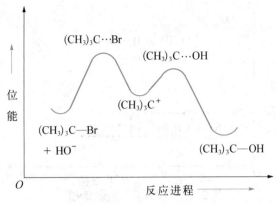

图 5-1 S$_N$1 反应的能量变化图

在 S$_N$1 反应中有活性中间体——碳正离子生成,由于生成的碳正离子为平面构型(中心碳原子为 sp^2 杂化),故在第二步反应中,亲核试剂从平面两侧进攻碳正离子的概率是相等的,最终生成外消旋化(构型翻转＋构型保持)产物。

S$_N$1 反应机制的特点为:① 单分子反应,反应速率仅与卤代烷的浓度有关;② 反应是分两步进行的;③ 有活泼中间体碳正离子生成;④ 如果与卤素相连的碳原子为手性碳,则反应生成外消旋产物。

2. 双分子的亲核取代机制(S$_N$2) 溴甲烷在碱性溶液中的水解反应速率不仅与卤代烷的浓度成正比,同时也随着碱的浓度[OH$^-$]增加而增加,是双分子反应机制,决定反应速率的一步是双分子反应,用 S$_N$2(2 代表双分子)表示。此反应在动力学上为二级反应。

微课:卤代烃的化学性质(双分子亲核取代反应)

$$RCH_2Br + OH^- \longrightarrow RCH_2OH + Br^-$$

$$\nu = k[RCH_2Br][OH^-]$$

此反应一步完成。

过渡态

反应过程中,亲核试剂(OH$^-$)从离去基团 Br$^-$ 的背面进攻中心碳原子,新键(C—O)的形成和旧键(C—Br)的断裂同时进行,体系的内能逐渐升高,当中心碳原子与 OH 及 Br 都部分成键时,O、C、Br 三原子处于同一直线上,形成过渡态。此时体系的内能最大。随着 OH$^-$ 继续接近中心碳原子,Br$^-$ 远离中心碳原子,体系的内能逐渐下降,最终形成 C—O 键,溴负离子离去。图 5-2 为溴甲烷水解反应的能量变化曲线。

从以上 S$_N$2 反应机制可知,亲核试剂从离去基团背面进攻中心碳原子,中心碳原子上的三个基团

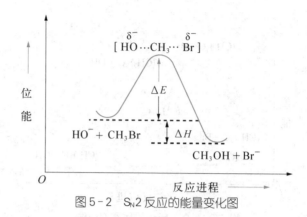

图 5-2 S_N2 反应的能量变化图

完全偏到溴原子一边,好像雨伞被大风吹得翻转一样,产物的立体构型与反应物的构型完全相反。这种构型的转化称为瓦尔登(Walden)转化,完全的构型转化是双分子亲核取代反应的标志。

S_N2 反应机制的特点为:① 双分子反应,速率与卤代烷及亲核试剂的浓度有关;② 反应一步完成,旧键的断裂和新键的形成同时进行;③ 反应过程伴有"构型转化"。

微课:卤代烃的化学性质(影响亲核取代反应的因素)

3. 影响亲核取代反应的因素 一个卤代烷的亲核取代反应究竟是 S_N1 历程还是 S_N2 历程,是由烃基的结构、亲核试剂的亲核性能、离去基团的离去能力和溶剂的极性等因素决定的。

(1)烃基结构 对 S_N1 反应来说,反应速率取决于碳正离子的稳定性,碳正离子越稳定,越有利于提高 S_N1 反应的速率,碳正离子的稳定性为:3°碳正离子>2°碳正离子>1°碳正离子>甲基碳正离子。因此,不同卤代烃发生 S_N1 反应的速率顺序为:

$$R_3C—X>R_2CH—X>RCH_2—X>CH_3—X$$

在 S_N2 反应机制中,亲核试剂从离去基团的背面进攻中心碳原子,如果中心碳原子连接的基团越多,且体积越大,亲核试剂接近中心碳原子时受到的空间位阻就越大,反应速率就越慢。因此,不同卤代烃发生 S_N2 反应的速率顺序为:

$$CH_3—X>RCH_2—X>R_2CH—X>R_3C—X$$

综上所述,卤代甲烷和伯卤代烷易发生 S_N2 反应,而叔卤代烷一般按 S_N1 反应机制进行反应。仲卤代烷既可按 S_N1 反应机制,又可按 S_N2 反应机制进行,或两者都有,取决于反应的条件。

(2)离去基团的影响 无论是 S_N1 反应还是 S_N2 反应中,都要发生 C—X 键的异裂,卤素的离去倾向越大,亲核取代反应越易进行。不同卤代烷的反应活性顺序为:R—I>R—Br>R—Cl>R—F。

问题 5-4 以下卤代烃按照 S_N2 反应机制进行,速率由大到小的顺序是什么?

① 1-溴丁烷、2-甲基-2-溴丁烷、2-溴丁烷

② 2-环戊基-2-溴丁烷、1-环戊基-1-溴丙烷、环戊基溴甲烷

问题 5-5 以下卤代烃按照 S_N1 反应机制进行,速率由大到小的顺序是什么?

① 3-甲基-1-氯丁烷、2-甲基-2-氯丁烷、2-甲基-3-氯丁烷

② 2-苯基-2-氯-丙烷、1-苯基-1-氯乙烷、1-苯基-2-氯乙烷

二、不饱和卤代烃的亲核取代反应

根据双键相对位置的不同,不饱和卤代烃可分为三类。

（1）乙烯型卤代烃：卤原子直接连在双键或苯环碳原子上,$R—CH = CH—X$,

微课:卤代烃的化学性质(不饱和卤代烃的亲核取代反应)

⬡—X。

（2）烯丙型卤代烃：卤原子与双键或苯环相隔一个饱和碳原子,$R—CH = CH—CH_2—X$,

⬡—$CH_2—X$。

（3）孤立型不饱和卤代烃：卤原子与双键或苯环相隔两个或多个碳原子,$RCH_2 = CH(CH_2)_n—X(n \geq 2)$,⬡—$(CH_2)_n—X(n \geq 2)$。

实验事实表明：不同的卤代烃与硝酸银反应的速率不同,烯丙型卤代烃、叔卤代烃常温下与硝酸银作用生成卤化银沉淀,伯卤代烃和仲卤代烃在加热条件下才能反应,而乙烯型卤代烃即使加热也不与硝酸银反应。

由此可见,卤代烯烃中的卤原子与双键或苯环的相对位置不同,其反应活性也不相同。亲核取代反应的活性顺序为：烯丙型＞孤立型＞乙烯型,实验室可用 $AgNO_3$ 的醇溶液鉴别这三类卤代烃。

乙烯型卤代烃中,卤原子 p 轨道的孤对电子与双键（或苯环）的 π 键形成 p-π 共轭（图 5-3）,碳卤键电子云密度增加,导致碳卤键键长缩短,键的离解能增大,卤素原子与碳原子结合得更加牢固,表现出较低的反应活性,不易发生一般的取代反应。

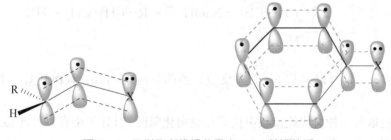

图 5-3 乙烯型卤代烃分子中 p-π 共轭体系

烯丙型卤代烃中,C—X 键断裂后生成稳定的烯丙基碳正离子,带正电荷的碳原子空的 p 轨道与相邻的 π 键形成 p-π 共轭,使正电荷得以分散,碳正离子趋向稳定而易生成,有利于取代反应的进行。卤化苄中的卤素离去生成的苄基碳正离子中,也存在着 p-π 共轭,电子云离域,使正电荷分散至苯环而稳定,如图 5-4 所示。所以烯丙型卤代烃在室温下就能与硝酸银醇溶液发生反应,生成卤化银沉淀。

$$CH_2 = CHCH_2Cl \Longrightarrow CH_2 = CHCH_2^+ \longleftrightarrow \overset{+}{CH_2 \cdots CH \cdots CH_2}$$

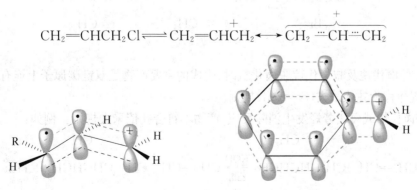

图 5-4 烯丙型碳正离子中 p-π 共轭体系

孤立型不饱和卤代烃中卤原子与碳碳双键(或苯环)相隔 2 个以上碳原子,卤原子与双键(或苯环)相互影响很小。因此,孤立型卤代烯烃(或卤代芳烃)中的卤素的活泼性与卤代烷相似,在加热条件下,能与硝酸银醇溶液反应而生成卤化银沉淀。

问题 5-6 以下卤代烃哪些为乙烯型的? 哪些为烯丙型的? 哪些为孤立型的?

(1) ⬡—Br; (2) $CH_2=CHCl$; (3) ⬡—CH_2Cl; (4) $CH_3CH_2CH=CHCl$

(5) ⬡—$CHCH_3$; (6) ⬡—Cl; (7) ⬡—CH_2CH_2Br; (8) ⬡—Cl
          |
          Cl

问题 5-7 现有 ⬡—CH_2Br 、 Br—⬡—CH_3 、 ⬡—CH_2CH_2Br 三种物质,加入硝酸银乙醇溶液有淡黄色沉淀的为____,加热后有淡黄色沉淀的为_____,而____即使加热也无沉淀生成。

微课:卤代烃的化学性质(消除反应)

三、消除反应

在有机分子中消去一小分子(如 H_2O、HX、NH_3 等)形成不饱和结构的反应称为消除反应(elimination reaction)。消除反应也称为消去反应。

一卤代烷与氢氧化钾或氢氧化钠的醇溶液共热时,分子内脱去一分子卤代氢生成烯烃。

$$R-\underset{\boxed{H}}{C}H-\underset{\boxed{X}}{C}H_2 + NaOH \xrightarrow{醇} R-CH=CH_2 + HX$$

由于消去的是 β-H,所以又称 β-消除反应。消除反应的活性:叔卤代烃>仲卤代烃>伯卤代烃。

1. 消除反应的取向　仲卤代烷及叔卤代烷在脱卤化氢时,因分子中存在 2 个或 3 个 β-C,有不同的消除取向,可能产生 2 种或 2 种以上的烯烃。例如:

$$CH_3CH_2CH_2\underset{\underset{Br}{|}}{C}HCH_3 \xrightarrow[乙醇]{KOH} \underset{69\%}{CH_3CH_2CH=CHCH_3} + \underset{31\%}{CH_3CH_2CH_2CH=CH_2}$$

$$CH_3CH_2\underset{\underset{Br}{|}}{\overset{\overset{CH_3}{|}}{C}}CH_3 \xrightarrow[乙醇]{KOH} \underset{\underset{\underset{71\%}{}}{\underset{CH_3}{|}}}{CH_3CH=CCH_3} + \underset{\underset{\underset{29\%}{}}{\underset{CH_3}{|}}}{CH_3CH_2C=CH_2}$$

实验证明:仲卤代烷及叔卤代烷脱卤化氢时,生成的主要产物是双键碳原子上连有最多烃基的烯烃。这一经验规律称为扎依采夫(Saytzeff)规则。

然而,某些卤代烯或卤代芳烃发生消除反应,产物不符合扎依采夫规则。例如:

$$CH_2=CH-CH_2\underset{\underset{Br}{|}}{C}H\overset{\overset{CH_3}{|}}{CH}CH_3 \xrightarrow[乙醇]{KOH} CH_2=CH-CH=CH\overset{\overset{CH_3}{|}}{CH}CH_2 + HBr$$

$$\text{（结构式）} \xrightarrow[\triangle]{\text{KOH/C}_2\text{H}_5\text{OH}} \text{（结构式）} + HBr$$

此时产物以生成更为稳定的 π-π 共轭产物为主。

问题 5-8　现有卤代烃 CH_3Cl、CH_3CH_2Cl、$(CH_3)_2CHBr$、$(CH_3)_3C—CH_2Br$，能发生 β-消除反应的有　_____，不能发生 β-消除反应的有　_____。

问题 5-9　叔卤代烷、仲卤代烷在脱卤化氢时，为何遵守扎依采夫(Saytzeff)规则？

问题 5-10　完成下列反应并说明原因：

(1) $\text{（结构式）} \xrightarrow[\triangle]{\text{KOH/CH}_3\text{CH}_2\text{OH}}$ 　　　　(2) $\text{（结构式）} \xrightarrow[\triangle]{\text{KOH/CH}_3\text{CH}_2\text{OH}}$

---

2. 消除反应的机制

卤代烃的消除反应也有两种不同的反应机制，即单分子消除反应(E1)和双分子消除反应(E2)。

(1) 单分子消除反应机制(E1)

叔丁基溴在碱性条件下发生消除反应机制如下：

$$CH_3—\underset{\underset{CH_3}{|}}{\overset{\overset{CH_3}{|}}{C}}—Br \xrightleftharpoons{\text{慢}} CH_3—\underset{\underset{CH_3}{|}}{\overset{\overset{CH_3}{|}}{CH^+}} + Br^-$$

$$CH_3—\underset{\underset{CH_3}{|}}{\overset{\overset{CH_2—H}{|}}{CH^+}} + H\ddot{O}C_2H_5 \xrightarrow{\text{快}} \underset{CH_3}{\overset{CH_3}{>}}C=CH_2 + C_2H_5OH_2 \xrightarrow{-H^+} C_2H_5OH$$

反应分两步完成，第一步碳—溴键断裂，生成碳正离子中间体；第二步亲核试剂夺取 β-氢，生成碳碳双键。在决定反应速率的第一步只涉及卤代烃分子，反应速率只和卤代烷的浓度有关，因此称为单分子消除反应，用 E1 表示。卤代烷 E1 反应的活性顺序为：$R_3CX > R_2CHX > RCH_2X$。

E1 反应机制与 S_N1 反应机制类似，两类反应常伴随发生，相互竞争。

(2) 双分子消除反应机制(E2)

正丙基溴在碱性条件下发生消除反应机制如下：

$$CH_3—\underset{\underset{H}{|}}{\overset{\beta}{C}}—\underset{\underset{Br}{|}}{\overset{\alpha}{CH_2}} \longrightarrow \left[CH_3—\underset{\underset{H}{|}}{\overset{\beta}{C}}—\underset{\underset{Br}{|}}{\overset{\alpha}{CH_2}} \right]$$

过渡态

$$\downarrow$$

$$CH_3CH=CH_2 + Br^- + C_2H_5OH$$

在这里 C—H 键和 C—Br 键的断裂、π 键的生成是协同进行的,反应一步完成,卤代烃和亲核试剂都参与形成过渡态,反应速率与卤代烷及亲核试剂的浓度成正比,因此称为双分子消除反应,用 E2 表示。卤代烷 E2 反应的活性顺序为:$RCH_2X > R_2CHX > R_3CX$。

E2 反应机制于 S_N2 反应机制类似,两类反应常伴随发生,相互竞争。

3. **亲核取代反应与消除反应的竞争性** 取代与消除反应可由同一试剂进攻引起,2 种反应同时发生,且相互竞争;主要按哪一种反应进行,取决于卤代烷的结构、试剂的碱性、溶剂的极性及反应的温度等。

一般来说,强碱、高温、弱极性溶剂有利于消除反应。如:卤代烷的水解反应宜在 NaOH 的水溶液中进行,而它的消除反应则在 NaOH 的醇溶液中进行。

自阅材料 重要的卤代烃

（一）氯乙烷

氯乙烷是带有甜味的气体,沸点是 12.2 ℃,低温时可液化为液体。工业上用作冷却剂,在有机合成上用以进行乙基化反应。施行小型外科手术时,用作局部麻醉剂,将氯乙烷喷洒在要施行手术的部位,因氯乙烷沸点低,很快蒸发,吸收热量,温度急剧下降,局部暂时失去知觉。

（二）三氯甲烷

三氯甲烷俗名氯仿,为无色具有甜味的液体,沸点 61 ℃,不能燃烧,也不溶于水。工业上用作溶剂,在医药上也曾用作全身麻醉剂,因毒性较大,现已很少使用。

（三）二氟二氯甲烷

二氟二氯甲烷（CF_2Cl_2）俗名氟利昂,为无色气体,加压可液化,沸点 -29.8 ℃,不能燃烧,无腐蚀和刺激作用,高浓度时有乙醚气味,但遇火焰或高温金属表面时,放出有毒物质。氟利昂曾用作冷冻剂,但大量使用和废弃会破坏大气中的臭氧层,全球现已禁止使用这种制冷剂。

（四）聚四氟乙烯

四氟乙烯（$CF_2{=}CF_2$）为无色气体,沸点 -76 ℃,四氟乙烯聚合得到聚四氟乙烯。聚四氟乙烯（Teflon 或 PTFE）具有优良的化学稳定性、耐腐蚀性、密封性、高润滑不粘性、电绝缘性和良好的抗老化能力,有"塑料王"之称。膨体 PTFE 材料是纯惰性的,具有非常强的生物适应性,不会引起机体的排斥,对人体无生理副作用,可用任何方法消毒,且具有多微孔结构,因此在医药方面具有广泛用途。

拓展阅读

习 题

1. 命名或写出结构式。

(1) CH₃CH₂CCH₃ （带 Br 和 CH₃ 在中心碳）

$$CH_3CH_2\overset{\overset{\displaystyle Br}{|}}{\underset{\underset{\displaystyle CH_3}{|}}{C}}CH_3$$

(2) ⬡—CH₂CHClCH₂CH₃

(3) $CH_2CH_2CHCH_2CHCH_3$ （Br 在 C3,CH₃ 在 C5）

$$\underset{Br}{CH_2CH_2CH}CH_2\underset{CH_3}{CH}CH_3$$

(4) $CH_2CH_2CH{-}CHCH_2CH_3$ （Br 和 Cl）

$$CH_2CH_2\underset{Br}{CH}{-}\underset{Cl}{CH}CH_2CH_3$$

(5) 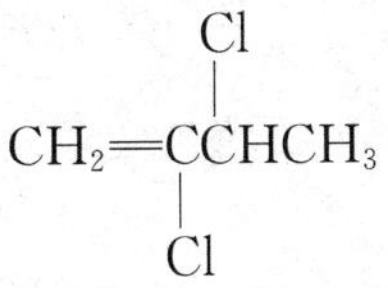 $CH_2=\overset{Cl}{\underset{Cl}{\overset{|}{\underset{|}{C}}}}CHCH_3$

(6)

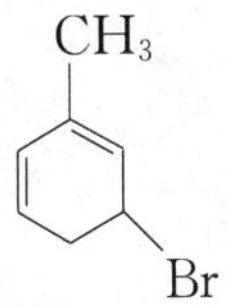

(7) 叔丁基氯

(8) 烯丙基溴

(9) 3-甲基-3-乙基-1-氯己烷

(10) 3-甲基-1-氯-1-丁烯

(11) 3-溴-1-丁炔

(12) 对氯苄基氯

2. 完成下列反应方程式。

(1) 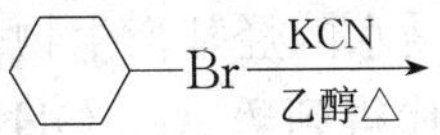 $\xrightarrow[\text{乙醇}\triangle]{KCN}$

(2) $CH_3CH_2CH_2Cl+CH_3CH_2ONa \xrightarrow[\triangle]{\text{醇}}$

(3) 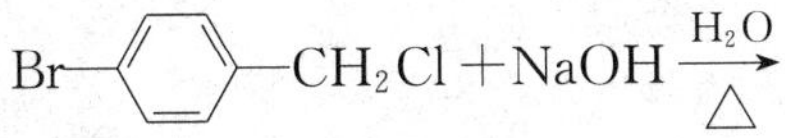 $Br-\!\!\!\!\bigcirc\!\!\!\!-CH_2Cl+NaOH \xrightarrow[\triangle]{H_2O}$

(4) $CH_3CH=CH_2+HBr \longrightarrow \quad\xrightarrow[\triangle]{NaCN/\text{醇}}\quad\xrightarrow[\triangle]{H_2O/H^+}$

(5) 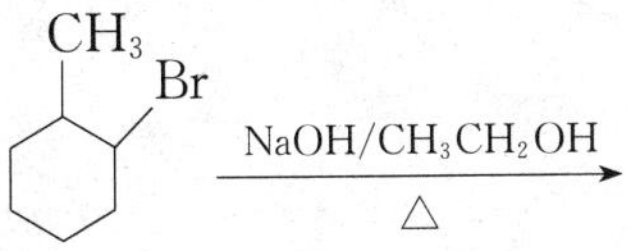 $\xrightarrow[\triangle]{NaOH/CH_3CH_2OH}$

(6) $CH_2=CHCH_2Cl+AgNO_3 \xrightarrow{\text{醇}}$

3. 鉴别题。

(1) 对氯甲苯、氯化苄、1-苯-2-氯乙烷

(2) 3-氯环戊烯、4-氯环戊烯、1-氯环戊烯、环戊基氯

4. 推导题。

(1) 某卤代烃 C_3H_7Cl(A)与 KOH 的醇溶液反应，生成 C_3H_6(B)。B 被 $KMnO_4$ 氧化后得到乙酸、二氧化碳和水，B 与 HCl 作用得到 A 的异构体 C。试写出 A、B、C 的结构简式。

(2) 某卤代烃 A，分子式为 C_5H_7Br，具有旋光性，催化加氢后生成卤代烃 $B(C_5H_{11}Br)$，没有旋光性。试写出 A、B 的结构简式。

(3) 某烃 A 与溴(Br_2)加成，生成二溴化物 B，用加热的 NaOH 醇溶液处理 B 生成化合物 $C(C_5H_6)$，C 经催化加氢得到环戊烷。试写出 A、B、C 的结构简式。

（曲家乐）

第六章
醇、酚、醚

　　醇(alcohol)、酚(phenol)、醚(ether)都是烃的含氧衍生物,也可看作是水的烃基衍生物。水分子中的一个氢原子被脂肪烃基取代得到醇 R—OH,一个氢原子被芳烃基取代得到酚 Ar—OH。醇和酚都含有羟基官能团,分别称为醇羟基和酚羟基。醚可以看作是醇或酚羟基上的氢原子被烃基或芳烃基取代的化合物,分子中的 C—O—C 键称为醚键。

第一节　醇

一、醇的结构、分类和命名

　　醇分子中的氧原子为 sp^3 不等性杂化,其中两个 sp^3 杂化轨道分别与碳原子及氢原子结合形成 σ 键,两对未共用电子对位于余下的两个 sp^3 杂化轨道中。由于氧原子的电负性较强,醇分子中的 O—H 键和 C—O 键都具有较强的极性。

微课:醇的分类

（一）醇的分类
根据羟基所连烃基的不同,醇可分为饱和醇、不饱和醇、脂环醇和芳香醇。

$$CH_3CH_2OH \qquad CH_2{=}CHCH_2OH \qquad \text{⬠}{-}OH \qquad \text{⏣}{-}CH_2OH$$

乙醇(饱和醇)　　　烯丙醇(不饱和醇)　　　环戊醇(脂环醇)　　　苯醇(芳香醇)

根据所含羟基的数目,醇可分为一元醇、二元醇、三元醇等。

$$CH_3OH \qquad \underset{\substack{| \\ OH}}{CH_2}{-}\underset{\substack{| \\ OH}}{CH_2} \qquad \underset{\substack{| \\ OH}}{CH_2}{-}\underset{\substack{| \\ OH}}{CH}{-}\underset{\substack{| \\ OH}}{CH_2}$$

甲醇(一元醇)　　　乙二醇(二元醇)　　　　丙三醇(三元醇)

　　含 2 个及 2 个以上羟基的醇称为多元醇,多元醇中的羟基一般与不同的碳原子连接。2 个或 3 个羟基连接在同一碳原子上的结构不稳定,易脱水生成稳定的醛、酮或羧酸。

$$\overset{\diagdown}{\underset{\diagup}{C}}\overset{OH}{\underset{OH}{}} \quad \underset{-H_2O}{\overset{\longrightarrow}{\longleftarrow}} \quad \overset{\diagdown}{\underset{\diagup}{C}}{=}O \qquad\qquad HO\overset{\diagdown}{\underset{\diagup}{C}}\overset{OH}{\underset{OH}{}} \quad \underset{-H_2O}{\overset{\longrightarrow}{\longleftarrow}} \quad HO\overset{\diagdown}{\underset{\diagup}{C}}{=}O$$

　　根据羟基所连饱和碳原子的类型,醇可分为伯醇(1°醇)、仲醇(2°醇)和叔醇(3°醇)。

$$RCH_2OH \qquad\qquad \underset{\substack{| \\ R'}}{\overset{\substack{R \\ |}}{CH}}{-}OH \qquad\qquad R'{-}\underset{\substack{| \\ R''}}{\overset{\substack{R \\ |}}{C}}{-}OH$$

伯醇　　　　　　　　仲醇　　　　　　　　　　叔醇

羟基直接连接在双键碳原子上的醇称为烯醇(enol)，一般情况下烯醇不稳定，易重排成较为稳定的醛或酮。

$$\text{C}=\text{C}-\text{OH} \quad \underset{\overleftarrow{}}{\overrightarrow{重排}} \quad -\overset{H}{\underset{}{\text{C}}}-\overset{O}{\underset{}{\text{C}}}-$$

（二）醇的命名

微课:醇的命名

结构简单的一元醇可用普通命名法命名，通常是在烃基名称后加"醇"字，"基"字一般可以省去。

$$CH_3OH \qquad (CH_3)_2CHOH \qquad CH_3CH(OH)CH_2CH_3 \qquad (CH_3)_3COH$$
甲醇 　　　　　 异丙醇 　　　　　　　 仲丁醇 　　　　　　　　　 叔丁醇

结构复杂的醇多采用系统命名法，即选择含有羟基的最长碳链作为主链称为某醇，并从距羟基最近的一端开始编号，在醇名称前用阿拉伯数字标明羟基的位次，侧链或其他取代基的位次和名称则依次写在羟基位次之前。不饱和醇的主链则应选择既含有羟基又含有重键在内的最长碳链，编号时应使羟基的位次最小。多元醇命名时应选择连有尽可能多羟基的碳链作为主链，依羟基的数目称为某几醇，并在名称前标明羟基的位次。

$$CH_3CHCH_2CHOH \atop \ \ \ |CH_3 \ \ \ |CH_3$$ 　　　　　 $$\text{〇}-CH_2CH_2OH$$ 　　　　 $$\text{〇}-CH_2CH=CHCHCH_3 \atop |OH$$

4-甲基-2-戊醇 　　　　　　　　　 2-苯基乙醇 　　　　　　　 5-环己基-3-戊烯-2-醇
4 - methyl - 2 - pentanol 　　　　　 2 - phenylethanol 　　　　　 5 - cyclohexyl - 3 - penten - 2 - ol

$$HC\equiv CCHCH_2CHCH_3 \atop |CH_3 \ \ \ \ |OH$$ 　　 $$CH_2-CH-CH_2 \atop |OH \ \ \ |OH \ \ \ |OH$$ 　　 $$CH_3-CH-CH-CH-CH_2 \atop |OH \ \ \ |CH_3 \ |OH \ \ \ |OH$$

4-甲基-5-己炔-2-醇 　　　　 丙三醇(甘油) 　　　　　 3-甲基-1,2,4-戊三醇
4 - methyl - 5 - pentyn - 2 - ol 　　 1,2,3 - propanetriol (glycerol) 　　 3 - methyl - 1,2,4 - pentanetriol

---

问题 6-1　醇有哪几种常见的分类方法？伯、仲、叔醇的结构特点是什么？

二、醇的物理性质

微课:醇的物理性质

直链饱和一元醇中，4 个以下碳原子的醇为具有特殊气味和辛辣味道的液体，含 5～11 个碳原子的醇为具有不愉快气味的油状液体，12 个碳原子以上的醇为无嗅无味的蜡状固体。

低级醇的沸点比和它相对分子质量相近的烷烃要高得多，例如，甲醇(相对分子质量 32)的沸点为 64.7 ℃，而乙烷(相对分子质量 30)的沸点为 -88.6 ℃。这是由于醇分子间可形成氢键，当醇由液态变为气态时，不仅要破坏分子间的范德华力，还必须消耗一定的能量来破坏氢键，氢键的键能约为 25 kJ·mol^{-1}，故醇的沸点要比相应的烷烃高得多。

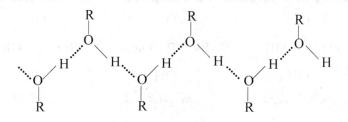

由于醇羟基可以与水形成氢键,低级醇如甲醇、乙醇、丙醇等可与水混溶。但是当醇中烃基增大时,醇羟基与水形成氢键的能力相应减小,醇在水中的溶解度也随之降低。多元醇因羟基多,在水中的溶解度也较大。

问题 6-2　将下列化合物按沸点由低到高排序：1,4-丁二醇,己烷,1-戊醇。

三、醇的化学性质

醇的化学性质主要由羟基决定,醇分子中的 C—O 键和 O—H 键都具有较大的极性,所以醇的反应主要发生在这两个部位;此外,醇羟基所连 α-碳上的氢原子受到羟基吸电子效应的影响比较活泼,容易被氧化。

（一）与金属钠的反应

与水相似,醇羟基上的氢也可以和金属钠反应生成氢气和醇钠,并放出热量。

$$ROH + Na \longrightarrow RONa + H_2$$

微课:醇的化学性质
（与金属钠的反应）

醇与金属钠的反应比水要缓和得多,表明醇是比水弱的酸,或者说烷氧负离子(RO^-)的碱性比 OH^- 强,所以当醇钠遇水时,则立即生成醇和氢氧化钠。

$$RONa + H_2O \rightleftharpoons ROH + NaOH$$

由于醇分子中烃基的斥电子诱导效应使羟基氧上电子云密度增加,氧对氢的吸引较牢,因此醇羟基中的氢不如水中的氢活泼。烃基的斥电子能力愈强,醇羟基中氢的活泼性愈低,与金属的反应就愈缓慢。不同结构的醇与金属钠反应的活性顺序是:

$$甲醇 > 伯醇 > 仲醇 > 叔醇$$

问题 6-3　试比较甲醇、乙醇、异丙醇和叔丁醇的酸性及相对应的醇钠的碱性强弱顺序。

（二）与无机含氧酸的酯化反应

醇与酸作用脱去一分子水所得的产物称为酯,这种反应称为酯化反应。若酸为无机含氧酸,产物则称为无机酸酯。例如：

$$(CH_3)_2CHCH_2CH_2OH + HONO \rightleftharpoons (CH_3)_2CHCH_2CH_2ONO + H_2O$$

异戊醇　　　　　亚硝酸　　　　　亚硝酸异戊酯(缓解心绞痛的药物)

硫酸是二元酸,可形成酸性和中性两种酯。硫酸二甲酯和硫酸二乙酯是很好的烷基化试剂;高级醇($C_8 \sim C_{18}$)的硫酸氢酯盐是一种阴离子表面活性剂,可作为洗涤剂的原料;人体内软骨中含有硫酸酯结构的硫酸软骨质。

$$CH_3CH_2OSO_2OH \qquad\qquad CH_3CH_2OSO_2OCH_2CH_3$$

硫酸氢乙酯(酸性酯)　　　　　　　　硫酸二乙酯(中性酯)

磷酸是三元酸,可以形成不同的磷酸酯。磷酸酯是有机体生长和代谢中极为重要的物质,如组成细胞的重要成分核酸、磷脂以及三磷酸腺苷、卵磷脂、脑磷脂等均含有磷酸酯的结构。

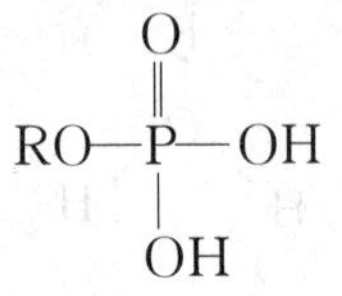

磷酸烷基二氢酯 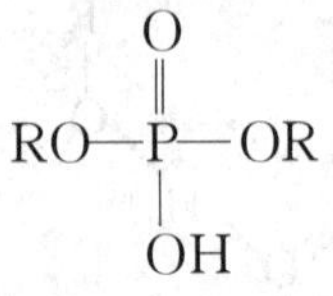　　　　　磷酸二烷基氢酯 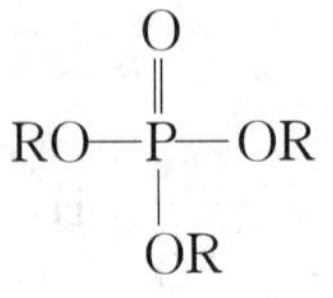　　　　　磷酸三烷基酯

（三）与氢卤酸的反应

醇与氢卤酸反应,醇中的羟基被卤素取代生成卤代烷,这是卤代烷碱性水解的逆反应。

$$ROH + HX \underset{OH^-}{\overset{H^+}{\rightleftharpoons}} RX + H_2O$$

反应活性与氢卤酸的类型和醇的结构有关。醇的活性顺序是：烯丙型醇＞叔醇＞仲醇＞伯醇＞甲醇；氢卤酸的活性顺序是：HI＞HBr＞HCl。HCl 与醇的反应活性较低,需加无水氯化锌作为催化剂。浓盐酸与无水氯化锌所配成的试剂称为卢卡斯(Lucas)试剂,低级醇(C_6以下)能溶于 Lucas 试剂,相应的氯代烷则不溶。烯丙型醇和叔醇与 Lucas 试剂在室温下就能反应,立即分层；仲醇则作用较慢,静置片刻(3～10 min)才有明显的混浊出现；而伯醇在室温下不发生作用。利用 Lucas 试剂可以区别 6 个碳以下的一元伯、仲、叔醇。

微课:醇的化学性质
（与氢卤酸的反应）

（四）脱水反应

醇与脱水剂(如浓酸等)共热发生脱水反应,脱水方式随反应温度而异。如乙醇与浓硫酸共热至 140 ℃,发生分子间脱水生成乙醚($C_2H_5OC_2H_5$)；而共热至 170 ℃,则发生分子内脱水反应生成乙烯。醇分子内脱水成烯的反应是一种消除反应。与卤代烃的消除反应一样,若消除取向有选择性时,则遵循 Saytzeff 规则。

微课:醇的化学性质
（脱水反应）

问题 6-4 将下列醇按分子内脱水反应由快到慢排序：(1) (2) (3)

（五）氧化反应

伯醇或仲醇分子中,与羟基相连接的碳原子上的氢(α-H)容易被氧化,在酸性高锰酸钾或重铬酸钾等氧化剂作用下,伯醇先生成中间产物醛,再进一步被氧化为羧酸,仲醇被氧化生成酮。叔醇没有α-H,一般不被上述氧化剂氧化。橙色的铬酸试剂(CrO_3的硫酸溶液)与伯醇或仲醇发生反应,会转变成蓝绿色。因酒内含有乙醇,故这一反应也可用于呼吸分析仪,用于检测汽车司机是否酒后驾驶。

微课:醇的化学性质
（氧化反应）

$$RCH_2OH \xrightarrow{[O]} RCHO \xrightarrow{[O]} RCOOH$$

醇的氧化反应除用氧化剂外,还可直接用催化脱氢的方法进行。

（六）多元醇的特性反应

多元醇除具有一元醇的一般性质外,由于多个羟基间的相互影响,还具有特殊的性质。例如邻二醇可与氢氧化铜反应,使氢氧化铜沉淀溶解,变成深蓝色的溶液,实验室中可利用此反应来鉴定具有两个相邻羟基的多元醇。

微课:醇的化学性质
（多元醇的特性反应）

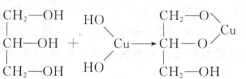
甘油铜(深蓝色)

问题 6-5 请用反应方程式表示呼吸分析器检测驾驶员是否酒后驾车的原理。

自阅材料 重要的醇

(一) 甲醇

甲醇为无色透明液体,最初是从木材干馏得到的,故也称木醇。甲醇有毒,可直接侵害人的细胞组织,特别是侵害视网膜,内服少量(10 ml)可致人失明,量多(30 ml)可致死。这是因为甲醇在人体内氧化分解很慢,有蓄积作用,且其氧化产生的甲醛或甲酸在体内不能被很快利用而导致中毒致命。

(二) 乙醇

乙醇为无色透明液体,乙醇是酒的主要成分,故俗称酒精。临床上使用其 70%~75% 的水溶液做外用消毒剂。用乙醇作溶剂来溶解药品所制成的制剂叫酊剂,如碘酊等。乙醇在生物体内的氧化过程(主要在肝脏)是在酶催化下分步进行的:乙醇首先被肝脏转化为乙醛,此后转化为乙酸,产生的乙酸可供身体中的细胞利用,这就是人体可以承受适量酒精的原因。但过量饮酒会抑制中枢神经系统,甚至发生乙醇中毒;而酒后驾驶最容易引发交通肇事。

(三) 丙三醇

丙三醇俗称甘油,为带有甜味的无色黏稠液体,能以任何比例与水混溶。甘油吸湿性很强,对皮肤有刺激性,故用于润滑皮肤时,一般需先经稀释。甘油在药剂上可用作溶剂,如酚甘油、碘甘油等,对便秘患者,常用甘油栓或 50% 甘油溶液灌肠,它既有润滑作用,又能产生高渗透压引起排便反射。甘油三硝酸酯(俗称硝化甘油)为浅黄色油状液体,是一种烈性炸药,稍微碰撞就会引起爆炸,历史上硝化甘油的商品化生产引起许多死亡事故,直到 1866 年诺贝尔(A. Nobel)发明安全炸药——硝化甘油和细粉状的硅藻土或锯屑的混合物才使此问题得到解决。硝化甘油也是一种药物,在生理学上的功能是扩张冠状动脉和放松平滑肌肉,可缓解心绞痛。

(四) 维生素 A

维生素 A 系不饱和一元醇,包括维生素 A_1 和维生素 A_2 两种。维生素 A_1 又称视黄醇,系黄色片状结晶,存在于鱼肝油、蛋黄、乳汁中,它与三氯化锑反应呈现深蓝色,可用于定量测定。维生素 A_2 为维生素 A_1 的 3,4-二脱氢衍生物,其生物活性约为维生素 A_1 的一半。机体缺乏维生素 A 不仅会患夜盲症,而且会影响到正常的生长发育。

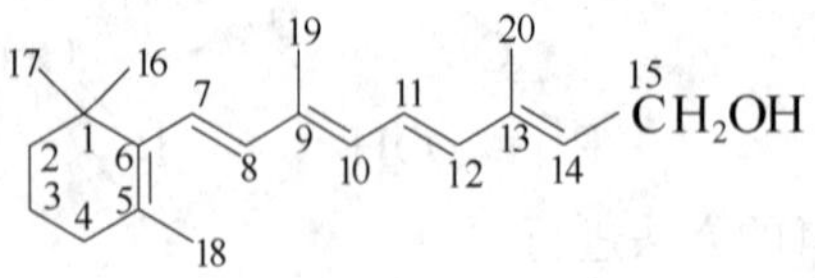

维生素A_1 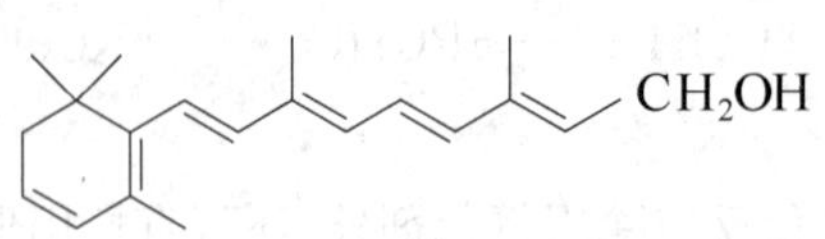   维生素A_2

(五) 紫杉醇

紫杉醇是从红豆杉属植物(如太平洋紫杉)中提取的一种具有独特抗癌作用的化合物,对肿瘤细胞产生细胞毒性,导致癌细胞死亡,抑制肿瘤生长,广泛应用于乳腺癌、卵巢癌、非小细胞性肿瘤、前列腺癌等。但紫杉醇及其类似物由于来源困难、水溶性极低、口服无效且易引起过敏等,极大地限制了其在临床上的应用。近年来,对紫杉醇及其制剂的研究主要集中在缓控、长效、靶向等新剂型研究及化学半合成等方面。

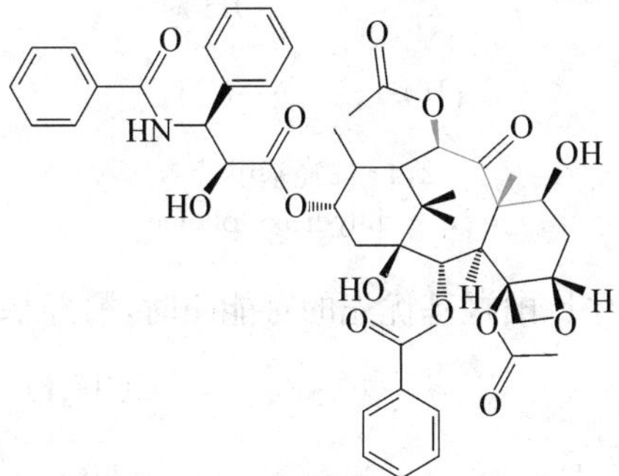

紫杉醇

第二节 酚

一、酚的结构、分类和命名

酚(Ar—OH)与醇在结构上的区别在于酚羟基直接与芳环相连。酚羟基中的氧原子为 sp^2 杂化,氧原子有一个 p 轨道未参与杂化,该轨道中的孤对电子与苯环的大 π 键形成了 p-π 共轭体系,如图6-1所示。由于 p-π 共轭作用,酚羟基氧原子上的 p 电子向苯环转移,结果使得:苯环上的电子云密度相对增大,环上的亲电取代反应容易进行;C—O 键间的电子云密度增大,C—O 键变得牢固,—OH 不易被取代;氧原子上的电子云密度降低,O—H 键之间的电子云偏向于氧,造成 O—H 键极性增强,使氢易于以质子形式离去,表现出一定的酸性。

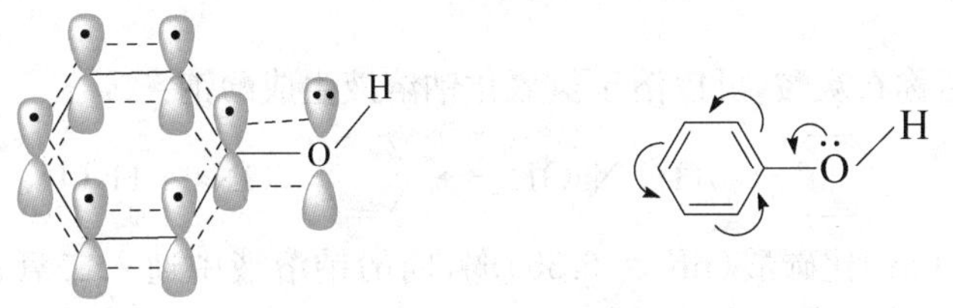

微课:酚的结构、分类和命名

图6-1 苯酚分子中的 p-π 共轭体系

酚可根据芳烃基的不同,分为苯酚和萘酚等;也可根据酚羟基的数目分为一元酚、二元酚和三元酚等,含 2 个及 2 个以上酚羟基的统称为多元酚。

酚类的命名可用芳烃作母体,也可用酚作母体。当分子中只含有酚羟基或者只含有一个酚羟基时,一般都以酚作母体。

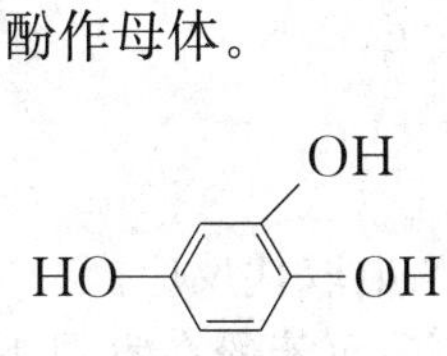

1,2,4-苯三酚　　　2,4,6-三硝基苯酚(苦味酸)　　　2,4-二甲基苯酚
1,2,4-phentriol　　2,4,6-trinitrophenol (picric acid)　　2,4-dimethylphenol

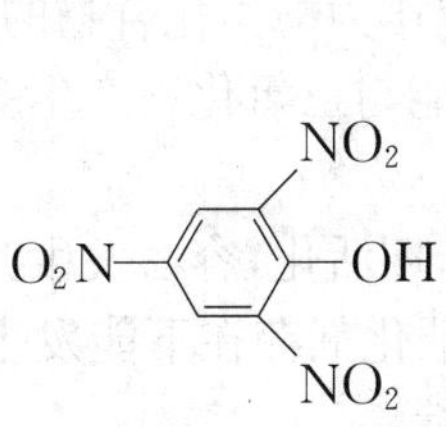

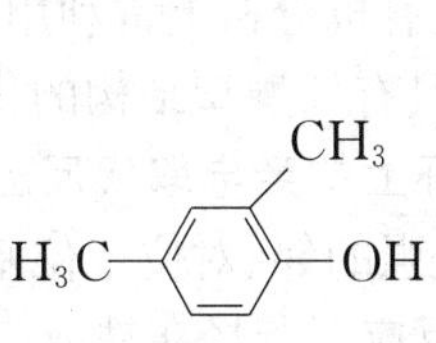

当分子中含有一个 CH_3—,酚羟基又在一个以上时,常以甲苯为母体。如:

$$
\begin{array}{c}
OH \\
HO\!-\!\!\!\!\!\bigcirc\!\!\!\!\!-\!CH_3
\end{array}
$$

2,4-二羟基甲苯

2,4-dihydroxytoluene

当苯环上连有官能团优先顺序比酚羟基优先的官能团时,酚羟基可作为取代基。如:

邻羟基苯甲酸(水杨酸)　　　　　4-羟基-3-甲氧基苯甲醛

2-hydroxybenzoic acid (salicylic acid)　　　4-hydroxy-3-methoxybenzaldehyde

二、酚的物理性质

多数酚在室温下为固体,少数烷基酚为高沸点的液体,由于酚分子间可形成氢键,所以酚类化合物的沸点高。酚羟基也能与水分子间形成氢键,酚类化合物在水中有一定的溶解度,并且随羟基数目的增多溶解度增大。酚类化合物一般可溶于乙醇、乙醚、苯等有机溶剂。纯的酚类化合物为无色,但往往由于氧化而带有粉红色或红色。

微课:酚的物理
化学性质

三、酚的化学性质

酚类化合物分子中含有酚羟基和芳环,它们具有羟基和芳环所具有的性质。但酚羟基与芳环直接相连,受芳环的影响,在性质上与醇羟基有一定的区别,表现出更强的酸性及不易发生碳氧键的断裂反应。另一方面,酚的芳环受羟基的影响,也比相应的芳烃更容易发生亲电取代反应。

(一) 酸性

苯酚具有弱酸性,俗称石炭酸,可以溶于氢氧化钠溶液生成酚钠:

$$\bigcirc\!\!-OH + NaOH \longrightarrow \bigcirc\!\!-ONa + H_2O$$

苯酚的酸性($pka = 9.89$)比碳酸($pK_a = 6.35$)弱,向酚钠溶液中通入二氧化碳,苯酚就游离析出。利用酚的这种性质可对其进行分离和纯化。

$$\bigcirc\!\!-ONa + CO_2 + H_2O \longrightarrow \bigcirc\!\!-OH + NaHCO_3$$

(二) 与三氯化铁的显色反应

多数酚与三氯化铁作用时显色,如苯酚、间苯二酚与三氯化铁溶液作用都产生紫色,对苯二酚显暗绿色等。在有机分析上常利用这些反应作为酚类化合物的分析和鉴定。

除酚外,具有烯醇型结构的化合物也能与三氯化铁产生颜色反应。

(三) 芳环上的亲电取代反应

酚羟基是强的邻、对位定位基,能使苯环活化,容易发生芳环上的亲电取代反应。

1. 卤代反应　芳烃在铁或三卤化铁催化剂存在下能发生卤代反应,而苯酚在室温下与溴水即能立即反应生成 2,4,6-三溴苯酚的白色沉淀。

$$\bigcirc\!\!-OH + Br_2 \xrightarrow{H_2O} Br\!-\!\!\bigcirc\!\!-OH \downarrow (白) + HBr$$

此反应非常灵敏,常用作苯酚的定性检验和定量测定。

2. 硝化反应　苯硝化时常用浓硝酸和浓硫酸,但苯酚很容易硝化,在室温下苯酚与稀硝酸就能作用生成邻硝基苯酚和对硝基苯酚的混合物。邻硝基苯酚和对硝基苯酚可用水蒸气蒸馏法分开。邻硝基苯酚可形成分子内氢键,挥发性大,能随水蒸气蒸出,而对硝基苯酚则形成分子间氢键,不易随水蒸气蒸出。

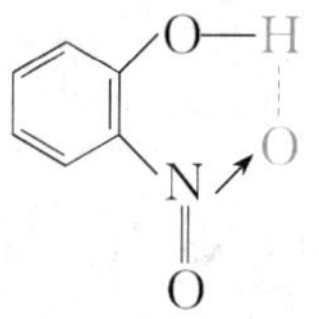

分子内氢键,沸点 214 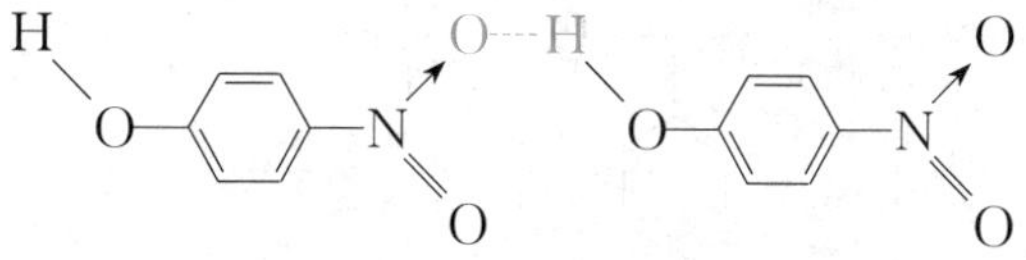 ℃　　　　　　　　　　分子间氢键,沸点 279 ℃

由于苯酚极易被氧化,故上述反应的副产物很多、产量较低。其二硝基、三硝基产物则必须用间接方法制备。硝基酚类的酸性均比苯酚强,引入的硝基越多,酸性越强。

(四) 酚的氧化反应

酚比醇容易被氧化,空气中的氧就可以将酚氧化,氧化产物复杂。苯酚氧化后生成对苯醌,邻苯二酚则被氧化为邻苯醌。

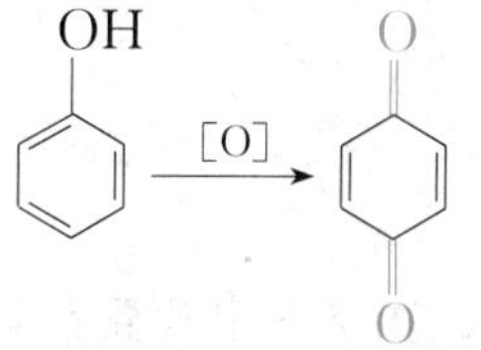

1,4-苯醌(对苯醌,黄色) 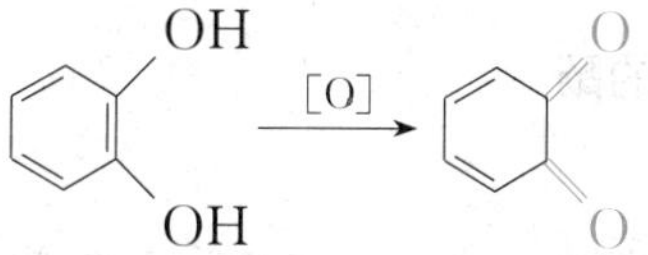　　　　　　　　　　1,2-苯醌(邻苯醌,红色)

醌是一类特殊的环状不饱和二酮,凡醌类化合物都具有 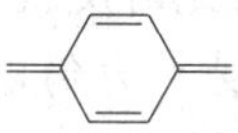 或 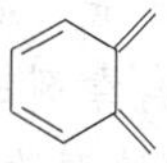 的结构单位,叫作醌型结构。醌类化合物中的碳碳双键和碳氧双键形成共轭体系,所以醌类化合物通常都有颜色。

对苯醌是金黄色结晶,熔点 115.7 ℃,性毒,能腐蚀皮肤,可溶于醇和醚中。如将对苯醌的乙醇溶液和对苯二酚(也称氢醌)的乙醇溶液混合,即有深绿色的晶体析出,这种晶体称为醌氢醌。

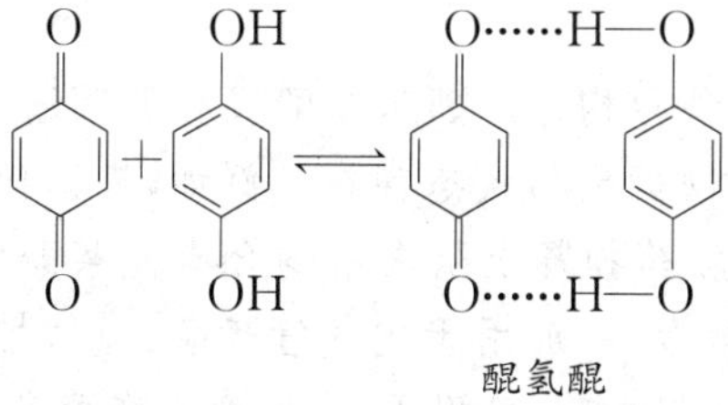

醌氢醌

醌氢醌溶于热水,在溶液中大量离解而又生成苯醌及对苯二酚。醌氢醌的缓冲溶液可用作标准参比电极,这个电极的电位与氢离子浓度有关,故可用于测定溶液的 pH。

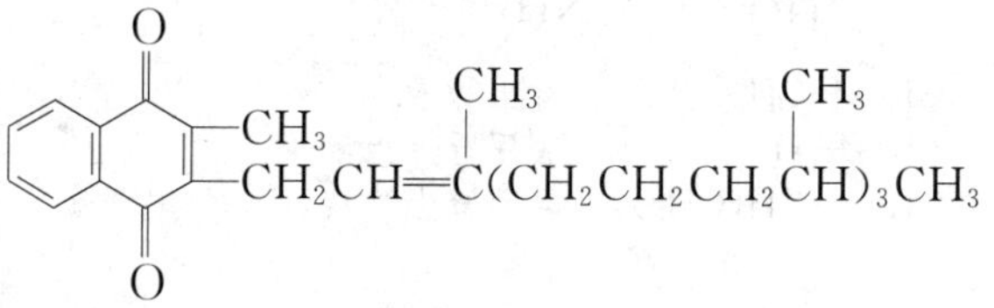

维生素 K₁　　　　　　　　　　　　　　　　维生素 K₂

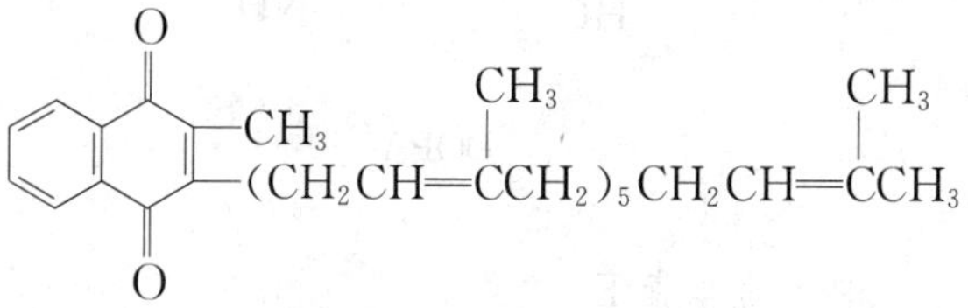

维生素 K₁ 和维生素 K₂ 均是 α-萘醌的衍生物，其差别只在于支链，维生素 K₂ 在支链中较维生素 K₁ 多 10 个碳原子。维生素 K₁ 和维生素 K₂ 广泛存在于自然界，以猪肝和苜蓿中含量最多，此外一些绿色植物、蛋黄、肝脏中含量也很丰富。维生素 K₁ 和维生素 K₂ 都能促进血液凝固，可用作止血剂。人工合成的 2-甲基-1,4-萘醌也具有凝血作用，且凝血能力更强，称为维生素 K₃，临床一般使用它和亚硫酸氢钠的加成产物——亚硫酸氢钠甲萘醌。

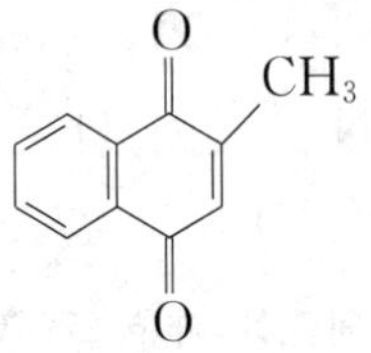

2-甲基-1,4-萘醌(维生素 K₃)   亚硫酸氢钠甲萘醌

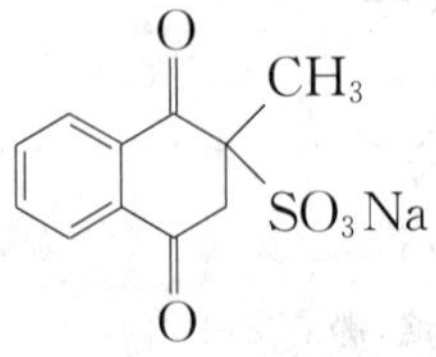

问题 6-6 下列化合物中可溶于 NaOH 溶液的是：
(1) 苯甲醇 (2) 2,4-二硝基苯酚 (3) 苯酚 (4) 环己醇

自阅材料　重要的酚

（一）苯酚

苯酚俗称石炭酸。纯净的苯酚为无色菱形结晶，有特殊气味，在空气中放置因氧化而变成红色。室温时稍溶于水，在 65 ℃ 以上可与水混溶；也易溶于乙醇、乙醚、苯等有机溶剂。

苯酚能凝固蛋白质，因此对皮肤有腐蚀性，并有杀菌效力，是外科最早使用的消毒剂，因有毒现已不用。但至今消毒剂的杀菌效力仍以苯酚系数来衡量：如某一消毒剂 A 的苯酚系数为 5，则表示在同一时间内，A 的浓度为苯酚浓度的 1/5 时，就具有与苯酚同等的杀菌效力。

（二）甲苯酚

甲苯酚又称煤酚，有邻、间、对 3 种异构体。除间位异构体为液体外，其他两种为低熔点固体，有苯酚气味，其杀菌效力比苯酚强，目前医药上使用的消毒剂"煤皂酚溶液"就是含有 47%～53% 三种甲苯酚的肥皂水溶液，俗称"来苏儿"(Lysol)，它对人体也是有毒的，可以透过皮肤进入人体。

（三）苯二酚

苯二酚有邻位、间位和对位 3 种异构体。邻苯二酚又称儿茶酚，间苯二酚又称雷琐辛，对苯二酚俗称氢醌。在生物体内，苯二酚常以衍生物状态存在。例如，人体代谢中间体 3,4-二羟基苯丙氨酸（又名多巴，DOPA）以及常用的急救药物肾上腺素中均含有儿茶酚的结构。肾上腺素与去甲肾上腺素是体内肾上腺髓质分泌的主要激素，一般用于支气管哮喘、过敏性休克及其他过敏性反应的急救；异丙肾上腺素是人工合成的拟肾上腺素药，可用于平喘，商品名喘息定。

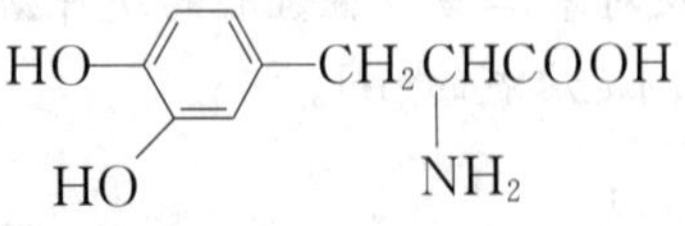

DOPA

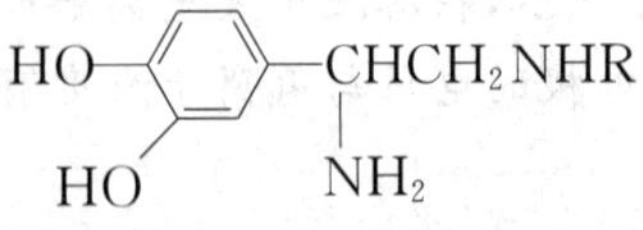

R＝—CH₃   肾上腺素
R＝—H   去甲肾上腺素
R＝—CH(CH₃)₂ 异丙肾上腺素

（四）维生素 E

维生素 E 又名生育酚，广泛存在于植物中，以麦胚油中含量最高，豆类及蔬菜中也颇丰富。维生

素 E 在自然界有多种异构体(α、β、γ、δ 等),其中 α-生育酚的生理活性最高。

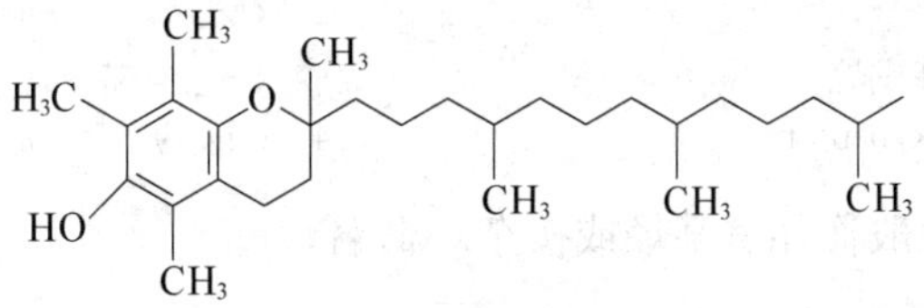

$$α-生育酚$$

维生素 E 为黄色油状物,在无氧条件下,对热稳定,由于它与动物生殖有关,临床上常用于治疗先兆流产和习惯流产,也用于治疗痔疮、冻疮、胃十二指肠溃疡等。此外,有人认为机体的老化与体内因氧化作用而生成的自由基有关,而维生素 E 可作为一种自由基的清除剂或抗氧化剂,以减少自由基对机体的损害。目前临床上用于延缓老年早衰和记忆力减退,亦用于预防动脉粥样硬化、神经和皮肤的病变。

(五)酚类抗氧剂

食品及药物在生产、贮藏过程中往往添加抗氧剂,目的是防止或延缓其因氧化而导致的变质,其中受阻酚类抗氧剂是无污染、效率高、应用范围最广的一类,如:

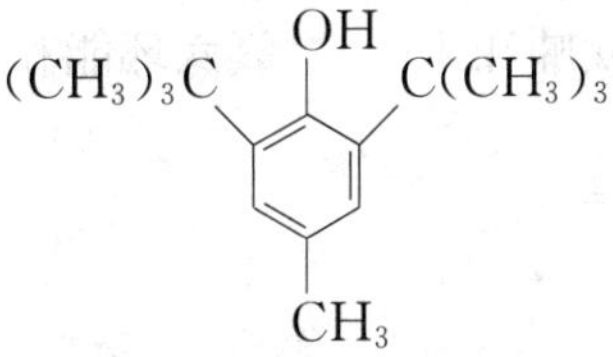

2,6-二叔丁基-4-甲基苯酚(butylated hydroxytoluene,BHT)

其作用机制是通过酚羟基上氢原子的转移捕捉过氧化自由基,破坏自由基自氧化链反应的实现。

第三节 醚

一、醚的结构、分类和命名

醚可看作是醇或酚分子中羟基上的氢原子被烃基(—R′或—Ar′)取代的化合物,醚的官能团是醚键(C—O—C),醚键中氧原子为 sp^3 不等性杂化。醚的通式为(Ar)R—O—R′(Ar′)。

微课:醚的结构、分类和命名

醚可分为单醚和混醚。两个烃基相同的醚称为单醚,两个烃基不同的醚称为混醚。

单醚 $C_2H_5—O—C_2H_5$ $C_6H_5—O—C_6H_5$
                 (二)乙醚   二苯醚

混醚 $CH_3—O—C_2H_5$ $C_6H_5—O—CH_3$
                 甲乙醚   苯甲醚

结构简单的醚,多按烃基命名;若两个烃基不同,将优先顺序较小的烃基放在前面;如果一个是芳烃基时,则芳烃基放在前面。

结构比较复杂的醚,则把烃氧基(—OR)作为取代基。例如:

$$CH_3CHCH_2CH_2CH_3 \qquad\qquad CH_3CHCH_2CH_2OCH_2CH_3$$
$$\quad\,| \qquad\qquad\qquad\qquad\qquad\quad |$$
$$\quad OCH_3 \qquad\qquad\qquad\qquad\qquad OH$$

2-甲氧基戊烷　　　　　　　　4-乙氧基-2-丁醇

2 - methoxypentane　　　　　　　4 - ethoxy - 2 - butanol

具有环状结构的环醚，一般称环氧某烃或按杂环命名。

环氧乙烷　　　　　　四氢呋喃(THF)　　　　　1,4-二氧六环

epoxyethane　　　　　tetrahydrofuran　　　　　1,4 - dioxane

二、醚的物理性质

微课:醚的物理
化学性质

　　大多数的醚在常温下为液体,有香味,沸点比醇低得多,而与相对分子质量相当的烷烃相近,这是由于醚分子间不存在氢键的缘故。低级醚挥发性高,易燃,使用时要注意通风及避免使用明火和电器。

　　醚分子中的氧原子为不等性 sp^3 杂化,C—O—C 之间有一定角度,所以醚有极性,而且由于含有电负性较强的氧原子,可以与水或醇形成氢键,因此醚在水中的溶解度比烷烃大,并能溶于许多极性溶剂中。如四氢呋喃和 1,4-二氧六环能和水完全互溶。

三、醚的化学性质

（一）稳定性

醚是相当稳定的,其稳定性仅次于烷烃,它与强碱、氧化剂、还原剂以及活泼金属均不起作用,所以在有机反应中常用作溶剂。但醚分子中氧原子上有孤对电子,可以接收质子,在强酸介质下,醚的 C—O 键也可以发生断裂。

（二）䑴盐的生成

醚中氧原子上的孤对电子能接收质子,生成䑴盐。

$$R—\overset{..}{\underset{..}{O}}—R' + HCl \longrightarrow \left[R—\overset{..}{\underset{..}{O}}—R' \atop \qquad\quad H \right]^{+} Cl^{-}$$

醚接收质子的能力很弱,必须与浓强酸(如浓 HCl 或 H_2SO_4)在较低温度下才能形成䑴盐。醚由于生成䑴盐而溶解于浓强酸中,可利用此现象区别醚与烷烃或卤代烃。䑴盐不稳定用水稀释时则立即分解析出醚。

（三）醚键的断裂

在较高温度下,浓强酸(如氢碘酸、氢溴酸等)能使醚键断裂,生成卤代烃和醇,生成的醇继续与过量的氢卤酸反应生成卤代烃。

$$C_2H_5—O—C_2H_5 + HI \overset{\triangle}{\longrightarrow} C_2H_5I + C_2H_5OH$$
$$\qquad\qquad\qquad\qquad\qquad\quad |\ HI$$
$$\qquad\qquad\qquad\qquad\qquad\quad \longrightarrow C_2H_5I + H_2O$$

混合醚与氢卤酸反应时,主要按照 S_N2 机制进行,一般是较小的烷基生成卤代烷,较大的烃基生成醇。例如:

$$CH_3—O—CH(CH_3)_2 + HI \overset{\triangle}{\longrightarrow} C_2H_5I + C_2H_5OH$$

芳基烷基醚与氢碘酸共热时,由于芳基与氧原子的 $p-\pi$ 共轭效应使 C—O 键较为牢固,通常是烷基与氧之间的键断裂,生成碘代烷和酚。例如:

$$\text{〈}⟩-O-CH_3+HI \xrightarrow{\triangle} CH_3I+⟨〉-OH$$

(四) 过氧化物的生成

醚对氧化剂很稳定,但如长期与空气接触或经光照,其 $\alpha-H$ 可被氧化生成过氧化物,例如:

$$C_2H_5-O-C_2H_5 + O_2 \longrightarrow C_2H_5-O-\underset{\underset{\displaystyle O-O-H}{|}}{C}H-CH_3$$

过氧乙醚

过氧化物不易挥发,在受热或受到摩擦等情况下,非常容易爆炸。在蒸馏乙醚时,加热温度不能过高。因此,在蒸馏乙醚前必须检验是否含有过氧化物。一般可取少量乙醚与碘化钾的酸性溶液一起振摇,如有过氧化物存在,碘化钾就被氧化成碘而显黄色,并且可进一步用淀粉试纸检验。除去过氧化物的方法是将乙醚用还原剂如硫酸亚铁、亚硫酸钠或碘化钠等处理。贮存乙醚时,应放在棕色瓶中或添加少量抗氧化剂。

问题 6-7　如何分离乙醚和环己烷的混合物?

四、冠醚

冠醚(crown ether)是 20 世纪 60 年代研制出来的一类具有特殊性能的化合物。这类化合物的命名以"m-冠-n"表示,m 代表环中所有原子数,n 为环中氧原子数。其分子中含有"—O—CH₂CH₂—"结构的重复单元,分子形状呈环形,中间有一空穴。氧原子在环内侧,具亲水性;"—CH₂CH₂—"在环外侧,具亲脂性。冠醚分子中的氧原子上的孤对电子可以与金属离子配合,不同冠醚分子中氧原子的数目不同,则氧原子间的空隙大小不同,从而可以容纳大小不同的金属离子,例如12-冠-4,只能容纳较小的 Li^+,而 18-冠-6 则可以与 K^+ 配合,因此冠醚可用来分离金属离子。

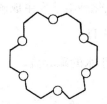

18-冠-6

冠醚的另一个重要用途是作为相转移催化剂(phase-transfer catalyst)。冠醚可以使仅溶于水相的无机物,因其中的金属离子被冠醚配合而转溶于非极性的有机溶剂中,从而使有机与无机两种反应物借助冠醚而共处于有机相中,加速了无机试剂与有机物之间的反应。

冠醚有一定的毒性,应避免吸入其蒸气或与皮肤接触。

自阅材料　重要的醚

乙醚为无色透明液体,极易挥发,有特殊刺激气味,在空气的作用下能氧化成过氧化物、醛和乙酸,暴露于光线下能促进其氧化。乙醚在医药工业中用作药物生产的萃取剂和医疗上的麻醉剂。

乙醚是人类最早使用的一种吸入式麻醉剂,医用麻醉剂主要分为静脉麻醉剂、吸入麻醉剂、局部麻醉剂三大类。静脉麻醉剂属于非挥发性的全身麻醉药,包括丙泊酚、氯胺酮、硫喷妥钠、依托咪酯等；局部麻醉剂包括普鲁卡因、丁卡因、阿替卡因、利多卡因、布比卡因、罗哌卡因及甲哌卡因等；而吸入麻醉剂包括乙醚、氧化亚氮、氯仿、氟烷类等。目前，临床上常使用的氟烷类，如恩氟烷 CHF_2OCF_2CHClF、异氟烷 $CF_3CHClOCHF_2$、地氟烷 $CF_3CH_2OCHF_2$、七氟烷 $(CF_3)_2CHOCH_2F$ 等均属于醚类化合物。

微课：硫醇和硫醚

第四节　硫醇和硫醚

硫和氧处于周期表中的同一族，含硫的有机化合物与含氧有机化合物性质相似，硫也能形成与氧类似的化合物——硫醇（mercaptan）和硫醚（thioether）。

$$R—SH \quad 硫醇 \qquad\qquad R—S—R' \quad 硫醚$$

一、硫醇的结构和性质

硫醇可看作是硫化氢分子中的一个氢原子被烃基取代的化合物，—SH 称为硫羟基或巯基，它是硫醇的官能团。生物体内存在很多含有巯基的重要物质，如半胱氨酸、辅酶中的谷胱甘肽及辅酶 A 等，这些物质的生理作用与巯基密切相关。

硫醇的命名与醇相似，只要在烷基和醇之间加"硫"即可，如：

$$CH_3CH_2SH \qquad 乙硫醇$$

低级硫醇具有极难闻的臭味，工业上常在燃料气中加入少量叔丁硫醇或乙硫醇作为臭味剂，用来提示煤气管道是否泄漏。随着相对分子质量的增大，硫醇的臭味逐渐减弱，含 9 个碳原子以上的硫醇，反而具有香气。硫醇形成氢键的能力比醇弱得多，因此硫醇的沸点和在水中的溶解度都要比相应的醇低得多。

硫醇的化学性质与醇相似，具有弱酸性，硫醇可溶于氢氧化钠溶液而生成硫醇钠。

$$RSH+NaOH \longrightarrow RSNa+H_2O$$

硫醇可与汞、铅、砷等重金属氧化物或盐作用，生成不溶于水的硫醇盐。

$$R—SH+HgO \longrightarrow \begin{matrix} RS \\ \diagup \\ Hg \downarrow \\ \diagdown \\ RS \end{matrix} +H_2O$$

许多重金属盐能引起人畜中毒，这是由于这些金属能与机体内某些酶中的巯基结合，使酶丧失其正常的生理作用所致。下列硫醇类化合物能与重金属形成不易解离的、无毒性的水溶性配合物，可由尿中排出，常作为重金属盐类中毒的解毒剂：

$$\begin{matrix} CH_2—CH—CH_2 \\ | \quad | \quad | \\ SH \quad SH \quad OH \end{matrix} \qquad \begin{matrix} CH_2—CH—CH_2 \\ | \quad | \quad | \\ SH \quad SH \quad SO_3Na \cdot H_2O \end{matrix} \qquad \begin{matrix} NaOOC—CH—CH—COONa \\ | \quad | \\ SH \quad SH \end{matrix}$$

二巯基丙醇（BAL）　　　　二巯基丙磺酸钠　　　　　　二巯基丁二酸钠

硫醇容易被氧化，在空气中或与弱氧化剂（如过氧化氢、碘等）作用，可生成二硫化物。

$$R—SH \underset{[H]}{\overset{[O]}{\rightleftharpoons}} R—S—S—R$$

在生物体中,巯基与二硫键之间的氧化还原反应是一个非常重要的生理过程;二硫键对于保护蛋白质分子的高级结构也起着重要的作用。

二、硫醚的结构和性质

硫醚可看作是硫化氢分子中两个氢原子被烃基取代的化合物,例如:

$$CH_3—S—C_2H_5 \quad 甲乙硫醚$$

硫醚的物理性质和硫醇相似,但臭味不如硫醇强烈。硫醚因分子中的硫原子上有两对孤对电子,所以可以进一步与氧作用,被氧化成亚砜,亚砜又进一步被氧化成砜。

$$R—\overset{..}{\underset{..}{S}}—R' \xrightarrow{[O]} R—\overset{\overset{O}{\|}}{\underset{..}{S}}—R' \xrightarrow{[O]} R—\overset{\overset{O}{\|}}{\underset{\underset{O}{\|}}{S}}—R'$$

亚砜   砜

问题 6-8 芥子气(ClCH₂CH₂—S—CH₂CH₂Cl)是一种持久性糜烂性毒剂,对皮肤有腐蚀作用,沾在皮肤上可引起难以治愈的溃疡。芥子气为硫醚衍生物,可利用漂白粉的氧化作用将其氧化成毒性较小的砜类化合物,请用反应方程式表示其解毒机制。

自阅材料 重要的硫醚

二甲亚砜(dimethyl sulfoxide,DMSO,CH₃SOCH₃)为无色、无臭的透明液体,凝固点为18.45 ℃,沸点为189 ℃。DMSO 具有极性,并且热稳定性好、毒性低,是一种非质子极性溶剂,能与水、乙醇、丙酮、醚、苯、氯仿等任意混溶,不仅能溶解水溶性物质,还能溶解脂溶性物质,被称为"万能溶媒"。DMSO 对许多药物具有溶解性、渗透性,本身具有消炎、止痛、促进血液循环和伤口愈合,并有利尿、镇静作用,能增加药物吸收和提高疗效,因此很多药物溶解在 DMSO 中,直接涂在皮肤上就能渗入体内,更重要的是提高了局部药物含量,降低药物对其他器官的危害。但由于其渗透能力强,在使用过程中必须戴手套,以防有毒物质以 DMSO 为载体进入机体,引起中毒。

很多有机硫化合物具有抑癌和杀菌作用,如大蒜中的大蒜素、十字花科蔬菜(甘蓝类、白菜类、萝卜类等)中的硫代葡萄糖苷(又称为芥子油苷)、萝卜硫素及其降解产物异硫氰酸盐衍生物等。新鲜大蒜中并不含有大蒜素,而含有它的前体蒜氨酸,蒜氨酸以不稳定无臭的形式存在于大蒜中。鲜大蒜中存在的蒜氨酸经切片或破碎后蒜酶被活化,催化蒜氨酸形成大蒜素,大蒜素进一步分解后形成具有强烈臭味的硫化物。

$$CH_2\!=\!CHCH_2—\overset{\overset{O}{\|}}{S}—CH_2CHCOOH \qquad\qquad CH_2\!=\!CHCH_2—\overset{\overset{O}{\|}}{S}—S—CH_2CH\!=\!CH_2$$

　　　　　　　　　NH₂

蒜氨酸   大蒜素

拓展阅读

习 题

1. 命名或写出结构式。

(1) $\underset{\underset{CH_3}{|}}{CH_3CHCH_2}\underset{\underset{CH_2CH_3}{|}}{CHOH}$

(2) $\bigcirc\!\!-CH\!\!=\!\!CHCH_2CH_2OH$

(3) $(CH_3)_2CHCH\underset{\underset{OCH_2CH_3}{|}}{CH_2CH_3}$

(4) $HO\!\!-\!\!\bigcirc\!\!\underset{\underset{OCH_3}{}}{\overset{C(CH_3)_3}{}}$

(5) $CH_2\!\!=\!\!CHCH_2\!\!-\!\!O\!\!-\!\!C_2H_5$

(6)

(7) $HOCH_2\underset{\underset{OH}{|}}{CH}CH_2CH_2OH$

(8) $\bigcirc\!\!-O\!\!-\!\!CH(CH_3)_2$

(9) $CH_3CH_2SCH_2CH_2CH_3$

(10) 5-苯基-3-溴-2-己醇

(11) 邻甲基苯酚

(12) 2,3-二巯基丙醇

2. 鉴别题。

(1) 丙醇、丙三醇、苯酚

(2) 戊烷、乙醚、正丁醇

(3) 正丁醇、2-丁醇、2-甲基-2-丙醇

3. 完成下列反应式。

(1) $(CH_3)_2\underset{\underset{OH}{|}}{C}CH_2CH_2CH_2OH \xrightarrow{KMnO_4/H^+}$

(2) $\bigcirc\!\!\underset{\underset{CH_3}{}}{\overset{OH}{}} \xrightarrow{Br_2/H_2O}$

(3) $HO\!\!-\!\!\bigcirc\!\!-CH_2OH \xrightarrow{NaOH}$

(4) $(CH_3)_2CHCH\underset{\underset{OH}{|}}{CH_2}CH\!\!=\!\!CH_2 \xrightarrow[\triangle]{H_2SO_4}$

(5) $\underset{\underset{SH}{|}}{CH_2}\!\!-\!\!\underset{\underset{SH}{|}}{CH}\!\!-\!\!\underset{\underset{OH}{|}}{CH_2} \xrightarrow{Pb^{2+}}$

(6) $\bigcirc\!\!\underset{\underset{CH_2OH}{}}{\overset{OH}{}} \xrightarrow{HI}$

(7) $CH_3 \langle\!\!\!\rangle OCH_3 + 浓\ HI \xrightarrow{\triangle}$

4. 按酸性由强到弱排列下列化合物。

(1) 环己醇、苯酚、对硝基苯酚、水

(2) 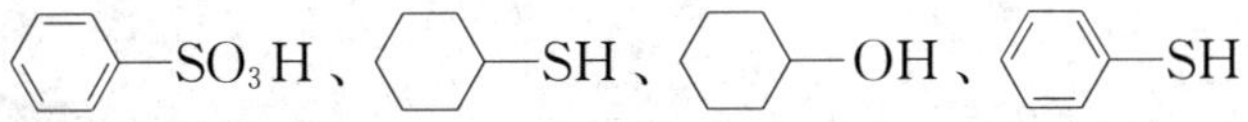 $\langle\!\!\!\rangle SO_3H$、$\langle\!\!\!\rangle SH$、$\langle\!\!\!\rangle OH$、$\langle\!\!\!\rangle SH$

5. 推导题。

(1) 某化合物 A 的分子式是 C_7H_8O,不溶于 $NaHCO_3$,但溶于 $NaOH$,与溴水反应可很快生成化合物 B,其分子为 $C_7H_5OBr_3$,试推断 A 和 B 的结构式。若 A 不溶于 $NaOH$,则 A 应是什么结构?

(2) 化合物 A,分子式为 C_3H_8O,它与浓 HBr 反应得到 B,B 的分子式为 C_3H_7Br,A 用浓硫酸处理得化合物 C,C 的分子式为 C_3H_6。C 与浓 HBr 反应得 D,D 是 B 的异构体。试推断 A、B、C 和 D 的结构。

(王　军　马明放)

第七章
醛 和 酮

醛（aldehyde）和酮（ketone）分子中都含有羰基（$\overset{O}{\underset{\parallel}{C}}$）官能团,统称为羰基化合物（carbonyl compounds）。醛分子中的羰基碳原子至少连一个氢原子,—CHO 称为醛基;酮分子中的羰基碳原子连接两个烃基,其中的羰基又称为酮羰基。

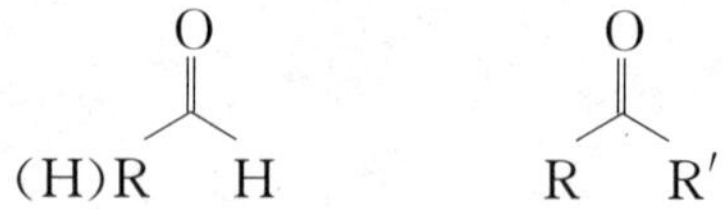

$$\underset{(H)R}{\overset{O}{\underset{\parallel}{C}}}H \qquad \underset{R}{\overset{O}{\underset{\parallel}{C}}}R'$$

羰基化合物不仅是有机化学和有机合成中十分重要的物质,也是动植物代谢过程中的中间体,具有重要的生理活性。临床上,许多药物具有醛或酮的结构,而且醛和酮还是一些药物合成的重要原料和中间体。

第一节　醛酮的分类和命名

一、分类

根据羰基所连烃基的结构不同,醛、酮分为脂肪族醛、酮和芳香族醛、酮。例如:

CH_3CH_2CHO

CH_3COCH_3

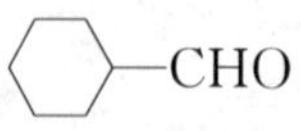

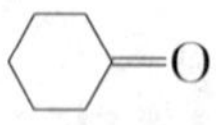

（环己基）—CHO

（环己酮）=O

脂肪族醛、酮

（苯基）—CHO

（苯基）—COCH_3

（二苯甲酮）

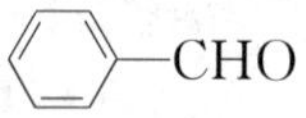

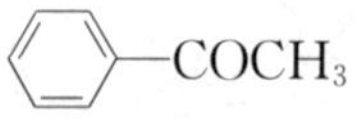

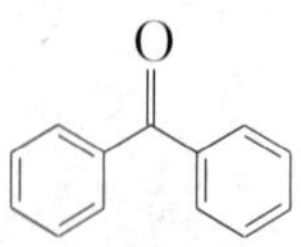

芳香族醛、酮

根据烃基的饱和程度,脂肪族醛、酮又可分为饱和醛、酮和不饱和醛、酮。例如:

CH_3CH_2CHO

$CH_3CH_2COCH_3$

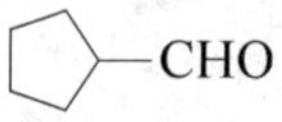

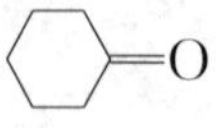

（环戊基）—CHO

（环己酮）=O

饱和醛、酮

$H_2C\!=\!CHCHO$

$H_2C\!=\!CHCOCH_3$

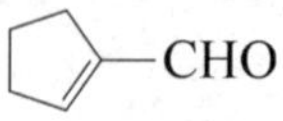

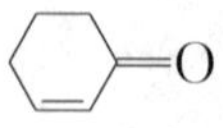

（环戊烯基）—CHO

（环己烯酮）=O

不饱和醛、酮

　　根据分子中羰基的数目,醛、酮分为一元醛、酮和多元醛、酮,以上所举例子均为一元醛、酮。多元醛、酮类化合物如:

$$\underset{O}{\overset{O}{\parallel}}HCCH_2CH_2CH \qquad CH_3CCH_2CCH_3 \qquad$$

　　一元酮中,羰基连接 2 个相同的烃基称为简单酮,不同的烃基称为混合酮。例如:

$$CH_3COCH_3 \qquad\qquad CH_3CH_2COCH_3$$

简单酮　　　　　　　　　　　　　混合酮

　　羰基一侧连甲基的酮叫甲基酮,用通式 $\underset{O}{\overset{O}{\parallel}}CH_3-C-R$ 表示。

二、命名

(一) 普通命名法

　　简单醛、酮用普通命名法命名。脂肪醛根据分子中所含碳原子数及碳链特征命名为"某醛";芳香醛是把芳香烃基作为取代基,以脂肪醛为母体命名。

HCHO　　　　　　　CH₃CHO　　　　　　　〈benzene〉—CHO

甲醛　　　　　　　　乙醛　　　　　　　　苯甲醛
methanal　　　　　　ethanal　　　　　benzenecarbaldehyde

　　酮根据羰基连的两个烃基名称命名,通常简单烃基在前,复杂烃基在后,称为"某(基)某(基)甲酮",其中,"甲"字有时可以省略。

$$\underset{O}{\overset{O}{\parallel}}CH_3CCH_2CH_3 \qquad CH_3CCH_3 \qquad$$

甲乙酮　　　　　　　　　二甲酮　　　　　　　　二苯酮
methyl ethyl ketone　　dimethyl ketone　　diphenyl ketone

(二) 系统命名法

　　选择羰基在内的最长碳链作为主链,从靠近羰基的一端开始编号,将表示羰基位次的数字置于母体名称之前。醛基总是位于碳链一端,醛基碳占第一位,不用标明醛基的位次;酮羰基位于碳链中间,应标明其位次。脂环酮从羰基碳原子开始编号,在名称前加"环"字。如果主链上有取代基,还应把取代基的位次、个数和名称依次标在母体名称之前。另外,还可以用希腊字母给碳链编号,从羰基邻位碳原子开始,依次用 α,β,γ…编号。

2-甲基丙醛(α-甲基丙醛)　　　　环己基甲醛　　　　　　3-苯基丙醛
2 - methylpropanal　　　cyclohexanecarbaldehyde　　3 - phenylpropanal

2-戊酮
2 - pentanone

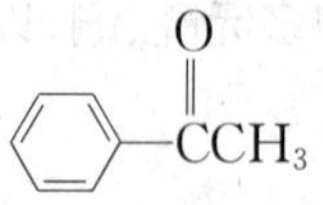

苯乙酮
phenylethanone

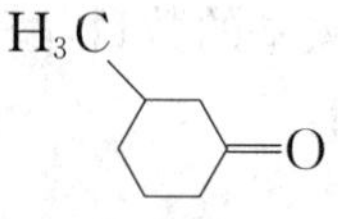

3-甲基环己酮(β-甲基环己酮)
3 - methylcyclohexanone(β - methylcyclohexanone)

不饱和醛、酮的命名,选择同时含羰基碳和碳碳双键(或三键)碳在内的最长碳链为主链,称为"某烯(炔)醛"或"某烯(炔)酮",而且标明碳碳双键(或三键)的位次。如存在顺反异构时,则需标明。

$CH_3CH=CHCH_2CHO$

3-戊烯醛
3 - pentenal

$HC\equiv CCCH_3$

3-丁炔-2-酮
3 - butyn - 2 - one

(E)-3-戊烯-2-酮
(E)- pent - 3 - en - 2 - one

多元醛、酮命名时,应选取含羰基尽可能多的碳链为主链,注明羰基的位置和数目。如果同一分子中,同时含有醛基和酮基时,酮基氧作取代基,命名为"氧代醛"。

$HCCH_2CH_2CH$

丁二醛
butanedial

$CH_3CCH_2CCH_3$

2,4-戊二酮
2,4 - pentanedione

$CH_3CH_2CCH_2CHO$

3-氧代戊醛
3 - oxopentanal

另外,许多天然醛、酮都有俗名。例如:

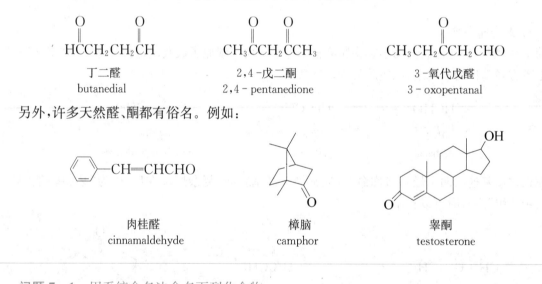

肉桂醛
cinnamaldehyde

樟脑
camphor

睾酮
testosterone

问题7-1 用系统命名法命名下列化合物:

(1) $(CH_3)_2CHCHCHO$ 上有 CH_3

(2) $CH_3CH=CHCHO$

(3) 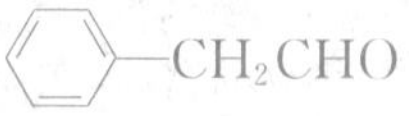 苯环-CH_2CHO

(4) $CH_3CH=CHCH_2CCH_3$ (含O)

(5) 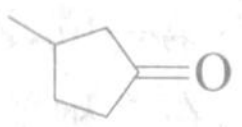 环戊酮=O

(6) 苯环-CCH_2CH_3 (含O)

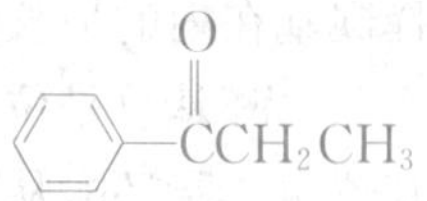

第二节 醛酮的结构

羰基碳原子和氧原子均为 sp^2 杂化,它们之间形成一个 σ 键和一个 π 键,以双键结合。碳原子用 3 个 sp^2 杂化轨道分别与氧及其他两个原子形成 3 个 σ 键,这 3 个 σ 键处于一个平面,即

图 7-1 羰基的结构

"羰基平面"。碳和氧未参与杂化的 p 轨道彼此平行重叠,形成 π 键,垂直于羰基平面,π 电子云分布在羰基平面的两侧。氧原子的两对未共用电子对分布在另外两个 sp^2 杂化轨道上。由于氧的电负性比碳大,成键电子云偏向氧原子,使得氧原子带部分负电荷,而碳原子带部分正电荷,使得羰基具有极性。

第三节 醛酮的物理性质

室温下,除甲醛为气体外,其余醛、酮为液体或固体。低级醛具有强烈的刺激性气味,中级醛具有果香味,含 9 个和 10 个碳的醛常用于香料工业。低级酮是液体,具有令人愉快的气味。一些常见醛、酮的物理性质见表 7-1。

微课:醛酮的物理性质

表 7-1 常见醛、酮的物理性质

化合物	熔点/℃	沸点/℃	密度/g·cm⁻³	水溶解度/g·(100 mL)⁻¹
甲醛	−92	−21	0.82	55
乙醛	−123	21	0.78	∞
丙醛	−81	49	0.81	20
丙烯醛	−88	53	0.84	30
苯甲醛	−56	179	1.05	0.3
乙二醛	15	50	1.14	—
丙酮	−95	56	0.7	∞
丁酮	−86	80	0.81	25.6
环己酮	−16	157	0.94	15
丁二酮	−2.4	88	0.98	25
苯乙酮	21	202	1.02	0.5
二苯酮	48	305	1.08	—

醛、酮都是极性分子,分子间的偶极—偶极静电吸引作用较强,因此其沸点高于相对分子质量相近的烷烃或醚。由于醛、酮不能形成分子间氢键,其沸点比相应的醇和羧酸低。

醛、酮的羰基氧原子可以与水分子中的氢原子之间形成氢键,使其水溶性增强。甲醛易溶于水,乙醛、丙酮可与水混溶;随着分子中烃基的增大,醛、酮的水溶性迅速下降。含 6 个以上碳原子的醛、酮几乎不溶于水。醛、酮在苯、乙醚和四氯化碳等有机溶剂中均可溶解。

脂肪醛、酮的密度小于 1 g·cm^{-3},芳香醛、酮的密度大于 1 g·cm^{-3}。

问题 7-2 比较下列化合物的沸点高低,并给以解释。
(1) 环己酮和环己烷　　　　(2) 2-丁醇和丁酮　　　　(3) 戊醛和 1-戊醇

第四节 醛酮的化学性质

羰基是醛、酮的官能团,因此醛、酮的性质主要取决于羰基。醛、酮的化学反应大致可以分为三大类：第一类是基于羰基(C=O)的极性特征，氧原子的电负性较强，使羰基碳原子带部分正电荷，容易受亲核试剂的进攻，发生亲核加成反应；第二类是受羰基极性的影响，α-碳原子上的氢原子(α-H)变得活泼，发生涉及 α-H 的反应；第三类是氧化和还原反应。

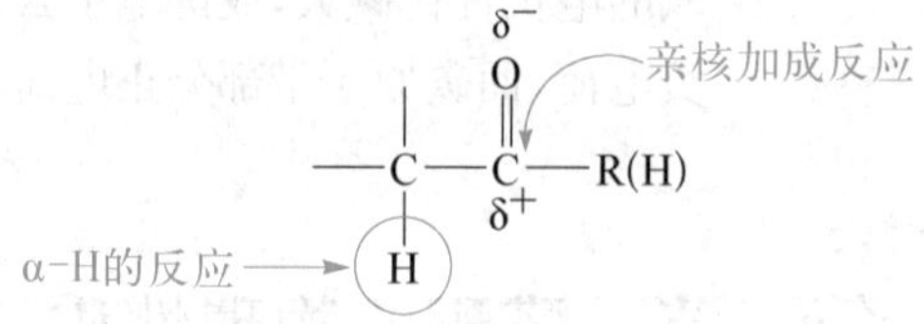

一、亲核加成反应

亲核加成反应(nucleophilic addition)是醛、酮的典型反应。虽然 C=O 双键与 C=C 双键相似，都有 π 键，都可以发生加成反应，但反应机制完全不同。烯烃中的 C=C 双键非极性或弱极性，由于碳原子的电负性比较小，π 电子云流动性比较大，容易受亲电试剂的进攻，发生亲电加成反应。而C=O双键具有极性，羰基碳带部分正电荷，容易受亲核试剂的进攻，发生亲核加成反应。

微课:醛酮的化学性质(亲核加成反应活性比较)

亲核试剂 E:Nu 与醛、酮发生亲核加成反应的机制如下：

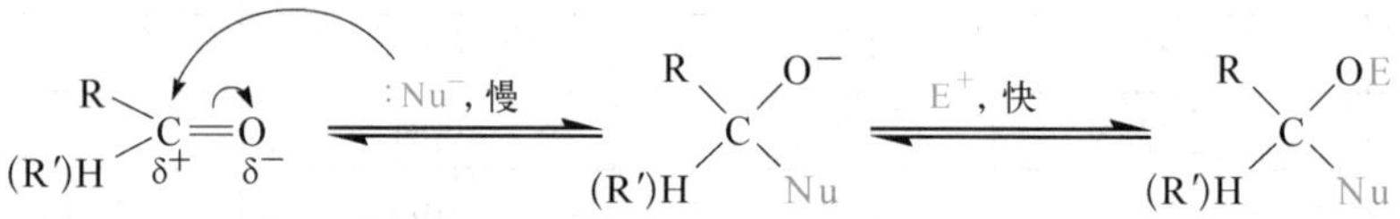

羰基有两个反应中心——带部分正电荷的碳原子和部分负电荷的氧原子。由于氧容纳负电荷的能力比碳容纳正电荷的能力强，反应生成的氧负离子具有比较稳定的八隅体结构，故发生加成反应时，首先是亲核试剂:Nu⁻ 进攻带部分正电荷的羰基碳原子，:Nu⁻ 提供一对电子与羰基碳形成新 σ 键，同时碳氧双键的一对 π 电子转移到氧原子上，形成氧负离子。接着，该氧负离子与试剂中带部分正电荷的 E⁺ 结合，得到最终产物。反应由亲核试剂进攻羰基碳原子引起，结果是试剂 E:Nu 加到羰基上，所以称为亲核加成反应。

醛、酮的结构不同，决定了它们发生亲核加成反应的活性也不一样。一般来讲，醛比酮活泼，脂肪族醛、酮比芳香族醛、酮活泼，其中甲醛最活泼。

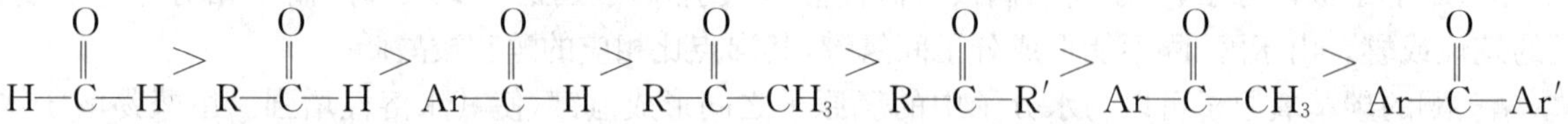

醛、酮的反应活性，可以从羰基所连原子或基团的电子效应和空间效应来解释。从电子效应看，烃基是斥电子基，使羰基碳的正电性降低，羰基所连烃基的个数越多，与亲核试剂结合的能力就越弱。从空间效应看，羰基所连烃基的个数越多，体积越大，试剂接近羰基碳的空间阻碍就越大，反应就越困难。综合两方面原因，醛受一个烃基影响，而酮受两个烃基影响，所以醛比酮活泼。芳香族醛、酮因芳香环的斥电子共轭效应，其羰基碳的正电性远低于脂肪族醛、酮，而且芳香环的体积比较大，空间阻碍也较大，故较难发生反应。

微课:醛酮的化学性质(亲核加成反应)

问题 7-3　为什么烯烃易发生亲电加成反应？而醛、酮却易发生亲核加成？

(一) 与氢氰酸的加成

醛、脂肪族甲基酮和 8 个碳以下的环酮都能与氢氰酸(HCN)发生加成反应，生成 α-羟基腈(又称 α-氰醇)。

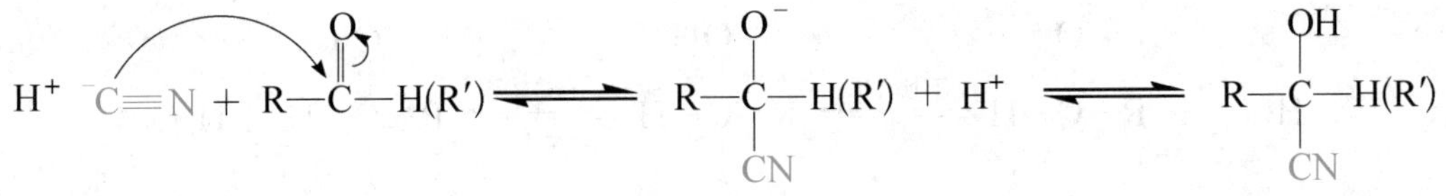

实验表明,醛、酮与 HCN 的加成反应中,亲核试剂是带负电荷的 CN^-。由于 HCN 是弱酸,解离程度小,所以在实际操作中,常加碱催化反应。

醛、酮与 HCN 的加成反应在有机合成中很有用。产物比反应物多了一个碳原子,可用来增长碳链。产物中有氰基,可以水解生成羧基,还可以还原生成胺。因此,通过此反应,能将醛、酮转化成其他化合物,如 α-羟基酸、α,β-不饱和酸等。例如,丙酮与 HCN 在碱催化下反应生成丙酮氰醇,后者经水解、酯化等反应,可以制备有机玻璃的单体——甲基丙烯酸甲酯:

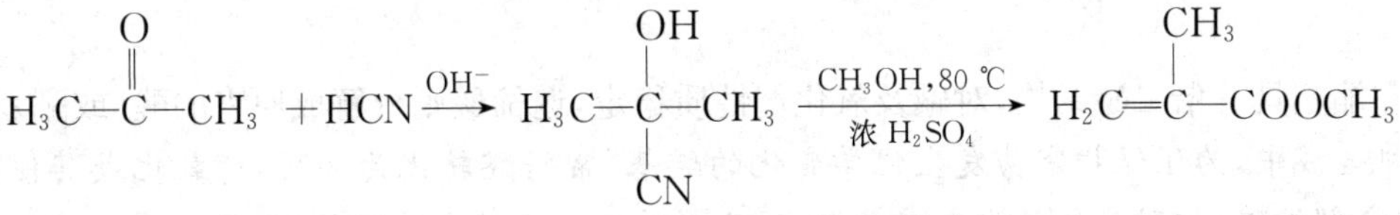

HCN 有剧毒,且挥发性较大,为避免直接使用 HCN,通常是把无机酸加入醛或酮与氰化钠水溶液的混合物中,以便 HCN 一生成就立即与醛或酮作用。但在加酸时应注意控制溶液的 pH,使之始终偏于碱性,以利于反应的进行。

(二) 与亚硫酸氢钠的加成

醛、脂肪族甲基酮和 8 个碳以下的环酮与过量的饱和亚硫酸氢钠($NaHSO_3$)溶液作用,生成结晶状产物 α-羟基磺酸钠。

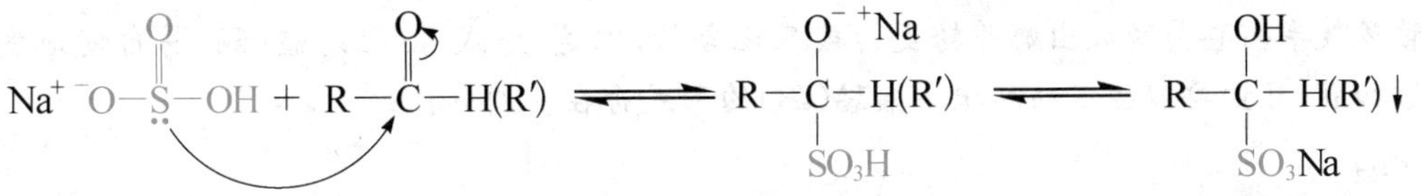

亲核试剂 $^-SO_3H$ 通过硫原子提供一对电子与羰基碳结合,形成一个含有磺酸基的醇钠盐,此盐经分子内的酸碱反应,生成 α-羟基磺酸钠。$^-SO_3H$ 比 CN^- 的体积更大,加成比较困难,反应是可逆的。加成产物与稀酸或稀碱一起加热时,又分解为原来的醛、酮。通常使用过量的亚硫酸氢钠饱和溶液,使平衡右移,以提高收率。例如:

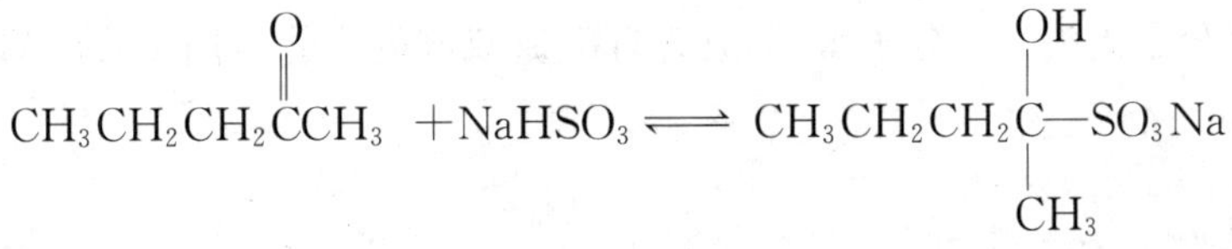

磺酸基的引入,增强了水溶性,加成产物可溶于水,但不溶于亚硫酸氢钠饱和溶液,反应现象明显,因此可用来鉴别醛、脂肪族甲基酮和 8 个碳以下的环酮。此外,还可以利用反应的可逆性来分离或提纯这些醛、酮。

问题 7-4　下列化合物中,哪些可以和亚硫酸氢钠发生反应?
(1) 丙醛　　　　(2) 环戊酮　　　　(3) 1-苯基-1-丁酮　　　　(4) 二苯酮

(三) 与醇的加成
在干燥的 HCl 存在下,醇与醛的羰基加成生成半缩醛,半缩醛不稳定,可继续与另一分子醇反应,

失水生成更加稳定的缩醛。半缩醛中的羟基叫半缩醛羟基。

$$HOR' + R-\overset{\overset{\displaystyle O}{\|}}{C}-H \xrightarrow{\text{干燥 HCl}} R-\overset{\overset{\displaystyle OH}{|}}{\underset{\underset{\displaystyle OR'}{|}}{C}}-H \underset{\text{干燥 HCl}}{\overset{HOR'}{\rightleftharpoons}} R-\overset{\overset{\displaystyle OR'}{|}}{\underset{\underset{\displaystyle OR'}{|}}{C}}-H + H_2O$$

半缩醛,不稳定　　　缩醛,稳定

与醛相比,酮与醇生成缩酮的反应较困难。但酮容易与乙二醇作用,生成具有五元环状结构的缩酮。

$$\overset{R}{\underset{R'}{>}}C=O + \overset{HO}{\underset{HO}{|}} \xrightarrow{\text{干燥 HCl}} \overset{R}{\underset{R'}{>}}C\overset{O}{\underset{O}{<}}\big] + H_2O$$

缩醛和缩酮具有偕二醚结构,对碱及氧化剂性质稳定,遇稀酸则分解成原来的醛(或酮)和醇。

在有机合成中,为了保护容易发生化学变化的醛基,常将醛转化为缩醛,待氧化或其他反应完成后,再用酸分解缩醛,把醛基释放出来。通常,用乙二醇保护分子中的醛基,例如:

$$H_2C=CH-CHO \xrightarrow[\text{干燥 HCl}]{\text{乙二醇}} H_2C=CH-\overset{O}{\underset{O}{<}}\big] \xrightarrow[\text{稀、冷 OH}^-]{KMnO_4}$$

$$H_2C-CH-\overset{O}{\underset{O}{<}}\big] \xrightarrow{\underset{H^+}{H_2O}} H_2C-CH-CHO$$
OH OH　　　　　　　　　OH OH

尽管多数半缩醛易释放出醇并转变为羰基化合物,但是 γ- 或 δ-羟基醛(酮)易自发地发生分子内的亲核加成,且主要以稳定的环状半缩醛(酮)的形式存在。例如:

11%　　　　　89%　　　　　　　6%　　　　　94%

(四) 与氨的衍生物的加成

氨分子中的氢原子被其他原子或基团取代后的产物称为氨的衍生物。氨的衍生物可以与醛、酮发生加成反应,然后分子内消去 1 分子水,形成含有碳氮双键的产物。用 H_2N-G 代表氨的衍生物,反应通式如下:

$$R-\overset{\overset{\displaystyle O}{\|}}{C}-H(R') + H_2N-G \underset{H^+}{\rightleftharpoons} \left[R-\overset{\overset{\displaystyle OH}{|}}{\underset{\underset{\displaystyle NHG}{|}}{C}}-H(R') \right] \overset{-H_2O}{\rightleftharpoons} R-\overset{\overset{\displaystyle NG}{\|}}{C}-H(R')$$

氨的衍生物及其与醛、酮反应产物的名称和结构式见表 7-2。

表 7-2　氨的衍生物及其与醛、酮反应的产物

氨的衍生物	结构式	产物结构式	产物名称
伯胺	H_2N-R'	$\overset{R}{\underset{(R')H}{>}}C=N-R'$	Schiff 碱

氨的衍生物	结构式	产物结构式	产物名称
羟胺	H_2N-OH	$\begin{array}{c} R \\ (R')H \end{array} C=N-OH$	肟
肼	H_2N-NH_2	$\begin{array}{c} R \\ (R')H \end{array} C=N-NH_2$	腙
苯肼	$H_2N-NH-\text{（苯基）}$	$\begin{array}{c} R \\ (R')H \end{array} C=N-NH-\text{（苯基）}$	苯腙
2,4-二硝基苯肼	$H_2N-NH-\text{（2,4-二硝基苯基）}$	$\begin{array}{c} R \\ (R')H \end{array} C=N-NH-\text{（2,4-二硝基苯基）}$	2,4-二硝基苯腙
氨基脲	$H_2N-NH-\overset{O}{\underset{\parallel}{C}}-NH_2$	$\begin{array}{c} R \\ (R')H \end{array} C=N-NH-\overset{O}{\underset{\parallel}{C}}-NH_2$	缩氨基脲

由于反应产物肟、苯腙、2,4-二硝基苯腙等都具有一定的晶形和熔点，容易鉴别，所以称这些氨的衍生物为"羰基试剂"(carbonyl reagent)。尤其是 2,4-二硝基苯肼(2,4-dinitrophenylhydrazine)，它几乎能与所有的醛、酮迅速反应，并析出黄色、橙色或橙红色的 2,4-二硝基苯腙(2,4-dinitrophenylhydrazone)晶体，易于观察，常用于醛、酮与其他化合物的鉴别。此外，上述产物容易结晶、提纯，经酸水解又可得到原来的醛、酮，故这些试剂还用于醛、酮的分离与精制。

问题 7-5 写出苯甲醛与下列试剂的反应方程式。

(1) H_2N-OH　　　　　　　　　　　(2) $H_2N-NH-\text{（苯基）}$

二、α-H 的反应

醛、酮分子中与羰基相连的碳原子为 α-C，α-C 上的氢原子为 α-H。受羰基的影响，α-H 比较活泼，具有一定的酸性。

（一）卤代反应

含有 α-H 的酮与卤素(Cl₂，Br₂，I₂)作用，α-H 被卤原子取代，生成 α-卤代酮。酸催化的卤代反应，常用乙酸作溶剂，它同时起催化剂的作用。例如，苯乙酮与溴在乙酸溶液中的反应：

微课：醛酮的
化学性质
（α-H 的反应）

$$\text{（苯基）}-\overset{O}{\underset{\parallel}{C}}-CH_3 + Br_2 \xrightarrow{CH_3COOH} \text{（苯基）}-\overset{O}{\underset{\parallel}{C}}-CH_2Br + HBr$$

如果 α-卤代酮还有 α-H,则能够进一步卤代,生成 α,α-二卤代酮、α,α,α-三卤代酮等。酸催化的反应,逐步变困难。因此,通过控制卤素的用量可将反应停在一卤代、二卤代或三卤代等不同阶段。例如:

$$
\underset{}{\bigcirc}\!\!\!-\!\!\overset{O}{\overset{\|}{C}}\!-\!CH_3 + 2Cl_2 \xrightarrow{CH_3COOH} \underset{}{\bigcirc}\!\!\!-\!\!\overset{O}{\overset{\|}{C}}\!-\!CHCl_2 + 2HCl
$$

α-H 的卤代也可以在碱作用下进行。此时碱作为反应物参与反应,消耗掉了,所以称其为碱促反应,而不叫碱催化反应。与酸催化的卤代反应不同,碱促反应难以停留在一卤代阶段,因为 α-卤代酮比酮更易卤代。例如,甲基酮与卤素的氢氧化钠或氢氧化钾溶液作用,直接生成 α,α,α-三卤代酮。

$$
R-\overset{O}{\overset{\|}{C}}-CH_3 + 3X_2 + 3OH^- \longrightarrow R-\overset{O}{\overset{\|}{C}}-CX_3 + 3X^- + 3H_2O
$$

由于三个卤原子的强吸电子作用,α,α,α-三卤代酮的羰基碳与 α-C 之间的键变弱,容易断裂。在 OH⁻ 作用下,CX₃⁻ 被取代,生成羧酸根负离子和三卤甲烷。

$$
R-\overset{O}{\overset{\|}{C}}-CX_3 + OH^- \longrightarrow R-\overset{O}{\overset{\|}{C}}-O^- + CHX_3\downarrow
$$

三卤甲烷俗称卤仿,因此碱作用下甲基酮与卤素生成羧酸根负离子和三卤甲烷的反应又叫卤仿反应。整个反应可以表示为:

$$
R-\overset{O}{\overset{\|}{C}}-CH_3 \xrightarrow{X_2, OH^-} R-\overset{O}{\overset{\|}{C}}-O^- + CHX_3\downarrow
$$

进行卤仿反应常用碘的碱溶液,产物碘仿是难溶于水的淡黄色晶体,有特殊臭味,容易识别。因此,可以用碘仿反应(iodoform reaction)来鉴别甲基酮(或乙醛)与其他化合物。碘的氢氧化钠溶液中的次碘酸钠(NaOI)具有氧化作用,含有 CH₃CH(OH)—R(H)结构的醇被其氧化成相应的甲基酮或乙醛,所以也能发生碘仿反应。

$$
R-\overset{OH}{\overset{|}{C}H}-CH_3 \xrightarrow{I_2, NaOH} R-\overset{O}{\overset{\|}{C}}-O^- + CHI_3\downarrow
$$

问题 7-6 下列化合物中,哪些能发生碘仿反应?
(1) 乙醇　　　　　(2) 甲醛　　　　　(3) 3-戊醇　　　　　(4) 2-戊酮
(5) 2-丁醇　　　　(6) 苯丁酮　　　　(7) 苯乙酮　　　　　(8) 丙醇

(二) 羟醛缩合

稀碱作用下,两分子含 α-H 的醛相互作用生成 β-羟基醛类化合物,由于产物中既有羟基又有醛基,故将此类反应称为**羟醛缩合**(aldol condensation)。例如,在稀碱作用下,乙醛经羟醛缩合反应生成 β-羟基丁醛,β-羟基丁醛受热失水,生成 2-丁烯醛。

$$
CH_3-\overset{O}{\overset{\|}{C}}-H + \overset{H}{\overset{|}{C}H_2}CHO \xrightarrow[4\sim5\,℃]{稀\,OH^-} CH_3-\overset{OH}{\overset{|}{C}H}CH_2CHO \xrightarrow{\triangle} CH_3CH=CHCHO + H_2O
$$

羟醛缩合反应的机制如下:

$$RCH_2-\overset{\overset{\text{O}}{\|}}{C}-H+OH^- \underset{-H_2O}{\overset{}{\rightleftharpoons}} R\overline{C}H-\overset{\overset{\text{O}}{\|}}{C}-H$$

$$RCH_2-\overset{\overset{\text{O}}{\|}}{C}-H + R\overline{C}H-\overset{\overset{\text{O}}{\|}}{C}-H \overset{\text{慢}}{\rightleftharpoons} RCH_2-\underset{\overset{|}{R}}{\overset{\overset{O^-}{|}}{C}H}-\overset{|}{C}H-\overset{\overset{\text{O}}{\|}}{C}-H$$

$$RCH_2-\underset{\overset{|}{R}}{\overset{\overset{O^-}{|}}{C}H}-\overset{|}{C}H-\overset{\overset{\text{O}}{\|}}{C}-H+H_2O \overset{\text{快}}{\rightleftharpoons} RCH_2-\underset{\overset{|}{R}}{\overset{\overset{OH}{|}}{C}H}-\overset{|}{C}H-\overset{\overset{\text{O}}{\|}}{C}-H+OH^-$$

羟醛缩合反应的速率随醛的分子量的增加而降低,实验室往往通过升高温度来促进反应进行,但升高温度容易使产物 β-羟基醛失水。因此,7 个碳以上的醛进行羟醛缩合反应只得到失水产物 α,β-不饱和醛。在有机合成中,羟醛缩合反应可用于增长碳链。

虽然含 α-H 的酮也可以发生类似的反应,但由于其羰基碳原子的正电性比醛弱,空间位阻又较大,故比醛困难。

两种含 α-H 的醛、酮进行羟醛缩合反应,得到四种不同的产物,难以分离,实用意义不大。但如果有一种醛或酮没有 α-H,如甲醛、苯甲醛,则可得到单一的产物,这就是交叉羟醛缩合,在合成上有重要价值。例如,在稀碱存在下将乙醛慢慢加入过量的苯甲醛中,可得到收率很高的 β-羟基苯丙醛。这是因为苯甲醛没有 α-H,不能形成碳负离子,所以不能作为亲核试剂发生反应;过量的苯甲醛又可以抑制乙醛自身的缩合,所以由乙醛形成的碳负离子只能与苯甲醛的羰基加成。

$$\text{苯}-\overset{\overset{\text{O}}{\|}}{C}-H+CH_3CHO \rightleftharpoons \text{苯}-\overset{\overset{OH}{|}}{C}H-CH_2CHO \overset{-H_2O}{\longrightarrow} \text{苯}-CH=CHCHO$$

羟醛缩合反应不仅可在分子间进行,二羰基化合物还可以发生分子内的羟醛缩合反应,生成环状化合物。这是合成 5~7 元环状化合物的方法。例如,2,6-庚二酮在碱作用下生成 3-甲基-2-环己烯酮。

问题 7-7　写出丙醛和乙醛进行羟醛缩合反应,得到可能的产物。

问题 7-8　完成反应:

(1) $CH_3CH_2CHO \overset{OH^-}{\longrightarrow}$

(2) $HCHO+CH_3CHO \overset{OH^-}{\underset{\triangle}{\longrightarrow}}$

三、氧化和还原反应

(一) 氧化反应

醛的羰基上连有氢原子,很容易被氧化成羧酸。醛不仅可以被强氧化剂,如 $KMnO_4$、$K_2Cr_2O_7$ 等氧化,而且可以被弱氧化剂氧化。酮则不能被弱氧化剂氧化,用强氧化剂如高浓度 $KMnO_4$、浓 HNO_3 等可导致其碳链断裂,生成较小的羧酸。

通常利用弱氧化剂能氧化醛而不能氧化酮的特性,来鉴别醛、酮。常见的弱氧化剂有 Tollens 试剂、Fehling 试剂和 Benedict 试剂。

1. Tollens 试剂 是由硝酸银与过量氨水制得的含有 $[Ag(NH_3)_2]^+$ 的澄清透明溶液。当醛与 Tollens 试剂混合经水浴加热后,醛被氧化成羧酸铵盐,Tollens 试剂本身则被还原成单质银。

$$R-CHO+2[Ag(NH_3)_2]OH \xrightarrow{\triangle} R-COONH_4+2Ag\downarrow+3NH_3+H_2O$$

反应器壁非常洁净时,银附着在器壁上形成明亮的银镜。故此反应又称为银镜反应。

2. Fehling 试剂和 Benedict 试剂 Fehling 试剂是由硫酸铜溶液(甲)和酒石酸钾钠的碱性溶液(乙)2 种溶液组成。使用时,将甲、乙两种溶液等体积混合,就生成深蓝色配合物溶液,此即 Fehling 试剂。当醛与 Fehling 试剂经水浴加热后,Cu^{2+} 被还原成砖红色的氧化亚铜沉淀,醛被氧化成羧酸,深蓝色消失。

$$R-CHO+2Cu^{2+}+5OH^- \xrightarrow{\triangle} R-COO^-+Cu_2O\downarrow+3H_2O$$

Benedict 试剂是由硫酸铜、碳酸钠和柠檬酸钠配制成的深蓝色配合物溶液。仍以 Cu^{2+} 作氧化剂,反应原理同 Fehling 试剂。

Fehling 试剂和 Benedict 试剂只能与脂肪族醛发生反应,而不能与芳香族醛发生反应,故可以用 Fehling 试剂和 Benedict 试剂区别鉴别脂肪族醛和芳香族醛。

问题 7-9 试用简便的化学方法鉴别乙醛、苯甲醛和丙酮。

(二) 还原反应

1. 催化加氢 在金属催化剂 Ni,Pt,Pd 等作用下,醛、酮加氢还原,分别生成相应的伯醇和仲醇。

$$R-\overset{\overset{\displaystyle O}{\|}}{C}-H(R') \xrightarrow[Pt,0.3\ MPa,25\ ℃]{H_2} R-\overset{\overset{\displaystyle OH}{|}}{\underset{\underset{\displaystyle H}{|}}{C}}-H(R')$$

催化氢化还原的优点是:操作相对简单,反应定量完成。其缺点是:所用催化剂比较昂贵,而且碳碳双键、碳碳三键等官能团在此条件下也被还原。例如:

$$\text{(环己烯基)}-\overset{\overset{\displaystyle O}{\|}}{C}-CH_3 \xrightarrow[Ni]{H_2} \text{(环己基)}-\overset{\overset{\displaystyle OH}{|}}{\underset{\underset{\displaystyle H}{|}}{C}}-CH_3$$

2. 金属氢化物还原 用金属氢化物作还原剂,也能比较容易地将醛、酮还原成相应的伯醇和仲醇,硼氢化钠($NaBH_4$)和氢化铝锂($LiAlH_4$)是 2 种最常用的金属氢化物还原剂。例如:

$$CH_3-\overset{\overset{\displaystyle O}{\|}}{C}-CH_2CH_3 \xrightarrow{NaBH_4,CH_3OH} CH_3-\underset{\underset{\displaystyle H}{|}}{\overset{\overset{\displaystyle OH}{|}}{C}}-CH_2CH_3$$

$$\text{环己酮} \xrightarrow[\text{② } H_3O^+]{\text{① } LiAlH_4,\text{乙醚}} \text{环己醇}$$

金属氢化物还原剂的优点是：反应效率高，而且有选择性，还原羰基而不影响分子中的碳碳双键、碳碳三键等结构。例如：

$$\text{环己烯基}-\overset{\overset{\displaystyle O}{\|}}{C}-CH_3 \xrightarrow{NaBH_4,CH_3OH} \text{环己烯基}-\underset{\underset{\displaystyle H}{|}}{\overset{\overset{\displaystyle OH}{|}}{C}}-CH_3$$

$NaBH_4$的还原能力不及$LiAlH_4$，因而选择性更高。$NaBH_4$只能还原醛和酮，而$LiAlH_4$还能还原羧酸、酯、酰胺等。$NaBH_4$在水、醇和醚中都非常稳定，反应可在这几种溶剂中进行。而$LiAlH_4$与水和醇都剧烈反应，所以必须先在无水条件，如乙醚中进行加成反应，然后加水水解。

问题 7-10 写出下列反应所需要的条件：

(1) $CH_3CH{=}CHCH_2CH_2CHO \xrightarrow{(\quad)} CH_3CH{=}CHCH_2CH_2CH_2OH$

(2) $CH_3CH{=}CHCH_2CH_2CHO \xrightarrow{(\quad)} CH_3CH_2CH_2CH_2CH_2CH_2OH$

---

3. Clemmensen 还原　将醛、酮与锌汞齐和浓盐酸一起回流，可将羰基还原成亚甲基，此反应称为克莱门森还原法(Clemmensen reduction)。

$$\text{苯基}-\overset{\overset{\displaystyle O}{\|}}{C}-CH_3 \xrightarrow[\triangle]{Zn-Hg,\text{浓 } HCl} \text{苯基}-CH_2CH_3$$

这是合成带侧链芳香烃的一种很好的方法，反应收率高，但只适用于对酸稳定的化合物。

4. 黄鸣龙还原　将酮或醛中的羰基通过腙还原为亚甲基或甲基，此反应称为沃尔夫-基希钠-黄鸣龙还原(Wolff-Kishner-Huang Minglong reduction)。

$$\underset{R^2}{\overset{R^1}{}}C{=}O \xrightarrow{NH_2NH_2} \underset{R^2}{\overset{R^1}{}}C{=}NNH_2 \xrightarrow{OH^-} \underset{R^2}{\overset{R^1}{}}CH_2$$

俄国化学家基希钠和美国化学家沃尔夫最先实现了将酮或醛通过腙还原为亚甲基或甲基。但是反应需要金属铂、金属钾或金属钠，并且需要在高压釜或封管中进行，实验操作不甚安全，难以广泛应用。之后对此反应进行改良，但是效果不显著，直到黄鸣龙的改良方法最为简单、经济、安全。经黄鸣龙的改良，用氢氧化钾代替金属钾，用水合肼代替无水肼，并加入高沸点的二甘醇或三甘醇作为溶剂，常压加热下进行反应。操作方便，试剂便宜、产率高，便于工业上放大生成。改进后的沃尔夫-基希钠还原法成为沃尔夫-基希钠-黄鸣龙还原法，简称黄鸣龙还原法。例如：

黄鸣龙还原与 Clemmensen 还原互为补充,在不同的条件下使用。

自阅材料

甲醛

甲醛(formaldehyde)是一种无色、易溶于水、具有强烈刺激气味的气体。工业上将甲醇蒸气和空气的混合物在高温下通过银催化氧化,生成的甲醛和未作用的甲醇用水吸收,从溶液中蒸去一部分甲醇后,即得含甲醛 40%、甲醇约 10% 的水溶液,称作福尔马林(formalin)。福尔马林中的甲醛与蛋白质中的氨基结合,使蛋白质变性;福尔马林也溶解类脂质,具有强大的杀菌作用,对细菌、芽胞、真菌、病毒都有效。故临床上福尔马林是一种有效的消毒剂和防腐剂,可用于外科器械、手套、污染物等的消毒,也可作保存解剖标本的防腐剂。福尔马林也有硬化组织和止汗作用。

甲醛对人体健康有负面影响。当室内甲醛含量为 0.1 mg/m^3 时有异味和不适感;0.5 mg/m^3 时可刺激眼睛引起流泪;0.6 mg/m^3 时引起咽喉不适或疼痛;浓度再高可引起恶心、呕吐、咳嗽、胸闷、气喘甚至肺气肿;当甲醛含量达到 230 mg/m^3 可立即致人死亡。

长期接触低剂量甲醛可引起慢性呼吸道疾病、女性月经紊乱、妊娠综合征,引起新生儿体质降低、染色体异常等。高浓度的甲醛对神经系统、免疫系统、肝脏等都有毒害。甲醛还可刺激眼结膜、呼吸道黏膜而产生流泪、鼻涕,引起结膜炎、咽喉炎、哮喘、支气管炎和变态反应性疾病。据流行病学调查,长期接触甲醛可引发鼻腔、口腔、咽喉、皮肤和消化道的癌症。甲醛已被世界卫生组织确定为致癌和致畸性物质。

甲醛是室内环境的污染物之一。装饰板(胶合板、细木工板、中密度纤维板和刨花板等人造板材)生产中使用以脲醛树脂为主的胶黏剂中的残留甲醛是室内空气中甲醛的主要来源。其他装饰材料(如贴墙布、贴墙纸、化纤地毯、泡沫塑料、油漆和涂料等)也可能含有甲醛。国家标准《居室空气中甲醛的卫生标准》规定:居室空气中甲醛的最高容许浓度为 0.08 mg/m^3。正常情况下,室内装修装饰 7 个月后,甲醛含量可降至 0.08 mg/m^3 以下。

采用低甲醛含量和不含甲醛的室内装饰、装修材料是降低室内空气中甲醛含量的根本措施,保持室内空气流通是清除室内甲醛的有效办法。

拓展阅读

习 题

1. 命名或写出结构式。

(1) $(CH_3)_2CHCHCH_2CHO$
  └ CH_3

(2) 苯基 $-CH_2-\overset{O}{\underset{}{C}}-\overset{CH_3}{\underset{}{CH}}-CH_3$

(3) $CH_2=CH-\overset{O}{\underset{}{C}}-CH=CH_2$

(4) 苯环(邻位 OH)$-CHO$

(5)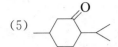

(6)

$$H_3C \quad \quad H$$
$$\underset{H}{} C = C \underset{CH_2CHO}{}$$

(7) 对甲氧基苯甲醛

(8) 3-甲基环己酮

(9) 环丁基甲醛

(10) 4-甲基-3-戊烯-2-酮

(11) β-甲基戊醛

(12) 2,4-己二酮

2. 鉴别题。

(1) 苯甲醛、丙酮、3-戊酮

(2) 2-戊酮、3-戊酮、环己酮

(3) 苯甲醛、苯乙酮、1-苯基-2-丙酮

3. 完成下列反应式。

(1) ◯=O + HCN ⟶

(2) ◯=O + HOCH$_2$CH$_2$OH $\xrightarrow{\text{干燥 HCl}}$

(3) ◯—CHO + CH$_3$CH$_2$CHO $\xrightarrow[\text{5 ℃}]{\text{稀 OH}^-}$

(4)
$$\underset{}{\overset{O}{\parallel}}$$
◯—C—CH$_3$ $\xrightarrow{\text{I}_2, \text{NaOH}}$

(5)
$$\xrightarrow{\dfrac{\text{H}_2}{\text{Pt}}}$$

(6) CH$_3$CCH$_2$CH(OC$_2$H$_5$)$_2$ $\xrightarrow[\triangle]{\text{Zn-Hg, 浓 HCl}}$

(7) ◯=O $\xrightarrow[\text{(HOCH}_2\text{CH}_2\text{)}_2\text{O, }\triangle]{\text{H}_2\text{NNH}_2, \text{KOH}}$

4. 推导题。

(1) 某化合物 A 的分子式为 C$_8$H$_{14}$O,可以使溴水褪色,也可使苯肼生成有颜色的晶体。A 经酸性的 KMnO$_4$ 氧化得到一分子丙酮和另一化合物 B,B 具有碱性且能与碘的碱溶液作用生成碘仿及丁二酸。试写出化合物 A 和 B 的结构简式。

(2) 分子式同为 C$_6$H$_{12}$O 的化合物 A,B,C 和 D,其碳链不含支链。它们均不与溴的四氯化碳溶液作用;但 A,B 和 C 都可与 2,4-二硝基苯肼生成黄色沉淀;A 和 B 还可与 HCN 作用,A 与 Tollens 试剂作用,有银镜生成,B 无此反应,但可与碘的氢氧化钠溶液作用生成黄色沉淀。D 不与上述试剂作用,但遇金属钠放出氢气。试写出 A,B,C 和 D 的结构简式。

(李仁豪)

第八章

羧酸及其衍生物

有机酸在生活中十分常见。许多水果和食物之所以有酸味，主要是因为它们含有柠檬酸、抗坏血酸（维生素C）等有机酸；当你被蚂蚁等昆虫叮咬之后，会产生红疹，这主要是由于蚂蚁等昆虫的体液内含有甲酸（$HCOOH$，也叫蚁酸）；当人经过剧烈运动后会感觉小腿发酸，这主要是由于人体在剧烈运动的过程中产生了乳酸；制造肥皂用的是硬脂酸（$C_{17}H_{35}COOH$），它是一种高级脂肪酸。水果中一般还含有各种芳香族有机酸。苯甲酸和水杨酸是两种最主要的芳香族有机酸。

在食品烹调和加工中为增加酸味常使用酸味剂，烹饪调味用的酸味剂主要有醋酸、乳酸、酒石酸、苹果酸、柠檬酸等，酸味能给人以爽快、刺激的感觉，具有增强食欲的作用。

羧酸及其衍生物广泛存在于自然界，如酯、酰胺等，许多羧酸是动植物代谢中的重要物质，如尿酸。羧酸及其衍生物既是有机合成的极为重要的原料，又是一类与医药卫生关系十分密切的重要有机酸。临床上使用的药物中有许多是有机酸及其衍生物。

第一节　羧　　酸

有机分子中含有羧基（—COOH）的化合物称为羧酸，其通式为 R—COOH，羧基是羧酸的官能团。

一、羧酸的结构、分类和命名

（一）羧酸的结构

微课：羧酸的结构

羧基从结构上看是由羰基（ $\overset{\text{O}}{\overset{\|}{-\text{C}-}}$ ）和羟基（—OH）组成的，由于结构上的差异，它与醛、酮的羰基、醇的羟基在性质上却有非常明显的差异。羧基中的碳原子也是以 sp^2 方式进行杂化的。这3个 sp^2 杂化轨道分别与羰基的氧原子、羟基的氧原子和1个烃基的碳原子（或1个氢原子）形成3个 σ 键，这3个 σ 键在同一平面上，所以以羧基是平面结构，键角大约为 $120°$，羧基碳原子剩下1个 p 轨道与羰基氧原子的 p 轨道形成1个 π 键。另外，羧基的羟基氧原子有1对未共用电子，它和 π 键形成 p-π 共轭体系，如图8-1。

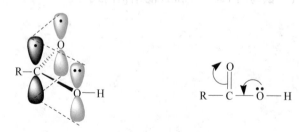

图8-1　羧酸的结构

由于 p-π 共轭的影响,键长有平均化的趋向,另外羧酸分子中的 C＝O 和 C—O 的键长是不相同的。例如,在甲酸分子中,用 X 射线和电子衍射测定得知,C＝O 的键长是 123 pm,C—O 的键长是 136 pm,验证了羧酸分子中两个碳氧键是不相同的。

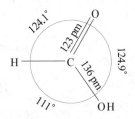

电子云分布的平均化,对羧基化学性质有两个方面的突出影响。一方面是降低了羰基碳原子的正电性,不利于发生亲核加成反应(即羧酸不具有典型的醛酮的性质);另一方面是增大了羟基中氧氢键(O—H)的极性,使得羧羟基与醇羟基不同,具有明显的酸性。

(二) 羧酸的分类

按羧酸分子中烃基的种类将羧酸分为脂肪酸(包括脂环酸)和芳香酸;根据烃基的饱和程度的不同,羧酸可以分成饱和羧酸和不饱和羧酸;根据所含的羧基数目不同将羧酸分为一元酸、二元酸和多元酸。例如:

微课:羧酸的分类

$$CH_3COOH \qquad HOOC{-}COOH$$

脂肪酸　　　　　　脂肪酸　　　　　　　脂环酸(脂肪酸)
一元酸　　　　　　二元酸　　　　　　　　一元酸

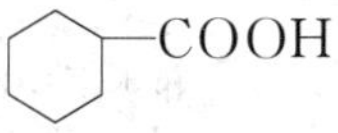

$$HOOC{-}HC{=}CH{-}COOH$$

不饱和脂肪酸　　　　　　　　　　芳香酸
二元酸　　　　　　　　　　　　一元酸

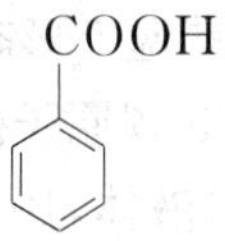

(三) 羧酸的命名

常见的羧酸用俗名,根据它们的来源命名。例如:

微课:羧酸的命名

$$HCOOH \qquad CH_3COOH \qquad HOOC{-}COOH$$

甲酸(蚁酸)　　　　乙酸(醋酸)　　　　乙二酸(草酸)

脂肪族羧酸的系统命名原则与醛相同,即选择含有羧基的最长的碳链作主链,从羧基中的碳原子开始给主链上的碳原子编号。取代基的位次用阿拉伯数字表明。有时也用希腊字母来表示取代基的位次,从与羧基相邻的碳原子开始,依次为 α、β、γ 等。例如:

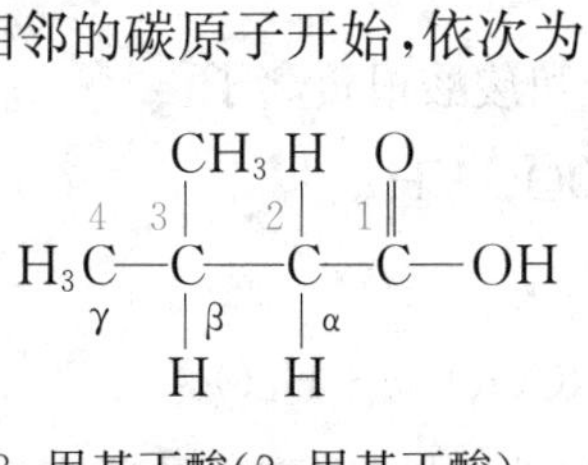

3-甲基丁酸(β-甲基丁酸)　　　　　　2-丁烯酸(α-丁烯酸)(巴豆酸)
3 - methylbutanoic acid　　　　　　　2 - butenoic acid

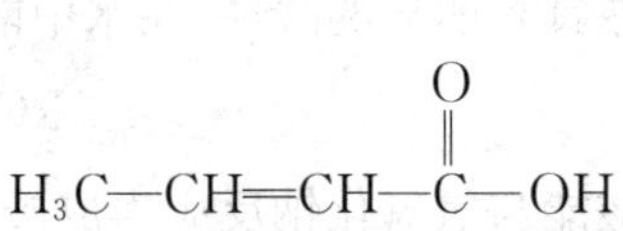

脂环酸和芳香酸,可把脂环和芳环作为取代基来命名。例如:

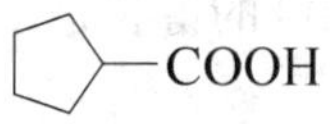

环戊基甲酸
cyclopentanecarboxylic acid

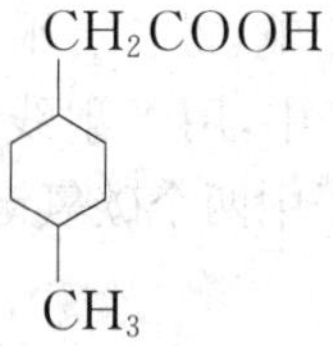

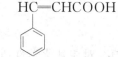

对甲基环己基乙酸
p-methyl cyclohexyl acetic acid

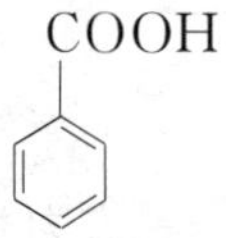

苯甲酸(安息香酸)
benzoic acid

3-苯基-2-丙烯酸(肉桂酸)
3-phenyl-2-propenoic acid

脂肪族二元羧酸命名时,须选择含有两个羧基的最长碳链作主链,称某二酸。例如:

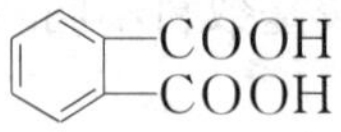

邻苯二甲酸
o-phthalic acid

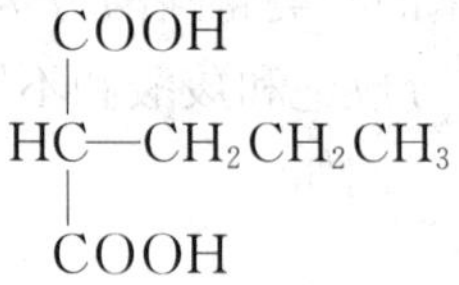

$$HC—CH_2CH_2CH_3$$ 带有上下COOH

正丙基丙二酸
propyl propandioic acid

二、物理性质

微课:羧酸的
物理性质

(一) 常温下形态

含 1～3 碳原子的羧酸是具有刺激性气味的液体,含 4～9 个碳原子的羧酸是有腐败恶臭气味的油状液体,10 个碳原子以上的羧酸为无味石蜡状固体。脂肪族二元酸和芳香酸都是结晶固体。

(二) 沸点

羧酸的沸点比与之分子量相近的醇要高得多,这是因为羧酸分子间可以形成两个氢键而缔合成较稳定的二聚体的缘故。

(三) 水溶性

由于羧酸分子可与水形成氢键,低级羧酸能与水混溶,随着分子量的增加非极性的烃基愈来愈大,羧酸的溶解度逐渐减小,含有 6 个碳原子以上的羧酸就很难溶于水而易溶于有机溶剂。

三、化学性质

(一) 酸性

羧酸具有明显的酸性,在水中能离解出氢离子和羧酸根负离子。

$$RCOOH \rightleftharpoons RCOO^- + H^+$$

羧酸能与氢氧化钠反应生成羧酸盐和水。

$$RCOOH + NaOH \longrightarrow RCOONa + H_2O$$

羧酸属于弱酸,但酸性比碳酸强,因此羧酸能与碳酸钠、碳酸氢钠反应生成羧酸盐。

$$RCOOH + NaHCO_3 (NaCO_3) \longrightarrow RCOONa + H_2O + CO_2 \uparrow$$

微课:羧酸的化
学性质(酸性)

但羧酸的酸性比无机强酸弱,所以在羧酸盐中加入无机强酸时,羧酸又游离出来。利用这一性质,不仅可以鉴别羧酸和苯酚,还可以用来分离提纯有关化合物。

问题 8-1　在苯酚、硝基苯和苯甲酸的混合物中,你能设计一种简单可行的方法把它们分离吗?

羧酸的酸性强弱受羧酸中羧基所连接的基团类型、数目和位置影响,即与羧酸分子的电子效应、立体效应和溶剂化效应相关。

1. 脂肪酸　脂肪酸分子中基团的电子效应主要是诱导效应,当羧酸的烃基上(特别是 α-碳原子上)连有吸电子基时,O—H 间电子云偏向氧原子,O—H 的极性增强,促进解离,使酸性增大。基团的电负性愈大,取代基的数目愈多,距羧基的位置愈近,吸电子诱导效应愈强,则使羧酸的酸性更强。反之,连接的基团是斥电子基团时,则酸性减小。例如:

$$FCH_2COOH > ClCH_2COOH > BrCH_2COOH > ICH_2COOH$$

pK$_a$　　2.67　　　2.81　　　2.90　　　3.16

$$Cl_3CCOOH > Cl_2CHCOOH > ClCH_2COOH > CH_3COOH$$

pK$_a$　　0.08　　　1.29　　　2.81　　　4.76

α-氯丁酸 > β-氯丁酸 > γ-氯丁酸

pK$_a$　　2.84　　4.06　　4.52

$$CH_3COOH > CH_3CH_2COOH > (CH_3)_2CHCOOH > (CH_3)_3CCOOH$$

pK$_a$　　4.76　　　4.86　　　4.87　　　5.05

二元脂肪酸由于羧基强的吸电子能力,其酸性比一元脂肪酸的酸性强。乙二酸由两个羧基直接相连,相互影响大,酸性显著增强,乙二酸的 pK$_{a1}$=1.46,其酸性比磷酸的 pK$_{a1}$=1.59 还强。随着两个羧基的距离增大,两个羧基间的相互影响小,酸性随之减弱。例如:

$$HOOCCOOH > HOOCCH_2COOH > HOOCCH_2CH_2COOH$$

pK$_a$　　1.46　　　2.80　　　4.17

2. 芳香酸　影响芳香酸的电子效应有共轭效应和诱导效应,因此要考虑共轭效应和诱导效应共同影响的结果。当羧基的对位连有硝基等吸电子基时,酸性增强;而对位连有甲基、甲氧基等斥电子基时,则酸性减弱。

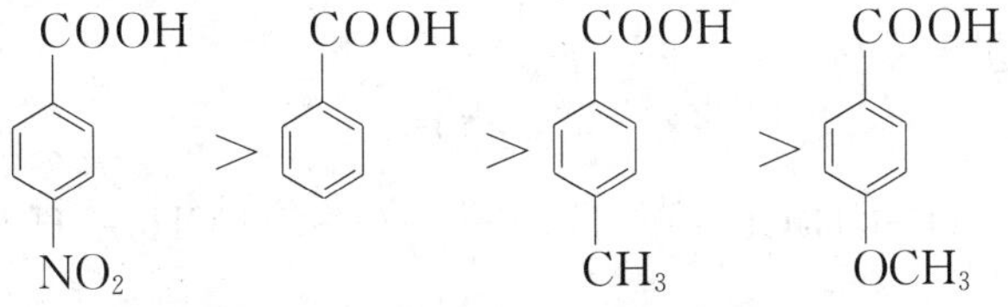

pK$_a$　　3.42　　　4.17　　　4.38　　　4.47

问题 8-2　将下列化合物按酸性由大至小排列:
(1) 乙酸、乙醇、乙二酸、丙二酸　(2) 丙酸、α-碘丙酸、α-溴丙酸、α,α-二溴丙酸。

(二) 还原反应

在一般情况下,羧酸和大多数还原剂(如 NaBH$_4$ 等)都不反应,但能被强还原剂 LiAlH$_4$

微课:羧酸的化学性质(还原反应)

还原成醇,用 LiAlH₄ 还原羧酸时,具有选择性,只还原羧基而碳碳不饱和键不受影响,产率高。还原剂 H₂(在催化剂 Ni,Pt,Pd 的存在下)只还原碳碳不饱和键,对羧基没有影响。例如:

$$RCH_2CH\!=\!\!CHCOOH \xrightarrow{LiAlH_4} RCH_2CH\!=\!\!CHCH_2OH$$

$$RCH_2CH\!=\!\!CHCOOH \xrightarrow{H_2,Pt} RCH_2CH_2CH_2COOH$$

微课:羧酸的
化学性质(羧酸
衍生物的生成)

(三) 羧酸衍生物的生成

羧酸分子中羧基上的羟基可以被卤素原子(—X)、酰氧基(—OOCR)、烷氧基(—OR)、氨基(—NH₂)等取代,分别生成酰卤、酸酐、酯和酰胺等羧酸衍生物。

1. 酰卤的生成　在羧酸在三氯化磷、五氯化磷、氯化亚砜等作用下可生成酰氯。

$$\underset{\substack{| \\ O}}{R-\overset{O}{\overset{\|}{C}}-OH} + PCl_3(PCl_5/SOCl_2) \longrightarrow R-\overset{O}{\overset{\|}{C}}-Cl$$

问题 8-3　羧酸分子中羧羟基不能与 Lucas 试剂发生卤代反应,为什么?

---

2. 酸酐的生成　在 P₂O₅ 等脱水剂的作用下,羧酸加热后脱水可生成酸酐。

$$\begin{array}{c} R-\overset{O}{\overset{\|}{C}}-OH \\ R-\overset{O}{\overset{\|}{C}}-OH \end{array} + P_2O_5 \xrightarrow{\triangle} \begin{array}{c} R-\overset{O}{\overset{\|}{C}} \\ \quad\quad\quad O \\ R-\overset{O}{\overset{\|}{C}} \end{array}$$

具有五元环或六元环的环状酸酐(环酐),可由二元羧酸(两个羧基相隔 2 个或 3 个碳原子)受热,分子内脱水制得(见本章二元羧酸受热时的特殊反应)。

3. 酯的生成　羧酸与醇在催化剂的作用下生成酯的反应称为酯化反应。酯化反应是可逆反应,需要在强酸(如浓硫酸)的催化下加热进行(目的是促进脱水或羧基中羰基的活化),而且反应较慢;同时为了提高酯的产率,可通过增加某种反应物的浓度,或及时将生成物(酯或水)从反应体系中移除的方法来提高酯的产率。

$$RCOOH + R'OH \underset{}{\overset{H^+}{\rightleftharpoons}} RCOOR' + H_2O$$

酯化反应可按 2 种方式进行:

(1) $H_3C-\overset{O}{\overset{\|}{C}}-OH + H-\overset{18}{O}-CH_2CH_3 \overset{H^+}{\rightleftharpoons} H_3C-\overset{O}{\overset{\|}{C}}-\overset{18}{O}-CH_2CH_3 + H_2O$

(2) $H_3C-\overset{O}{\overset{\|}{C}}-OH + H-\overset{18}{O}-CH_2CH_3 \overset{H^+}{\rightleftharpoons} H_3C-\overset{O}{\overset{\|}{C}}-O-CH_2CH_3 + H_2\overset{18}{O}$

实验证明,大多数情况下,酯化反应是按(1)的方式进行的。如用含有示踪原子 ¹⁸O 的甲醇与苯甲酸反应,结果发现 ¹⁸O 在生成的酯中。

问题 8-4　为什么酯化反应要加浓硫酸? 为什么碱性介质能加速酯的水解反应?

---

4. 酰胺的生成　在羧酸中通入氨气或加入碳酸铵,首先生成铵盐,铵盐受热脱水生成酰胺。

$$RCOOH + NH_3 \longrightarrow RCOONH_4 \xrightarrow[\triangle]{脱水} RCONH_2$$

酰卤、酸酐等进行氨解,都可得到酰胺。酰胺是一类很重要的化合物,许多药物和化工产品的分子中都含有酰胺键。

(四) α-氢被取代

羧基和羰基一样,可使 α-氢活化,α-氢比其他碳原子上的氢活泼。但羧基的活化作用比羰基小,所以羧酸的 α-H 卤代反应需在红磷或日光等催化下才能顺利进行。

微课:羧酸的化学
性质(α-氢被取代)

$$CH_3COOH + Cl_2 \xrightarrow{P} CH_2ClCOOH \xrightarrow{P} CHCl_2COOH \xrightarrow{P} CCl_3COOH$$

问题 8-5 在醛酮分子中含有 $H_3C-\overset{\overset{\displaystyle O}{\|}}{C}-$ 基团,能起碘仿反应。乙酸分子中也含有 $H_3C-\overset{\overset{\displaystyle O}{\|}}{C}-$ 基团,也能起碘仿反应吗? 为什么?

(五) 脱羧反应

脱羧反应:羧酸分子中脱去羧基放出二氧化碳的反应。

一元羧酸的脱羧反应比较困难,如低级羧酸的钠盐及芳香族羧酸的钠盐在碱石灰(NaOH—CaO)存在下加热,可脱羧生成烃。这是实验室用来制取纯甲烷的方法。

微课:羧酸的化学
性质(脱羧反应)

$$CH_3COONa \xrightarrow[碱石灰]{\triangle} CH_4 + Na_2CO_3$$

当一元羧酸的 α-碳上连有吸电子基时,脱羧较容易进行,如:

$$CCl_3COOH \xrightarrow{50\ ℃} CHCl_3 + CO_2 \uparrow$$

(六) 二元羧酸受热时的特殊反应

二元羧酸对热不太稳定,受热时,随着两个羧基间距离的不同发生脱羧或脱水反应。

1. 乙二酸和丙二酸受热时脱羧生成一元羧酸。

微课:羧酸的化学
性质(二元羧酸受
热时的特殊反应)

$$HOOC-COOH \xrightarrow{\triangle} HCOOH + CO_2 \uparrow$$

$$HOOC-CH_2-COOH \xrightarrow{\triangle} CH_3COOH + CO_2 \uparrow$$

2. 丁二酸和戊二酸受热时发生分子内脱水形成环状酸酐。

$$\begin{array}{c}H_2C-COOH \\ | \\ H_2C-COOH\end{array} \xrightarrow{\triangle} \begin{array}{c}\text{丁二酸酐结构} \end{array} + H_2O$$

丁二酸酐

$$\begin{array}{c}H_2C-COOH \\ | \\ H_2C \\ | \\ H_2C-COOH\end{array} \xrightarrow{\triangle} \begin{array}{c}\text{戊二酸酐结构}\end{array} + H_2O$$

戊二酸酐

3. 己二酸和庚二酸受热时,既脱羧又脱水,生成环酮。

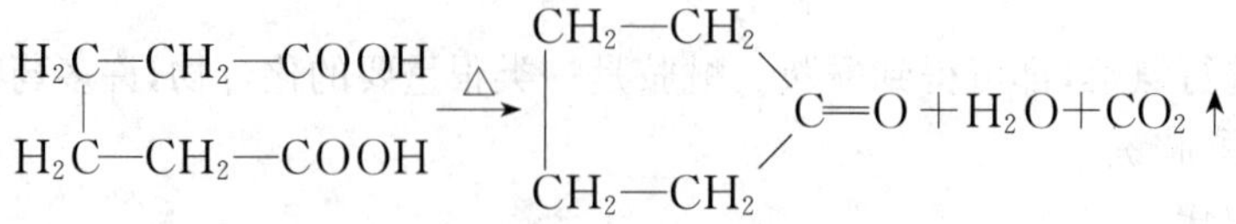

$$\begin{matrix} H_2C-CH_2-COOH \\ | \\ H_2C-CH_2-COOH \end{matrix} \xrightarrow{\triangle} \begin{matrix} CH_2-CH_2 \\ | \\ CH_2-CH_2 \end{matrix} C=O + H_2O + CO_2\uparrow$$

环戊酮

$$H_2C \begin{matrix} CH_2-CH_2-COOH \\ \\ CH_2-CH_2-COOH \end{matrix} \xrightarrow{\triangle} H_2C \begin{matrix} CH_2-CH_2 \\ \\ CH_2-CH_2 \end{matrix} C=O + H_2O + CO_2\uparrow$$

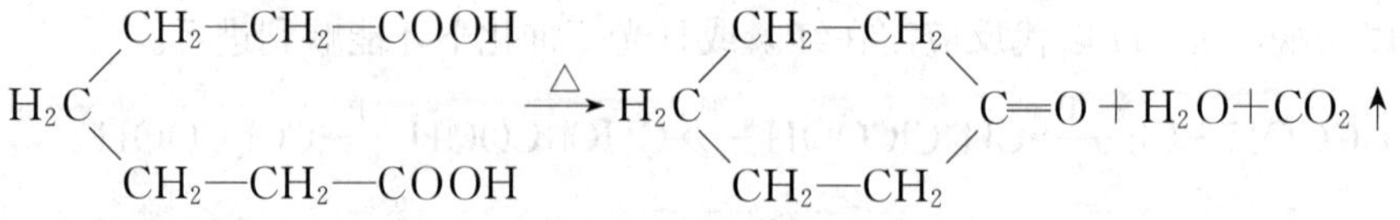

环己酮

4. 主链碳原子大于7的二元羧酸受热时,发生分子间脱水反应,生成高分子链状酸酐。

问题 8-6　邻苯二甲酸受热时会发生脱水还是脱羧反应?为什么?

自阅材料　重要的羧酸

低级脂肪酸是重要的化工原料,在工业上生产规模很大。纯的乙酸可制造人造纤维、塑料、香精、药物等。高级脂肪酸是油脂工业的基础。二元羧酸广泛用于纤维和塑料工业。某些芳香酸如苯甲酸等都具有多种重要的工业用途。

(一)甲酸

俗称蚁酸,是具有刺激性气味的无色液体,有腐蚀性,可溶于水、乙醇和甘油。甲酸的结构比较特殊,分子中羧基和氢原子直接相连,它既有羧基结构,又具有醛基结构。因此,它既有羧酸的性质,又具有醛类的性质。例如能与托伦试剂、斐林试剂发生银镜反应和生成砖红色的沉淀,也能被高锰酸钾氧化。

(二)乙酸

俗称醋酸,是食醋的主要成分,一般食醋中含乙酸6%～8%。乙酸为无色具有刺激性气味的液体。当室温低于16.6 ℃时,无水乙酸很容易凝结成冰状固体,故常把无水乙酸称为冰醋酸。乙酸能与水按任何比例混溶,也可溶于乙醇、乙醚和其他有机溶剂。

(三)苯甲酸

俗名安息香酸,是无色晶体,微溶于水。苯甲酸钠常用作食品的防腐剂。

(四)乙二酸

俗称草酸,是无色晶体,通常含有两分子的结晶水,可溶于水和乙醇,不溶于乙醚。草酸具有还原性,容易被高锰酸钾溶液氧化。利用草酸的还原性,还可将其用作漂白剂和除锈剂。

$$HOOC-COOH + KMnO_4 + H_2SO_4 \longrightarrow K_2SO_4 + MnSO_4 + CO_2\uparrow$$

(五)己二酸

为白色晶体,溶于乙醇,微溶于水和乙醚。己二酸和己胺发生聚合反应,生成聚酰胺(锦纶-66)。

问题 8-7　怎样鉴别以下化合物:甲酸、乙酸、草酸?

第二节 羧 酸 衍 生 物

羧酸衍生物中最重要的是酯和酰胺,在自然界中普遍存在,例如植物果实的香气成分、动物体内的脂肪和中草药的有效成分等许多都是酯类化合物。多肽和蛋白质、青霉素、巴比妥类药物都属于酰胺类化合物。

羧酸衍生物通常是指羧酸分子中羧基中的羟基被其他基团取代后的产物,主要包括:

羧酸衍生物结构上的共同特点是分子中含有酰基 R—C—。

酰基是羧酸分子从形式上去掉一个羟基分子以后所剩余的部分。某酸所形成的酰基叫某酰基。

一、分类和命名

(一) 酰卤的命名
酰基后加卤原子,称为"某酰卤"。例如:

$$CH_3-\overset{O}{\underset{}{C}}-Cl \qquad \underset{}{\bigcirc}-\overset{O}{\underset{}{C}}-Br \qquad \underset{}{\bigcirc}-\overset{O}{\underset{}{C}}-Cl$$

乙酰氯　　　　　　　　　苯甲酰溴　　　　　　　　　　环己基甲酰氯
acetyl chloride　　　　　benzoyl bromine　　　　cycloheanecarbonayl chloride

(二) 酸酐的命名
某酸所形成的酸酐叫"某酸酐"或"某某酸酐",酸字可省略。例如:

$$H_3C-\overset{O}{\underset{}{C}}-O-\overset{O}{\underset{}{C}}-CH_3 \qquad H_3C-\overset{O}{\underset{}{C}}-O-\overset{O}{\underset{}{C}}-CH_2CH_3$$

乙(酸)酐(或醋酐)　　　　　　　　乙丙(酸)酐
acetic anhydride　　　　　　acetic propanoic anhydride

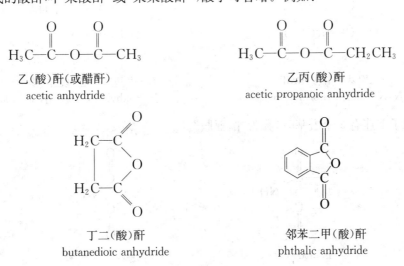

丁二(酸)酐　　　　　　　　　邻苯二甲(酸)酐
butanedioic anhydride　　　phthalic anhydride

(三) 酯的命名
根据生成酯的羧酸和醇的名称,命名为"某酸某(醇)酯",其中醇字省略。例如:

微课:羧酸衍生物的
分类和命名

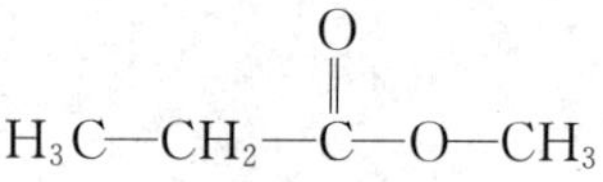

丙酸甲酯
methyl propionate

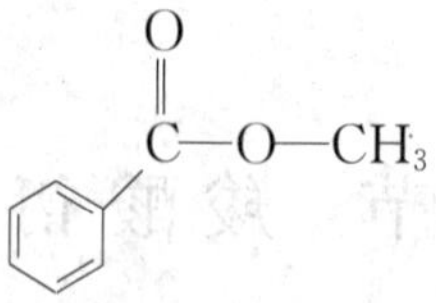

苯甲酸甲酯
methyl benzoate

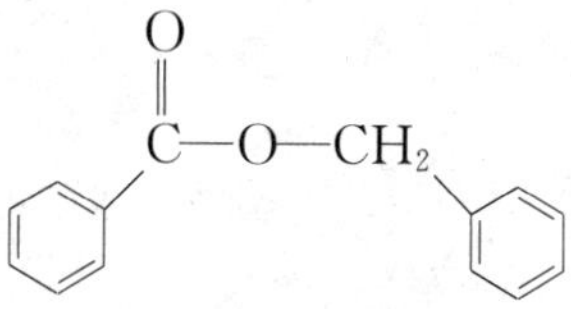

苯甲酸苄酯
benzyl benzoate

由二元羧酸生成的酯有两种：一种是只有一个羧基被酯化的称为酸性酯，一种是两个羧基被酯化的称为中性酯。

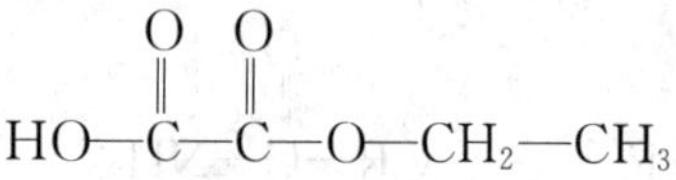

乙二酸氢乙酯（酸性酯）
ocalic acid monoethyl ester

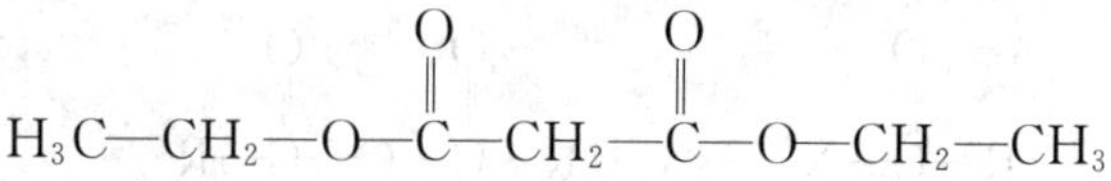

丙二酸二乙酯（中性酯）
propanedioic acid diethyl ester

（四）酰胺的命名

酰胺氮上没有其他取代基的简单酰胺，在酰基后加胺称为"某酰胺"。例如：

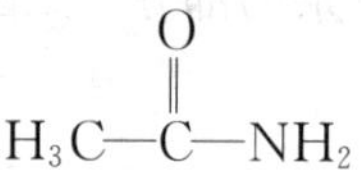

乙酰胺
acetamide

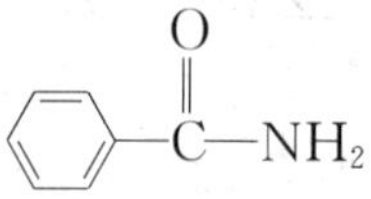

苯甲酰胺
benzamide

酰胺氮上连有取代基时，取代基的词首加上"N"或"N,N"，表示该取代基是和氮原子直接相连的。例如：

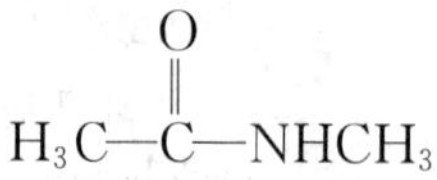

N-甲基乙酰胺
N - methyl acetamide

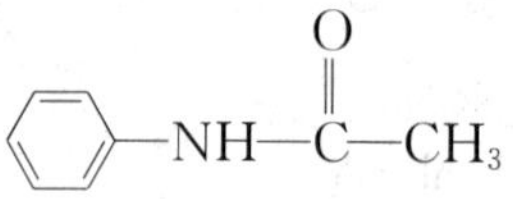

N-苯基乙酰胺（乙酰苯胺）
acetanilide

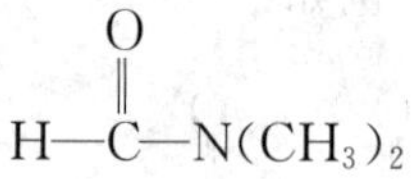

N,N-二甲基甲酰胺（DMF）
N,N - dimethylformamide

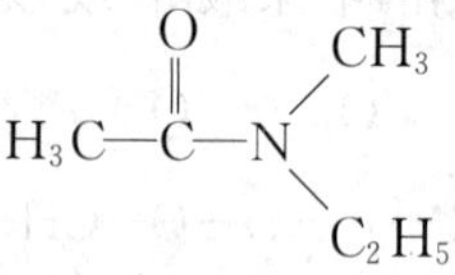

N-甲基-N-乙基乙酰胺
N - ethyl - N - methyl acetamide

同1个氮原子上连有2个酰基时，称为"酰亚胺"。

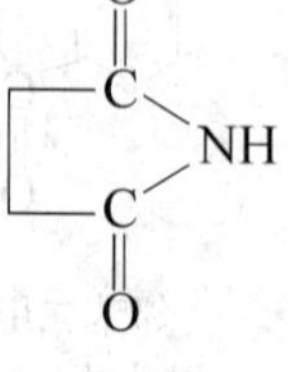

丁二酰亚胺
succimide

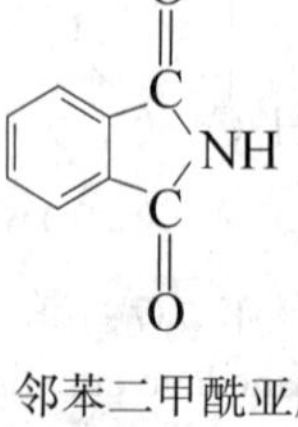

邻苯二甲酰亚胺
phthalimide

环状结构中含（—CO—NH—）的酰胺被称为内酰胺。

δ-己内酰胺
δ- caprolactam

二、物理性质

大多数酰氯是具有强烈刺激性气味的无色液体或低熔点固体。

低级酸酐为具有刺激性气味的无色液体,高级酸酐是无色无味的固体。低级酯为无色液体,酯的相对密度小于水,挥发性酯具有令人愉快的气味,可作香料。

所有的羧酸衍生物均溶于乙醚、氯仿、丙酮和苯等有机溶剂,低级酰胺(如 N,N-二甲基甲酰胺)能与水混溶,是很好的非质子性溶剂。

三、化学性质

羧酸衍生物和亲核试剂水、醇、氨(或胺)的反应,分别称为羧酸衍生物的水解、醇解和氨解。其反应通式为:

该反应是一个加成—消除反应,最终导致羧酸衍生物中的 L 被亲核试剂负电性部分 Nu 所取代。其历程可简单表示为:

$$
\text{R—C—L} + \text{H—Nu} \xrightarrow{\text{亲核加成}} \text{R—C—L} \xrightarrow[\text{—HL}]{\text{消除}} \text{R—C—Nu}
$$

(一) 水解

四种羧酸衍生物化学性质相似,主要表现在它们都能水解,生成相应的羧酸。

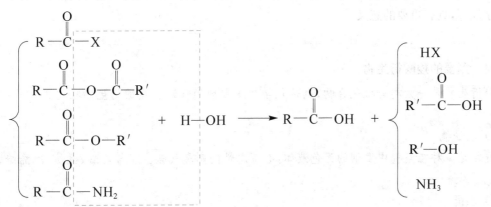

水解反应进行的活泼性次序为:酰卤＞酸酐＞酯＞酰胺。

乙酰氯与水中发生猛烈的放热反应;乙酐在冷水反应较慢,在热水中反应较快;酯的水解在没有催化剂存在时进行得很慢甚至不能进行;酰胺的水解通常需在酸或碱等催化作用下,经长时间的回流才能完成。

（二）醇解

酰卤、酸酐和酯都能与醇作用生成酯。

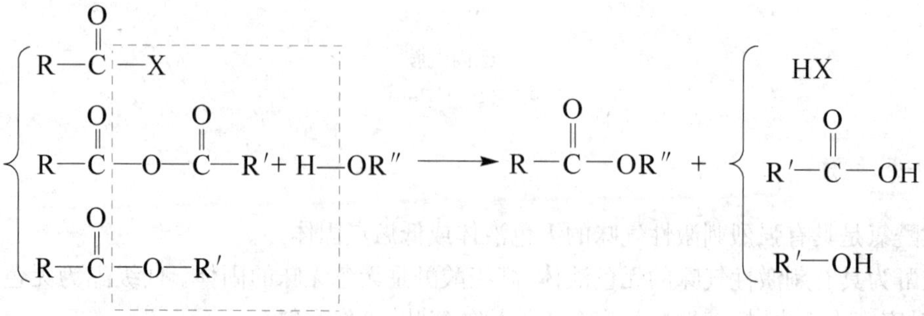

醇解反应进行的活泼性次序为：酰卤＞酸酐＞酯＞酰胺。

（三）氨解

酰卤、酸酐和酯都能与氨（或胺）作用，生成酰胺，叔胺因氮上无氢，不能发生氨解反应。

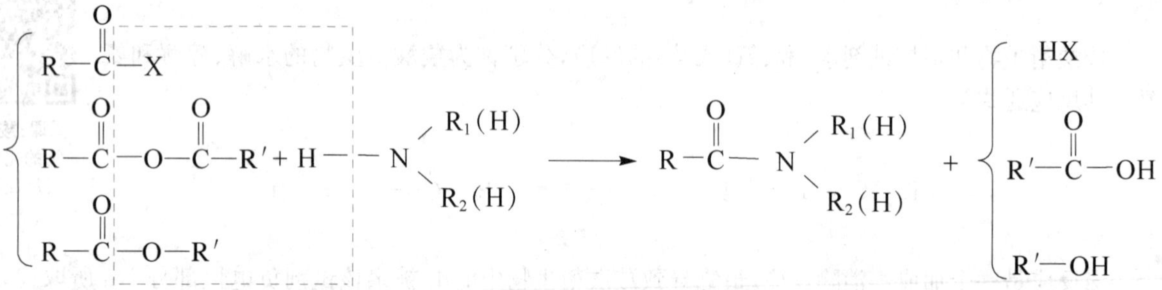

氨解反应进行的活泼性次序为：酰卤＞酸酐＞酯＞酰胺。

上述酰卤和酸酐，水解时都产生羧酸，醇解时都产生酯，氨解时都产生酰胺。因此，可以把酰卤的水解、醇解和氨解看成是水、醇、氨（胺）分子中的氢被酰基取代；也可以看成是水、醇、氨（胺）分子引入一个酰基，故也称为酰化反应（acylating reaction）。

提供酰基的羧酸衍生物称为酰化剂，其中酰卤和酸酐是常用的酰化剂。

羧酸衍生物发生酰化反应的活性强弱次序为：酰卤＞酸酐＞酯＞酰胺。

在医药上可以利用酰化反应增加药物的脂溶性，改善药物在体内的吸收，降低药物的毒性，提高药物的疗效等，具有重要的意义。

自阅材料　重要的羧酸衍生物

羧酸衍生物是一大类有机化合物，也是化学界重要研究领域。羧酸衍生物在化工行业的应用特别广泛。

（一）乙酰氯

乙酰氯是一种在空气中发烟的无色液体，有窒息性的刺鼻气味。能与乙醚、氯仿、冰醋酸、苯和汽油混溶。

（二）乙酐

又名醋（酸）酐，为有极强醋酸气味的无色液体，溶于乙醚、苯和氯仿。

（三）顺丁烯二酸酐

又称马来酸酐和失水苹果酸酐。为无色结晶性粉末，有强烈的刺激性气味，易升华，溶于乙醇、乙醚和丙酮，难溶于石油醚和四氯化碳。

（四）乙酸乙酯

无色可燃性的液体,有水果香味,微溶于水,溶于乙醇、乙醚和氯仿等有机溶剂。

（五）甲基丙烯酸甲酯

无色液体,其在引发剂存在下,聚合成无色透明的化合物,俗称有机玻璃。

习　　题

拓展阅读

1. 命名或写出结构式。

$$(1)\ CH_3CHCH_2CH_2CHCOOH$$

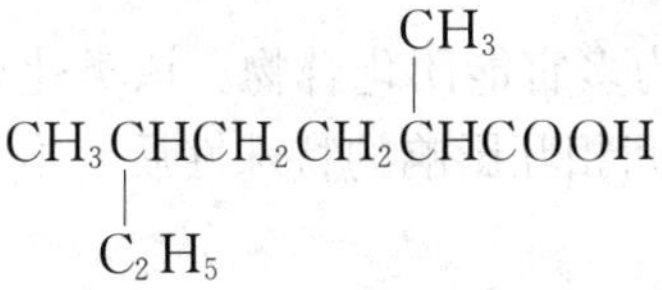

（上方 CH_3，下方 C_2H_5）

（3）$CH_3CH_2CH=C-COOH$（下接 CH_3）

（2）（环己烷接 CH_2COOH）

（4）（苯环接 $COOC_2H_5$）

（5）（邻苯二甲酸酐结构，苯环接两个 $C=O$ 与 O）

（6）（苯环接 CH_3、$COOH$、O_2N）

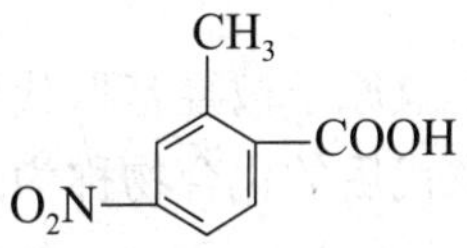

（7）N-甲基丙酰胺

（8）反-2-戊烯酸

（9）苯甲酰氯

（10）邻苯二甲酰亚胺

2. 完成下列反应方程式。

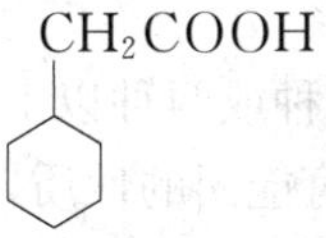

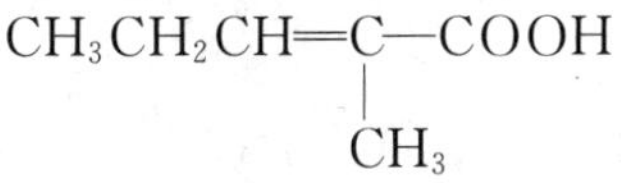

（1）$CH_3CHCH_2COOH \xrightarrow{SOCl_2}$（下接 CH_3）

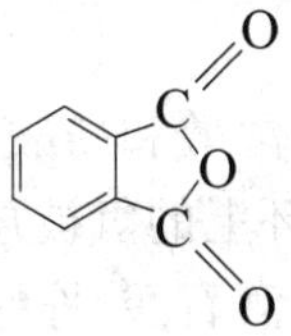

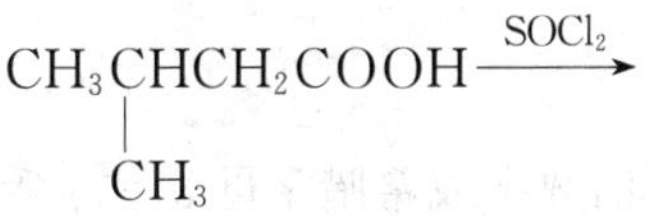

（2）（苯环）$-COOH + (CH_3)_2CHOH \underset{\triangle}{\overset{浓 H_2SO_4}{\rightleftharpoons}}$

（3）（苯环接 OH）$-COOH + (CH_3CO)_2O \xrightarrow[\triangle]{浓 H_2SO_4}$

（4）$\begin{array}{l} H_3C \\ \quad HC-COOH \\ H_2C \\ \quad H_2C-COOH \end{array} \xrightarrow{\triangle}$

（5）C_2H_5O-（苯环）$-NH_2 + (CH_3CO)_2O \longrightarrow$

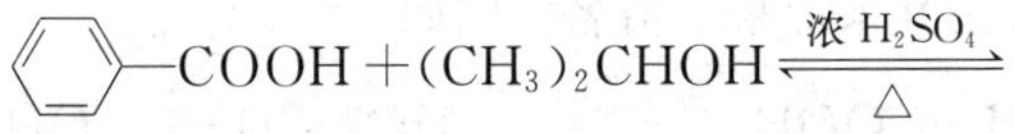

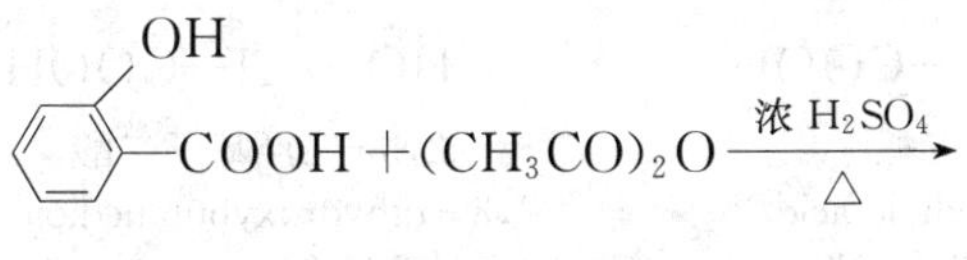

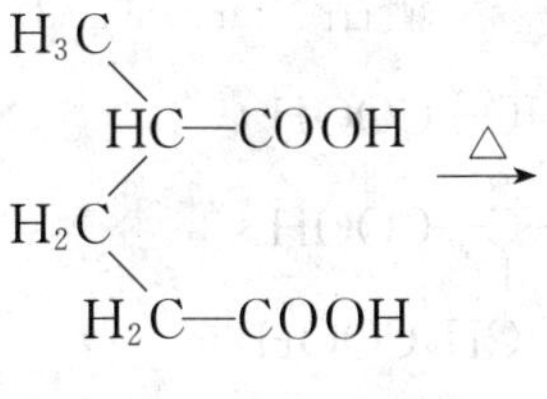

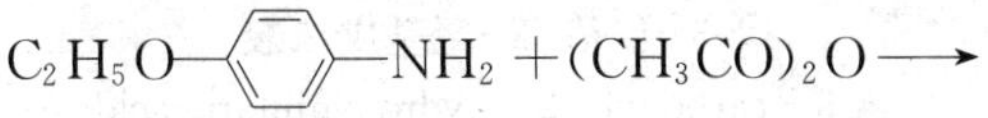

（张大军）

第九章
取代羧酸

取代羧酸(substitutied carboxyllic acids)是羧酸分子中烃基上的氢原子被其他原子或基团取代所生成的化合物。根据取代基的不同,可分为卤代酸(halogeno acids)、羟基酸(hydroxy acids)、羰基酸(carbonyl acids)和氨基酸(amino acids)。其中卤代酸不作介绍,氨基酸将在第十四章介绍,本章只介绍羟基酸和羰基酸。

取代羧酸分子中含有两种或两种以上不同的官能团,又称为多官能团化合物。该类化合物在化学性质上,不仅具有每一种官能团的性质,还具有不同官能团之间相互影响的特殊性质。本章主要介绍一些特殊性质。

第一节 羟 基 酸

羧酸分子中烃基上氢原子被羟基取代后的化合物称为羟基酸。羟基酸分为醇酸和酚酸,脂肪羧酸烃基上的氢被羟基取代后的化合物称为醇酸(alcoholic acids),芳香羧酸芳香环上的氢被羟基取代后的化合物称为酚酸(phenolic acids)。羟基酸在动植物体内广泛存在,如乳酸、酒石酸、柠檬酸等是动植物代谢过程中的中间产物,而苹果酸、柠檬酸则常用作配制饮料的酸味剂;有些羟基酸还是合成药物的原料,如柠檬酸的钠盐常用作利尿剂和输血的抗凝剂,其镁盐可用作泻药;水杨酸的衍生物大多具有重要的药用价值。

一、羟基酸的命名

微课:羟基酸的分类和命名

醇酸的命名:以羧酸为母体,羟基为取代基,用阿拉伯数字或希腊字母 α、β、γ 等标明羟基的位置。一些来自自然界的羟基酸,常按其来源采用俗名。例如:

$$CH_3—CH—COOH$$
$$\quad\quad |$$
$$\quad\quad OH$$

α-羟基丙酸(2-羟基丙酸)
2-hydroxypropanic acid
乳酸(lactic acid)

$$HO—CH—COOH$$
$$\quad\quad |$$
$$\quad\quad CH_2—COOH$$

羟基丁二酸
hydroxybutanedioic acid
苹果酸(malic acid)

$$HO—CH—COOH$$
$$\quad\quad |$$
$$HO—CH—COOH$$

2,3-二羟基丁二酸
2,3-dihydroxybutanedioic acid
酒石酸(tartaric acid)

$$\quad\quad CH_2COOH$$
$$\quad\quad |$$
$$HO—C—COOH$$
$$\quad\quad |$$
$$\quad\quad CH_2COOH$$

3-羧基-3-羟基戊二酸
3-carboxyl-3-hydroxyglutarie acid
柠檬酸(citric acid)

$$HOHC—COOH$$
$$\quad\quad |$$
$$H—C—COOH$$
$$\quad\quad |$$
$$\quad\quad CH_2COOH$$

3-羧基-2-羟基戊二酸
3-carboxyl-2-hydroxyglutarie acid
异柠檬酸(isocitric acid)

酚酸的命名:以芳香酸为母体,指出羟基在芳环上的位置。例如:

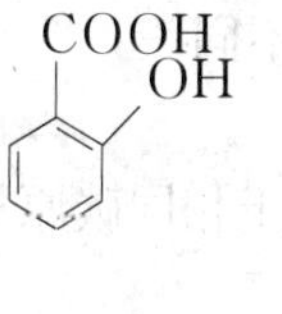

COOH
OH

邻羟基苯甲酸
o-hydroxybenzoic acid
水杨酸(salicylic acid)

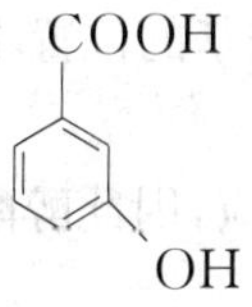

COOH
OH

间羟基苯甲酸
m-hydroxybenzoic acid

COOH
HO

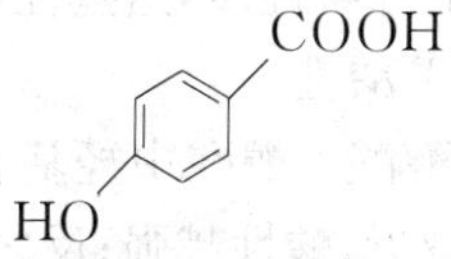

对羟基苯甲酸
p-hydroxybenzoic acid

COOH
OH
OH

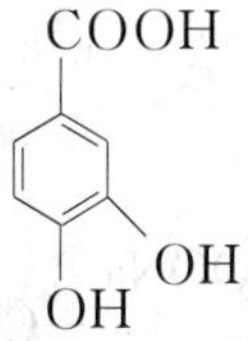

3,4-二羟基苯甲酸
3,4 - dihydroxybenzoic acid
原儿茶酸（protocatechuic acid）

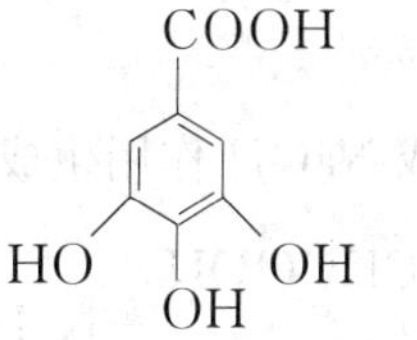

COOH
HO   OH
OH

3,4,5-三羟基苯甲酸
3,4,5 - triihydroxybenzoic acid
没食子酸(gallic acid)

问题 9+1 异柠檬酸

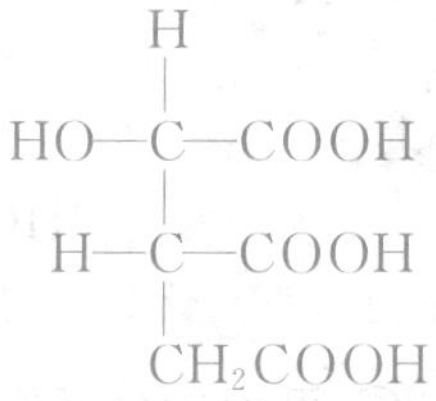

$$\begin{array}{c} H \\ HO-C-COOH \\ H-C-COOH \\ CH_2COOH \end{array}$$

有手性吗？如果有,它含有几个手性碳？试写出其全部

光学异构体。

二、羟基酸的物理性质

常见的醇酸多为结晶固体或黏稠的糖浆状液体,由于分子中的羟基和羧基两个极性基团都能与水形成分子间氢键,故水溶性较大。醇酸在水中的溶解度比相应碳原子数的醇和羧酸大,熔点比相应碳原子数的醇和羧酸高,多数醇酸具有旋光性。酚酸大多为晶体,多以盐、酯或糖苷的形式存在于植物中,酚酸的熔点比相应的芳香酸高。常见羟基酸的物理常数见表 9-1。

微课:羟基酸的
物理性质

表 9-1　一些取代羧酸的物理常数

名　　称	熔点/℃	溶解度/g·(100 ml H_2O)$^{-1}$	pK_a(25 ℃)
苹果酸	100	∞	3.4
(±)-苹果酸	128.5	144	3.4
柠檬酸	153	133	3.15
水杨酸	159	微溶于水,易溶于沸水	2.98
没食子酸	251	溶于水,易溶于沸水	4.34

三、羟基酸的化学性质

羟基酸具有醇、酚和羧酸的一般性质,如醇羟基可以被氧化、酰化、酯化;酚羟基与三氯化铁溶液显色;羧基可以与碱反应成盐、与醇反应成酯等。又由于羟基和羧基的相互影响,而具有一些有别于单官能团化合物的独特性质,这些性质因羟基距羧基的位置不同而有所不同。

（一）酸性

微课:羟基酸的
化学性质(酸性)

1. 醇酸　醇酸中羟基表现出-I效应,因此醇酸的酸性强于相同碳原子数的羧酸,羟基离羧基越近,酸性越强;反之越弱。例如:

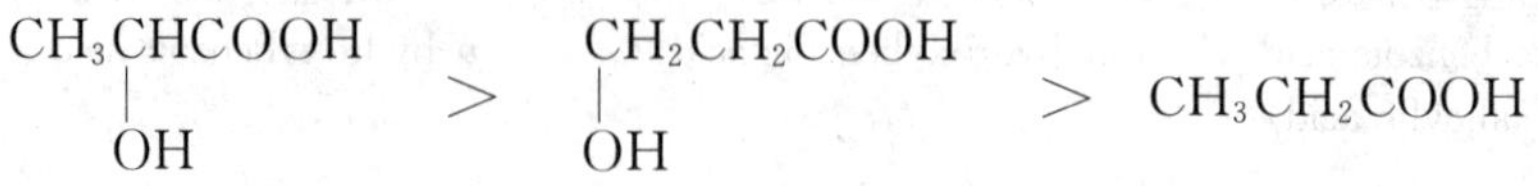

$$CH_3CHCOOH \quad > \quad CH_2CH_2COOH \quad > \quad CH_3CH_2COOH$$
$$\overset{|}{OH} \qquad\qquad\qquad \overset{|}{OH}$$

pK_a　　　3.86　　　　　　　　4.51　　　　　　　4.88

醇酸与 $NaHCO_3$ 或 NaOH 作用生成盐:

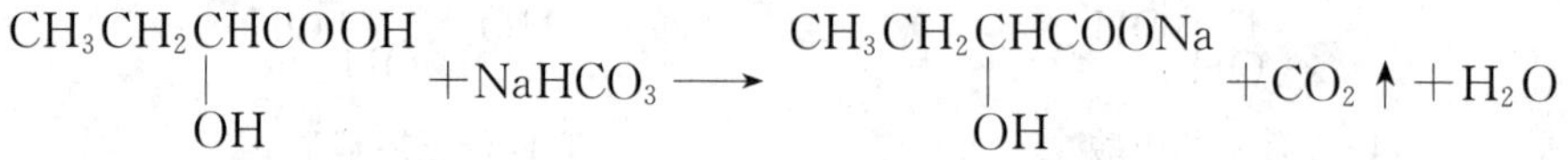

$$CH_3CH_2CHCOOH + NaHCO_3 \longrightarrow CH_3CH_2CHCOONa + CO_2\uparrow + H_2O$$
$$\qquad\quad \overset{|}{OH} \qquad\qquad\qquad\qquad\quad \overset{|}{OH}$$

2. 酚酸　酚酸的酸性受诱导效应、共轭效应、邻位效应和氢键的影响,其酸性随羟基与羧基的相对位置不同而表现出明显的差异。例如:

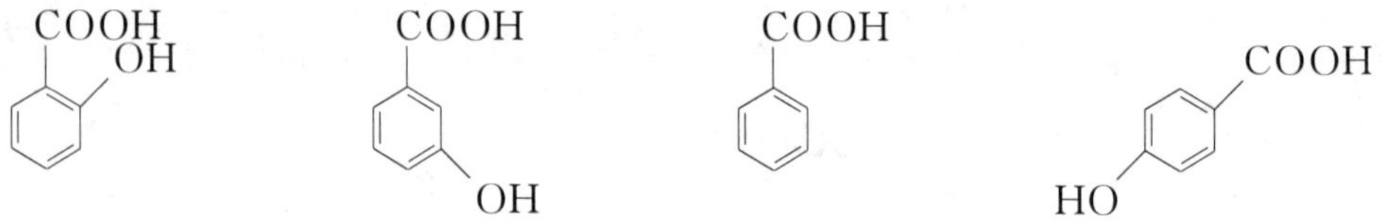

pK_a　　　2.98　　　　　　4.08　　　　　　4.20　　　　　　　　4.57

以上数据可以看出邻羟基苯甲酸的酸性最强,原因:① 可形成分子内氢键;② 邻位效应使羧基与苯环不能共平面,削弱了 $p\text{-}\pi$ 共轭对羧基的给电子作用。

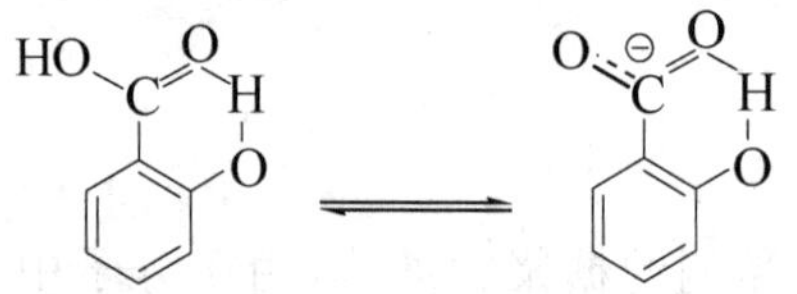

酚酸与 $NaHCO_3$ 或 NaOH 作用生成两种盐:

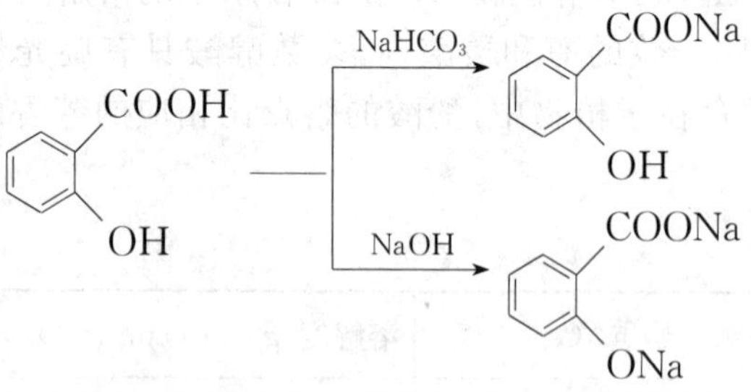

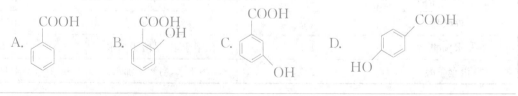

问题 9-2　按酸性由强到弱排列下化合物:

A.　　　　　　B.　　　　　　C.　　　　　　D.

微课:羟基酸的化学
性质(脱水反应)

（二）醇酸的脱水反应

由于羟基和羧基的相互影响,醇酸分子遇热容易脱水,产物因羟基与羧基的相对位置不同而异。一般生成五元环、六元环或共轭体系。

1. α-醇酸受热后,两分子间的羧基和羟基交叉脱水,生成交酯(lactide)。例如,两分子 α-羟基丙酸交叉脱水生成丙交酯。

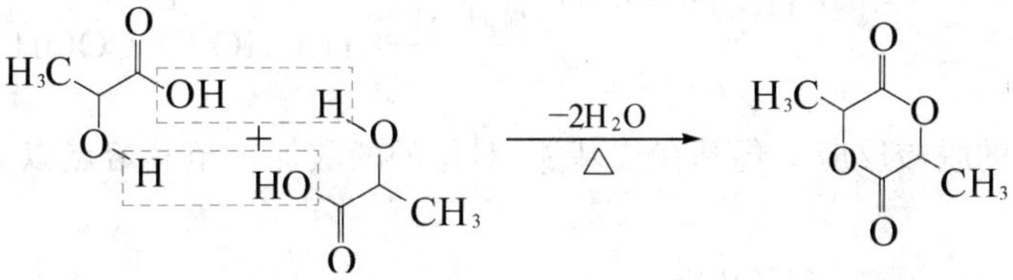

丙交酯

交酯与其他酯类一样,在中性溶液中稳定,与热碱溶液则易水解生成对应的醇酸盐。

2. β-醇酸中的 α-H 受羧基和羟基的影响比较活泼,与 β-羟基分子内脱水形成 α,β-不饱和酸。例如,β-羟基丁酸遇热生成 2-丁烯酸。

$$CH_3CH-CHCOOH \xrightarrow{\triangle} CH_3CH=CHCOOH + H_2O$$
$$\quad\quad |\quad\ \ |$$
$$\quad\quad OH\ \ H$$

在生物体内,某些醇酸在酶的催化作用下,也可以发生类似的脱水反应。苹果酸的脱水反应是动、植物体内的重要生化反应。

3. γ 或 δ 醇酸——发生分子内脱水生成内酯(lactone)。

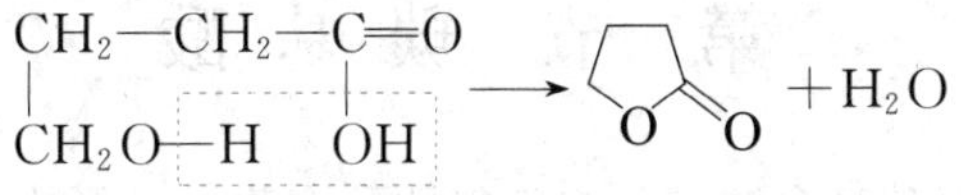

γ-丁内酯

γ-醇酸分子中的羟基和羧基在常温下就能脱去一分子水生成五元环的 γ-内酯。因此,常温下游离的 γ-醇酸很难存在,通常以醇酸盐的形式保存。例如:

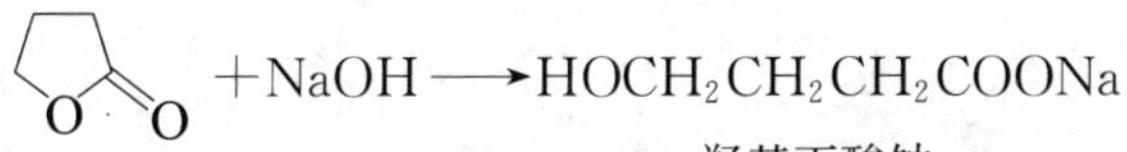

$+NaOH \longrightarrow HOCH_2CH_2CH_2COONa$

γ-羟基丁酸钠

γ-羟基丁酸钠有麻醉作用,起效较慢,毒性小,无镇痛作用,可配合其他麻醉药或安定药,适用于老人、儿童及脑、神经外科手术,外伤、烧伤患者的麻醉。

δ-醇酸也能脱水生成六元环的 δ-内酯,但比 γ-内酯难生成。在醇酸分子中羟基与羧基相距 4 个碳原子以上时,内酯的生成就较困难。

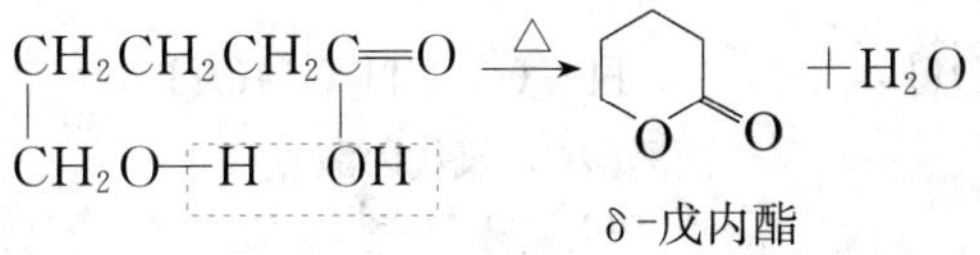

δ-戊内酯

天然产物的内酯环常以五元环的形式存在,如赤霉酸(GA2)、维生素 C、山道年等分子结构中都含有五元内酯环,抗菌消炎药穿心莲的主要化学成分穿心莲内酯含有 γ-内酯环,如果 γ-内酯环破裂,这些具有生理活性的物质或具有一定药效的物质会丧失生理功能和药效。

问题 9-3 具有内酯结构的药物,在碱性条件下会失效或减效吗? 为什么?

（三）分解反应

1. 醇酸的分解反应　α-羟基酸与稀硫酸共热，脱去一分子甲酸生成醛或酮

$$CH_3\underset{\underset{OH}{|}}{C}HCOOH \xrightarrow{\text{稀}\ H_2SO_4} CH_3CHO + HCOOH$$

2. 酚酸的脱羧反应　羟基在羧基邻、对位的酚酸加热至其熔点以上时，易脱羧生成相应的酚。例如：

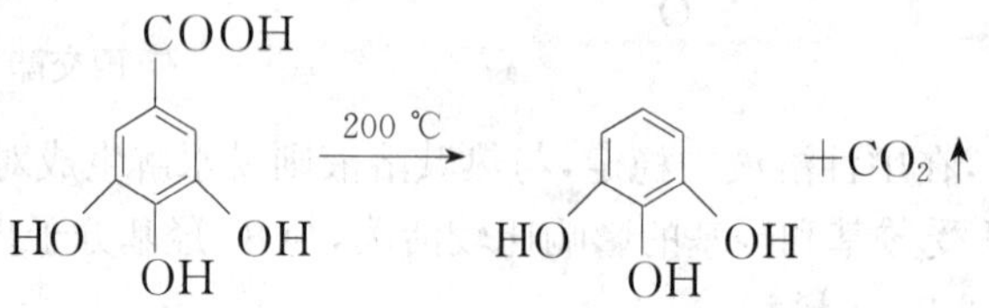

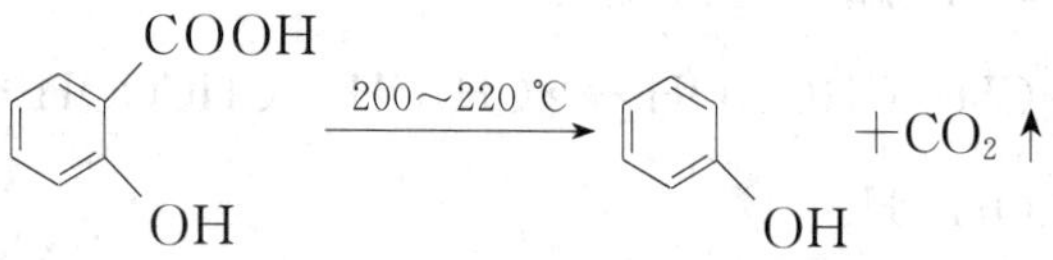

（图示：3,4,5-三羟基苯甲酸 $\xrightarrow{200\ ℃}$ 连苯三酚 $+CO_2\uparrow$）

（图示：水杨酸 $\xrightarrow{200\sim220\ ℃}$ 苯酚 $+CO_2\uparrow$）

人体内糖、油脂和蛋白质等物质代谢产生的羟基酸，在酶催化下也能发生上述的氧化、脱水、脱羧等化学反应。

第二节　羰基酸

羰基酸是分子中既含有羰基又含羧基的多官能团化合物。分子中含有醛基的称为醛酸（aldehyde acids），含有酮基的称为酮酸（keto acids），根据酮基和羧基的相对位置不同，酮酸可分为 α、β、γ……酮酸。许多酮酸是生物代谢过程中的中间产物，油脂、糖和蛋白质体内代谢主要产生 α-酮酸和 β-酮酸。本节主要介绍酮酸的性质。

一、羰基酸的命名

醛酸的命名比较简单，根据碳原子个数称为"某醛酸"。

酮酸的命名是以羧酸为母体，酮基作取代基，并用阿拉伯数字或希腊字母标明酮基的位置；也可以羧酸为母体，用"氧代"表示羰基。对于某些酮酸，有时也将它们看作是酰基（主要是乙酰基和草酰基）的取代酸来命名。例如：

乙醛酸（2-氧代乙酸）
formylformic acid

丙醛酸（3-氧代丙酸）
formylacetic acid

丙酮酸（2-氧代丙酸）
2 - oxopropanoic acid

β-丁酮酸（3-氧代丁酸）
3 - oxobutanoic acid
乙酰乙酸

α-丁酮二酸（2-氧代丁二酸）
2 - oxosuccioic acid
草酰乙酸

α-戊酮二酸（2-氧代戊二酸）
2 - oxopentanedioic acid
草酰丙酸

二、酮酸的化学性质

酮酸具有酮和羧酸的一般性质，如与氢氰酸或亚硫酸氢钠加成、与羟胺生成肟、成盐和酰

化等。由于酮基和羧基之间的相互影响,使酮酸具有一些特殊性质。

（一）酸性

羰基的吸电子效应强于羟基,因此酮酸的酸性比相应的醇酸强。羰基离羧基越近,酸性越强;反之越弱。例如:

$$H_3C-\overset{O}{\underset{}{C}}-COOH \qquad H_3C-\overset{O}{\underset{}{C}}-CH_2COOH \qquad H_3C-\overset{OH}{\underset{}{CH}}-COOH \qquad CH_3CH_2COOH$$

pKa　　　　2.49　　　　　　　　3.12　　　　　　　　　　3.86　　　　　　　4.88

问题 9-4　按酸性由强到弱排列下列化合物:

A. CH_3CH_2COOH 　　B. $H_3C-\overset{O}{\underset{}{C}}-COOH$ 　　C. $CH_3\underset{OH}{\overset{}{CHCOOH}}$ 　　D. CH_2CH_2COOH （下 OH）

（二）α-酮酸的反应

酮基是吸电子基,使酮基与羧基碳原子间的电子云密度降低,键能变小而易断裂,因此易发生分解反应(脱羧反应),生成少一个碳原子的醛。

$$H_3C-\overset{O}{\underset{}{C}}-COOH \xrightarrow[\triangle]{稀硫酸} CH_3CHO + CO_2\uparrow$$

（三）β-酮酸的分解反应

β-酮酸因其结构的特殊性,使其在不同的条件下发生不同的分解反应。

1. 酮式分解(ketonic cleavage)　β-酮酸比 α-酮酸更容易脱羧,微热即发生脱羧反应,生成少一个碳原子的酮,并放出 CO_2。

$$H_3C-\overset{O}{\underset{}{C}}-CH_2COOH \xrightarrow{微热} H_3C-\overset{O}{\underset{}{C}}-CH_3 + CO_2\uparrow$$

由于羧基和羰基-I效应的影响,使 α-碳原子与羧基碳原子之间的碳碳键的电子密度降低,易断裂,另外羰基氧原子与羧基上的氢原子易形成六元环状分子内氢键,所以微热既可以脱羧形成烯醇式中间体,然后重排成酮式结构。其反应过程如下:

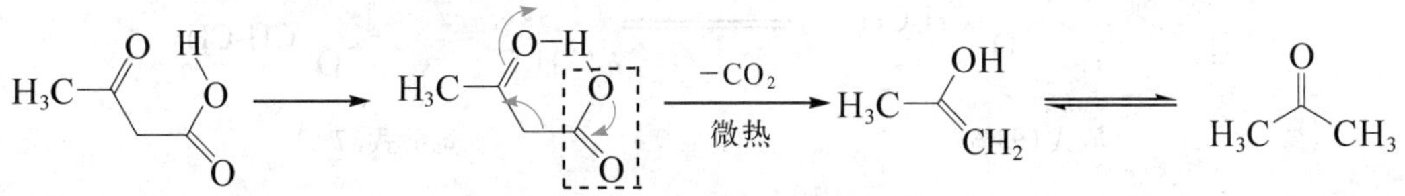

问题 9-5　你能试着用学过的知识解释 β-丁酮酸酮式分解的过程吗?

2. 酸式分解(acid cleavage)　β-酮酸与浓氢氧化钠共热时,α-碳原子和 β-碳原子之间发生键的断裂,生成两分子羧酸盐。

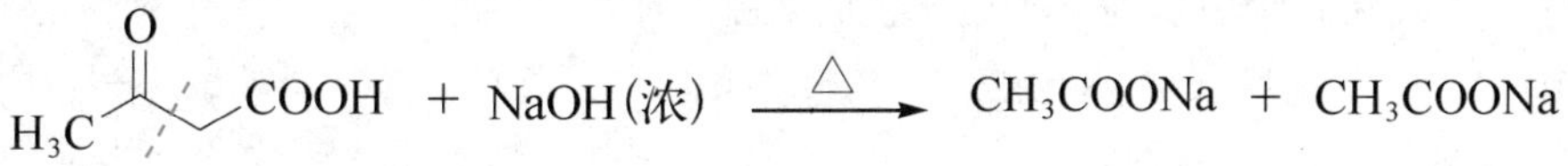

$$H_3C-\overset{O}{\underset{}{C}}-CH_2COOH + NaOH(浓) \xrightarrow{\triangle} CH_3COONa + CH_3COONa$$

在生物体内的 α-酮酸和 β-酮酸在酶的催化下，也能发生类似的分解反应。

问题 9-6 下列化合物加热可以引起脱羧反应的有：

A. （邻-羟基苯甲酸结构，COOH 与 OH）

B. （含 COOH 和 HO—OH 的苯环结构）

C. （环己酮-2-羧酸结构，O 和 COOH）

问题 9-7 想一想前面学过的知识，将下列化合物按脱羧反应由易到难排序：

A. $CH_2(COOH)_2$　　　　B. CH_3COCH_2COOH　　　　C. CH_3COOH

醇酸可以脱氢而氧化成相应的酮酸。β-羟基丁酸是人体内脂肪代谢的中间产物，在酶催化下脱氢生成 β-丁酮酸。β-丁酮酸可在脱羧酶催化下生成丙酮。

$$CH_3\underset{OH}{CH}CH_2COOH \underset{+2H}{\overset{-2H}{\rightleftharpoons}} CH_3\overset{O}{C}CH_2COOH \xrightarrow[-CO_2]{脱羧酶} H_3C\overset{O}{C}—CH_3$$

在肝脏中，脂肪酸氧化分解的中间产物 β-丁酮酸、β-羟基丁酸及丙酮，三者统称为酮体（ketone bodies）。正常情况下，血中酮体含量很少，每 100 ml 血中酮体含量低于 3 mg（0.3 mmol/L）。当血酮达到 0.8 mmol/L（8 mg/dl）时，尿常规会得到一个加号的阳性结果。血酮达到 1.3 mmol/L（13 mg/dl）时，尿常规有三个加号的阳性结果。因酮体中 β-羟基丁酸及 β-丁酮酸都是酸性较强的有机酸，如果在体内堆积过多可引起代谢酸中毒。

（四）酮式-烯醇式的互变异构

乙酰乙酸乙酯（3-oxobutanoic acid ethyl ester）又称为 β-丁酮酸乙酯，是一种具有清香气味的无色透明液体，在水中溶解度不大，易溶于乙醇和乙醚，在有机合成上有重要意义。

微课：酮式-烯醇
式的互变异构

β-丁酮酸乙酯能与羰基试剂（与羟胺、苯肼生成肟、苯腙）反应，与 HCN、$NaHSO_3$ 等发生加成反应，证明分子式中有羰基；在乙酰乙酸乙酯中加入溴的四氯化碳溶液，溴的颜色消失，说明分子中存在碳碳双键；与金属 Na 反应放出 H_2 生成钠盐，说明含活泼 H；与 $FeCl_3$ 溶液呈紫色反应，说明含 C=C—OH 烯醇式结构。根据以上实验事实，认为乙酰乙酸乙酯是酮式与烯醇式两种结构以动态平衡存在的互变异构体。通过红外和核磁共振谱也已验证。

在室温下乙醇溶液中，酮式占 93%，烯醇式占 7%。

$$H_3C\overset{O}{C}\underset{CH_2}{C}\overset{O}{C}OCH_2CH_3 \rightleftharpoons H_3C\underset{OH}{C}=\underset{CH}{C}\overset{O}{C}OCH_2CH_3$$

酮式（93%）　　　　　　　　　　烯醇式（7%）

具有双重 α-H 的酮、二酮和酮酸酯等化合物都有酮式和烯醇式两种互变异构体的动态平衡形式存在，体系里的物质能表现出酮和烯醇的通性。不同化合物酮式和烯醇式在平衡体系中所占比例主要取决于分子结构。烯醇式异构体能稳定存在的原因有：①α-H 的活泼性强；②烯醇式结构形成共轭体系，降低了体系的内能；③烯醇结构可形成分子内氢键（形成较稳定的六元环体系）。

问题 9-8 下列化合物可以使 $FeCl_3$ 显色的是哪一个？为什么？

A. 水杨酸　　　　B. 乙酰水杨酸　　　　C. β-丁酮酸　　　　D. α-丁酮酸

问题 9 - 9 写出下列化合物稳定的烯醇式结构。

1. 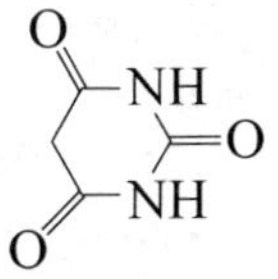   2.

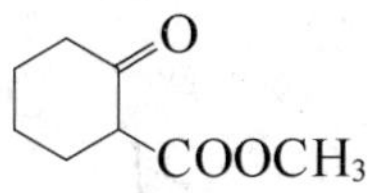

自阅材料

（一）醇酸和酮酸的体内化学过程

体内的醇酸和酮酸均为糖、脂肪和蛋白质代谢的中间产物,这些中间产物在体内各种酶的催化下,发生一系列化学反应(如氧化、脱羧及脱水等),在反应过程中,伴随着氧气的吸收、二氧化碳的放出以及能量的产生,为生命活动提供了物质基础。例如:苹果酸在脱氢酶的作用下生成草酰乙酸。

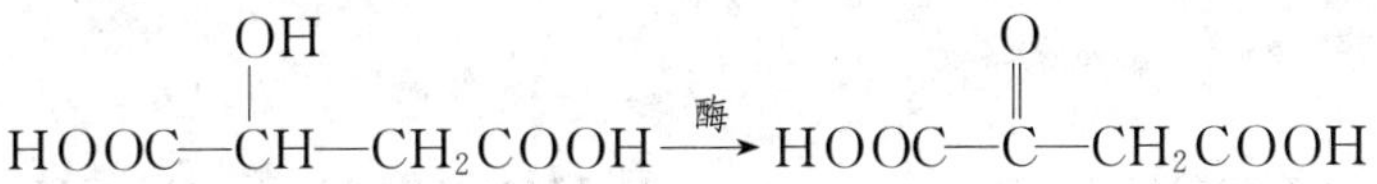

在人体内,草酰乙酸与丙酮酸在一些特殊酶的作用下,经酯缩合反应生成柠檬酸。柠檬酸在酶的作用下可脱水生成顺乌头酸,再加水形成异柠檬酸,然后经脱氢、脱羧等过程转变成 α-酮戊二酸。

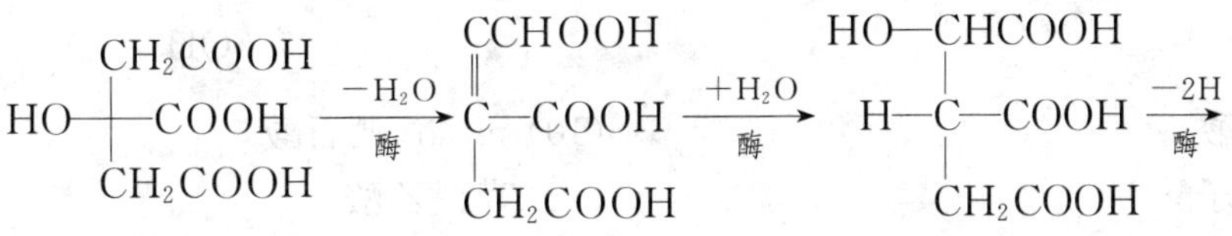

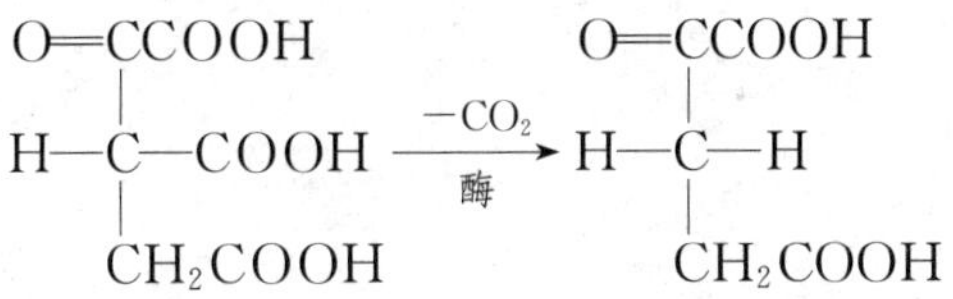

（二）前列腺素

前列腺素(prostaglandins,PG)是存在于动物和人体中的一类由不饱和脂肪酸组成的具有多种生理作用的活性物质。最早发现存在于人的精液中,当时以为这一物质是由前列腺释放的,因而定名为前列腺素。现已证明精液中的前列腺素主要来自精囊,除此之外全身许多组织细胞都能产生前列腺素。前列腺素是花生四烯酸以及其他不饱和脂肪酸的衍生物,是具有五元环和带有两个侧链(上侧链 7 个碳原子、下侧链 8 个碳原子)的 20 个碳原子的脂肪酸。前列腺素可分为 PG A、B、C、D、E、F、G、H 及 I 九型。它们彼此间的区别是五碳环上的取代基及双键位置不同。体内 PG A、E 及 F 较多。前列腺素不像典型的激素那样,通过循环影响远距离靶组织的活动,而是在局部产生和释放,对产生前列腺素的细胞本身或对邻近细胞的生理活动发挥调节作用。前列腺素的作用非常广泛,几乎影响全身各组织系统。它们涉及生育、血液循环、炎症、哮喘、腹泻等一系列生理或病理过程,如引起平滑肌的收缩或舒张、血小板的聚集或解聚、血压的升高或降低、神经传递等。目前已分离、鉴定出的前列腺素有 20 多种,它们的分子结构都是以前列腺烷酸为基本骨架。随着分子中羟基、酮基和双键的位置不同,形成了性能各异的前列腺素。

拓展阅读

习　　题

1. 命名或写出结构式。

(1) $\underset{\quad\ \ |}{CH_2CH_2COOH}$
$\quad\ \ OH$

(2) $\underset{\qquad\qquad |}{HOOC-CHCH_2COOH}$
$\qquad\qquad OH$

(3) $\underset{\quad\ |}{\overset{CH_2COOH}{\underset{CH_2CH_3}{H-\!\!\!-\!\!\!-OH}}}$

(4) 苯环: 顶端 COOH, 右侧 OH, 左下 H_2N

(5) $H_3C-\overset{\overset{O}{\|}}{C}-CH_2COOH$

(6) $HOOC-H_2C-\overset{\overset{O}{\|}}{C}-CH_2COOH$

(7) H_3C—γ-丁内酯环 (五元环含O和C=O)

(8) $\underset{\qquad\qquad\qquad\ |}{HOOC-H_2C-CHCH_2COOH}$
$\qquad\qquad\qquad\ OH$

(9) R-乳酸

(10) meso-酒石酸

(11) 没食子酸

(12) 草酰乙酸

(13) 丙酮酸

(14) 乙酰乙酸乙酯

2. 完成下列反应方程式。

(1) 苯环: 顶端 COOH, 底部 OH $+NaHCO_3 \longrightarrow$

(2) $\underset{\qquad\qquad\ \ |}{CH_3CH_2CHCOOH} \overset{\triangle}{\longrightarrow}$
$\qquad\qquad\ \ OH$

(3) $\underset{\quad\ |}{CH_3CH-CH_2COOH} \overset{\triangle}{\longrightarrow}$
$\quad\ OH$

(4) 环戊烷: 顶端 COOH, 相邻 OH $\overset{\triangle}{\longrightarrow}$

(5) $H_3C-\overset{\overset{O}{\|}}{C}-COOH \xrightarrow[150\ ℃]{稀硫酸}$

(6) $HOOC-\overset{\overset{O}{\|}}{C}-CH_2COOH \overset{\triangle}{\longrightarrow}$

(7) 环戊烷: 顶端 COOH, 相邻 C=O $\overset{\triangle}{\longrightarrow}$

(8) $HOOC-\underset{\underset{OH}{|}}{CH}CH_2COOH \xrightarrow{-2H}$

3. 鉴别题。

(1) β-丁酮酸、丙二酸、丙烯酸

(2)

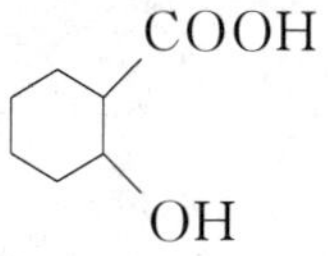

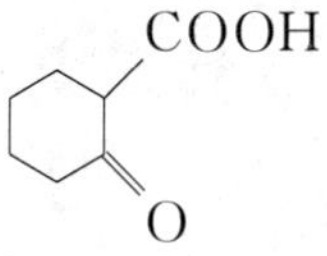

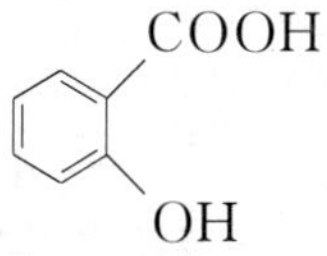

4. 推导题。

(1) 旋光性物质 A($C_6H_{12}O_3$)分子中存在两对对映异构体，与 $NaHCO_3$ 作用放出 CO_2，A 微热后脱水生成 B。B 存在两种构型，但无光学活性，将 B 用酸性 $KMnO_4$ 处理可得丙酸和 C。C 也能与 $NaHCO_3$ 反应放出 CO_2，C 还能发生碘仿反应。试推出 A、B、C 的结构式，并写出 A 所有光学异构体的 Fischer 投影式和 B 的两种构型。

(2) 化合物 A($C_7H_6O_3$)与 NaOH 及 $NaHCO_3$ 水溶液反应，与 $FeCl_3$ 水溶液生成紫色物质，与乙酸酐反应生成 B($C_9H_8O_4$)，与甲醇反应生成 C($C_8H_8O_3$)，C 硝化后主要得到两种一硝基化合物，试写出 A、B、C 的结构简式。

（解增洋）

第十章
含氮有机化合物

含氮有机化合物是指分子中氮原子和碳原子直接相连的化合物,也可以看成是烃分子中的一个或几个氢原子被含氮的官能团所取代的衍生物。这类化合物分布范围广,种类繁多,包括硝基化合物、腈、肟、腙、胺、氨基酸、酰胺、重氮及偶氮化合物、杂环化合物等。

含氮有机化合物是一类非常重要的化合物,与生物体的生命活动和人类日常生活关系非常密切。如含氮激素、B族维生素、巴比妥类药物、生物碱、蛋白质和核酸等都属于含氮有机化合物。

本章着重介绍胺(amine)、重氮化合物(diazo compound)、偶氮化合物(azo-compound)和酰胺(amide)。杂环化合物和生物碱、氨基酸、多肽和蛋白质以及核酸分别在第十一章、第十四章和第十五章学习。

第一节　胺

胺类是比较重要的含氮有机化合物。例如,苯胺是合成药物、染料等的重要原料;胆碱是调节脂肪代谢的物质,它的乙酰衍生物——乙酰胆碱是神经传导的递质;乙二胺是制造 EDTA 的原料等。

一、胺的分类和命名

微课:胺的分类

(一) 分类
胺可以看作是氨(NH_3)分子中的氢原子被烃基取代的衍生物。

根据胺分子中与氮原子相连的烃基数目的不同分类,氮原子上连有 1 个、2 个和 3 个烃基的胺分别为伯胺(1°胺)、仲胺(2°胺)和叔胺(3°胺)。伯、仲、叔胺中分别含有氨基、亚氨基和次氨基。

$$R{-}NH_2 \qquad\qquad R{-}NH{-}R \qquad\qquad R{-}\underset{\underset{R}{|}}{N}{-}R$$

　　　伯胺　　　　　　　　　仲胺　　　　　　　　　叔胺

官能团:氨基—NH_2　　　亚氨基 $\diagdown NH$　　　次氨基 $\diagdown N{-}$

胺的这种分类方法与醇、卤代烃不同。伯、仲、叔胺是由 NH_3 分子中氮原子上的氢被烃基取代的个数来确定的,伯、仲、叔卤代烃(或醇)的分类则是根据卤素(或羟基)所连接的碳原子的类型而定。例如:

$$\underset{\overset{|}{Cl}}{\overset{\overset{CH_3}{|}}{H_3C{-}C{-}CH_3}}$$

叔丁基氯(叔卤代烃)

$$\underset{\overset{|}{OH}}{\overset{\overset{CH_3}{|}}{H_3C{-}C{-}CH_3}}$$

叔丁醇(叔醇)

$$\underset{\overset{|}{NH_2}}{\overset{\overset{CH_3}{|}}{H_3C{-}C{-}CH_3}}$$

叔丁胺(伯胺)

铵盐($NH_4^+ X^-$)分子中氮原子上的四个氢原子都被烃基取代生成的化合物称为季铵盐,季铵盐中的酸根负离子被氢氧根取代的化合物称为季铵碱。季铵盐和季铵碱都属于季铵化合物。

$$R_4 N^+ X^- \qquad\qquad R_4 N^+ OH^-$$
$$\text{季铵盐} \qquad\qquad\quad \text{季铵碱}$$

仲、叔胺和季铵化合物分子中的烃基可以相同,也可以不同。

胺也可以根据NH_3分子中的氢原子被不同种类的烃基取代而分为脂肪胺和芳香胺。氨基与脂肪烃基相连的是脂肪胺,与芳香环直接相连的叫芳香胺。含有芳香环但氨基与脂肪烃基直接相连的称为芳香族脂肪胺,属于脂肪胺。

$$R—NH_2 \qquad\qquad Ar—NH_2 \qquad\qquad$$

$$\text{脂肪胺} \qquad\qquad \text{芳香胺} \qquad\qquad \text{芳香族脂肪胺(脂肪胺)}$$

胺还可以根据分子中所含氨基数目的不同而分为一元胺、二元胺和多元胺。

$$CH_3CH_2CH_2—NH_2 \qquad\qquad H_2N—CH_2CH_2—NH_2$$
$$\text{一元胺} \qquad\qquad\qquad\qquad \text{二元胺}$$

问题 10-1 叔丁基溴、叔丁醇和叔丁胺分别属于叔卤代烃、叔醇和叔胺,这种说法对吗?

(二) 命名

简单胺的命名是以胺为母体,烃基作为取代基,按照分子中烃基的名称叫作"某胺"。

$$CH_3 NH_2 \qquad\qquad\qquad \text{苯} —NH_2$$

$$\text{甲胺} \qquad\qquad\qquad\qquad \text{苯胺}$$
$$\text{methylamine} \qquad\qquad\qquad \text{aniline}$$

若原子上连有 2 个或 3 个相同的烃基时,则须表示出烃基的数目。

$$\begin{array}{c} H \\ H_3C—N—CH_3 \end{array} \qquad \begin{array}{c} CH_3 \\ H_3C—N—CH_3 \end{array} \qquad \begin{array}{c} H \\ \text{苯} —N— \text{苯} \end{array}$$

$$\text{二甲胺} \qquad\qquad \text{三甲胺} \qquad\qquad \text{二苯胺}$$
$$\text{dimethylamine} \qquad \text{trimethylamine} \qquad \text{diphenylamine}$$

当胺分子中氮原子上所连的烃基不同时,则按取代基次序规则,小基团在前,大基团在后分别列出。

$$CH_3—NH—C_2H_5$$
$$\text{甲乙胺}$$
$$\text{ethylmethylamine}$$

烃基比较复杂的胺,以氨基作为取代基,烃为母体命名。

$$\begin{array}{c} H_3C—CH—CH—CH_2—CH_3 \\ \quad | \qquad | \\ \quad NH_2 \ CH_3 \end{array} \qquad\qquad \begin{array}{c} H_3C—CH_2—CH—CH_2—CH—CH_3 \\ \qquad\qquad | \qquad\qquad | \\ \qquad\qquad CH_3 \qquad\quad NHCH_3 \end{array}$$

$$\text{3-甲基-2-氨基戊烷} \qquad\qquad \text{4-甲基-2-甲氨基己烷}$$
$$\text{2-amino-3-methylpentane} \qquad \text{4-methyl-2-methylaminohexane}$$

氮原子上同时连有芳香烃基和脂肪烃基的仲胺、叔胺的命名,则以芳香胺为母体,在脂肪烃基前标上"N"(每个"N"只能表示一个取代基的位置),以表示这个脂肪烃基是连在氮原子上。

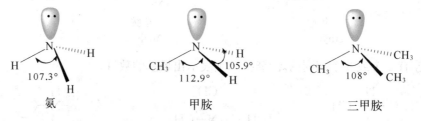

N-甲基苯胺　　　　　　　　　N，N-二甲基苯胺　　　　　　　　N-甲基-N-乙基苯胺
N-methylaniline　　　　　　　N，N-dimethylaniline　　　　　　N-ethyl-N-methylaniline

季铵盐、季铵碱和胺的盐类化合物(铵盐)的命名与无机铵类化合物相似。

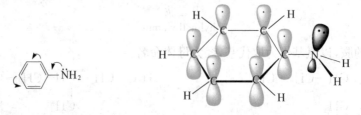

$$CH_3(CH_2)_{15}\overset{\displaystyle CH_3}{\underset{\displaystyle CH_3}{\overset{|}{\underset{|}{N^+}}}}-CH_3Br^-$$ 　　$$H_3C\overset{\displaystyle CH_3}{\underset{\displaystyle CH_3}{\overset{|}{\underset{|}{N^+}}}}-CH_3OH^-$$ 　　$$CH_3\overset{\displaystyle CH_3}{\underset{\displaystyle CH_3}{\overset{|}{\underset{|}{N^+}}}}HCl^-$$

溴化三甲基十六烷基铵　　　　　　氢氧化四甲基铵　　　　　　　　氯化三甲基铵
（季铵盐）　　　　　　　　　　（季铵碱）　　　　　　　　　　（铵盐）

命名胺类化合物时应注意"氨""胺""铵"字的用法。表示基团时用"氨"，如氨基、亚氨基、次氨基、甲氨基($CH_3NH—$)、氨甲基($H_2NCH_2—$)等；表示氨的烃类衍生物时用"胺"；表示季铵类化合物或胺的盐类化合物(铵盐)时用"铵"。

二、胺的结构

微课:胺的结构

胺的结构与氨相似，氮原子是不等性的sp^3杂化。在脂肪胺分子中，其中3个sp^3杂化轨道分别与氢原子的s轨道或烃基碳原子的杂化轨道重叠，形成3个σ键，整个分子呈棱锥形结构，氮原子的1个sp^3杂化轨道被一对孤对电子所占据，且位于棱锥体的顶端。脂肪胺和氨分子的空间结构与甲烷分子的四面体结构相类似，但不是正四面体(图10-1)。

氨　　　　　　　　　　甲胺　　　　　　　　　三甲胺

图 10-1　氨、甲胺和三甲胺的结构

芳香胺分子中，氨基的结构与脂肪胺分子中相似，只是孤对电子所占据的轨道含有较多p轨道成分。因此，以氮原子为中心的四面体会比脂肪胺中更扁平一些，氮上的孤对电子可以与苯环上的π键产生共轭(图10-2)，与苯酚类似。

图 10-2　苯胺的结构

当氮原子上所连的3个原子或基团都彼此不同时，氮原子就是手性中心，应存在对映异构现象，但由于两种构型相互转化的能垒较低(约 25 kJ/mol)，在室温条件下，就能很快相互转化而发生外消旋化，一般无法拆分(图10-3)。

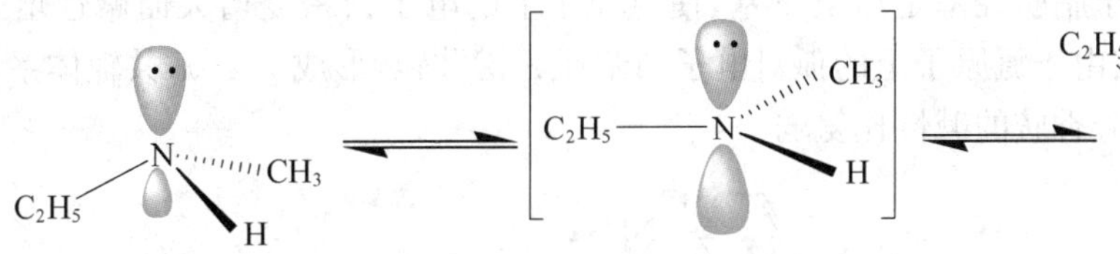

图 10-3 甲乙胺对映异构体的转化

当氮原子上连接 4 个不同的基团时,则成为手性化合物,存在对映异构体。例如,季铵盐——碘化甲基烯丙基苄基苯基铵已经被拆分而得到左旋体和右旋体(图 10-4)。

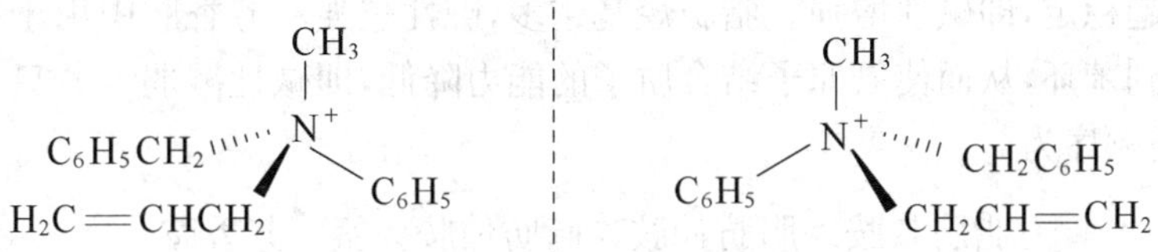

图 10-4 碘化甲基烯丙基苄基苯基铵正离子的对映异构体

三、胺的物理性质

微课:胺的
物理性质

同氨一样,胺是极性化合物,胺的物理性质与氨很相似。除叔胺外,胺都能形成分子间氢键,因此胺的沸点比相对分子质量相近的烃类高,但比相对分子质量相近的醇或羧酸的沸点低。叔胺氮原子上无氢原子,分子间不能形成氢键,因此沸点比其异构体的伯、仲胺低。伯、仲、叔胺都能与水分子形成氢键,因此低级的胺易溶于水。胺的溶解度随相对分子质量的增加而迅速降低,6 个碳原子以上(含)的胺难溶于水。一般胺能溶于醚、醇、苯等有机溶剂。

低级脂肪胺是气体或易挥发的液体,具有难闻的臭味。高级脂肪胺为固体,不易挥发,一般没有气味。芳香胺为高沸点的液体或低熔点的固体,具有特殊气味,难溶于水,易溶于有机溶剂。芳香胺具有一定的毒性,如苯胺可以通过消化道、呼吸道或经皮肤吸收而引起中毒;联苯胺等有致癌作用。因此,在处理这些化合物时应加以注意。

问题 10-2 相对分子质量相同的伯、仲、叔三类脂肪胺的水溶性顺序和沸点顺序均为:伯胺>仲胺>叔胺,为什么?

四、胺的化学性质

胺分子中氮原子上具有的孤对电子使胺具有碱性和亲核性。胺的化学性质主要体现在这两个方面。

(一)碱性和成盐反应

与氨相似,胺分子中氮原子上的孤对电子能接收质子,呈碱性。胺在水中存在下列平衡:

微课:胺的化学
性质(碱性)

$$R—NH_2 + H_2O \Longleftrightarrow R—NH_3^+ + OH^-$$

胺的碱性强弱与氮原子上电子云密度有关。氮上电子云密度越大,接收质子的能力越强,碱性就越强。不同类型胺的碱性强弱顺序为:

脂肪胺>氨>芳香胺

对于脂肪胺来讲,由于脂肪烃基是斥电子基,使氮原子上的电子云密度增大而碱性增强,故脂肪胺的碱性比氨强。芳香胺由于氮原子上的孤对电子与苯环 π 键共轭,形成 $p_{多}$-π 共轭体系,使氮原子的电子云密度降低,因此芳香胺的碱性比氨弱。

$$\bigcirc\!\!\!\!\!\!-\overset{\curvearrowleft}{\ddot{N}}H_2$$

胺的碱性还与氮原子上连接的烃基数目有关,烃基越多,空间位阻越大,越不利于氮与质子结合。此外,胺在水中的碱性还与水的溶剂化效应有关。因此,胺的碱性强弱是电子效应、空间效应和溶剂化效应共同综合作用的结果。

1. 电子效应的影响　脂肪胺中的脂肪烃基是斥电子基,其+I 效应使氮上电子云密度增高,使质子化后的铵离子更趋稳定,即碱性增强。脂肪烃基越多,碱性越强。芳香胺中由于氮上的孤对电子参与苯环共轭而分散到苯环,从而使氮原子结合质子的能力降低,即碱性减弱。若只是单一的电子效应影响,胺的碱性强弱顺序为:

$$脂肪叔胺 > 脂肪仲胺 > 脂肪伯胺 > 氨 > 芳香胺$$

2. 水的溶剂化效应的影响　胺在水溶液中的碱性主要取决于铵正离子稳定性的大小。铵正离子越稳定,胺在水溶液中的离解越偏向于生成铵离子和 OH^- 的一方。而铵正离子的稳定性大小又取决于它与水形成氢键的机会多少。伯胺氮上的氢最多,其铵正离子最稳定。

$$\begin{array}{ccc}
\text{H}\text{------}:\text{OH}_2 & \text{R}\quad\text{H}\text{------}:\text{OH}_2 & \text{R} \\
\text{R}-\text{N}^+\!\!-\text{H}\text{------}:\text{OH}_2 & \text{N}^+ & \text{R}-\text{N}^+\!\!-\text{H}\text{------}:\text{OH}_2 \\
\text{H}\text{------}:\text{OH}_2 & \text{R}\quad\text{H}\text{------}:\text{OH}_2 & \text{R}
\end{array}$$

若只是单一的溶剂化效应,胺的碱性强弱顺序为:伯胺>仲胺>叔胺。

3. 空间效应的影响　胺的碱性表现为胺分子中氮原子上的孤对电子与质子结合,氮上连接的基团越多越大,则对氮上孤对电子的屏蔽作用越大,与质子的结合就越不易,碱性就越弱。

若只是单一的空间效应的影响,胺的碱性强弱顺序为:伯胺>仲胺>叔胺。

水溶液中胺的碱性强弱是以上 3 种因素共同影响的结果。因此,多数情况下不同类型的脂肪胺在水溶液中的碱性为脂肪仲胺最强,脂肪伯胺(叔胺)次之。如不同类型的甲胺的碱性顺序为:二甲胺>甲胺>三甲胺。而不同类型的乙胺的碱性并无此规律。

季铵碱是离子型化合物,在水中可以完全解离出氢氧根负离子,故季铵碱是强碱,碱性强度相当于氢氧化钠或氢氧化钾。

不同类型胺的碱性强弱大致表现如下顺序:

$$季铵碱 > 脂肪仲胺 > 脂肪\genfrac{}{}{0pt}{}{伯胺}{叔胺} > 氨 > 芳香胺$$

问题 **10-3**　脂肪胺在水溶液中碱性强弱顺序为:脂肪仲胺>脂肪伯胺>脂肪叔胺。这种说法对吗? 为什么?

胺类化合物一般为弱碱,能与许多酸作用生成盐,但遇强碱又重新游离析出生成原来的胺,说明强碱接收质子的能力比胺强。

$$\text{CH}_3\text{NH}_2 \underset{\text{OH}^-}{\overset{\text{HCl}}{\rightleftharpoons}} \text{CH}_3\text{NH}_3^+ \text{Cl}^- \text{(或 CH}_3\text{NH}_2 \cdot \text{HCl)}$$

$$\qquad\qquad\qquad 氯化甲铵 \qquad\qquad\qquad 甲胺盐酸盐$$

$$\text{C}_6\text{H}_5-\text{NH}_2 \xrightarrow[\text{OH}^-]{\text{HCl}} \text{C}_6\text{H}_5-\text{NH}_3^+\text{Cl}^- \quad (\text{或} \quad \text{C}_6\text{H}_5-\text{NH}_2 \cdot \text{HCl})$$

氯化苯铵　　　　　　　　苯胺盐酸盐

　　胺与盐酸形成的盐一般都是易溶于水和乙醇的晶形固体。实验室中,常利用胺的盐易溶于水而遇强碱又重新游离析出的性质来分离和提纯胺。

　　胺(特别是芳香胺)易被氧化,而胺的盐则很稳定。医药上常将难溶于水的胺类药物制成盐,以增加其水溶性和稳定性。

　　问题 10-4　局部麻醉药普鲁卡因$\left[\text{结构式 } \text{H}_2\text{N}-\text{C}_6\text{H}_4-\text{COOCH}_2\text{CH}_2\text{N}(\text{C}_2\text{H}_5)_2\right]$在临床上一般制成盐酸盐,为什么?

　　问题 10-5　季铵碱为何是强碱?

　　问题 10-6　苯环上的取代基对苯胺的碱性有什么影响?

(二) 酰化反应

　　伯胺和仲胺像氨一样都能与酰化剂(如酰卤、酸酐)作用,氨基上的氢原子被酰基取代生成酰胺,这种在有机化合物中引入酰基的反应叫作酰化反应(即第七章羧酸衍生物的氨解反应)。叔胺因氮原子上无氢原子,故不能发生酰化反应。

微课:胺的化学性质(酰化反应)

$$\text{RNH}_2 + \text{R}'\!-\!\overset{\overset{\displaystyle O}{\|}}{\text{C}}\!-\!\text{Cl} \longrightarrow \text{R}'\!-\!\overset{\overset{\displaystyle O}{\|}}{\text{C}}\!-\!\text{NHR}$$

$$\text{RNH}_2 + \begin{matrix} \text{R}'\!-\!\overset{\overset{\displaystyle O}{\|}}{\text{C}} \\ \quad\quad\quad \diagdown \\ \quad\quad\quad\quad \text{O} \\ \quad\quad\quad \diagup \\ \text{R}'\!-\!\underset{\underset{\displaystyle O}{\|}}{\text{C}} \end{matrix} \longrightarrow \text{R}'\!-\!\overset{\overset{\displaystyle O}{\|}}{\text{C}}\!-\!\text{NHR}$$

$$\begin{matrix} \text{R} \\ \diagdown \\ \quad \text{NH} \\ \diagup \\ \text{R}' \end{matrix} + \text{R}'\!-\!\overset{\overset{\displaystyle O}{\|}}{\text{C}}\!-\!\text{Cl} \longrightarrow \text{R}'\!-\!\overset{\overset{\displaystyle O}{\|}}{\text{C}}\!-\!\text{N}\begin{matrix} \diagup \text{R} \\ \diagdown \text{R}' \end{matrix}$$

$$\begin{matrix} \text{R} \\ \text{R}'\!-\!\text{N} \\ \text{R}'' \end{matrix} + \text{R}'\!-\!\overset{\overset{\displaystyle O}{\|}}{\text{C}}\!-\!\text{Cl} \longrightarrow \text{不反应}$$

　　生成的酰胺为具有一定熔点的晶形固体,利用酰化反应即可把伯胺(仲胺)与叔胺区分开来,还可通过测定酰胺的熔点来鉴别伯胺和仲胺。

　　此外,酰胺在酸或碱的催化下,可水解游离出原来的胺。由于氨基活泼,且易被氧化,因此在有机合成中可以用酰化的方法来保护芳香胺的氨基。例如,对硝基苯胺的合成:

$$\underset{\text{NH}_2}{\bigcirc} \xrightarrow{(\text{CH}_3\text{CO})_2\text{O}} \underset{\text{NHCOCH}_3}{\bigcirc} \xrightarrow[\text{HNO}_3,\triangle]{\text{H}_2\text{SO}_4} \underset{\underset{\text{NO}_2}{\text{NHCOCH}_3}}{\bigcirc} \xrightarrow[\text{H}^+,\triangle]{\text{H}_2\text{O}} \underset{\underset{\text{NO}_2}{\text{NH}_2}}{\bigcirc}$$

酰化反应对药物的修饰具有重要的意义。在药物分子中引入酰基后,常可增加药物的脂溶性,有利于体内的吸收,提高或延长其疗效,并可降低药物毒性。例如,对氨基酚具有解热镇痛作用,但其毒副作用强,不利于临床。乙酰化成对羟基乙酰苯胺(扑热息痛)后,则降低了毒副作用,增强了疗效。

$$HO-\!\!\!\!\bigcirc\!\!\!\!-NH_2 \xrightarrow{(CH_3CO)_2O} HO-\!\!\!\!\bigcirc\!\!\!\!-NHCOCH_3$$

扑热息痛

另外,抗结核药物对氨基水杨酸不稳定,易被氧化。将其氨基苯甲酰化,形成对苯甲酰基水杨酸,稳定性提高,在体内水解后又释放出对氨基水杨酸。

对苯甲酰氨基水杨酸

苯磺酰氯同酰氯一样能与伯胺、仲胺反应生成难溶于水的苯磺酰胺,称为磺酰化反应,又称为兴斯堡反应(Hinsberg reaction)。由伯胺生成的磺酰胺氮上的氢受左侧酰基影响呈弱酸性,可与碱成盐而溶于水;仲胺形成的磺酰胺氮上无氢,不与碱成盐而呈固体析出;叔胺不被磺酰化。常利用此反应鉴别伯、仲、叔 3 种胺。

$$R-NH_2 + \bigcirc\!\!\!-SO_2Cl \longrightarrow \bigcirc\!\!\!-SO_2NHR \downarrow \xrightarrow{NaOH} [\bigcirc\!\!\!-SO_2NR]^- Na^+$$

苯磺酰胺　　　　　　　　苯磺酰胺钠盐(沉淀溶解)

$$\begin{matrix}R\\ \diagdown\\ \end{matrix}NH + \bigcirc\!\!\!-SO_2Cl \longrightarrow \bigcirc\!\!\!-SO_2NR_2 \downarrow \xrightarrow{NaOH} 不反应(沉淀不溶解)$$

$$\begin{matrix}R\\ R'\\ R''\end{matrix}\!\!-N + \bigcirc\!\!\!-SO_2Cl \longrightarrow 不反应$$

问题 10-7 一不溶于水的液态胺用苯磺酰氯处理后,加盐酸酸化,没有沉淀出现。该化合物是伯胺、仲胺还是叔胺?

(三) 与亚硝酸反应

伯、仲、叔胺与亚硝酸反应各不相同,脂肪胺和芳香胺也有差异。由于亚硝酸不稳定,一般在反应过程中由亚硝酸钠和盐酸(或硫酸)作用制得。如:

$$NaNO_2 + HCl \longrightarrow HNO_2 + NaCl$$

1. **伯胺与亚硝酸反应**　脂肪伯胺与亚硝酸反应,生成极不稳定的脂肪族重氮盐。该重氮盐即使在低温条件下也会立即自动分解,定量放出氮气,并生成醇、烯烃及卤代烃等混合物。其反应式可简单地用下式表示:

$$R-NH_2 + NaNO_2 + HCl \longrightarrow [R-\overset{+}{N}\equiv NCl^-] \longrightarrow N_2\uparrow + \underline{R^+ + Cl^-}$$

混合物
(醇、烯和卤代烃等)

由于产物复杂,在合成上实用价值不大。因能定量地放出氮气,因此常用于伯胺及氨基化合物(如氨基酸和多肽)的分析。

芳香伯胺与脂肪伯胺不同,在低温和强酸存在下,与亚硝酸作用则生成芳香族重氮盐,这个反应称为重氮化反应。例如:

$$\text{C}_6\text{H}_5-\text{NH}_2 + \text{NaNO}_2 + \text{HCl} \xrightarrow{0\sim5\ ℃} \text{C}_6\text{H}_5-\overset{+}{\text{N}}\equiv\text{N}\text{Cl}^- + \text{NaCl} + \text{H}_2\text{O}$$

氯化重氮苯

芳香重氮盐比脂肪重氮盐稳定,如在 5 ℃以下,氯化重氮苯在水溶液中较稳定,分解缓慢,但温度升高时立即分解放出氮气,同时生成酚类化合物。

$$\text{C}_6\text{H}_5-\overset{+}{\text{N}}\equiv\text{N}\text{Cl}^- \xrightarrow[\triangle]{\text{H}_2\text{O}} \text{C}_6\text{H}_5-\text{OH} + \text{N}_2\uparrow$$

芳香重氮盐是有机合成的重要中间体。例如,通过重氮盐的反应,可以制备许多芳香族化合物。

问题 10-8 芳香重氮盐比脂肪重氮盐稳定,为什么?

---

2. 仲胺与亚硝酸反应 脂肪仲胺、芳香仲胺与亚硝酸反应,都是在氮上进行亚硝化,生成 N-亚硝基胺。

$$(\text{CH}_3\text{CH}_2)_2\text{N}-\text{H} + \text{HO}-\text{NO} \longrightarrow (\text{CH}_3\text{CH}_2)_2\text{N}-\text{N}=\text{O} + \text{H}_2\text{O}$$

N-亚硝基二乙胺

$$\text{C}_6\text{H}_5-\text{NHCH}_3 + \text{HO}-\text{NO} \longrightarrow \text{C}_6\text{H}_5-\overset{\overset{\text{N=O}}{|}}{\text{N}}-\text{CH}_3 + \text{H}_2\text{O}$$

N-甲基-N-亚硝基苯胺

N-亚硝基胺为中性的黄色油状物或固体,绝大多数不溶于水,而溶于有机溶剂。N-亚硝基胺类(nitrosoamines)化合物主要用于实验室、橡胶和化工生产中。一系列的动物实验已证实 N-亚硝基胺类化合物有强烈的致癌作用,可引起动物多种器官和组织的肿瘤,现已被列为化学致癌物。

自然界存在的 N-亚硝基胺类化合物不多,人体内的 N-亚硝基胺类化合物通常是体内的胺类化合物与亚硝酸或亚硝酸盐反应而生成的,还有一些 N-亚硝基胺类化合物是通过食物摄取的。例如某些肉类制品加工过程中常加入亚硝酸盐作防腐剂和着色剂,因为亚硝酸盐可以抑制细菌繁殖,还可以与肌红蛋白结合使肉类色泽鲜艳,这些食品中的亚硝酸盐在胃酸的作用下可形成亚硝酸,与体内的代谢产物产生的仲胺形成 N-亚硝基胺类化合物,所以食用过多的这样的食品会危害人体健康。因此,亚硝酸盐、硝酸盐和能发生亚硝基化的胺类化合物进入人体内,都将是潜在的危险因素。实验表明维生素 C 能将亚硝酸钠还原,抑制体内的 N-亚硝基胺的合成。因此,多食富含维生素 C 的新鲜蔬菜、水果,可以减少体内 N-亚硝基胺的合成。

问题 10-9 前面章节学习的内容中我们还接触过哪些致癌物质?

---

3. 叔胺与亚硝酸反应 脂肪叔胺与亚硝酸反应,生成不稳定亚硝酸盐,亚硝酸盐溶于水,所以观察不到反应现象。若以强碱处理,则重新游离出叔胺。

$$\text{R}_3\text{N} + \text{HNO}_2 \longrightarrow \text{R}_3\overset{+}{\text{N}}\text{HNO}_2^- \xrightarrow{\text{NaOH}} \text{R}_3\text{N} + \text{NaNO}_2 + \text{H}_2\text{O}$$

芳香叔胺因为氨基的强活化作用,使芳环易于发生亲电取代,与亚硝酸作用生成 C-亚硝基胺。

根据上述的反应可知,伯、仲、叔胺与亚硝酸的反应生成的产物和现象不同,可以用来鉴别几种不同类型的胺。

微课:胺的化学性质(芳香胺的亲电取代反应)

(四)芳香胺的亲电取代反应

芳香族伯胺分子中的氨基使芳环高度活化,在氯化和溴化反应中,迅速生成邻对位取代的多氯和多溴化物,难以使反应停留在单氯化或单溴化的阶段。例如:

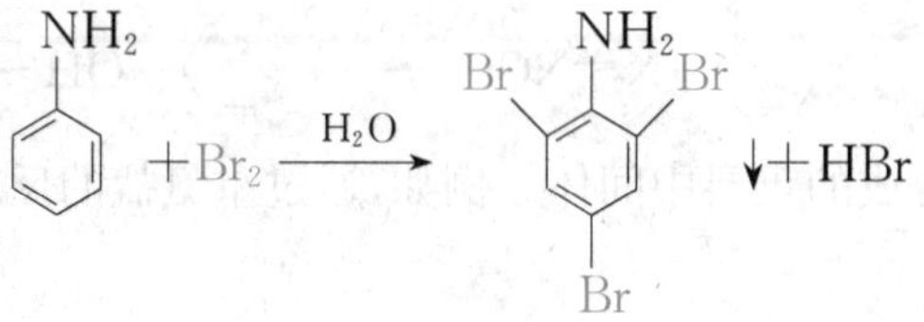

$$\text{苯胺} + Br_2 \xrightarrow{H_2O} \text{三溴苯胺} \downarrow + HBr$$

第二节　重氮化合物和偶氮化合物

重氮化合物和偶氮化合物在结构上都含有 2 个氮原子相连的原子团。

在重氮化合物中,重氮基($-\overset{+}{N}\equiv N$, diazo group)两个氮原子以三键相连,只有一端与碳原子相连,而另一端和其他原子或原子团相连。

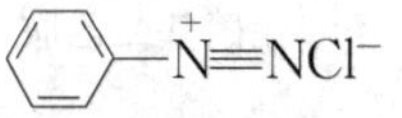

氯化重氮苯 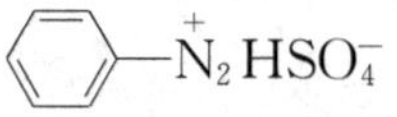　　　　　　　硫酸重氮苯

在偶氮化合物中,偶氮基($-N=N-$, azo group)两个氮原子以双键相连,两端都与烃基相连。

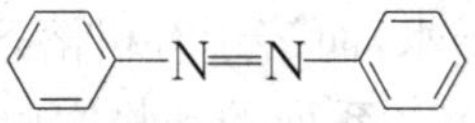

偶氮苯 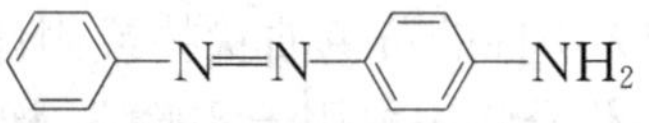　　　　　　　　　对氨基偶氮苯

重氮化合物和偶氮化合物在药物合成、分析及染料工业上有广泛用途。

微课:重氮化合物的制备、结构和命名

一、重氮化合物的制备和结构

重氮盐是通过重氮化反应来制备的。由于脂肪族重氮盐极不稳定,反应过程中易发生重排、异构、取代和消去等副作用,所以无实用价值。平时所称重氮盐均指芳香重氮盐。制备时,一般是先将芳香伯胺溶于过量的盐酸(或硫酸)中,在冰水浴(0~5 ℃)中保持,然后在不断搅拌中逐渐加入亚硝酸钠溶液直到溶液对淀粉碘化钾试纸呈蓝色为止,表明亚硝酸过量,反应已完成。例如制备硫酸重氮苯的反应:

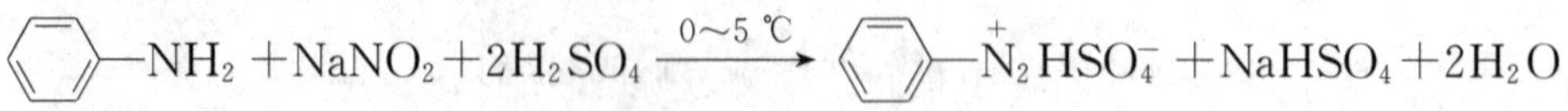

$$\text{苯胺}-NH_2 + NaNO_2 + 2H_2SO_4 \xrightarrow{0\sim5\ ℃} \text{苯}-\overset{+}{N_2}HSO_4^- + NaHSO_4 + 2H_2O$$

重氮化合物中,重氮基正离子 $C-\overset{+}{N}\equiv N$ 是直线型结构,氮原子以 sp 杂化,芳环与重氮基中的 π 键形成 $\pi-\pi$ 共轭体系,使芳香重氮盐在低温强酸介质中能稳定存在。苯重氮正离子的结构如图 10-5 所示。

重氮化合物中,带正电荷的重氮基具有较强的吸电子能力,使 C—N 键极性增强,在一定条件下容易异裂而放出氮气。另外,重氮基本身又是亲电试剂,能取代芳香胺或酚类苯环上的氢,生成偶氮化合物。

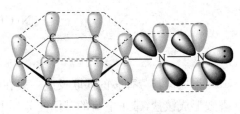

图 10-5　苯重氮正离子的结构

二、重氮化合物的性质

重氮盐很活泼,可以发生多种化学反应,合成许多有用的产品。其主要化学反应分为重氮基被取代反应(放氮反应)和偶联反应(留氮反应)两类。

（一）重氮基被取代反应(放氮反应)

重氮盐在不同条件下,重氮基可以被羟基、卤素、氰基或氢原子取代,同时放出氮气。

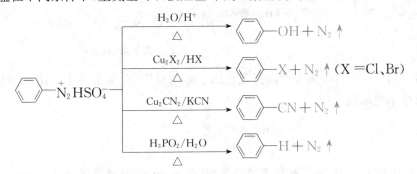

微课:重氮基化合物的性质(重氮基被取代反应)

这一类反应常用于合成各种芳香族化合物和有机药物。重氮盐与氰化亚铜的氰化钾水溶液作用,重氮基被氰基取代。氰基可以通过水解而成羧基,所以可利用此反应合成芳香羧酸。例如,2,4,6-三溴苯甲酸可按如下路线合成:

通过重氮基被氢原子取代的反应,可将芳香胺变成芳烃,合成某些直接通过芳环上取代反应不能得到的化合物。例如1,3,5-三溴苯,无法由苯溴代得到,但由苯胺经溴代、重氮化和去氨基反应可得到。

问题 10-10　如何由对甲基苯胺合成间溴甲苯?

（二）偶联反应(留氮反应)

在适当条件下,重氮盐与芳香胺或酚类化合物作用,生成一类有颜色的偶氮化合物的反应称为偶联反应(coupling reaction)。偶联化合物分子中含有偶氮基—N=N—,仍然保留着重氮盐中的两个氮原子,所以偶联反应又称留氮反应。

由于重氮正离子中的氮原子,其正电荷因共轭离域而分散,故重氮正离子是较弱的亲电试剂,只能进攻芳香胺或酚类等活性较高的芳环,发生亲电取代反应。如:

微课:重氮化合物的性质(偶联反应)

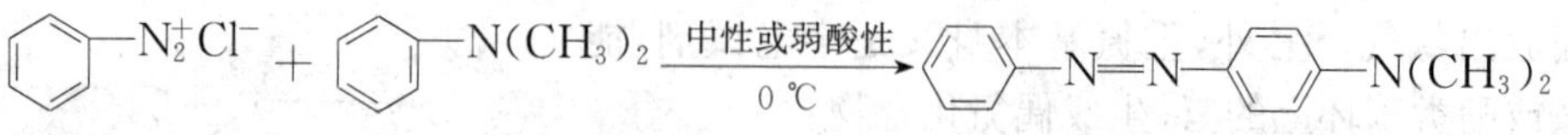

对二甲氨基偶氮苯(黄色)

重氮盐与芳香胺的偶联反应一般在中性或弱酸性条件下进行,最佳 pH 为 5～7。当 pH<5 时芳香胺形成铵盐,带正电荷的基团使芳环上电子云密度降低,不利于重氮正离子的进攻。

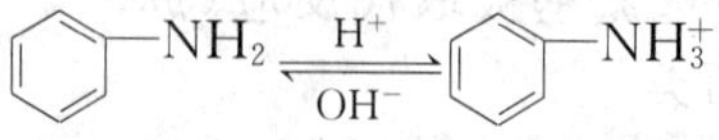

重氮盐与酚类化合物的偶联反应,则宜在弱碱性溶液中进行,最佳 pH 为 8～10。

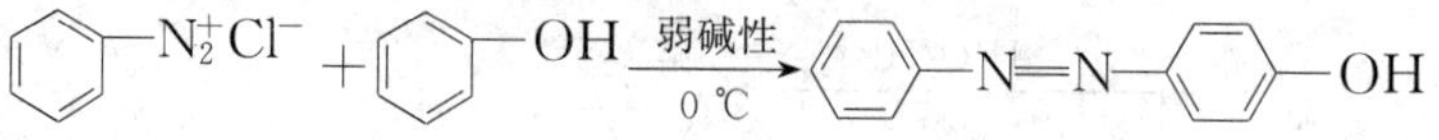

对羟基偶氮苯(橘黄色)

因为酚在弱碱性(pH 为 8～10)溶液中以芳氧负离子参与反应,此氧负离了是比—OH 更强的活化基,有利于芳环发生亲电取代反应。

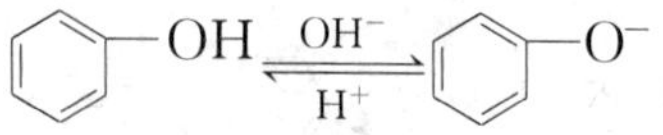

若在强碱性溶液中(pH>10),重氮盐转变成重氮酸(diazotic acid)及重氮酸盐(diazoate),就不能进行偶联反应了。

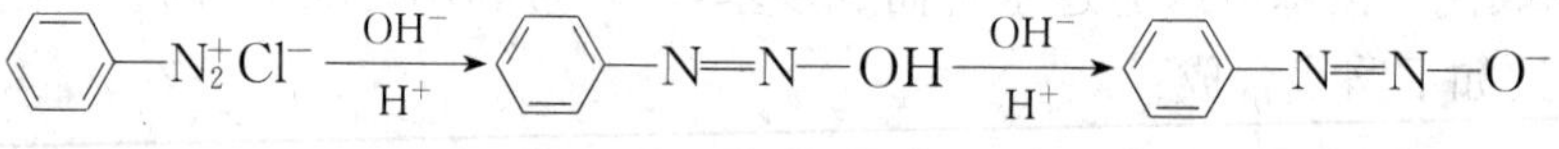

重氮盐　　　　　　　　重氮酸(pH 9～11)　　　　重氮酸根负离子(pH 11～13)

重氮盐与芳香胺或酚类发生偶联反应时,由于电子效应和空间效应的影响,通常发生在羟基或氨基的对位,如对位有其他原子或原子团占据时则发生在邻位,如对位及邻位都有取代基时则不发生反应。

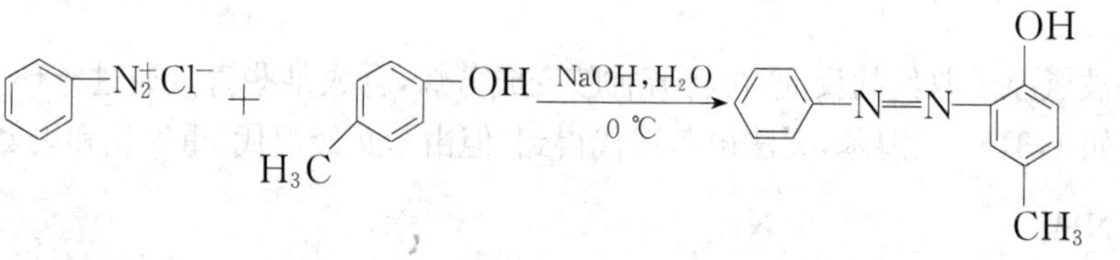

5-甲基-2-羟基偶氮苯

问题 10-11　化合物 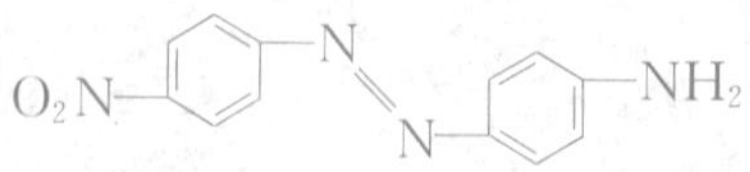 是由哪两种化合物发生偶联反应生成的?

芳香族偶氮化合物的通式为 Ar—N=N—Ar′。它们都具有颜色,性质稳定。许多偶氮化合物是在分析化学中起着重要作用的指示剂、显色剂、配位剂、沉淀剂的;有些可用作染料,称为偶氮染料(azo-dyes)。

偶氮染料除了用作印染天然或合成纤维纺织品外,也用于细胞和组织染色及染色切片。近年来偶氮染料也因为环保问题受到了禁用。但是,并不是所有偶氮染料都受到禁用,受禁的只是经还原释放出有害芳香胺类的偶氮染料。这些用受禁偶氮染料染色的服装或其他消费品与人体皮肤长期接触后,会发生复杂的还原反应,形成致癌的芳香胺类化合物,这些化合物被人体吸收,经一系列活化作用使人体细胞的 DNA 发生结构和功能的变化,成为人体病变的诱因。

苏丹红是偶氮染料的一种,常用作家具漆、鞋油、地板蜡、汽车蜡和油脂的着色。苏丹红作为食品添加剂常被用于辣椒产品的加工当中,是由于苏丹红不容易褪色,可以弥补辣椒放置久后变色的现象,保持其鲜亮的颜色。进入体内的苏丹红主要通过胃肠道微生物还原酶,肝和肝组织微粒体和细胞质的还原酶进行代谢,在体内代谢成相应的胺类物质。在多项体外致变试验和动物致癌试验中发现苏丹红有致突变性和致癌性。

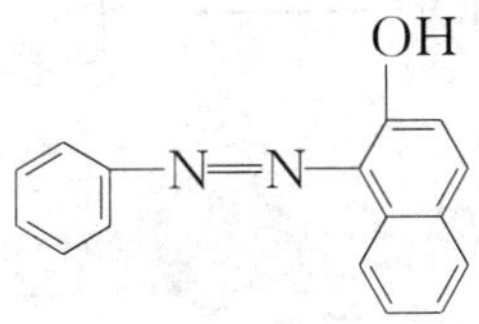

苏丹红

有些偶氮化合物的颜色能随溶液 pH 的不同而变化,这些化合物可用作酸碱指示剂。例如甲基橙。

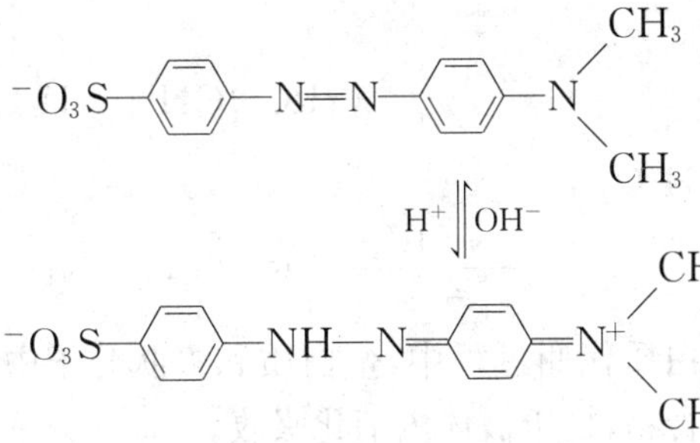

黄色

H⁺ ‖ OH⁻

红色

第三节　酰胺及其衍生物

一、酰胺

微课:酰胺

酰胺可以看作是羧酸分子羧基中的羟基被氨基或烃氨基取代所生成的化合物,也可以看作氨或胺分子中与氮原子相连的氢被酰基取代所生成的化合物,其通式为:

$$R-\overset{\overset{\displaystyle O}{\|}}{C}-N\overset{\displaystyle H(R')}{\underset{\displaystyle H(R'')}{}}$$

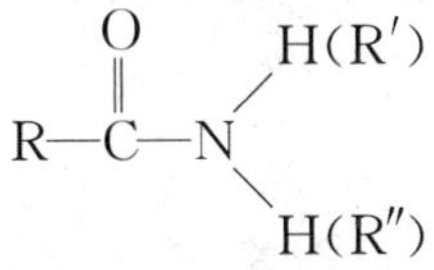

酰胺的化学性质体现在以下几个方面:

（一）酸碱性

酰胺一般是中性化合物,它在水溶液中不发生电离,而且多数的酰胺不溶于水。但在一定的条件下可表现出弱酸性和弱碱性。酰胺与强酸成盐而显弱碱性,与金属钠或金属钾反应而呈弱酸性。所生成的盐极不稳定,遇水即分解。这是由于酰胺分子中氨基氮原子上的孤对电子与羰基 π 键形成 $p-$ π 共轭体系,电子云向氧原子偏移,结果使氮原子上的电子云密度下降,减弱了接收质子的能力,因而碱性减弱。同时,氮氢键的极性有所增强,酰胺呈微弱的酸性。

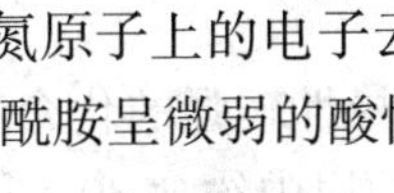

如果 NH_3 分子中的两个氢原子被酰基取代后,即形成酰亚胺类化合物,由于该类化合物中氮原子连接两个酰基,氮上电子云密度极大降低,使 N—H 键极性加大,而呈现明显的酸性。能与氢氧化钠或氢氧化钾水溶液作用生成稳定的盐。

$$\text{邻苯二甲酰亚胺} \quad NH + NaOH \longrightarrow N^- Na^+ + H_2O$$

（二）水解

酰胺属于羧酸衍生物,因此可以发生水解。酰胺在通常情况下水解较慢,但在酸或碱性条件下并加热,则加速反应的进行。酰胺在酸性溶液中水解,生成羧酸和铵盐;酰胺在碱性溶液中水解,则生成羧酸盐和氨或胺。

$$R-\overset{O}{\overset{\|}{C}}-NH_2 + H_2O \begin{cases} \xrightarrow[\triangle]{HCl} RCOOH + NH_4Cl \\ \xrightarrow[\triangle]{NaOH} RCOONa + NH_3 \uparrow \end{cases}$$

酰胺的水解反应也存在于体内蛋白质代谢过程中,蛋白质和多肽分子中含有大量的酰胺键在蛋白质水解酶的催化下水解成小分子化合物,易于被体内消化吸收。

青霉素分子中有酰胺键,易被酸、碱和酶水解,其水溶液极不稳定、不耐热,在室温条件下 24 h 大半失效,所以这一类药物需采用粉针剂,在临用时配制,当日用完。

（三）与亚硝酸反应

酰胺与亚硝酸反应,生成相应的羧酸并放出氮气。

$$R-\overset{O}{\overset{\|}{C}}-NH_2 + HNO_2 \longrightarrow RCOOH + N_2 \uparrow + H_2O$$

问题 10-12　邻苯二甲酰亚胺与亚硝酸反应会放出氮气吗？为什么？

微课:尿素

二、尿素

尿素(urea)简称脲,是碳酸的二元酰胺。尿素是蛋白质在哺乳动物体内最后的代谢产物,它从尿液中排出体外,也由此得名尿素。

$$HO-\overset{O}{\overset{\|}{C}}-OH \qquad H_2N-\overset{O}{\overset{\|}{C}}-NH_2$$
$$\text{碳酸} \qquad\qquad\qquad \text{尿素}$$

尿素为无色结晶,熔点为 132.7 ℃,是极性较强的化合物,易溶于水及乙醇,难溶于乙醚。尿素存在于哺乳动物的尿中,正常成人每天排泄的尿中约含 30 g 尿素。尿素在农业上是最重要的氮肥,在工业上是合成塑料和药物的重要原料。在临床上尿素注射液对降低眼内压和脑颅内压有显著疗效,可用于治疗急性青光眼和脑外伤引起的脑水肿等疾病。

尿素具有一般酰胺的性质,但由于分子结构中有两个氨基和一个羰基相连,所以它又有一些特殊的性质。

（一）弱碱性

尿素具有弱碱性，但其水溶液不能使石蕊试纸变色。尿素可与硝酸、草酸等强酸作用生成难溶于水和强酸的盐。例如，尿素的水溶液中加入浓硝酸，可析出硝酸脲白色沉淀。

$$H_2N-\overset{\overset{\displaystyle O}{\|}}{C}-NH_2 + HNO_3 \longrightarrow H_2N-\overset{\overset{\displaystyle O}{\|}}{C}-NH_2 \cdot HNO_3 \downarrow$$

硝酸脲

问题 10-13　尿素是偏碱性的，本章介绍的偏酸性的酰胺是什么？

（二）水解反应

尿素具有一般酰胺的性质，在酸或碱中加热或酶的作用下，易发生水解。

$$H_2N-\overset{\overset{\displaystyle O}{\|}}{C}-NH_2 + H_2O \longrightarrow \begin{cases} \xrightarrow[\triangle]{HCl} CO_2\uparrow + NH_4Cl \\ \xrightarrow[\triangle]{NaOH} NH_3\uparrow + Na_2CO_3 \\ \xrightarrow{\text{酶}} NH_3\uparrow + CO_2\uparrow \end{cases}$$

（三）与亚硝酸反应

尿素与亚硝酸反应，氨基被羟基取代，定量放出氮气，同时生成二氧化碳和水。通过测量放出氮气的体积，可定量测定尿素的含量。一般含有—NH_2的化合物都可与亚硝酸反应，放出氮气。

$$H_2N-\overset{\overset{\displaystyle O}{\|}}{C}-NH_2 + HNO_2 \longrightarrow N_2\uparrow + CO_2\uparrow + H_2O$$

（四）缩二脲的生成和缩二脲反应

将固体尿素慢慢加热到熔点以上（150～160 ℃），两分子尿素失去一分子氨，缩合成缩二脲。

$$H_2N-\overset{\overset{\displaystyle O}{\|}}{C}-\boxed{NH_2 + H}-HN-\overset{\overset{\displaystyle O}{\|}}{C}-NH_2 \xrightarrow{150\sim160\,℃} H_2N-\overset{\overset{\displaystyle O}{\|}}{C}-NH-\overset{\overset{\displaystyle O}{\|}}{C}-NH_2$$

缩二脲

缩二脲为无色针状结晶，难溶于水，易溶于碱溶液中。在缩二脲碱性溶液中加入微量硫酸铜即显紫红色或紫色，这种显色反应称缩二脲反应。凡分子结构中含两个或两个以上酰胺键（—CONH—）的化合物均可发生这种显色反应，因此可用缩二脲反应鉴定缩二脲、多肽和蛋白质。尿素本身不会发生缩二脲反应。

问题 10-14　缩二脲反应是否就是两分子尿素加热缩合变成缩二脲的反应？

三、丙二酰脲

脲的两个氨基具有亲核性，可以与酰化剂发生酰化反应生成酰脲。丙二酰脲是脲与丙二酰氯或丙二酸酯发生酰化反应生成的化合物。如：

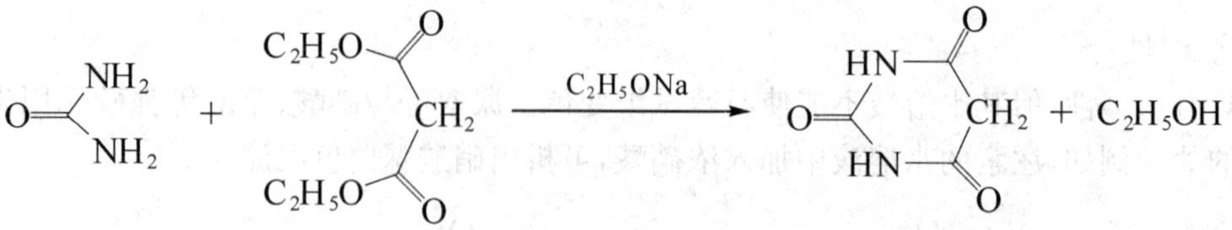

丙二酰脲是白色结晶,熔点为245 ℃,微溶于水。由于结构中含有一个活泼的亚甲基($-CH_2-$)和两个二酰亚氨基($-CO-NH-CO-$),可以发生酮式-烯醇式互变异构:

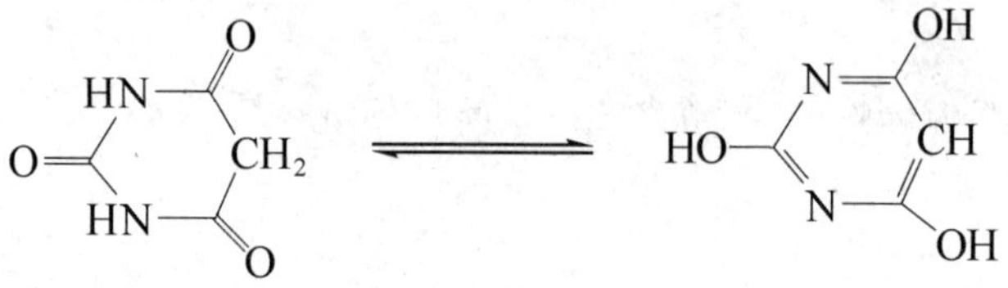

酮式　　　　　　　　　　　烯醇式

从结构式可以看出,烯醇式类似于酚的结构,显示出弱酸性($pK_a = 3.98$),其酸性比醋酸的酸性($pK_a = 4.75$)强。因此丙二酰脲又称巴比妥酸(barbituric acid)。

巴比妥酸本身没有医疗作用,但它的亚甲基上两个氢被烃基取代后所形成的衍生物,却是一类对中枢神经系统起抑制作用的化合物。这类药物称为巴比妥类药物,临床上可用作为镇静剂和安眠药,其通式为:

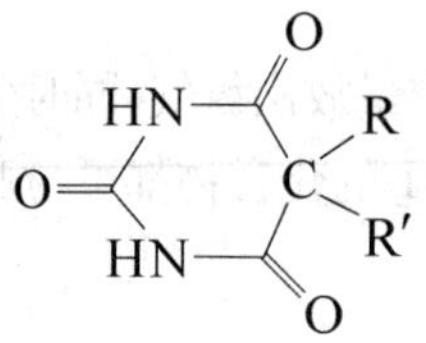

自阅材料　巴比妥类药物

巴比妥类药物属于巴比妥酸的衍生物,作为一类作用于中枢神经系统的镇静剂,其应用范围可以从轻度镇静到完全麻醉,还可以用作安眠药、抗焦虑药、抗痉挛药、抗癫痫药。这类药物包括巴比妥、苯巴比妥、戊巴比妥、异戊巴比妥、司可巴比妥、环己烯巴比妥、美索巴比妥、环庚比妥、硫喷妥钠等。其中,临床上常见的有巴比妥、苯巴比妥、异戊比妥、异戊巴比妥等。

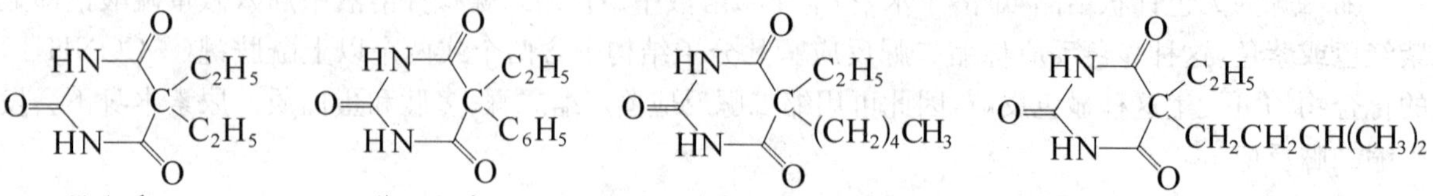

巴比妥　　　　　　苯巴比妥　　　　　　异戊比妥　　　　　　异戊巴比妥

巴比妥类药物的镇静、催眠和麻醉作用机制是抑制脑干网状结构上行激活系统所致,且具有高度选择性,对丘脑新皮层通路无抑制作用,故无镇痛作用。

苯巴比妥又名鲁米那,为镇静催眠药、抗惊厥药,是长效巴比妥类的典型代表。对中枢的抑制作用随着剂量加大,表现为镇静、催眠、抗惊厥及抗癫痫。大剂量对心血管系统、呼吸系统有明显的抑制。过量可麻痹延髓呼吸中枢致死。

戊巴比妥对呼吸和循环有显著的抑制作用。能使血液红、白细胞减少,血沉加快,延长血凝时间。

异戊巴比妥钠又名阿米妥钠,为中效巴比妥类催眠药。除用于治疗单纯性失眠外,也有抗惊厥作用,可用于小儿高热、破伤风、子痫、脑膜炎、脑炎和中枢兴奋药中毒引起的惊厥治疗,还可用于癫痫持续状态的治疗。此外,异戊巴比妥钠也用于麻醉前给药。

巴比妥类药物也可导致一些副作用。如长期服用会引起全身无力、呕吐、头痛等症状;多次连用可能引起蓄积中毒;少数患者可出现皮疹、药热、剥脱性皮炎等过敏反应;久用可产生耐受性及成瘾性,成瘾后停药,戒断症状明显,表现为激动、失眠、焦虑,甚至惊厥。

巴比妥类药物目前在临床上已很大程度上被苯二氮䓬类药物所替代,后者过量服用后产生的副作用远小于前者。不过,在全身麻醉或癫痫的治疗中仍会使用巴比妥类药物。

拓展阅读

习　题

1. 命名或写出结构式。

(1) $(C_2H_5)_2NH$

(2) $CH_3NHC_2H_5$

(3) $\underset{\underset{NH_2}{\mid}}{H_3C-CH}-CH_2-\underset{\underset{CH_3}{\mid}}{CH}-CH_2-CH_3$

(4) 乙酰苯胺

(5) N,N-二甲基苯胺

(6) 4-硝基苯胺

(7) $C_6H_5-CH_2-\underset{\underset{CH_3}{\mid}}{\overset{\overset{CH_3}{\mid}}{N^+}}-CH_3 \ Cl^-$

(8) 邻甲苯胺（CH_3，NH_2）

(9) 邻苯二甲酰亚胺结构（环上两个 O 与 NH）

(10) 2-甲基-4-氨基戊烷

(11) $C_6H_5-N=N-C_6H_4-NH_2$

(12) $C_6H_5-\underset{\underset{C_2H_5}{\mid}}{\overset{\overset{CH_3}{\mid}}{N}}$

2. 鉴别题。

(1) 邻甲苯胺、N-甲基苯胺、N,N-二甲基苯胺

(2) 苯酚、苯胺、苯甲酸、甲苯

(3) 环己酮、苯胺、乙酰苯胺、苯酚、2,4,6-三硝基苯酚

3. 完成下列反应式。

(1) $C_6H_5-NH_2 + HCl \longrightarrow$

(2) $C_6H_5-NH_2 \xrightarrow[0\sim5\ ℃]{NaNO_2 + HCl}$

(3) 哌啶（环 N-H）$\xrightarrow{NaNO_2 + HCl}$

(4)

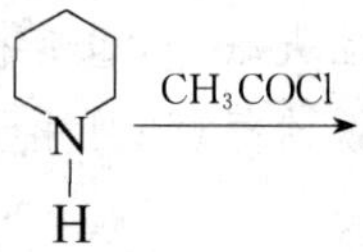

(5)

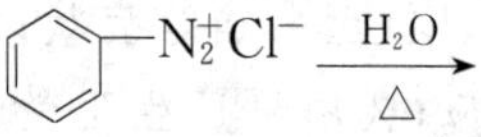

(6)

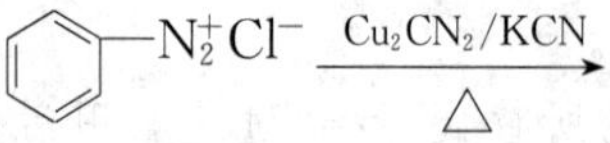

(7)

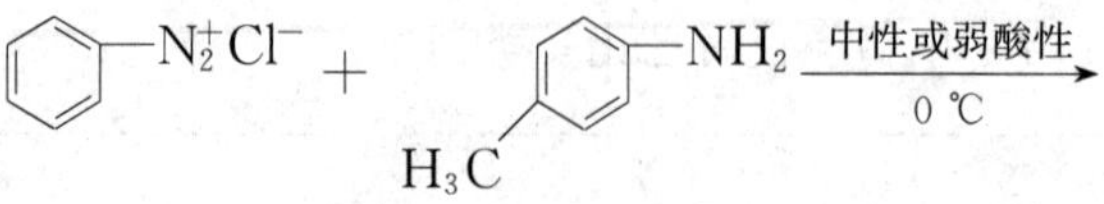

(8)

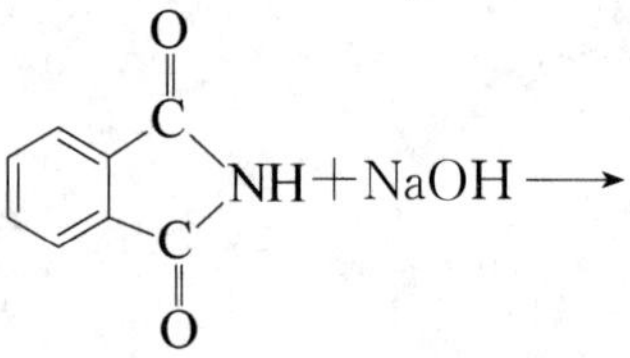

(9) $NH_2CONH_2 + HNO_2 \longrightarrow$

4. 推导题。

(1) 化合物 A 的分子式为 $C_5H_{11}O_2N$，具有旋光性，用稀碱处理发生水解可生成 B 和 C。B 也具有旋光性，它既能与酸成盐，也能与碱成盐，并与 HNO_2 反应放出 N_2。C 没有旋光性，但能与金属钠反应放出氢气，并能发生碘仿反应。试写出 A、B、C 的结构简式，并写出有关的反应式。

(2) 化合物 A 的分子式为 C_7H_9N，有碱性，A 与亚硝酸作用生成 B（$C_7H_7N_2Cl$），B 加热后能放出氮气而生成对甲苯酚。在碱性溶液中，B 与苯酚作用生成具有颜色的化合物 C（$C_{13}H_{12}ON_2$）。写出 A、B 和 C 的结构简式。

（杨丽珠）

第十一章

杂环化合物和生物碱

杂环化合物(heterocyclic compound)，即构成环的原子除碳原子外还含有一个或几个非碳原子的环状有机化合物。环上碳原子以外的其他原子称为杂原子，常见的杂原子有氧、硫、氮等。前面各章节我们学习过的环醚、内酯、内酰胺和环状酸酐等环状化合物，也含有杂原子，但其性质与相应的链状化合物相似，不属于杂环化合物讨论的内容。本章主要讨论吡咯、吡啶等环比较稳定，具有不同程度芳香性的杂环化合物，故这类化合物也常称为芳香杂环化合物(heteroaromatic compound)。

生物碱(alkaloid)通常是指生物体内一类含氮的有机碱性化合物。由于生物碱主要存在于植物中，故又称为植物碱。大多数生物碱具有含氮杂环，生物碱分子多属于仲胺、叔胺和季铵类化合物，少数为伯胺类化合物。

杂环化合物和生物碱在自然界中分布广泛，种类繁多。如核酸的碱基、植物中的叶绿素、动物中的血红素等，在生命过程中都起着相当重要的作用；生物碱中的喜树碱、紫杉醇等具有显著的抗肿瘤作用。所以，杂环化合物和生物碱对医学及生命科学具有重要的意义。

第一节 杂环化合物

杂环化合物及其衍生物数量庞大，占已知有机化合物总数的 60% 以上，其数量仍在继续迅速增长。

一、杂环化合物的分类和命名

杂环化合物分类方法较多，应用最多的是按骨架进行分类，根据分子中含环的多少分为单杂环和稠杂环两类，单杂环化合物又可根据环的大小分为五元杂环和六元杂环。详细分类见表 11-1。

微课：杂环化合物的分类

表 11-1 常见杂环化合物的结构和分类

分类		常见杂环化合物
单杂环	五元杂环	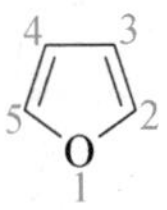 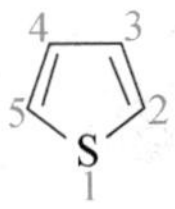 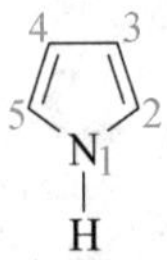 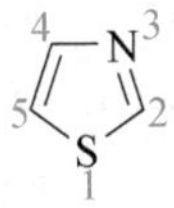 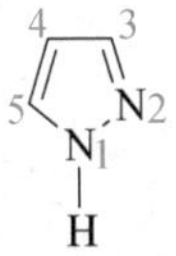 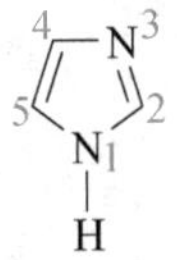 呋喃 furan　　噻吩 thiophene　　吡咯 pyrrole　　噻唑 thiazole　　吡唑 pyrazole　　咪唑 imidazole
	六元杂环	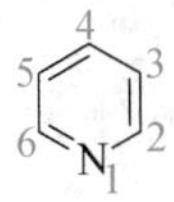 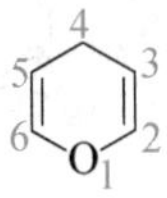 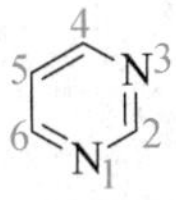 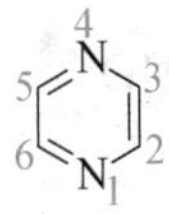 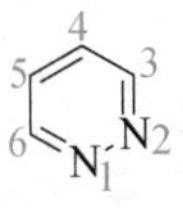 吡啶 pyridine　　吡喃 pyran　　嘧啶 pyrimidine　　吡嗪 pyrazine　　哒嗪 pyridazine

续 表

分类	常见杂环化合物
稠杂环	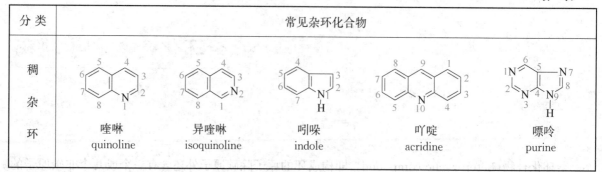

喹啉 quinoline　　异喹啉 isoquinoline　　吲哚 indole　　吖啶 acridine　　嘌呤 purine

微课:杂环化合物的命名

杂环化合物的命名比较复杂,我国目前常采用"音译法",即按化合物的英文名称的译音选用同音汉字加"口"字偏旁表示。例如:

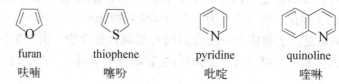

furan　　thiophene　　pyridine　　quinoline
呋喃　　 噻吩　　　 吡啶　　　 喹啉

对于杂环上有取代基的化合物命名时,以杂环为母体,对环上原子进行编号。编号的原则是:从杂原子开始,把杂原子编为1号,按顺时针或逆时针顺序依次编为1,2,3,…;当环上只有1个杂原子时,也可以用希腊字母标明位次,与杂原子相连的原子为α-位,依次为α,β,γ,…。当环上有2个或2个以上相同的杂原子时,应从连有氢原子或取代基的杂原子开始编号,并使杂原子的位次和最小。如果环上有多个不同的杂原子时,按照O、S、N的顺序进行编号。例如:

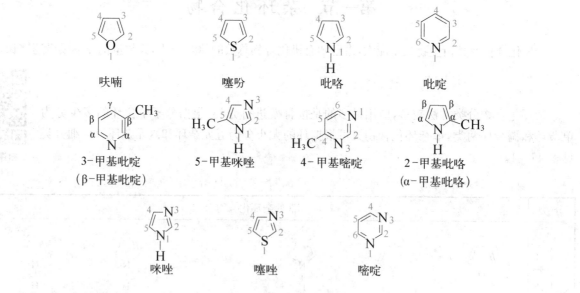

呋喃　　　　噻吩　　　　吡咯　　　　吡啶

3-甲基吡啶　　5-甲基咪唑　　4-甲基嘧啶　　2-甲基吡咯
(β-甲基吡啶)　　　　　　　　　　　　　(α-甲基吡咯)

咪唑　　　　噻唑　　　　嘧啶

当杂环上有羧基、醛基时,为了命名方便,将杂环作为取代基。例如:

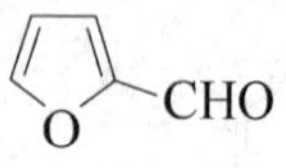

2-呋喃甲醛　　　3-吡啶甲酸　　　3-吲哚乙酸
(α-呋喃甲醛)　　(β-吡啶甲酸)　　(β-吲哚乙酸)

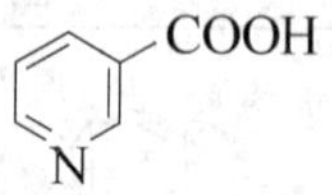

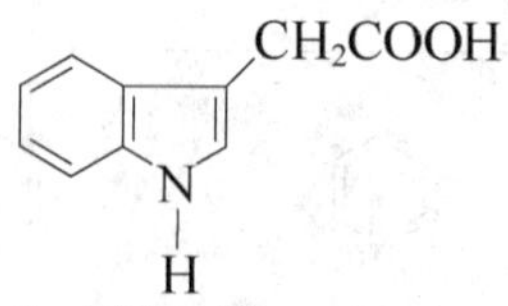

对于不同程度饱和的杂环化合物,命名时既要标明氢化的程度,又要标明氢化的位置。例如:

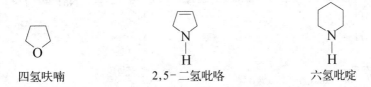

四氢呋喃　　　　　　　2,5-二氢吡咯　　　　　　六氢吡啶

稠杂环化合物的编号,通常和稠环芳香烃相同,但有少数稠杂环另有一套编号顺序,需要特殊记忆。例如:

嘌呤　　　　　　　　　　异喹啉

二、五元单杂环化合物

(一) 吡咯的结构

吡咯分子中,4 个碳原子和 1 个氮原子均为 sp^2 杂化,各自用 2 个 sp^2 杂化轨道形成环上的 σ 键,每个原子剩下的 1 个 sp^2 杂化轨道分别与氢的 $1s$ 轨道形成 4 个 C—H σ 键和 1 个 N—H σ 键,这样,成环的 4 个碳原子和 1 个氮原子位于同一个平面上,5 个氢原子也位于这个平面上,而未杂化的 p 轨道垂直于环所在的这个平面,碳原子未杂化的 p 轨道上各有 1 个电子,氮原子未杂化的 p 轨道上有 2 个电子,这样形成环状闭合的 5 个原子提供 6 个电子的共轭体系(图 11-1),π 电子数符合 Hückel($4n+2$)规则,因此吡咯具有芳香性。

微课:五元单杂
环化合物

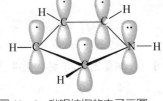

图 11-1 吡咯结构的电子云图

(二) 吡咯的性质

1. 吡咯的酸碱性 吡咯分子中,氮原子上的孤对电子参与环的共轭,使 N 上的电子云密度降低,很难与质子结合,与相应的胺比较,碱性很弱,吡咯的 pK_b 为 13.6。正因为如此,吡咯很难与水形成氢键,导致吡咯难溶于水,而易溶于有机溶剂。

同样由于共轭的结果,N 上的电子云密度降低,导致 N—H 键的极性增加,而表现出弱酸性,吡咯的 pK_a 为 17.5。吡咯在无水条件下可与固体苛性钾共热生成盐。

$$\text{吡咯} + KOH \xrightarrow{\triangle} \text{吡咯钾盐} + H_2O$$

问题 11-1 四氢吡咯的 pK_b 为 2.89,请从结构上与吡咯加以比较,并说明其碱性大的原因。

---

2. 吡咯的亲电取代反应 吡咯具有芳香性,能发生卤代、硝化、磺化等一系列亲电取代反应,并且由于氮原子的给电子的共轭效应,使得环上的电子云密度增加,故吡咯的亲电取代反应比苯容易进行,且主要发生在电子云密度较高的 α-位。

（1）卤代反应　吡咯卤代常得到四卤代产物。

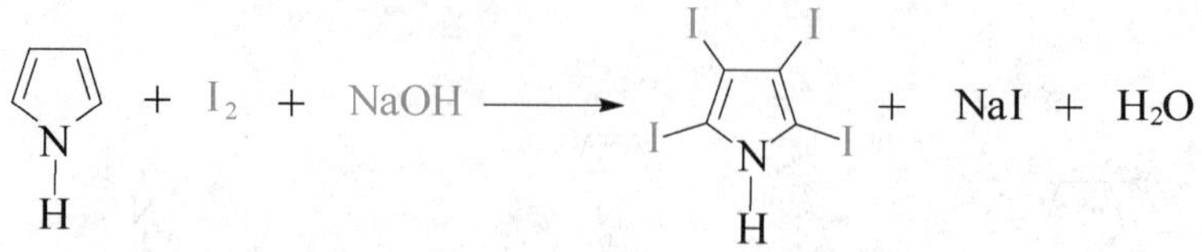

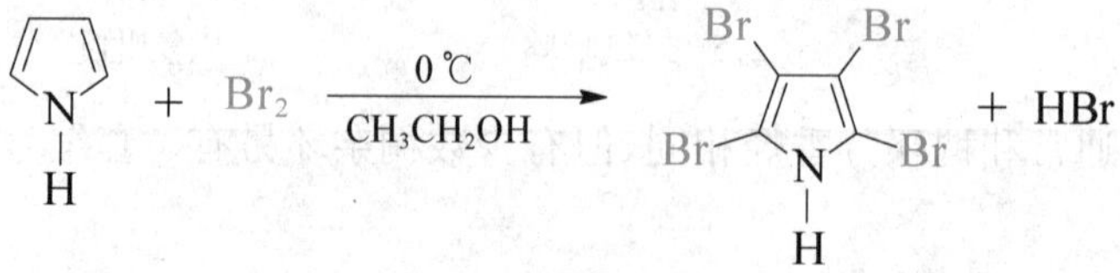

$$\text{吡咯} + I_2 + NaOH \longrightarrow \text{四碘吡咯} + NaI + H_2O$$

$$\text{吡咯} + Br_2 \xrightarrow[\text{CH}_3\text{CH}_2\text{OH}]{0\,℃} \text{四溴吡咯} + HBr$$

（2）硝化反应和磺化反应　吡咯在强酸性条件下容易开环形成聚合物，所以不能直接用强酸进行硝化和磺化，而应采用较温和的非质子性试剂，例如用硝酸乙酰酯作硝化试剂进行硝化反应，用吡啶磺酸作磺化剂进行磺化反应。

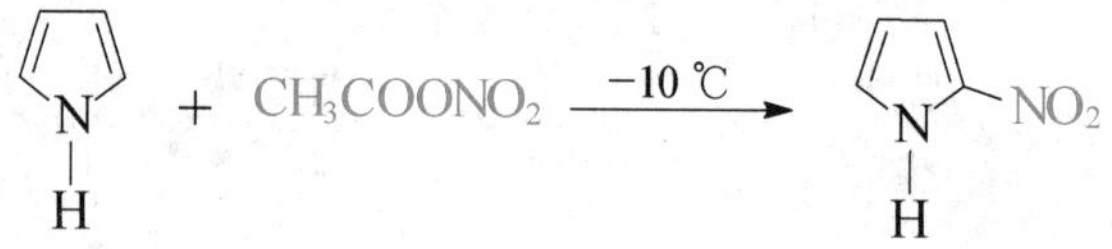

$$\text{吡咯} + CH_3COONO_2 \xrightarrow{-10\,℃} \text{2-NO}_2\text{吡咯}$$

α-硝基吡咯

$$\text{吡咯} + SO_3 \xrightarrow{\text{吡啶}} \text{2-SO}_3\text{H吡咯}$$

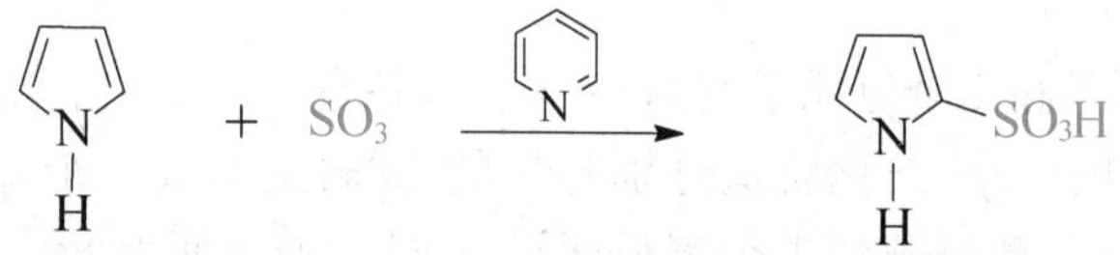

α-吡咯磺酸

（三）吡咯及其衍生物

吡咯是 1858 年第一次从煤焦油中分馏得到的，为无色油状液体，沸点为 131 ℃，难溶于水，易溶于醇、醚等有机溶剂。近年来有报道称，有些吡咯类化合物具有特征香气，常用于烘烤食品中。例如：

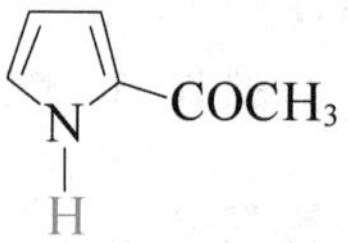

2-乙酰基吡咯 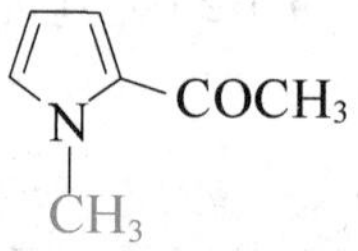　　　　N-甲基-2-乙酰基吡咯 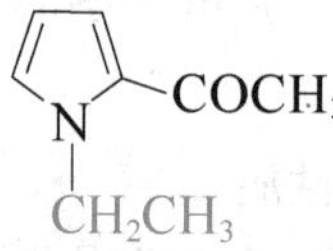　　　　N-乙基-2-乙酰基吡咯

吡咯的衍生物广泛分布于自然界中，叶绿素（图 11-2）是绿色植物进行光合作用的催化剂；血红素（图 11-3）是哺乳动物体内运输氧和二氧化碳的物质，维生素 B_{12}（图 11-4）是由动物肝脏中提取到的一种具有控制恶性贫血功能的深红色结晶。这三种物质都是生物体内维系生命现象的重要活性物质，其基本骨架都是卟吩（porphin），卟吩是由 4 个吡咯环的 α-碳原子通过 4 个次甲基相连而成的共轭体系，相当稳定。

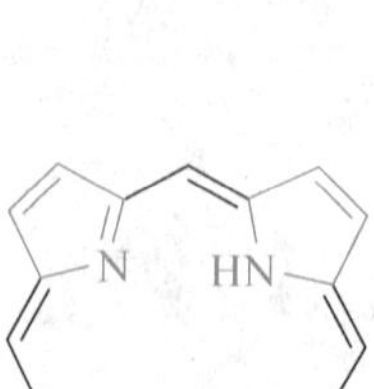

porphin
卟吩

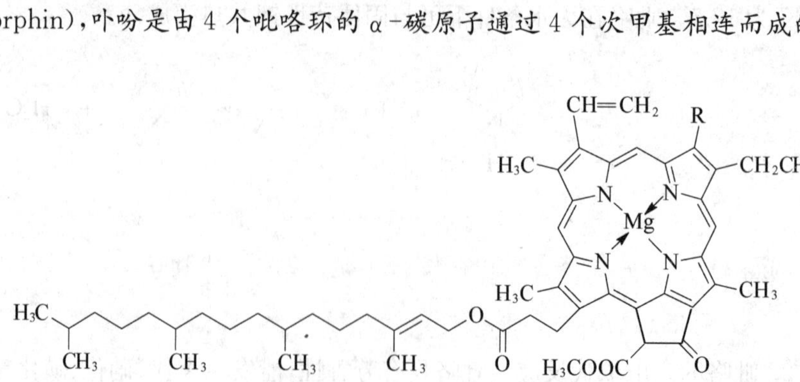

R=—CH₃ 为叶绿素a，R=—CHO 为叶绿素b

图 11-2　叶绿素的结构式

维生素 B$_{12}$ 是 1948 年首次从动物肝脏中提取得到的,历经 20 余年,直到 1972 年才由 Woodward 等人完成全合成,至今仍是有机合成的经典之作。维生素 B$_{12}$ 的主要作用是促进红细胞的形成和再生,预防贫血,主要用于治疗恶性贫血。维生素 B$_{12}$ 的主要来源是动物性食物,如动物肝脏、牛肉、猪肉、蛋、牛奶等,正常的膳食可以保证体内有足量的维生素 B$_{12}$,但若患有吸收障碍或纯素食者有可能患上维生素 B$_{12}$ 缺乏症。

图 11-3 血红素的结构式   图 11-4 维生素 B$_{12}$ 的结构式

三、六元单杂环化合物

微课:六元单杂
环化合物

（一）吡啶的结构

吡啶是含氮的六元杂环化合物,结构与苯相似,可以看成是苯分子中的一个"CH"被 N 取代而得的化合物。吡啶分子中,5 个碳原子和 1 个氮原子均为 sp^2 杂化,各自用 2 个 sp^2 杂化轨道彼此"头碰头"重叠形成环上的 6 个 σ 键,5 个碳原子剩下的 1 个 sp^2 杂化轨道分别与氢的 1s 轨道重叠形成 5 个 C—Hσ 键,但是,氮原子的另外一个 sp^2 杂化轨道却被一对电子所占据不再成键。这样,成环的 5 个碳原子和 1 个氮原子位于同一个平面上,5 个氢原子也位于这个平面上。而未杂化的 p 轨道垂直于环所在的这个平面,碳原子未杂化的 p 轨道上各有 1 个电子,氮原子未杂化的 p 轨道上也有 1 个电子,这样形成环状闭合的 6 个原子提供 6 个电子的共轭体系(图 11-5),π 电子数符合 $4n+2$ 规则,因此吡啶也具有芳香性。

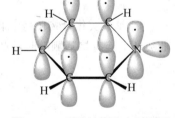

图 11-5 吡啶结构的电子云图

（二）吡啶的性质

1. 吡啶的水溶性　吡啶能与水互溶,这是因为在吡啶分子中,氮原子上有一对孤对电子,能与水形成氢键。但在吡啶环上引入羟基或氨基后,化合物的水溶性却会明显降低,而且羟基或氨基的数目越多,水溶性越差。这是因为被羟基或氨基取代后的溶质分子间会以氢键缔合,抑制了溶质分子与水分子之间形成氢键,所以水溶性明显降低。这一点与链烃及碳环化合物的情况完全不同。

问题 11-2　请比较吡啶与 2-羟基吡啶、2,4-二羟基吡啶的水溶性,并说明原因。

2. **吡啶的酸碱性** 由于吡啶分子中氮原子上有未共用的孤对电子,未参与共轭,能接收质子,故具有弱碱性,pK_b 为 8.8,吡啶的碱性比苯胺强,但比氨和脂肪胺弱,容易与无机酸反应生成盐。实验室中常利用这个性质来洗除反应体系中的酸。

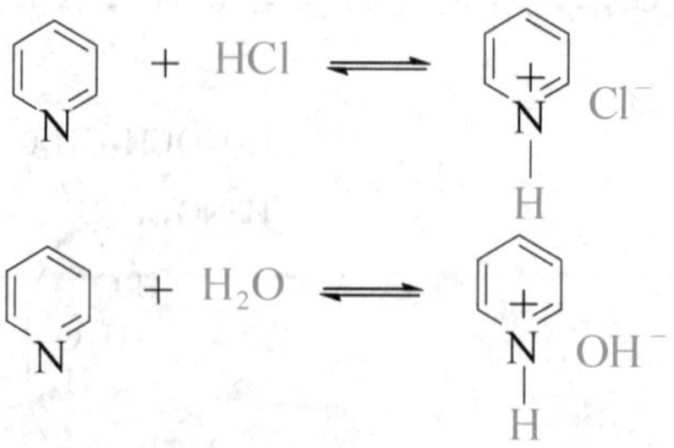

3. **吡啶的亲电取代反应** 在吡啶环上的共轭体系中,氮原子的吸电子作用使环上碳原子的电子云密度降低,故发生亲电取代反应的活性较差,且主要生成 β-取代产物,产率较低。

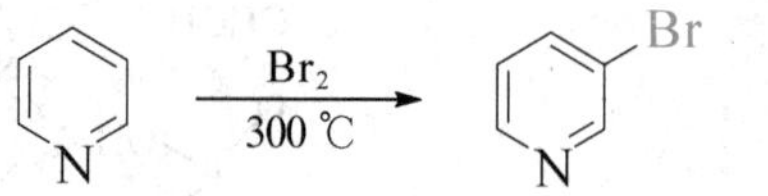

β-溴吡啶(33%)

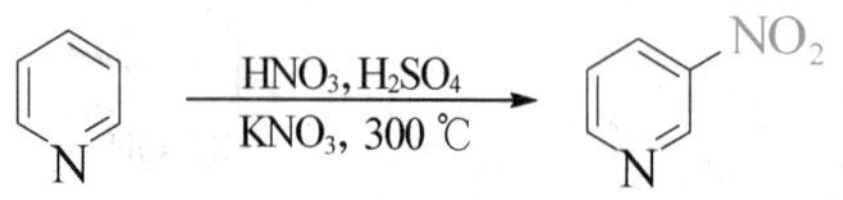

β-硝基吡啶(20%)

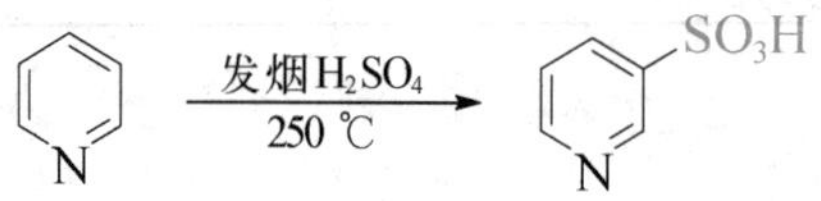

β-吡啶磺酸(71%)

问题 11-3 当吡啶与酸结合后,再发生亲电取代反应比吡啶更难还是更容易,为什么?

---

4. **吡啶类化合物侧链氧化反应** 吡啶分子由于环上电子云密度较低,对氧化剂比苯还稳定,但当吡啶环上连有烷基侧链时,侧链可以被氧化剂氧化,生成吡啶甲酸。

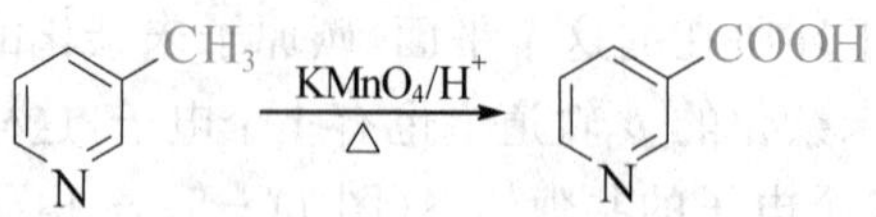

β-吡啶甲酸(烟酸)

问题 11-4 请写出 H_3CH_2C—⟨ ⟩—N 被高锰酸钾氧化的反应方程式和产物名称。

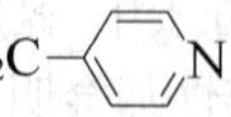

问题 11-5 吡咯和吡啶均为含氮杂环化合物,请从结构上分析氮原子的杂化状态、酸碱性、亲电取代反应的难易、取代基进入的位置。

(三) 吡啶及其衍生物

吡啶是无色或微黄色液体,有恶臭。除作溶剂外,在工业上还可用作变性剂、助染剂及合成一系列产品(包括药品、消毒剂、染料、食品调味料、黏合剂、炸药等)的原料。吡啶的许多衍生物是重要的药物,有些是维生素或酶的重要组成部分。吡啶的衍生物包括维生素PP、维生素B_6、异烟肼等,维生素PP是B族维生素之一,具有促进组织新陈代谢的作用,体内缺乏时易引起粗皮病。维生素PP包括β-吡啶甲酸和β-吡啶甲酰胺,其结构式如下:

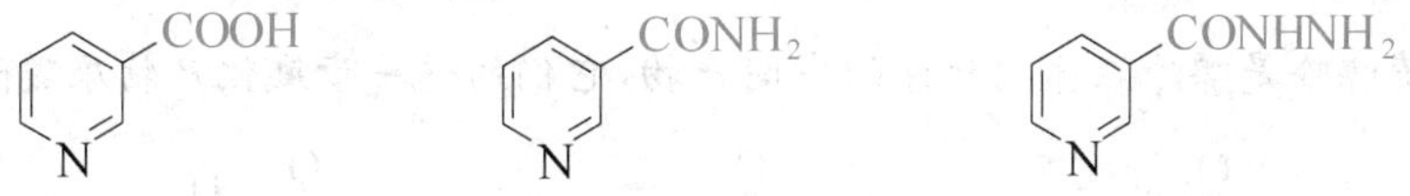

β-吡啶甲酸(烟酸)   β-吡啶甲酰胺(烟酰胺)   异烟肼

β-吡啶甲酸(烟酸)是白色针状结晶,易溶于碱液,能溶于水和乙醇,不溶于乙醚。

异烟肼又称雷米封(Rimifon),是临床上治疗结核病的药物。它是白色晶体,熔点170～173 ℃,易溶于水,能溶于乙醇,不溶于乙醚,其结构式与β-吡啶甲酰胺相似,对维生素PP有拮抗作用,若长期服用异烟肼,应适当补充维生素PP。

维生素B_6包括吡哆醇、吡哆醛和吡哆胺。其结构式如下:

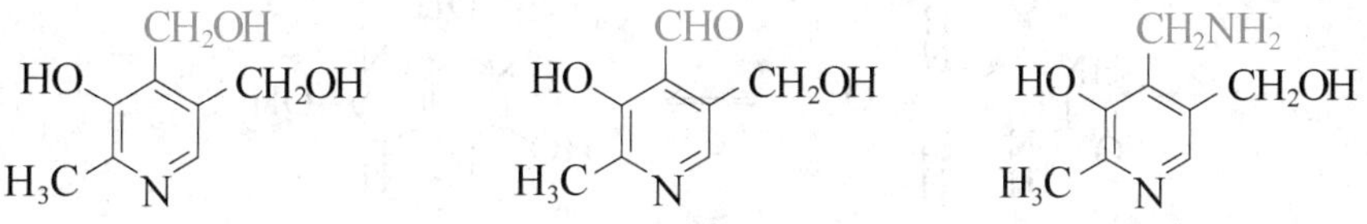

吡哆醇   吡哆醛   吡哆胺

维生素B_6是蛋白质代谢过程中必不可少的物质,若体内缺乏,蛋白质代谢就不能正常进行。

四、稠杂环化合物

稠杂环化合物是指由苯环与杂环稠合或杂环与杂环稠合而成的化合物,由苯环与杂环稠合的杂环化合物又称为苯稠杂环。常见的稠杂环化合物包括嘌呤、吲哚、喹啉等及其衍生物。本节主要讨论嘌呤及其衍生物的结构和主要作用。

嘌呤由嘧啶和咪唑稠合而成。嘌呤的编号方法为:先编嘧啶环的六个原子,再编咪唑环,其结构式及编号如下:

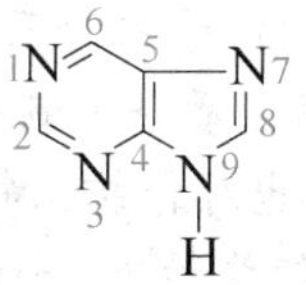

嘌呤

嘌呤为无色晶体,熔点为216～217 ℃,易溶于水,其水溶液呈中性,但却能分别与酸或碱生成盐,并且嘌呤在水溶液中可发生互变异构,存在以下2种异构体:

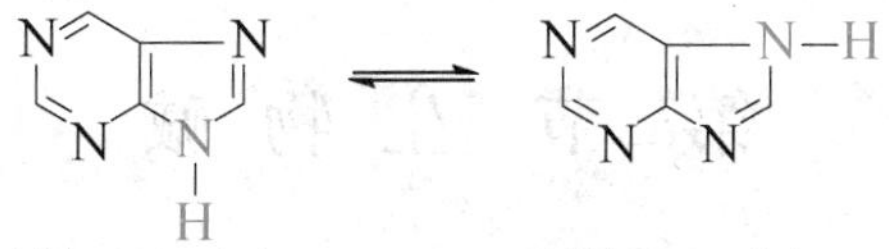

(Ⅰ) 9H-嘌呤   (Ⅱ) 7H-嘌呤

在这两种互变异构体中,药物分子多为(Ⅱ)式,而生物体中以(Ⅰ)式为多。

嘌呤本身在自然界中并不存在,但它的衍生物却广泛分布于生物体中,并具有较强的生物活性,如腺嘌呤(adenine A)和鸟嘌呤(guanine G)是构成核酸的重要成分,它们与胞嘧啶和胸腺嘧啶是构成核酸的碱基。

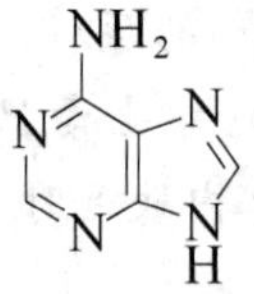

腺嘌呤(adenine A) 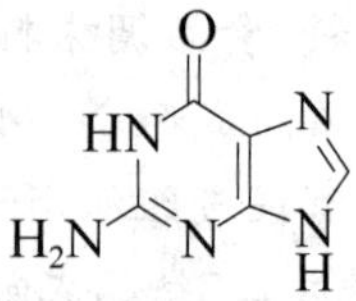 鸟嘌呤(guanine G)

次黄嘌呤和黄嘌呤是嘌呤在体内代谢的中间产物,它们的进一步氧化产物尿酸随尿液排出体外。

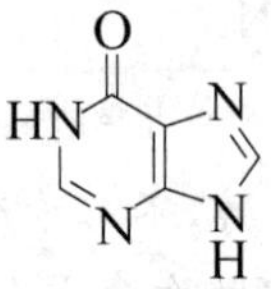

次黄嘌呤 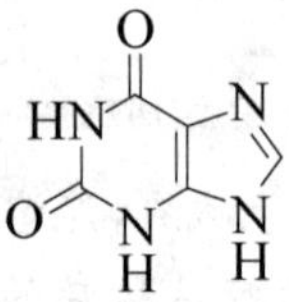 黄嘌呤 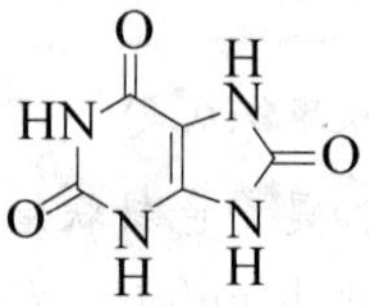 尿酸

尿酸具有酮式和烯醇式两种互变异构体,在平衡体系中以何种形式占优势,主要取决于 pH,在生理条件下多以酮式为主。

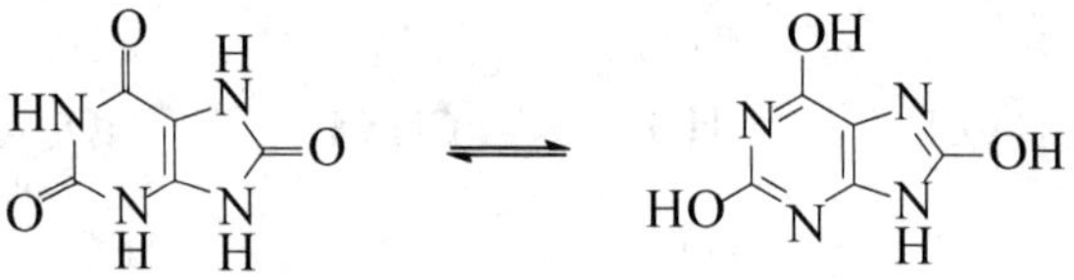

酮式 烯醇式

尿酸是白色晶体,难溶于水,具有弱酸性,可以与碱成盐。正常人每天尿酸的排出量为 0.5～1 g,但当嘌呤代谢紊乱时,血液和尿液中尿酸含量增加,严重时形成结石,甚至导致痛风。

自阅材料　三聚氰胺

三聚氰胺的化学式为 $C_3H_6N_6$,英文名 Melamine,其结构式为 ,简称三胺,俗称密胺、蛋白精。它是白色单斜晶体,几乎无味,微溶于水。三聚氰胺属于三嗪类含氮杂环化合物,是重要的氮杂环有机化工原料。三聚氰胺与甲醛缩合聚合可制得三聚氰胺甲醛树脂,三聚氰胺甲醛树脂的硬度比脲醛树脂高,可用于塑料及涂料工业,也可作纺织物防褶、防缩处理剂。三聚氰胺具有耐水、耐热、耐老化、耐化学腐蚀等特点,并有良好的绝缘性能、光泽度和机械强度,因此广泛用于木材、造纸、纺织、电气、医药等行业。三聚氰胺也有一定的毒性危害,动物长期摄入后,会造成生殖、泌尿系统的损害,导致膀胱、肾结石,并进一步诱发膀胱癌。

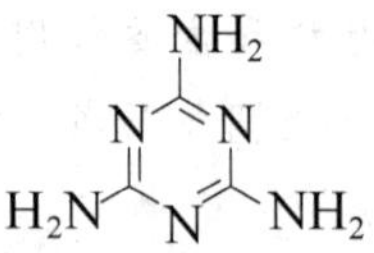

第二节　生 物 碱

一、生物碱的概念和临床应用

生物碱是指生物体内一类含氮的具有显著生理活性的有机碱性化合物。生物碱大多存在于植物中,故又称植物碱,是一类结构复杂,基本母核类型较多的天然产物。生物碱的分类方法较多,通常按生物碱的化学结构的基本母核进行分类,常见生物碱的分类及功能见表 11-2。

表 11-2 几种常见的生物碱

名称	结 构 式	结构特征	来 源	生理功能及疗效
麻黄碱	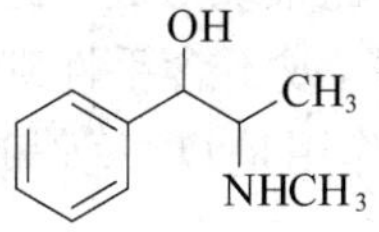 OH, CH₃, NHCH₃（苯基）	脂肪族仲胺	麻黄	扩张支气管、平喘、止咳、发汗
莨菪碱	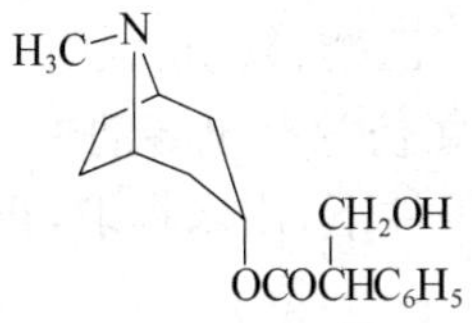 H₃C—N, CH₂OH, OCOCHC₆H₅	莨菪烷类	颠茄	抗胆碱药、用于平滑肌痉挛
可卡因	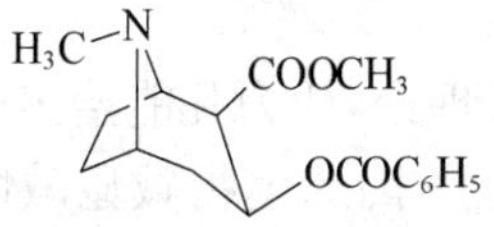 H₃C—N, COOCH₃, OCOC₆H₅	莨菪烷类	古柯	局部麻醉、中枢兴奋、毒品
烟碱（尼古丁）	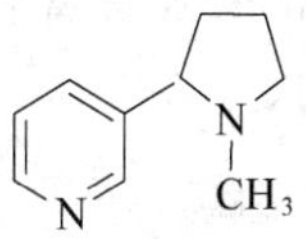 N, N—CH₃（吡啶环与四氢吡咯环）	含吡啶环和四氢吡咯环	烟草	剧毒
茶碱	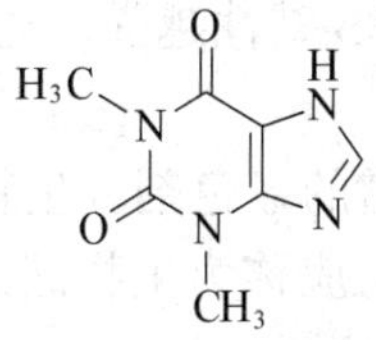 H₃C—N, O, N—CH₃, N—H	嘌呤衍生物	茶叶	收敛、利尿
小檗碱	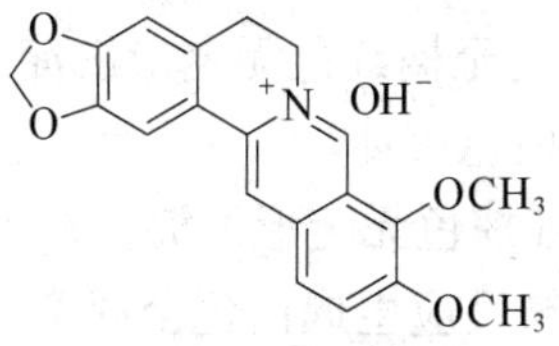 O, O, N⁺, OH⁻, OCH₃, OCH₃	异喹啉类	黄连、黄柏	抗菌、消炎,治疗肠胃炎及细菌性痢疾
喜树碱	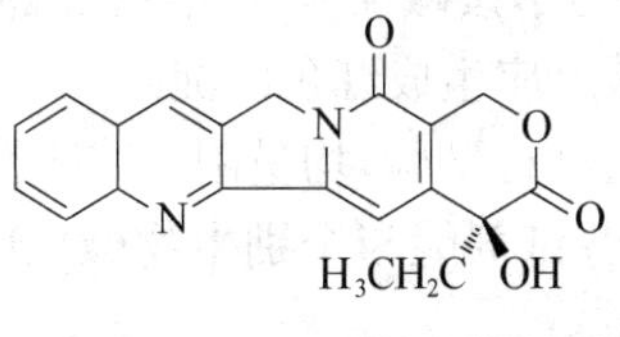 N, O, O, H₃CH₂C OH	喹啉类	喜树	抗癌,治疗肠癌、胃癌、白血病

生物碱的生理活性较强,往往是许多药用植物和中草药的有效成分,因此广泛应用于医药中,目前应用于临床的生物碱有 100 多种。例如,喜树中的喜树碱、红豆杉中的紫杉醇、三尖杉中的三尖杉酯碱等可用于抗肿瘤;鸦片中的吗啡具有强烈的镇痛作用;麻黄中的麻黄碱可用于平喘;黄连中的小檗碱是很好的抗菌消炎药品;颠茄中的莨菪碱是解平滑肌痉挛和解有机磷中毒的解毒剂。但有些生物碱也具有很强的致毒作用,即使作为中药使用,用量不当也足以致命;还有些生物碱容易使人产生依赖性,使用成瘾而不能自拔,成为危害人类健康的毒品。

二、生物碱的理化性质

(一) 物理性质

生物碱多为结晶性固体,少数为晶形粉末,个别生物碱为液体,如烟碱、毒芹碱、槟榔碱等。常温下为液体的生物碱或个别小分子生物碱具有挥发性,可随水蒸气蒸馏而提取。个别生物碱如咖啡因具有升华性。生物碱多数味苦,少数为辛辣味,与酸成盐后味更明显。生物碱一般为无色或白色,少数有颜色,如小檗碱、一叶秋碱为黄色。有机化合物产生颜色,一般在结构上具备长链共轭体系,并有助色团。一叶秋碱为黄色,就是因为氮原子上的孤对电子与共轭系统形成了跨环共轭。

生物碱大多具有旋光性,是因为其分子中含有手性碳原子,或不含手性碳原子而分子具有手性。生物碱的生理活性与其旋光性密切相关,如 L -莨菪碱的散瞳作用是 D -莨菪碱的 100 倍,去甲乌药碱只有左旋体具有强心作用。

游离生物碱极性极小,通常不溶于水或难溶于水,易溶于乙醚、氯仿、丙酮、乙醇等有机溶剂。而生物碱的盐类极性较大,易溶于水和醇,难溶或不溶于乙醚、氯仿等有机溶剂中。利用此溶解性质,可进行生物碱的提取、分离和精制,即将样品 pH 调节到酸性条件下,用水提取,再调至碱性条件下,用有机溶剂提取。

(二) 化学性质

碱性是生物碱最重要的化学性质,根据 Lewis 酸碱电子理论,认为凡能给出电子的物质为碱。生物碱分子中,氮原子上有孤对电子,可以给出电子或接收质子,因此生物碱显碱性。生物碱的碱性大小,可以用碱的碱式解离平衡常数 pK$_b$ 表示,也可以用其共轭酸的酸式解离平衡常数 pK$_a$ 表示。

$$B \ + \ H_2O \Longrightarrow HB^+ \ + \ OH^-$$
$$\text{碱} \qquad \text{酸} \qquad \text{共轭酸} \qquad \text{共轭碱}$$

目前,生物碱的碱性大小统一用 pK$_a$ 来表示,pK$_a$ 数值越大,碱性越强。通常,pK$_a$<2 为极弱碱,pK$_a$ 在 2~7 为弱碱,pK$_a$ 在 7~11 为中强碱,pK$_a$>11 为强碱。

沉淀反应主要用于生物碱的定性鉴别,也可作为平面色谱的显色剂。生物碱在酸性水溶液或酸性稀醇溶液中,与某些试剂生成难溶于水的复盐或配合物的反应称为生物碱的沉淀反应。这些试剂称为生物碱的沉淀试剂。常用的沉淀试剂有:

碘化铋钾试剂,其组成为 KBiI$_4$,与生物碱反应生成黄色至橘红色无定形沉淀。

碘化汞钾试剂,其组成为 K$_2$HgI$_4$,与生物碱反应生成白色沉淀。

碘-碘化钾试剂,其组成为 I$_2$- KI,与生物碱反应生成红棕色无定形沉淀。

硅钨酸试剂,其组成为 SiO$_2$·12WO$_3$·n H$_2$O,与生物碱反应生成白色至淡黄色沉淀。

雷氏铵盐试剂,其组成为 NH$_4$[Cr(NH$_3$)$_2$(SCN)$_4$],与季铵碱反应生成红色沉淀或结晶。

苦味酸试剂,苦味酸即 2,4,6 -三硝基苯酚,与生物碱反应生成红色沉淀。

对生物碱进行定性鉴别时,应该用三种以上沉淀试剂进行试验,均呈阳性或阴性才有可信性。

显色反应用于生物碱的检识和区别个别生物碱。某些试剂能与个别生物碱反应生成不同颜色的溶液,这些试剂称为生物碱的显色剂。常用的显色剂有:

Mandelin 试剂:1% 钒酸铵的浓硫酸溶液,遇莨菪碱或阿托品显红色;遇奎宁显淡橙色;遇吗啡显蓝紫色;遇可待因显蓝色,遇的士宁显蓝紫色。

Frohde 试剂:1% 钼酸钠的浓硫酸溶液,遇乌头碱显黄棕色;遇黄连素显棕绿色;遇利血平先显黄色继而转为蓝色。

Marquis 试剂:30% 甲醛溶液 0.2 ml 与 10 ml 硫酸的混合溶液,遇吗啡显橙色至紫色;遇可待因显洋红色至黄棕色。

三、吗啡、可待因和海洛因的结构、功能与毒性

中药阿片,旧称鸦片,是草本植物罂粟的带籽蒴果的浆液在空气中干燥后形成的棕黑色黏性团块。阿片中含有 20 种以上的生物碱,其中最重要的有吗啡(morphine)、可待因(codeine)、罂粟碱(papaverine)等,属于异喹啉类或还原异喹啉类生物碱。其中前两者在临床上应用较多,吗啡的衍生物包括可待因、海洛因等,其结构式如下:

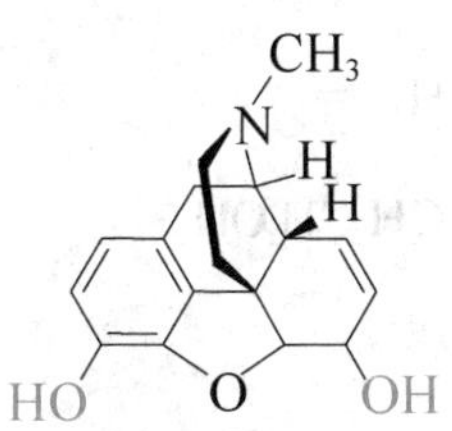

吗啡 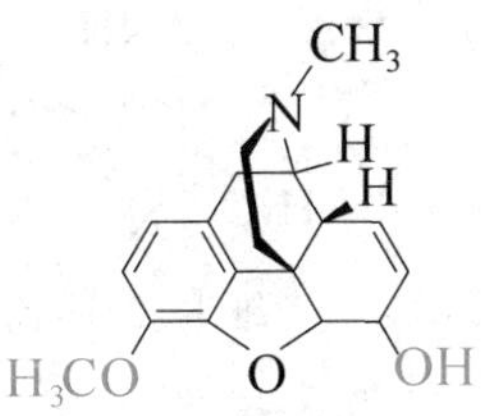　　　　　　　　　可待因 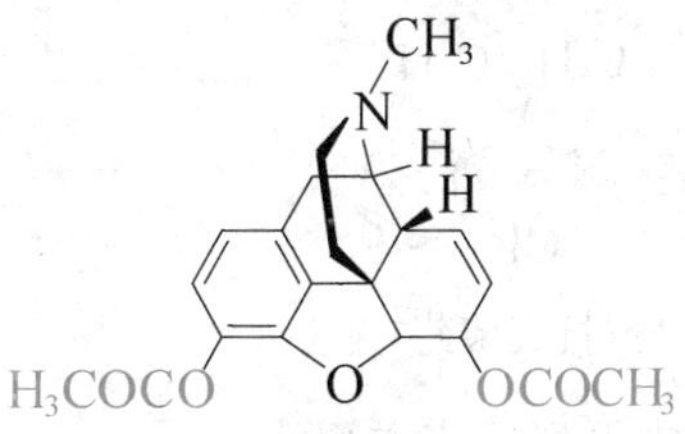　　　　　　　　　海洛因

吗啡是阿片中含量最多的有效成分,纯的吗啡为无色六面短棱锥状结晶,味苦,难溶于水,分子结构中同时含有酚羟基和叔氮原子,故具有酸性和碱性,是两性化合物。临床用药一般为吗啡的盐酸盐及其制剂,具有强烈的镇痛作用,对锐痛、钝痛及内脏绞痛均有效,能持续 6 小时,也能镇咳,但久用容易成瘾,一般使用于晚期癌症患者的止痛,正常的大手术患者在 3 天内也可小剂量使用。

可待因为无色斜方锥状结晶,结构中不含酚羟基,故没有酸性,只显碱性。临床应用的制剂一般为其磷酸盐。可待因的镇痛作用较小,强度为吗啡的 1/4,成瘾性也较小,主要作为镇咳剂。

海洛因即二乙酰吗啡,纯品为白色柱状结晶或结晶性粉末,光照或久置后易变为淡棕黄色。海洛因在自然界中不存在,成瘾性是吗啡的 3~5 倍,从不作为药物使用,是对人类危害最大的毒品之一。

习　　题

拓展阅读

1. 命名或写出结构式。

(1)  [N-甲基吡咯结构式]

(2) 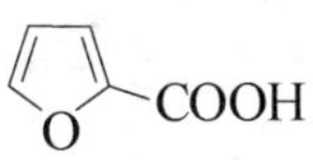 [呋喃-2-甲酸结构式] COOH

(3) 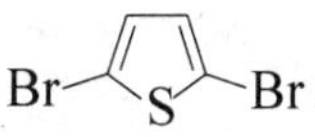 Br—[噻吩]—Br （2,5-二溴噻吩）

(4) [4-甲基-2-甲基吡喃结构式]

(5) H₃C—[嘧啶结构式]

(6) [2-乙基-4(5)-甲基咪唑结构式]

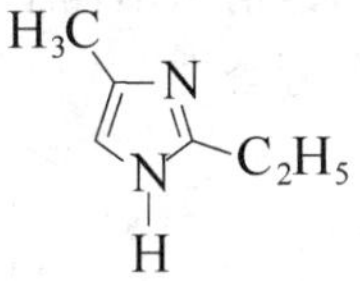

(7) 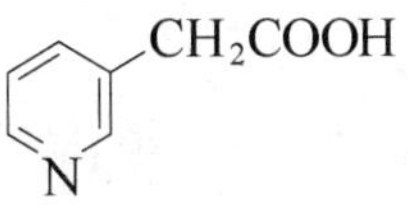 [吡啶-3-乙酸结构式] CH₂COOH

(8) 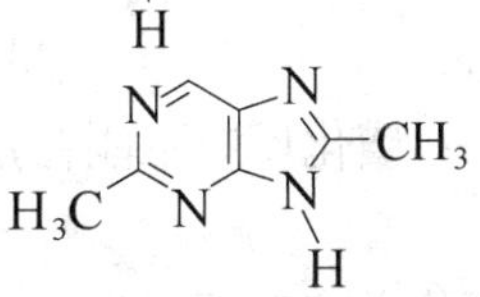 [嘌呤类结构式]

(9) 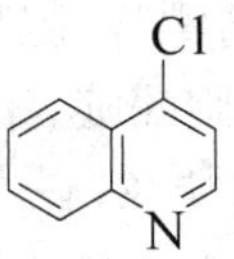 [4-氯喹啉结构式]

(10) 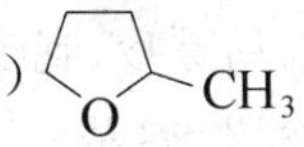 [2-甲基四氢呋喃结构式] CH₃

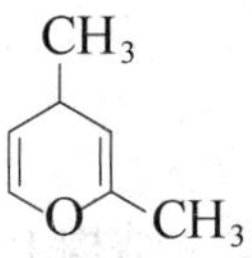

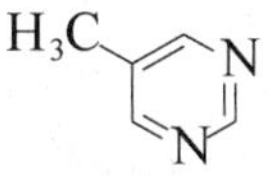

(11) 2,4-二溴咪唑

(12) 3,6-二甲基异喹啉

(13) 3-甲基六氢吡啶

(14) 3-吲哚乙酸

(15) 2-氨基-6-羟基嘌呤

(16) 4-甲基-2-乙基吡咯

2. 指出下列杂环化合物所含有的杂环母核。

(1) 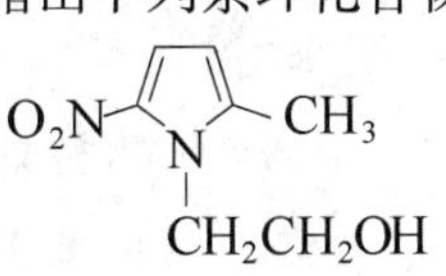 [甲硝唑结构式] O₂N—[吡咯]—CH₃ / CH₂CH₂OH

甲硝唑(抗厌氧菌感染药)

(2) 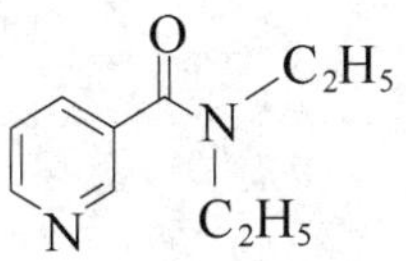 [可拉明结构式] —C(=O)—N(C₂H₅)₂

可拉明(呼吸中枢兴奋药)

（3） 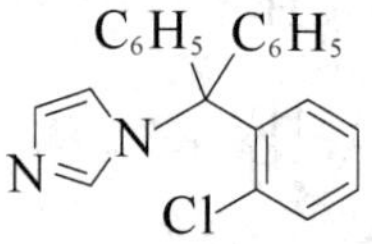
$$\begin{array}{c}C_6H_5\quad C_6H_5\\\end{array}$$
克霉唑（抗真菌药）

（4） 
维生素 B_1（治疗脚气病）

3. 完成下列反应方程式。

（1）  + KOH $\xrightarrow{\triangle}$

（2） 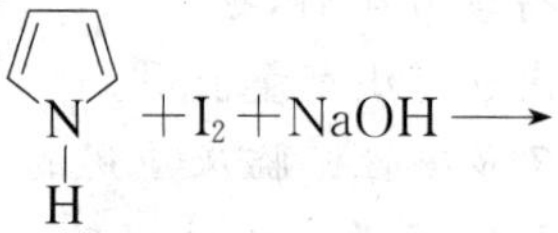 + I_2 + NaOH $\longrightarrow$

（3） + SO_3 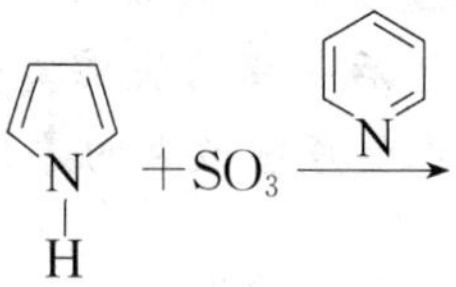 $\xrightarrow{\quad}$

（4） 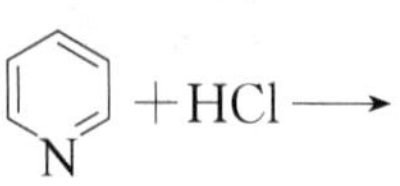 + HCl $\longrightarrow$

（5） 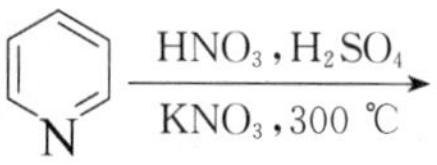 $\xrightarrow[KNO_3,300\ ℃]{HNO_3,H_2SO_4}$

（6） 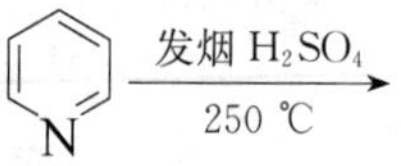 $\xrightarrow[250\ ℃]{发烟\ H_2SO_4}$

（7） 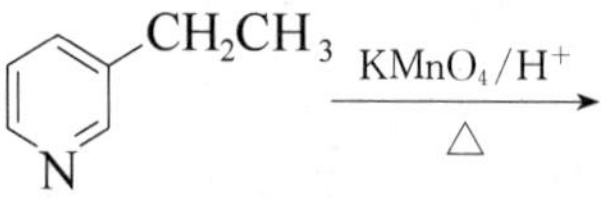 $\xrightarrow[\triangle]{KMnO_4/H^+}$

4. 咪唑、吡唑的水溶性比吡咯大，请从结构上分析原因。

5. 请判断下列化合物哪些具有芳香性。

（1）　　（2）　　（3）　　（4）　　（5）

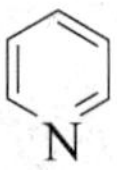

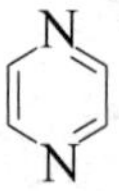

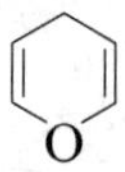

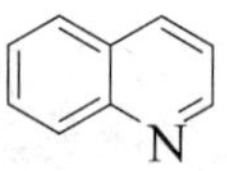

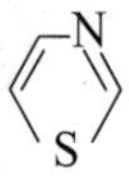

6. 为什么吡咯的硝化反应、磺化反应不能在强酸性条件下进行？

7. 推导题。

（1）组成核酸的碱基是嘌呤和嘧啶的衍生物，DNA 中的碱基主要有腺嘌呤、鸟嘌呤、胞嘧啶和胸腺嘧啶；RNA 中的碱基主要有腺嘌呤、鸟嘌呤、胞嘧啶和尿嘧啶。腺嘌呤、鸟嘌呤、胞嘧啶、尿嘧啶、胸腺嘧啶的化学名称分别为 6 -氨基嘌呤、2 -氨基- 6 -羟基嘌呤、4 -氨基- 2 -羟基嘧啶、2,4 -二羟基嘧啶、5 -甲基- 2,4 -二羟基嘧啶，请根据化学名称写出它们的结构简式，并写出几种嘧啶碱基的酮式和烯醇式互变异构体。

（2）某杂环化合物分子式为 C_6H_7ON，能与羟胺作用生成肟，但不能发生银镜反应，可以发生碘仿反应生成 2 -吡咯甲酸，试推测此杂环化合物的结构。

（陈瑞蛟）

第十二章

糖 类

　　糖类(saccharide)是自然界存在数量最多、分布最广且具有重要生物功能的有机化合物。从细菌到高等动物的机体都含有糖类,提供能量是糖类的最主要生理功能之一,同时糖分子中的碳架以直接或间接方式转化为构成生物体的蛋白质、核酸、脂质等有机分子。近年来,生物糖的研究已经成为21世纪有机化学的研究热点,研究表明,糖复合体中的糖是体内重要的信息分子,对人类疾病的发生、发展及预防起着重要的作用,同时糖也是一类重要的治疗药物。糖蛋白复合物是许多细胞质膜中的膜受体,它与细胞信号传递有关,它的结构与功能的关系是目前人们感兴趣的研究课题。糖生物学已经成为一门新兴的分支学科。

　　糖类俗称碳水化合物(carbohydrate),是因为早年发现的一些糖如葡萄糖、果糖等,是由 C、H、O 三种元素组成,并且 H 和 O 的比例与水相同,具有 $C_n(H_2O)_m$ 的结构通式。但后来的研究揭示:有些糖分子中 H 和 O 的比例不是 2∶1,如脱氧核糖、岩藻糖等;而有的物质,其分子式虽符合通式,如乳酸、乙酸等,却不具备糖的性质。所以碳水化合物这个名称不能确切代表糖类化合物,但因沿用已久,至今仍在使用。

　　从结构来看,糖类是多羟基醛或多羟基酮以及它们的缩聚物或衍生物。

　　根据糖类能否水解及水解产物的情况,可将糖分为三类:单糖、寡糖和多糖。

　　单糖(monosaccharide)是最简单的糖,是不能再水解的多羟基醛或多羟基酮,如葡萄糖、果糖、核糖等。

　　寡糖(oligosaccharides)是能水解成 2～10 个单糖分子的糖类化合物,也称低聚糖。根据水解后生成单糖的数目,寡糖可分为二糖、三糖等,其中以二糖(disaccharides)最为重要,如麦芽糖、纤维二糖、蔗糖等。

　　多糖(polysaccharides)是能水解成 10 个以上单糖分子的糖类化合物,是一种高分子化合物,也称高聚糖,如淀粉、糖原、纤维素等。

　　根据纯粹和应用化学国际联合会(IUPAC)的定义,碳水化合物是一类含有多个羟基的醛类和酮类化合物(更严格地说应该是脂肪族化合物,以区别于多酚类),以及由其衍生得到的一系列产物。这些衍生物包括:还原得到的糖醇,氧化得到的糖酸、糖二酸和糖醛酸,脱氧后产生的脱氧糖、羟基被氨基取代的氨基糖、单糖通过糖苷键与其他单糖形成的寡糖和多糖、糖类与非糖分子形成的糖苷和糖复合物。

问题 12－1　糖精的结构式为 ,它属于糖类吗?

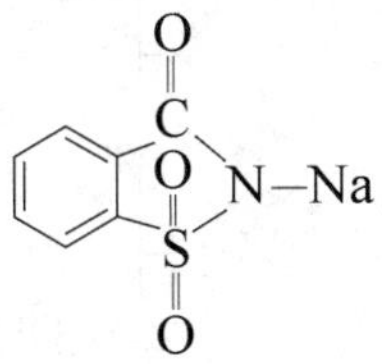

第一节 单 糖

单糖是不能水解的多羟基醛(酮),其中羰基通常在 C_1 或 C_2 上。

根据分子中所含羰基的类型,单糖可分为醛糖(aldoses)和酮糖(ketoses);根据分子中所含碳原子数目的多少,单糖可分为丙(三碳)糖、丁(四碳)糖、戊(五碳)糖等。但常把这两种分类法结合起来运用。

最简单的天然单糖是甘油醛和甘油酮,它们分别属于丙醛糖(二羟基丙醛)和丙酮糖(二羟基丙酮)。自然界存在的碳数最多的单糖是含 9 个碳的壬酮糖,生物体内以戊糖和己糖最常见。自然界最广泛存在的葡萄糖属己醛糖,蜂蜜中富含的果糖属己酮糖,构成 RNA 的核糖属戊醛糖。有些糖的羟基可被氢原子或氨基取代,它们分别称为脱氧糖和氨基糖,如存在于多糖中的 2 -氨基葡萄糖,构成 DNA 的 2 -脱氧核糖。

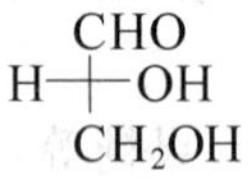

甘油醛 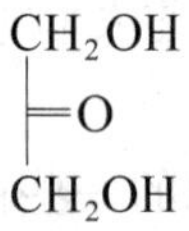　　甘油酮 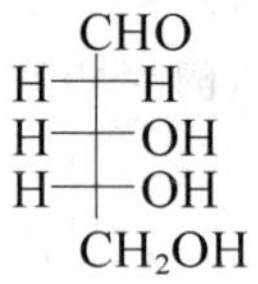　　2 - 脱氧核糖 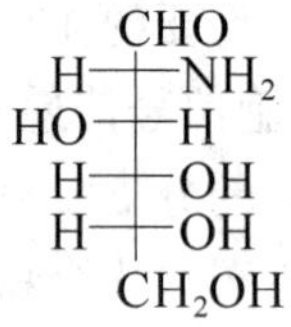　　2 - 氨基葡萄糖

微课:单糖的开链
结构和构型

一、单糖的开链结构和构型

单糖的开链结构用 Fischer 投影式表示,其书写规则是:将糖的主碳链竖直,下行,编号最小的碳原子置于上端。为了书写简便,单糖的 Fischer 投影式常用简写式。以 D-葡萄糖为例,其 Fischer 投影式(Ⅰ)和简写式(Ⅱ、Ⅲ、Ⅳ,其中Ⅱ、Ⅲ较常用)如下:

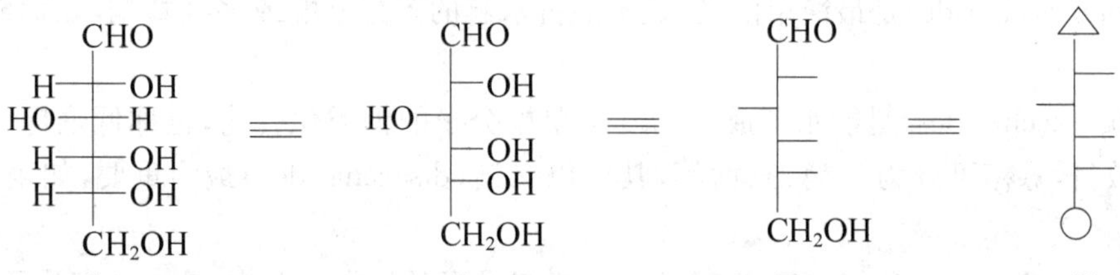

Ⅰ　　　　Ⅱ　　　　Ⅲ　　　　Ⅳ

糖的名称一般使用与其来源有关的俗名。除甘油酮外,其他单糖都有手性碳,存在旋光异构现象。含 n 个不相同手性碳原子的化合物,其旋光异构体数目最多为 2^n 个,可组成 2^{n-1} 对对映体。例如,己醛糖有 4 个手性碳,最多有 16 个旋光异构体,8 对对映体。葡萄糖(glucose, Glc)是其中一对对映体。单糖的构型可用 R/S 标记。但对于含多个手性碳的单糖,用 R/S 标记太麻烦,人们习惯用 D/L 标记其构型,即:以 D-(+)-甘油醛为标准,在糖的 Fischer 投影式中,编号最大的手性碳原子(即离羰基最远的一个手性碳)上的羟基在右边,与 D-(+)-甘油醛相同的为 D-构型糖,反之为 L-构型糖。

D-醛糖系列的开链结构式如图 12-1,它们的对映体均为 L 系列糖。例如:

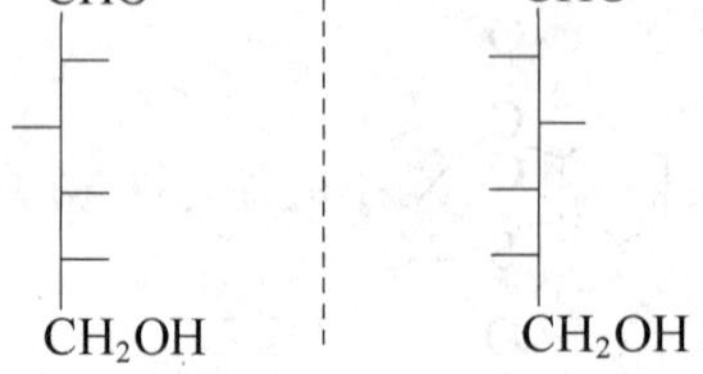

D-(+)-葡萄糖　　L-(−)-葡萄糖

对映体

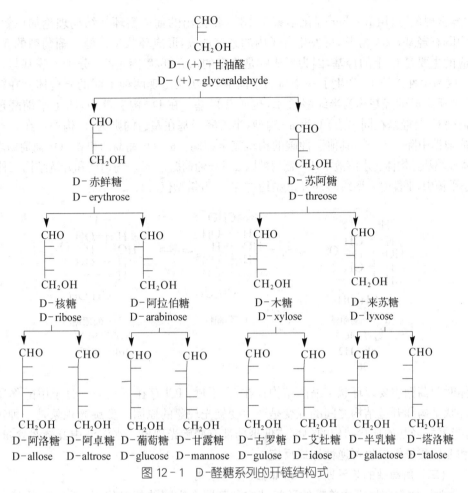

图 12-1　D-醛糖系列的开链结构式

在 D-醛糖系列$(C_3 \sim C_6)$中除苏阿糖、来苏糖、阿洛糖和古罗糖外,其他均为天然糖。天然存在的单糖大多是 D-构型糖。

D-葡萄糖与 D-甘露糖在结构上的差别只是 C_2 手性碳的构型不同,其余手性碳的构型完全相同。像这种只有一个手性碳原子构型不同而其他手性碳原子构型相同的非对映异构体互称为差向异构体(epimers)。D-葡萄糖与 D-甘露糖互为 C_2 差向异构体。D-葡萄糖与 D-半乳糖互为 C_4 差向异构体。

问题 12-2　写出 L-半乳糖的 Fischer 结构简式。

二、单糖的环状结构和构象

(一) 葡萄糖的直立氧环式结构和变旋光现象

单糖的开链结构都含羰基,能发生羰基的一些反应,但并不能解释某些实验事实。如 D-(+)-葡萄糖:①有醛基但不能与亚硫酸氢钠进行亲核加成反应。②一般醛在干燥 HCl 存在下与两分子甲醇作用生成稳定的缩醛产物,而葡萄糖只与一分子甲醇作用就能生成稳定的产物。③D-葡萄糖在不同溶剂中可得两种不同的结晶:从冷乙醇中析出的晶体,其熔点为146 ℃,比旋光度为+112°;在热吡啶中析出的晶体,其熔点为 150 ℃,比旋光度为+18.7°。这两种晶体的水溶液,随着放置时间的延长,其比旋光度都逐渐发生变化,最后达到一个稳定值即+52.7°。这种在溶液中比旋光度自行改变的现象称为变旋光现象(mutarotation)。变旋光现象并不是由葡萄糖在水中分解引起的,因为把溶液蒸干后再分别用冷乙醇和热吡啶重结晶,仍可得到原来相应比旋光度的晶体。

微课:单糖的 Fischer 直立氧环式

上述"异常现象"可用 Fischer 等化学家于 1895 年提出的葡萄糖环状结构理论加以解释。D-葡萄糖分子中既有羟基,又有醛基,可发生分子内的亲核加成,形成环状半缩醛。葡萄糖的 5 个羟基中,与醛基反应的主要是 C_5 上的羟基,因为形成的是稳定的六元环状半缩醛。分子内醛基与羟基反应的结果,使 C_1 成为手性碳原子,产生了一个新的手性中心,从而出现两种不同的异构体。在糖的环状半缩醛中,C_1 上所生成的羟基称为半缩醛羟基,也叫苷羟基。在 D-构型糖中,C_1 上半缩醛羟基在右边(与D-葡萄糖 C_5 上羟基在同一边)的为 α-构型,半缩醛羟基在左边的则为 β-构型。在 α-D-葡萄糖和 β-D-葡萄糖中除了 C_1 外,其他手性碳的构型完全相同。α-D-葡萄糖和 β-D-葡萄糖之间互为 C_1 差向异构体或端基异构体。水溶液中,D-葡萄糖以 α-D-葡萄糖、β-D-葡萄糖和开链结构三种形式共存,并处于动态平衡中,平衡时 α 型约占 36%,β 型约占 64%,开链型仅占 0.024%。

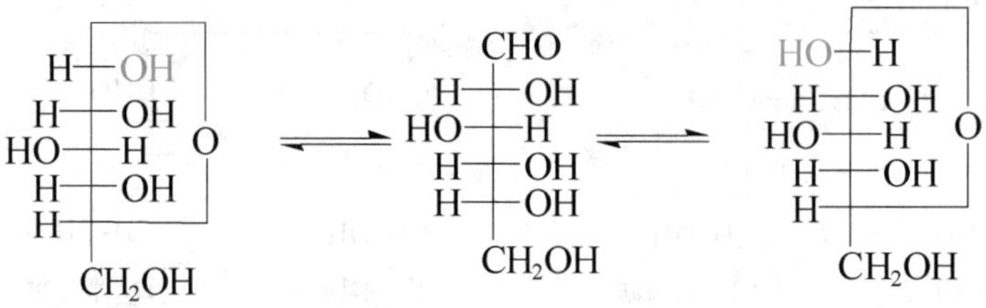

α-D-葡萄糖
熔点 146 ℃
[α]=+112°
36%

D-葡萄糖

0.024%

β-D-葡萄糖
熔点 150 ℃
[α]=+18.7°
64%

在晶体时葡萄糖主要以环状半缩醛结构存在,在干燥 HCl 存在下只与一分子甲醇作用形成稳定的缩醛。环状结构和开链结构之间的互变是产生变旋光现象的原因。变旋光现象是一种很普遍的现象,凡具有半缩醛羟基的环状结构的单糖或低聚糖都有变旋光现象。水溶液中开链式含量很低,所以不能与饱和亚硫酸氢钠发生可逆性加成反应。

(二)葡萄糖的哈沃斯(Haworth)式和构象式

微课:单糖的
哈沃斯
(Haworth)式

为了较真实地表示单糖的环状结构和基团在空间的相对位置,通常采用 Haworth 透视式。把 Fischer 投影式转变成 Haworth 透视式时,在投影式中手性碳原子右边的羟基写在 Haworth 式环平面下方,而左边羟基则写在环平面上方。在 Haworth 式中,D、L 和 α、β 构型的确定分别以 C_5 上羟甲基和 C_1 上半缩醛羟基在环上的排布来确定。顺时针方向编号,羟甲基在平面上方的为 D-型糖,在平面下方的为 L-型糖。在 D-型糖中,C_1 半缩醛羟基与羟甲基处于同一侧的为 β-构型,处于异侧的 α-构型。为了方便书写,环上的氢原子可省略。当糖以 2 种端基异构体的混合物形式存在时,可用逗号或虚线或波浪线表示半缩醛(酮)羟基的键,如:

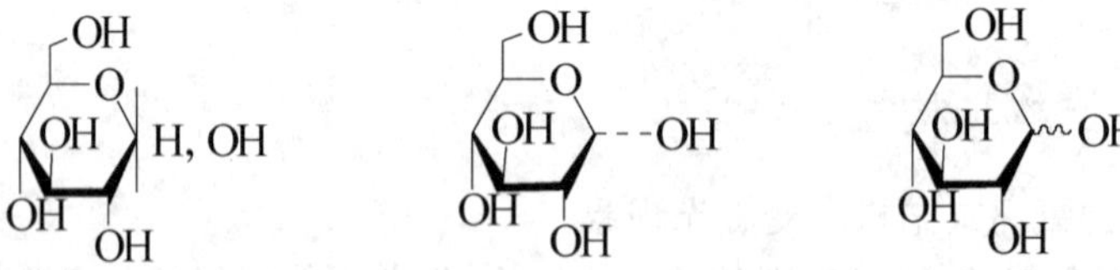

β-D-葡萄糖和 α-D-葡萄糖的 Haworth 式及 D-葡萄糖的 Fischer 开链结构三种形式的平衡互变如图 12-2 所示。

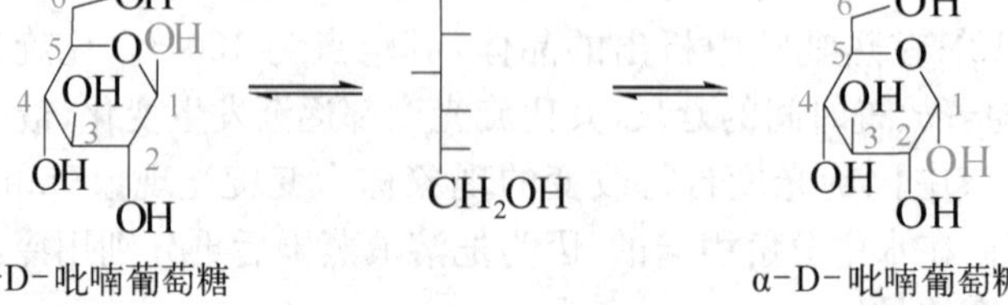

β-D-吡喃葡萄糖

α-D-吡喃葡萄糖

图 12-2 葡萄糖开链结构和环状结构的互变平衡式

葡萄糖的平面含氧六元环状结构与杂环吡喃相似,故把六元环状的糖称为吡喃糖(glycopyranose);其他糖形成的五元含氧环与杂环呋喃结构相似,故称为呋喃糖(glycofuranose)。X 射线衍射分析证明 D-(＋)-葡萄糖具有六元环结构。通常,游离态的果糖以六元环状结构形式存在,而结合态果糖则以五元环状结构形式存在。呋喃糖和吡喃糖一样,也有 α-和 β-2 种构型。在水溶液中,果糖的开链结构和环状结构互变而处于动态平衡,故也有变旋光现象,平衡时的比旋光度为−92°。

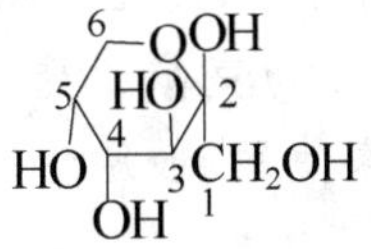

β-D-吡喃果糖 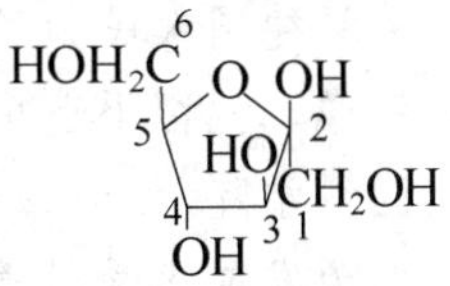　　　　　　β-D-呋喃果糖

问题 12-3　由 D-甘露糖的 Fischer 投影式写出其 Haworth 式。

Haworth 式比 Fischer 投影式能更合理地表达糖的化学性质,在糖化学中得到了普遍的应用。但 Haworth 式将吡喃环作为平面,环上的原子或原子团垂直排布在环的上下方,这仍没能表达出 D-吡喃葡萄糖的真实结构,它不能解释为什么在平衡混合物中 β-D-吡喃葡萄糖的含量比 α-D-吡喃葡萄糖高。更真实的结构是吡喃糖具有环己烷的基本骨架,成环的各原子并不都在同一平面上,而是以优势的椅式构象存在。D-葡萄糖的 2 种构象式为:

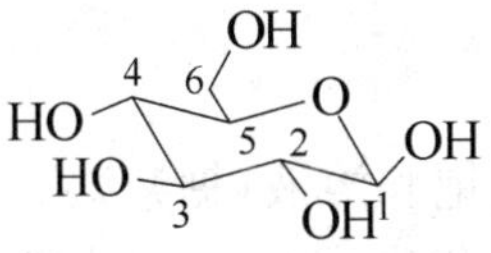

β-D-吡喃葡萄糖 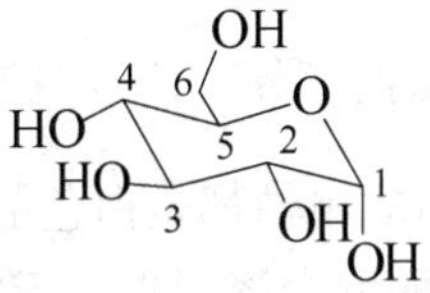　　　　　　α-D-吡喃葡萄糖

D-葡萄糖的 2 种构象式中,β-D-吡喃葡萄糖分子中包括半缩醛羟基在内的所有取代基全部为 e 键;α-D-吡喃葡萄糖与 β-D-吡喃葡萄糖唯一不同的是其半缩醛羟基处于 a 键。显然 β-D-吡喃葡萄糖比 α-D-吡喃葡萄糖更稳定,D-葡萄糖在水溶液的动态平衡中,β-异构体的含量要高于 α-异构体。自然界中,葡萄糖广泛存在的原因之一与其优势构象时所有大基团都处于 e 键有关。

一般来说稳定的优势构象中大基团多处于 e 键。但当吡喃糖 C_1 连有吸电子基团时,此基团更倾向于 a 键,这个现象称为端基异构效应(anomeric effect)。如 C_1 位羟基被—OCH_3、—$OOCCH_3$、—$OCOCH_3$ 等基团取代后,由于偶极—偶极作用及水的溶剂化效应,有利于形成 a 键,即 α-异构体在平衡体系中比例增大。

问题 12-4　写出 D-吡喃半乳糖的两种构象,并指出在水溶液中哪种更稳定。

自阅材料　诺奖获得者 Fischer 和 Haworth

Emil Fischer(1852—1919),德国最知名的化学家之一。他的研究领域主要集中在有机化学中与人类生活、生命有密切关系的有机物的探索上,包括对糖类、嘌呤类、蛋白质的研究及化工生产方面。曾有人说:"从 Fischer 的化学实验室里,随便拿出一个方案,就可开一座大工厂。"

Fischer 从 1885 年开始对糖进行研究,他确定了 D-系糖的构型,合成了其中的许多单糖,首次

Emil Fischer

合成了 α-、β-葡萄糖甲苷,并认为它们具有环状结构。他的大量研究奠定了糖化学的基础。1894 年他发现麦芽糖酶只能水解 α-甲基葡萄糖苷,而不能水解 β-甲基葡萄糖苷,而苦杏仁酶的作用恰恰相反,于是他认识到酶具有底物专一性,即只对专一性几何构型的分子起作用。

Fischer 因对嘌呤和糖的研究于 1902 年获诺贝尔生理学或化学奖。

德国人民为了纪念 Fischer,在他曾工作的化学试验所广场竖立了一尊铜像。他留下遗嘱,从遗产中拿出 75 万马克献给德国科学院,作为基金提供给年轻化学家使用,鼓励他们为发展化学科学而努力。

Walter Norman Haworth (1883—1950),英国化学家。1912 年于圣安得鲁斯(St.Andrews)大学在糖化学家 J.Irvin 和 T.Purdie 的影响下进行糖研究,建立了单糖的环状结构并提出了 Haworth 式。1934 年以葡萄糖为原料,成功合成了维生素 C,这是人工合成的第一种维生素。这一研究成果不仅丰富了有机化学的研究内容,而且可生产廉价的医药用维生素 C(即抗坏血酸)。为此,Haworth 于 1937 年与瑞士化学家 P.Karrer 分享了诺贝尔生理学或化学奖。英国王室为褒奖他对化学的贡献,于 1947 年被授予爵士位。

Walter Norman Haworth

微课:单糖的物理
化学性质

三、单糖的物理性质

纯净的单糖都是白色晶体,易溶于水,常易形成过饱和溶液(糖浆)、难溶于醇等有机溶剂,水—醇混合溶剂常用于糖的重结晶;有吸湿性;具有甜味,不同单糖的甜度各不相同,以果糖为最甜;除二羟基丙酮外单糖都有旋光性,具有环状结构的单糖都有变旋光作用。

四、单糖的化学性质

单糖是多羟基醛(酮),所以具有醇和醛酮的一般性质。同时由于官能团之间的相互影响,单糖又表现出一些特殊性质。

单糖在溶液中以开链结构与环状结构互变形式共存,其化学反应有的以开链结构进行,有的则以环状结构进行。

(一)氧化反应

1. 与碱性弱氧化剂的反应 醛糖分子中含有醛基,所以能还原碱性弱氧化剂,如与 Tollens 试剂反应产生银镜,与 Fehling 试剂、Benedict 试剂作用产生砖红色的氧化亚铜沉淀即铜镜。

酮糖分子中含有的是酮羰基,本身不能被上述弱的氧化剂氧化,但在碱性条件下可通过烯二醇中间体发生酮糖、醛糖的平衡互变。如 D-果糖在弱碱条件(如氢氧化钡)下可转化为 D-葡萄糖和 D-甘露糖。

用碱处理 D-葡萄糖和 D-甘露糖时,同样有这种转化,也就是说在碱性条件下,往往是 D-葡萄糖、D-果糖和 D-甘露糖的混合物。上述转化中,由 D-葡萄糖转化为 D-甘露糖的过程称为差向异构化(epimerization)。

Tollens 试剂、Fehling 试剂和 Benedict 试剂均为碱性试剂,因此,在这些试剂作用下,酮糖均可转化为醛糖而被氧化。在糖化学中,将能与这些碱性弱氧化剂发生反应的糖称为还原糖,不反应的糖称为非还原糖。单糖都是还原糖。从结构来看,还原糖都含有 α-羟基醛或 α-羟基酮或含有能产生这些基团的半缩醛或半缩酮结构。

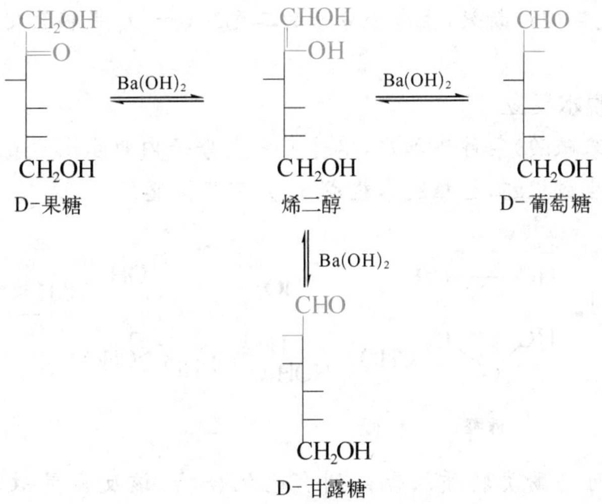

D-果糖 ⇌(Ba(OH)₂) 烯二醇 ⇌(Ba(OH)₂) D-葡萄糖

D-甘露糖

$$单糖+[Ag(NH_3)_2]^+ \longrightarrow 2Ag\downarrow+糖酸(混合物)$$
（Tollens 试剂）

$$单糖+2Cu^{2+} \longrightarrow Cu_2O\downarrow+糖酸(混合物)$$
（Fehling 试剂或 Benedict 试剂）

由于 Benedict 试剂比 Fehling 试剂稳定性好,所以临床检验中常将 Benedict 试剂用于尿糖的检测。

2. 与溴水的反应　溴水作为弱氧化剂,在 pH 为 5~6 的酸性条件下进行反应。醛糖与溴水作用,醛基被氧化成羧基而生成相应的糖酸。而酮糖则无此反应,因此可利用棕红色的溴水是否褪色来鉴别醛糖和酮糖。

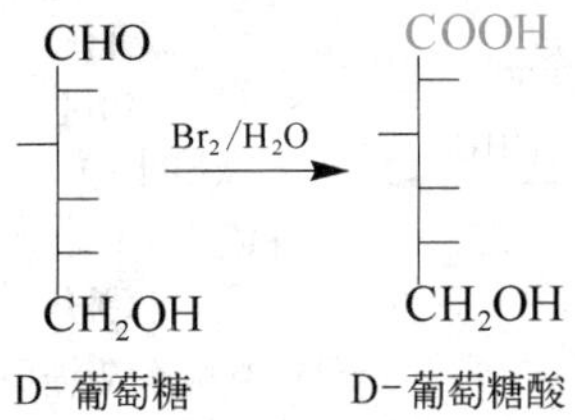

D-葡萄糖 →(Br₂/H₂O) D-葡萄糖酸

3. 与稀硝酸的反应　硝酸是强氧化剂。醛糖与硝酸作用,醛基和羟甲基均被氧化而生成糖二酸。如 D-葡萄糖被温热的稀硝酸氧化形成 D-葡萄糖二酸。

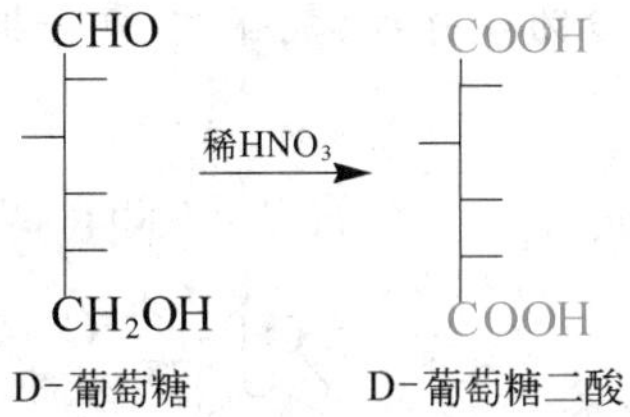

D-葡萄糖 →(稀HNO₃) D-葡萄糖二酸

生物体内 D-葡萄糖在肝脏内经酶催化反应,其中醛基不受影响,只是末端羟甲基被氧化成羧基而生成 D-葡萄糖醛酸。D-葡萄糖醛酸广泛分布于动植物体内,常以苷的形式存在。D-葡萄糖醛酸在体内与许多代谢生成的有毒物质结合,生成极性大、易溶于水和易排出体外的结合物,从而起到解毒作用。

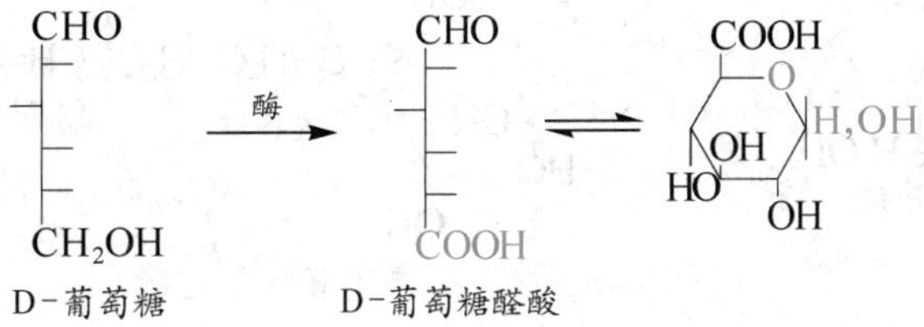

D-葡萄糖 →(酶) D-葡萄糖醛酸

酮糖被硝酸氧化时发生碳链断裂,生成小分子的二元酸,如 D-果糖氧化生成二羟基丁二酸、三羟基戊二酸等。

(二) 酸性条件下的脱水反应

在强酸(如浓盐酸或浓硫酸)条件下加热,单糖可发生分子内脱水形成糠醛(α-呋喃甲醛)或糠醛衍生物。例如,戊糖脱水生成糠醛,己糖脱水生成 5-羟甲基糠醛。

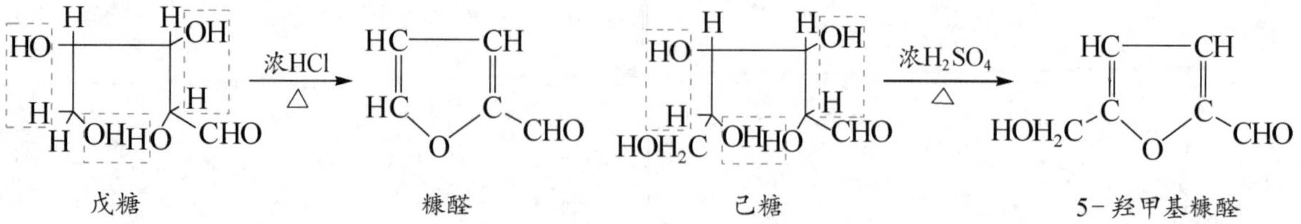

戊糖　　　　　　糠醛　　　　　　己糖　　　　　　5-羟甲基糠醛

糠醛及糠醛衍生物可与酚类物质缩合得到有色化合物,该反应灵敏,实验现象明显,故常用于糖类化合物的鉴别。常见的反应包括:Molish 反应(含糖溶液与 α-萘酚在脱水剂浓硫酸的存在下生成紫色物质而出现紫色环的反应,该反应可用来鉴别所有的糖类化合物)和 Seliwanoff 反应(酮糖与间苯二酚在脱水剂浓盐酸存在下生成红色物质的反应,该反应可用于醛糖和酮糖的鉴别)。

(三) 成苷反应

单糖环状结构中的半缩醛(酮)羟基,与其他非糖物质中的羟基、氨基、巯基等脱水生成称为糖苷(甙)(glycoside)的化合物,此反应称为成苷反应。如在干燥的氯化氢条件下,D-葡萄糖与甲醇作用生成 α,β-D-葡萄糖甲苷混合物,其中以 α-D-葡萄糖甲苷为主。

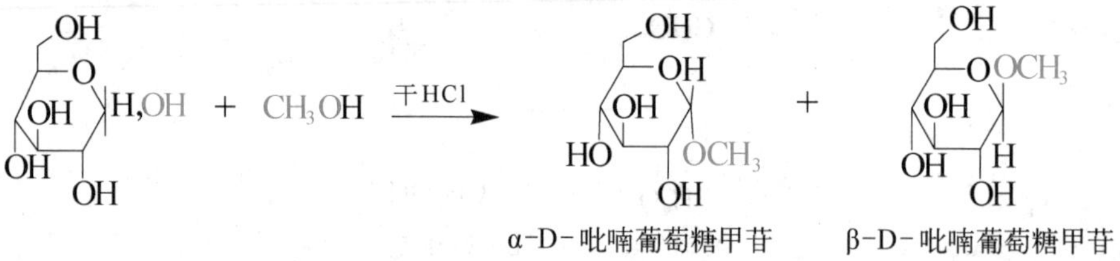

α-D-吡喃葡萄糖甲苷　　　　　β-D-吡喃葡萄糖甲苷

糖苷分子中糖部分称为糖苷基,非糖部分称为(糖苷)配基或苷元,糖苷基与配基的连接键称为糖苷键或苷键。苷键的种类很多,根据苷羟基的类型可分为 α-苷键和 β-苷键。

根据连接糖和苷元原子的不同可分为碳苷键、氮苷键、氧苷键和硫苷键。

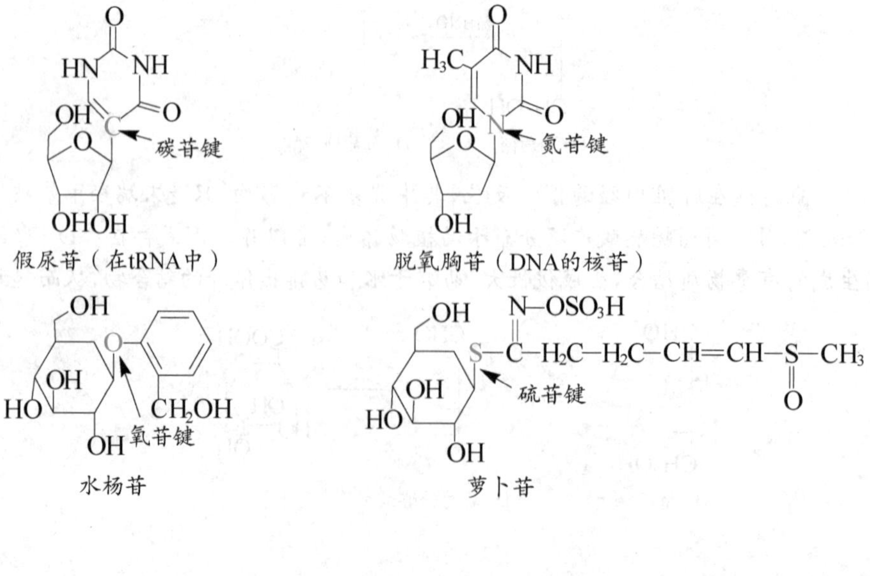

假尿苷（在 tRNA 中）　　　　　脱氧胸苷（DNA 的核苷）

水杨苷　　　　　　　　　　　萝卜苷

　　糖苷从结构上看相当于缩醛,在中性或碱性条件下稳定,在酸性条件或酶存在下容易发生苷键水解而得到原来的糖与苷元。糖苷分子中已无半缩醛(酮)羟基,在水溶液中不能转化为开链结构而产生醛基,因此糖苷无还原性;同时也实施不了α、β的相互转化,因而也无变旋光现象。

　　糖苷是一类很重要的天然物质。有些糖苷是某些中草药的有效成分,如杏仁中的苦杏仁苷有止咳平喘作用,洋地黄中的洋地黄苷有强心作用。有些糖苷还用作食品中的色素、鲜味剂等。

　　早在远古时代就有古埃及人应用强心苷的记载。目前在临床上使用的强心苷包括洋地黄毒苷、毒毛旋花子苷 K、地高辛等。这些强心苷均含作为苷元的甾体及相应的特殊单糖或低聚糖。如用于急性心率衰竭或慢性心率衰竭加重时的 G-毒毛旋花子苷(G-strophanthin)属单糖苷,临床上将其作为强心苷生物效价的标准。

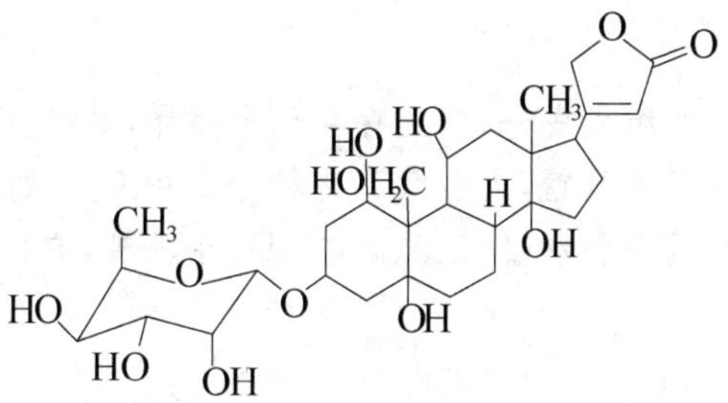

G-毒毛旋花子苷

　　目前使用的含糖药物包括各种氨基糖苷类、大环内酯类抗生素等。氨基糖苷类抗生素是由 2 个或 3 个氨基糖分子和非糖部分通过苷键连接而成,如天然来源的链霉素、庆大霉素和卡那霉素等。

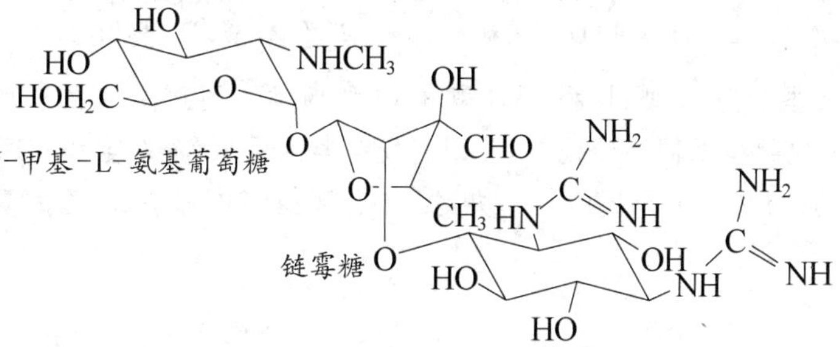

链霉素

　　阿奇霉素是在红霉素结构上修饰得到的属大环内酯类第二代抗生素的一种广谱抗生素,适用于由肺炎衣原体、流感嗜血杆菌、嗜肺军团菌、卡他莫拉菌、金黄色葡萄球菌或肺炎链球菌引起的呼吸道、皮肤软组织感染和由沙眼衣原体、淋病双球菌、人型支原体引起的盆腔炎等。

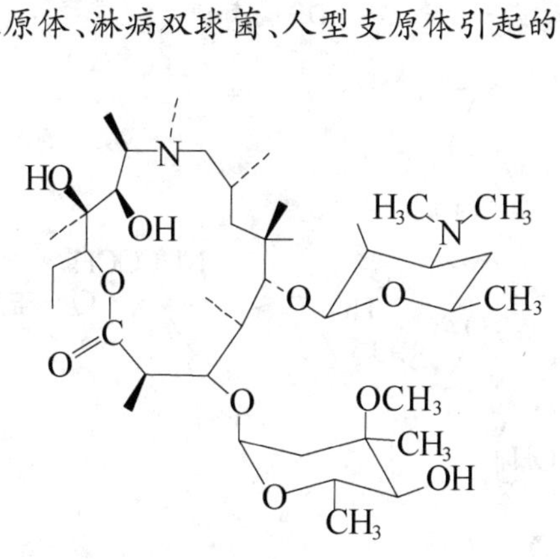

阿奇霉素

问题 12－5 熊果苷是一种天然的糖苷，其结构式为 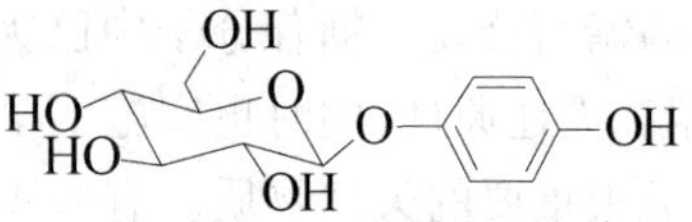 ，写出：① 苷键的名称；② 配基的名称；③ 糖苷的名称。

问题 12－6 为什么糖苷在中性或碱性水溶液中无变旋光现象，而在酸性水溶液中有变旋光现象？

自阅材料

（一）氨基糖

氨基糖是很多糖和蛋白质的组成成分，广泛存在于自然界，具有重要的生理作用。自然界存在的氨基糖(amino sugar)主要是氨基己糖，大多数己醛糖分子中 C_2 上的羟基被氨基或乙酰氨基取代的衍生物，如 2－乙酰氨基－D－葡萄糖和 2－乙酰氨基－D－半乳糖，它们是构成血型物质的组成成分之一。

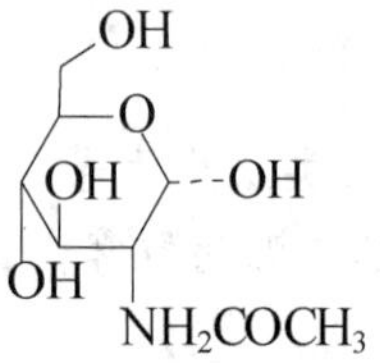

2－乙酰氨基－D－葡萄糖

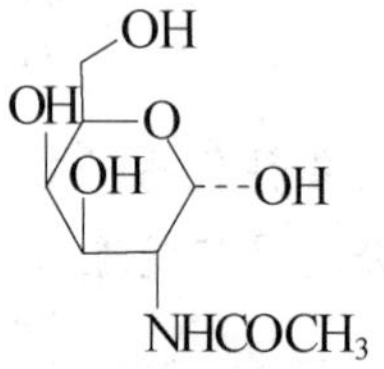

2－乙酰氨基－D－半乳糖

众所周知，人的血型分为 A 型、B 型、AB 型和 O 型四类。同血型的血液可互相混合，不发生凝集。但除 O 型血外其他异型血间不能混合，否则将发生凝血现象，危及生命。这是为什么？人的血型是由红细胞膜上的糖蛋白末端寡糖链的组成决定。4 种寡糖链中都有 2－乙酰氨基－D－葡萄糖，其组成分别为：

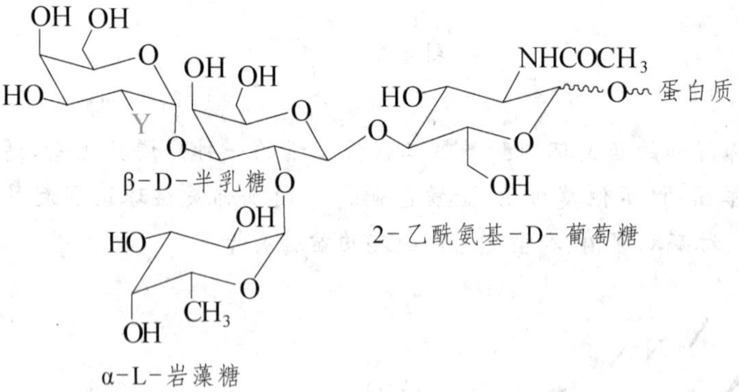

A 型：Y=NHAC
B 型：Y=OH
AB 型：Y=NHAC 或 Y=OH

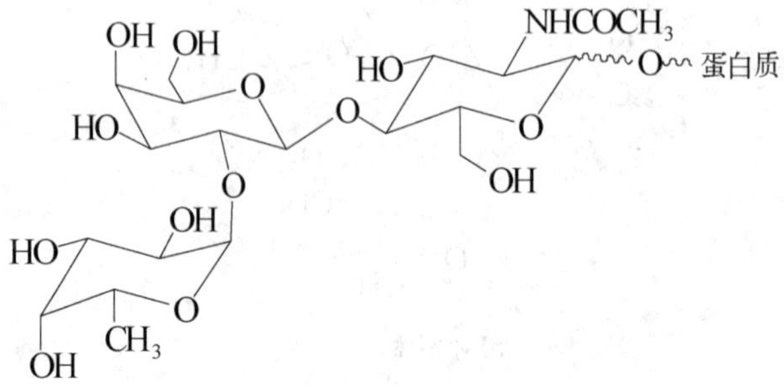

O 型

（二）维生素 C

维生素 C 可看作是单糖的衍生物，它是由 L-山梨糖经氧化和内酯化制备而成，而 L-山梨糖则由 D-葡萄糖制备得到。

$$
\begin{array}{ccccc}
\text{CHO} & \xrightarrow{\text{还原}} & \text{CH}_2\text{OH} & \xrightarrow[\text{醋酸酶}]{\text{氧化}} & \text{CH}_2\text{OH} \\
\text{D-葡萄糖} & & \text{L-山梨醇} & & \text{L-山梨糖}
\end{array}
$$

D-葡萄糖 → L-山梨醇 → L-山梨糖 → L-山梨糖酸

L-山梨糖酸内酯 → 维生素 C（L-抗坏血酸）

维生素 C 烯醇式羟基上的氢显酸性，能防治坏血症，故医药上称为 L-抗坏血酸。维生素 C 分子中相邻的烯醇式羟基很易被氧化，是很好的天然抗氧化剂，可阻止生物体内由自由基引起的氧化反应。此外，维生素 C 还可用作食品的抗氧化剂。

维生素 C 广泛存在于新鲜蔬菜、水果中，以柑橘、柠檬、番茄中含量较多。许多植物自己能合成维生素 C，但人类却无能为力，必须从食物中摄取。人体缺乏维生素 C 有可能导致坏血病，表现为疲劳、倦怠、易感冒。典型症状是牙龈出血、牙床溃烂、牙齿松动、毛细血管脆性增加。

第二节 二 糖

二糖（disaccharides），也称双糖，是最简单的寡糖。二糖是由 2 个相同或不同的单糖分子通过脱水以苷键相互连接而成的化合物。在酸或酶的作用下二糖可水解得到两分子单糖。根据连接两分子单糖的苷键的不同及由此导致化学性质的差异，可将二糖分为还原性二糖和非还原性二糖。

一、还原性二糖

由一分子单糖的半缩醛羟基与另一分子单糖的醇羟基脱水形成的苷键连接而成的二糖，由于分子中还有一个苷羟基，在水溶液中处于环状结构和开链结构的动态平衡中，有变旋光现象，可以还原 Tollens 试剂、Fehling 试剂和 Benedict 试剂，我们称为还原性二糖，常见的还原性二糖有麦芽糖、纤维二糖和乳糖。

微课:还原性二糖

（一）麦芽糖

淀粉在淀粉糖化酶的催化下或稀酸条件中部分水解，得到（＋）-麦芽糖（maltose）。麦芽糖一般存在于发芽的种子中，是制造啤酒的原料。麦芽糖为白色晶体，有甜味，是食用饴糖的主要成分。

麦芽糖在麦芽糖酶的作用下水解成 2 个 D-葡萄糖分子。麦芽糖酶来自酵母，此酶专一性水解 α-糖苷键，这说明 2 个 D-葡萄糖分子是由 α-苷键连接。经实验得出麦芽糖是由一分子 α-D-吡喃葡萄糖的 C_1 半缩醛羟基与另一分子 D-葡萄糖 C_4 上的羟基脱水以 α-1,4-苷键结合而成的还原性二

糖,其结构为:

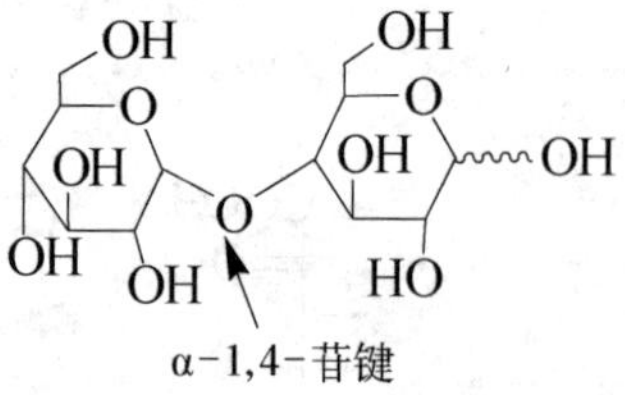

α-1,4-苷键

Haworth 式 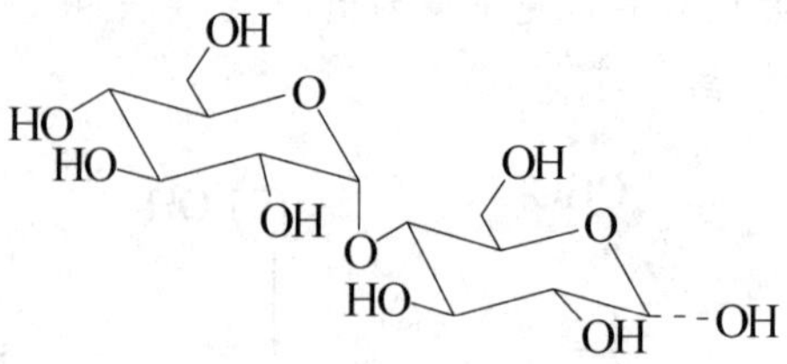   构象式

（＋）-麦芽糖

（＋）-麦芽糖分子中保留了一个苷羟基,因此具有还原性和变旋光现象。25 ℃时麦芽糖的 α-、β-端基异构体的比旋光度分别为＋168°、＋112°。结晶状态的（＋）-麦芽糖,其半缩醛羟基是 β-构型的;但在水溶液中,该晶体发生了变旋光现象,产生了 α-、β-端基异构体的混合物(故如上结构中 C_1 构型不标出),平衡时比旋光度为＋136°。

（二）纤维二糖

（＋）-纤维二糖(cellobiose)是纤维素在一定条件下部分水解的产物,无甜味。纤维二糖在苦杏仁酶的作用下水解成 2 个 D-葡萄糖分子,苦杏仁酶来自苦杏仁,此酶专一性水解 β-糖苷键,这说明 2 个 D-葡萄糖分子是由 β-苷键连接。经实验得出纤维二糖是由 1 分子 β-葡萄糖 C_1 上的半缩醛羟基和另 1 分子 D-葡萄糖 C_4 上的羟基脱水以 β-1,4-苷键结合而成的二糖,其结构为:

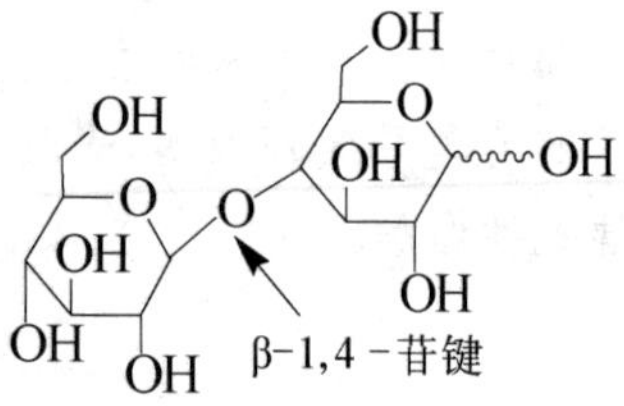

β-1,4-苷键

Haworth 式 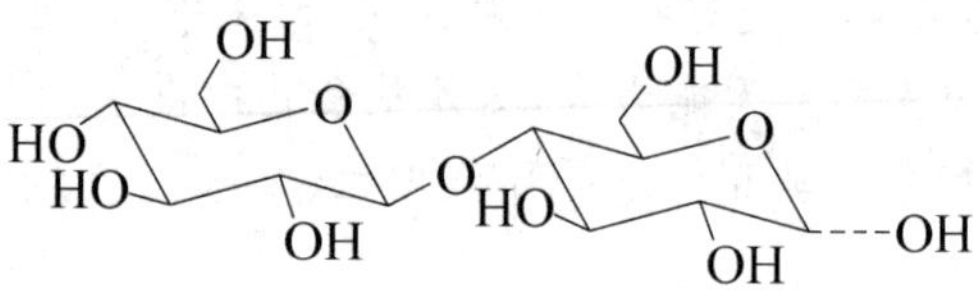   构象式

（＋）-纤维二糖

（＋）-纤维二糖分子中保留了一个苷羟基,是还原性二糖,有变旋光现象。

（＋）-纤维二糖与（＋）-麦芽糖互为同分异构体,虽只是苷键的构型不同,但生理上却有很大差别。人类消化液中不存在可水解 β-糖苷键的酶,所以不能分解利用纤维二糖作为食物营养;但食草的牛、马等反刍动物因体内存在 β-糖苷键的水解酶,可将纤维素转变为葡萄糖而将其作为食物营养。

（三）乳糖

（＋）-乳糖(lactose)存在于哺乳动物的乳汁中,工业上可从乳酪生产的副产物乳清中获得。乳糖可被苦杏仁酶作用水解成 1 个 D-葡萄糖分子和 1 个 D-半乳糖分子,这说明这 2 个单糖分子是由 β-糖苷键连接。经实验得出乳糖是由 1 分子 β-D-半乳糖 C_1 上的半缩醛羟基和另 1 分子葡萄糖 C_4 上的羟基脱水以 β-1,4-苷键结合而成的二糖,其结构为:

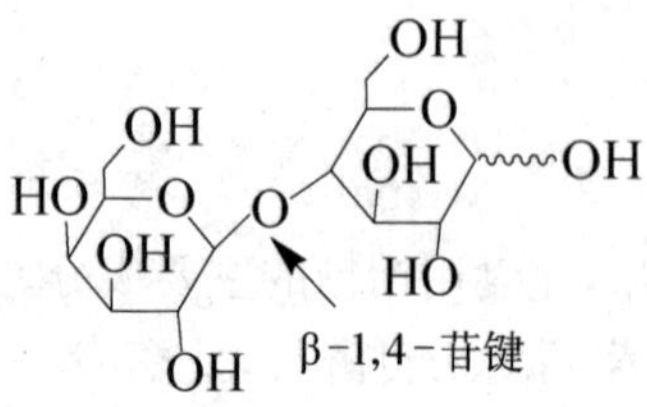

β-1,4-苷键

Haworth 式 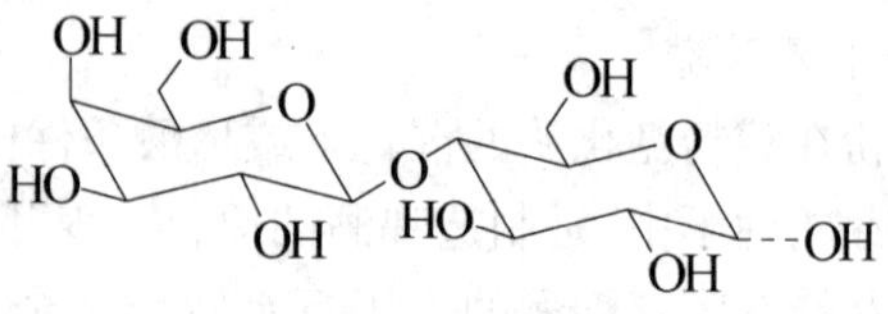   构象式

（＋）-乳糖

（＋）-乳糖分子中保留了一个苷羟基，是还原性二糖，有变旋光现象。（＋）-乳糖的 α-、β-端基异构体的比旋光度分别为＋92.6°、＋34°，其水溶液达平衡时比旋光度为52.3°。

问题 12-7　牛奶营养丰富，但有人喝了会腹泻、胀气，这是为什么？

二、非还原性二糖

微课：非还原性二糖

　　由两分子单糖的苷羟基脱水形成的苷键连接而成的二糖，由于分子中不再含有苷羟基，在水溶液中不能进行环状结构和开链结构的相互转变，没有变旋光现象，不能还原 Tollens 试剂、Fehling 试剂和 Benedict 试剂，我们称之为非还原性二糖，最有代表性的非还原性二糖是蔗糖（sucrose）。

　　（＋）-蔗糖是自然界分布最广的二糖，尤其以在甘蔗和甜菜中含量最高，故有蔗糖或甜菜糖之称。

　　蔗糖也叫食用糖，是食品和饮料业最常用的原料。将甘蔗或甜菜榨出汁液，加入石灰乳将其中的蛋白质、有机酸、胶质等杂质沉淀，过滤除去。滤液真空浓缩后结晶，再在分离机上分离即得市售的红糖（也叫粗糖），红糖性温，杂质较多；将红糖溶于水，用水蒸气蒸馏法脱味，活性炭脱色后再浓缩结晶即得纯净的白糖，白糖性平，纯度较高；冰糖则是白糖的结晶再制品，由于其结晶如冰状，故名冰糖，中医认为冰糖具有润肺、止咳、清痰和去火的作用。

　　（＋）-蔗糖既能被稀酸水解，也能被麦芽糖酶和转化酶水解（转化酶是专一性地水解 β-D-果糖苷键的酶）得到等量的 D-葡萄糖和 D-果糖。这说明蔗糖既是一个 α-D-葡萄糖苷，又是一个 β-D-果糖苷，即蔗糖由一分子 α-D-葡萄糖 C_1 上的半缩醛羟基与一分子 β-D-果糖 C_2 上的半缩酮羟基脱水，以 α，β-1,2-糖苷键连接形成的非还原性二糖。其结构为：

Haworth 式　　　　　　　　　　　　　　　　　　　构象式

α，β-1,2-苷键

（＋）-蔗糖

　　蔗糖分子中不存在游离的半缩醛或半缩酮羟基，是非还原性二糖，没有变旋光现象。蔗糖是一个右旋糖，其比旋光度为＋66.5°，水解后产生等量的 D-葡萄糖和 D-果糖的混合物，其比旋光度为 −19.7°，即蔗糖水解前后旋光方向发生了改变。蔗糖这种伴随旋光方向发生改变的水解反应称转化反应，得到的 D-葡萄糖和 D-果糖的混合物称为转化糖（invert sugar）。转化糖用于饮料工业中，蜂蜜中也含有大量的转化糖，它比单独的葡萄糖和蔗糖更甜。

问题 12-8　如何将二糖水解为单糖？通过什么方法验证蔗糖已水解为单糖？

第三节　多　　糖

微课：多糖

　　多糖（polysaccharides）是由 10 个以上的单糖通过糖苷键连接而成的天然高聚物。自然界的多糖大多含 80～100 个单糖单元。根据其水解产生的单糖单元是否相同可将多糖分为均多糖和杂多糖。根据单糖的连接方式,多糖主要有直链和支链两类,个别也有环状的。直链多糖中连接单糖的苷键主要有 α-1,4-苷键、β-1,4-苷键,支链多糖中链与链间的连接点是 α-1,6-苷键。在糖蛋白中还有 1,2-和 1,3-连接方式。多糖分子中虽有苷羟基,但因分子量很大,苷羟基所占比例很小,它们并没有还原性和变旋光现象。多糖大多是不溶于水的非晶形固体,无一定熔点,也没有甜味,个别多糖虽溶于水,但只形成胶体溶液。几乎所有的生物体内均含有多糖(如淀粉、糖原、纤维素等),多糖是生物储备能量的形式之一,是生命活动不可缺少的物质。

一、淀粉

淀粉(starch)是人类获取糖类物质的主要来源,广泛存在于植物的种子、根茎及果实中。淀粉是由 α-D-葡萄糖单元通过 α-1,4-苷键和 α-1,6-苷键连接而成的高聚体分子。淀粉为白色无定形粉末,天然淀粉分为直链淀粉(amylose)和支链淀粉(amylopectin)两类。一般淀粉中含直链淀粉 10%～20%,支链淀粉 80%～90%。当然也有例外,如豆类种子中的淀粉全是直链淀粉,糯米淀粉全是支链淀粉。

直链淀粉又称糖淀粉,难溶于冷水,在热水中有一定的溶解度。它是由 250～300 个 α-D-葡萄糖以 α-1,4-苷键连接而成的链状化合物。

直链淀粉(n=250～300)

由于 α-1,4-苷键的氧原子有一定的键角,同时单键可自由旋转,分子内的羟基间可形成氢键,因此直链淀粉具有规则的螺旋状空间排列,每一圈螺旋一般含 6 个 D-葡萄糖单元。

淀粉遇碘变蓝,是鉴别淀粉的简便方法,也作为分析化学中碘量法的终点指示。目前认为这是因为碘分子(实际上是 I_3^-)嵌入直链淀粉的螺旋结构的空腔中,并借助范德华力与淀粉形成一种蓝色的包合物(或称配合物)(图 12-3)。当加热时,分子运动加剧,致使氢键断裂,包合物解体,蓝色消失;冷却后又恢复包合物结构,蓝色重新出现。

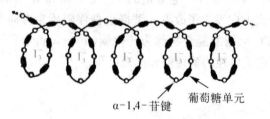

图 12-3　淀粉分子与碘作用示意图

支链淀粉又称胶淀粉,不溶于水,在热水中溶胀呈糊状。支链淀粉由 6 000～40 000 个 α-D-葡萄糖分子相互脱水,以 α-1,4-苷键连接成直链外,每隔 20～25 个葡萄糖单元就有一个以 α-1,6-苷键连接的支链,其结构如图 12-4,结构示意如图 12-5。支链淀粉遇碘呈紫红色,是因为其结构中分支链不能有效地形成螺旋结构与碘的包合物。

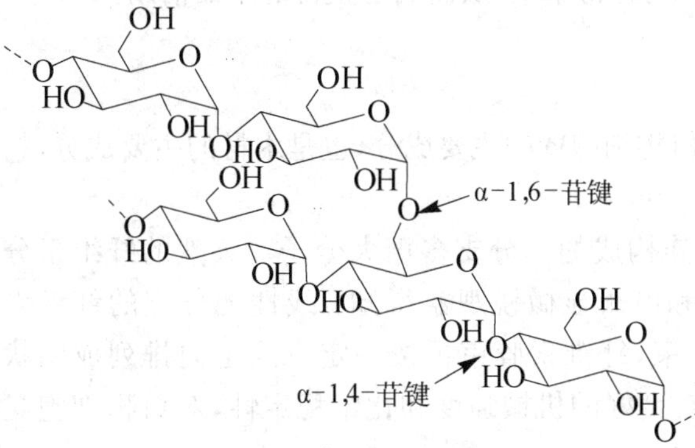

图 12-4　支链淀粉

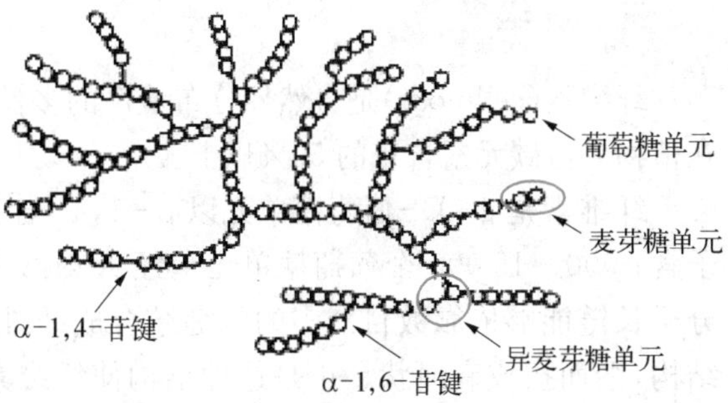

图 12-5　支链淀粉结构示意图

（图右侧标注：葡萄糖单元、麦芽糖单元、异麦芽糖单元、α-1,4-苷键、α-1,6-苷键）

（图左侧标注：OH、HO、α-1,6-苷键、α-1,4-苷键）

直链和支链淀粉均可在酸或酶催化下加热水解，其水解过程及与碘液显色情况一般为：淀粉（蓝紫色）→ 紫糊精（蓝紫色）→ 红糊精（红色）→ 无色糊精（无色）→ 麦芽糖（无色）→ 葡萄糖（无色）。根据淀粉的水解产物与碘液呈现的颜色，可判断淀粉水解的程度。临床上利用这一原理来测定血清中淀粉酶的活性。

植物细胞中通常都含有淀粉颗粒，这些颗粒是一团盘卷的淀粉分子，实际上是细胞的糖类贮存库。糖是细胞的能量来源，也是形成其他有机分子的原料，需要时淀粉中连接单体的糖苷键被水解打开，淀粉便水解生成葡萄糖。人和其他动物都能通过其消化系统水解植物淀粉。淀粉通常无明显的药理作用，在制剂中常作为赋形剂、润滑剂或保护剂。

问题 12-9　为什么米饭没有甜味，但咀嚼后就会感到有甜味？

二、糖原

动物细胞中贮存的多糖是糖原（glycogen），又称动物淀粉。糖原也是由 α-D-葡萄糖单元组成的链状多聚体，与淀粉的组成基本相同，只是其支链比支链淀粉更多，分支长度更短，一般每 8～12 个葡萄糖单元就出现一个分支，每个分支有 6～7 个葡萄糖单元，其结构示意如图 12-6。分支的作用很重要，它可增加糖原的水溶性，而且分支产生了许多非还原性的末端残基，而它们是糖元合成与分解时酶的作用位点，因而也增加了糖元合成和降解的速率。

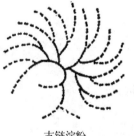

糖原　　　　　　支链淀粉

图 12-6　糖原和支链淀粉结构示意图

大多数糖原以颗粒状贮存于动物的肝脏和肌细胞中，是动物能量的主要来源。人体中约含 400 g 糖原，其中肝脏中糖原的含量达 10%～20%，肌肉中含量约为 4%。当血液中葡萄糖（血糖）含量升高时，多余的葡萄糖经一系列酶催化反应而合成糖原贮存于肝脏和肌肉中；当血糖水平低于正常值时，糖原经一系列酶催化反应又分解为葡萄糖以保持血糖的正常水平,从而满足正常的生命活动。

三、纤维素

纤维素(cellulose)是自然界分布最广的多糖,是植物细胞壁的主要成分,也是木材的主要成分,它在植物界占碳元素含量的 50% 以上。

纤维素是 β-D-葡萄糖单元以 β-1,4-苷键相连构成的不分支多糖大分子。天然的纤维素分子含 1 000~15 000 个葡萄糖单元。经 X 射线分析和电子显微镜观察得知:线性无分支的纤维素分子长链能够依靠数目众多的氢键结合成纤维素胶束,纤维素胶束再按一定方式定向排列成网状结构,继而扭成麻绳状。正是这种结构使纤维素具有良好的机械强度和化学稳定性,对植物细胞起着保护作用。

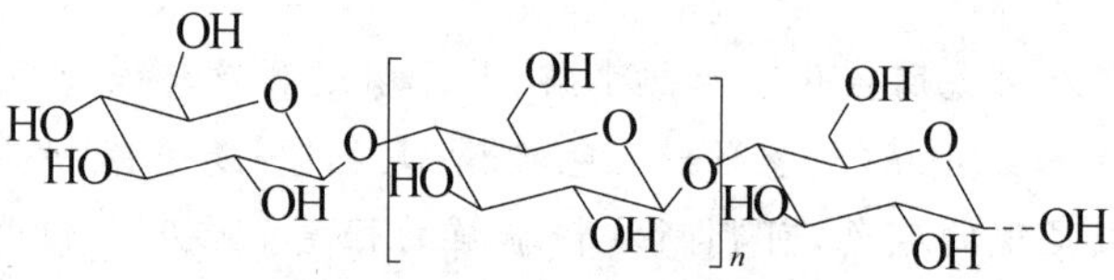

纤维素(n=1 000~15 000)

纤维素胶束

纤维素为白色固体,不溶于水,与碘不发生颜色反应。纤维素在浓 HCl 或 80% 以上浓硫酸中水解得到 D-葡萄糖,也可以在纤维素水解酶的作用下先得到纤维二糖,纤维二糖再被 β-水解酶水解得到 D-葡萄糖。人体内的酶(如唾液淀粉酶)只能水解 α-1,4-苷键而不水解 β-1,4-苷键,所以纤维素不能作为人的营养物质,但纤维素能刺激胃肠蠕动,有助于胃肠对食物的消化,所以食物中具有一定量的纤维素对人体是有益的。

纤维素经处理后可用作片剂的黏合剂、填充剂、崩解剂、润滑剂及良好的赋形剂。纤维素的衍生物羧甲基纤维素钠(CMC)可用于蛋白质、核酸等生物大分子的分离。

问题 12-10 淀粉和纤维素有何异同?

问题 12-11 西式快餐汉堡包中含有哪些糖类物质?

拓展阅读

习 题

1. 命名或写出结构式。

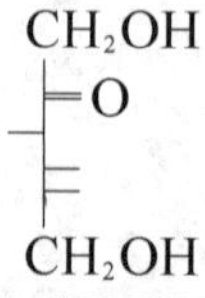

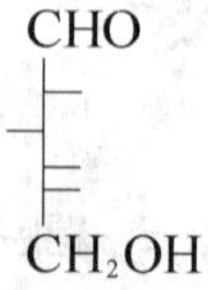

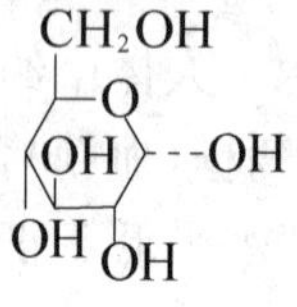

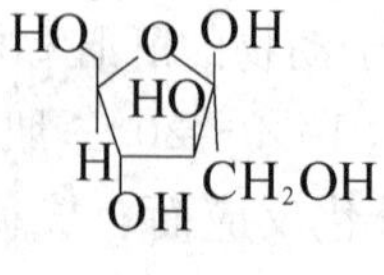

(5) 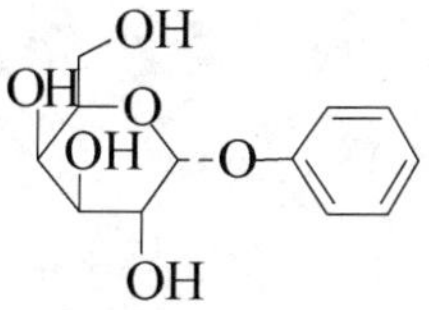 　　　　　　(6) β-D-2-氨基半乳糖

2. 鉴别题。

(1) D-葡萄糖、D-葡萄糖甲苷和 D-果糖

(2) 葡萄糖、蔗糖和淀粉

(3) 麦芽糖、淀粉和纤维素

(4) 糖原、果糖和半乳糖

(5) 果糖、葡萄糖、蔗糖和淀粉

3. 完成下列反应式。

(1) 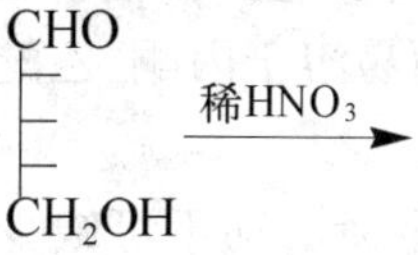 　$\xrightarrow{\text{稀HNO}_3}$

(2) + CH$_3$OH　$\xrightarrow{\text{干燥HCl}}$

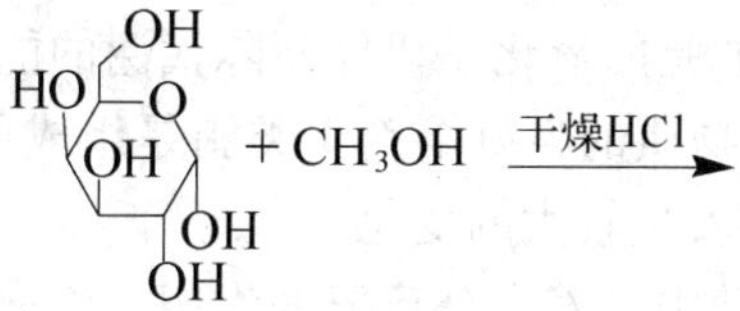

(3) 　$\xrightarrow{\text{Br}_2/\text{H}_2\text{O}}$

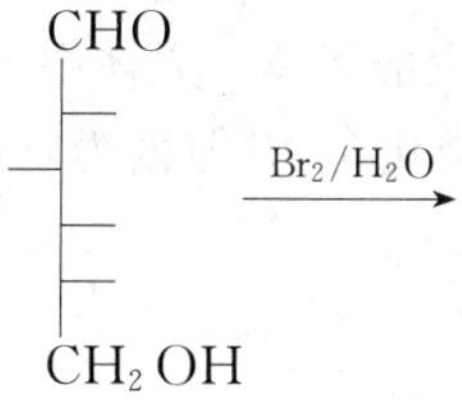

(4) 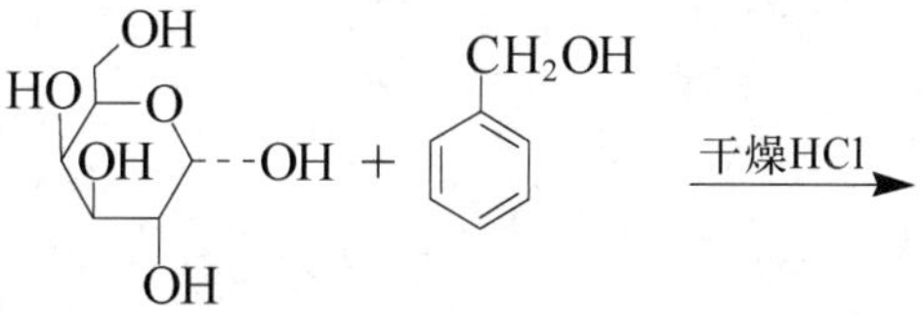 + 　$\xrightarrow{\text{干燥HCl}}$

(5) 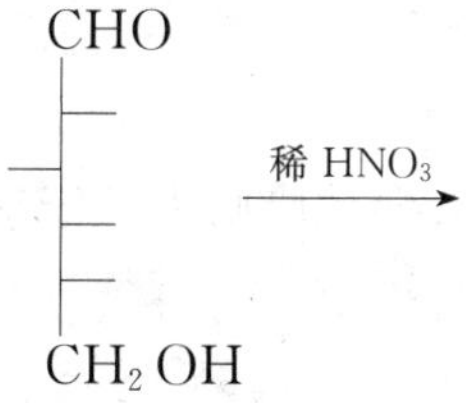 　$\xrightarrow{\text{稀 HNO}_3}$

4. 推导题。

(1) 化合物 A(C$_{12}$H$_{16}$O$_6$)无还原性。A 在酸溶液中可水解生成化合物 B(C$_6$H$_6$O)和 C(C$_6$H$_{12}$O$_6$)。B 与三氯化铁溶液反应显紫色。C 为 α-D-构型糖,并可使溴水褪色;C 与稀硝酸反应的产物 D 无旋光性;C 在碱性条件下可转化为 D-阿卓糖(其结构查看图 12-1)。试写出 A 的 Haworth 式、B 的结构式、C 的构象式及 D 的 Fischer 投影式。

(2) D-丁醛糖 A 和 B 被溴水氧化后分别形成旋光性化合物 C 和 D。用硝酸氧化 A 生成旋光性化合物 E,硝酸氧化 B 生成无旋光性化合物 F。试写出 A、B、C、D、E 和 F 的 Fischer 投影式。

（陈大茵）

第十三章
脂类和甾族化合物

　　脂类一般分为油脂和类脂两大类。油脂是油和脂肪的总称,是甘油和脂肪酸所组成的中性酯,又称真脂。习惯上把在室温下为液态的称为油,固态或半固态的称为脂肪。类脂在物态及物理性质方面与油脂相似,因此称为类脂,如磷脂、糖脂、甾醇等。脂类与一般的物质不同,它们在化学组成、分子结构和生理功能上有较大的差异。脂类化合物的共同特征是:难溶于水而易溶于丙酮、乙醚、氯仿等有机溶剂;具有酯的结构或成酯的可能;具有重要的生理功能。

　　脂类广泛存在于生物体内,是除了糖类和蛋白质外的一类维持正常生命活动不可缺少的物质。人体内油脂一般储存于皮下、肠系膜等组织,含量变化较大,油脂的氧化是机体新陈代谢的能量来源,是维生素 A、维生素 D、维生素 E、维生素 K 等许多生物活性物质的良好溶剂。类脂是组成原生质的重要物质,它在各种器官中含量恒定,不会因饥饿或病理状态发生较大的变化。

　　甾族化合物广泛存在于动植物的组织中,有些在生理活动中起着十分重要的作用。例如,肾上腺皮质激素就是一类甾族化合物,它们对人体电解质和糖类的代谢有着很大的影响。人体中的胆固醇、胆酸、性激素等都属于甾族化合物。严格来说,甾族化合物不应属于脂类化合物,但因为它们常与油脂共存,也常常将其归入脂类。

　　问题 13-1　下列每组两个词的含义有什么不同?
　　(1) 酯和脂　(2) 油脂和类脂　(3) 菜油和煤油　(4) 磷脂酸和磷脂

第一节　油　　脂

　　油脂是油和脂肪的总称。大多数油来源于植物,如花生油、豆油等;大多数脂肪来源于动物,如猪油、牛油等。

一、油脂的组成、结构和命名

(一) 油脂的组成和结构

　　由动物和植物中取得的油脂是多种物质的混合物,其主要成分是三分子高级脂肪酸的甘油酯。此外还含有少量游离脂肪酸、高级醇、高级烃、维生素及色素等。

微课:油脂的组成、结构和命名

$$
\begin{array}{l}
\quad\quad\quad\quad\quad O \\
\quad\quad\quad\quad\quad \| \\
H_2C-O-C-R_1 \\
\quad\quad\quad\quad\quad O \\
\quad\quad\quad\quad\quad \| \\
HC-O-C-R_2 \\
\quad\quad\quad\quad\quad O \\
\quad\quad\quad\quad\quad \| \\
H_2C-O-C-R_3
\end{array}
$$

组成甘油酯的脂肪酸绝大多数是含偶数碳原子的直链脂肪酸,仅在个别油脂中发现带有支链、脂环或羟基的脂肪酸。脂肪酸中的碳原子数为 16、18、20、22 最常见。

天然油脂中含有多种脂肪酸,但占主要地位的只有几种,高等植物脂肪主要含软脂酸、油酸和亚油酸,动物脂肪中则含有软脂酸、油酸和较多的硬脂酸,细菌体内常含有带支链和丙烷环的酸。在高等动植物体内主要存在 12 碳以上的高级脂肪酸,12 碳以下的低级脂肪酸存在于哺乳动物的乳汁的脂肪中。例如,人体脂肪中的脂肪酸主要为 $C_{14}\sim C_{22}$ 的偶数直链脂肪酸,饱和与不饱和脂肪酸含量比例约为 2:3,其中油酸、亚油酸分别占 45.9% 和 9.6%。

油脂中几种重要脂肪酸的名称、结构和熔点见表 13-1。

表 13-1 油脂中的重要脂肪酸

	俗 名	系统名称	结 构 式	熔点/℃
饱和脂肪酸	月桂酸	十二碳酸	$CH_3(CH_2)_{10}COOH$	44
	肉豆蔻酸	十四碳酸	$CH_3(CH_2)_{12}COOH$	58
	软脂酸(棕榈酸)	十六碳酸	$CH_3(CH_2)_{14}COOH$	62.9
	硬脂酸	十八碳酸	$CH_3(CH_2)_{16}COOH$	69.9
	花生酸	二十碳酸	$CH_3(CH_2)_{18}COOH$	76.5
	掬焦油酸	二十四碳酸	$CH_3(CH_2)_{22}COOH$	86.0
不饱和脂肪酸	鳖酸	9-十六碳烯酸	$CH_3(CH_2)_5CH=CH(CH_2)_7COOH$	0.5
	油酸	9-十八碳烯酸	$CH_3(CH_2)_7CH=CH(CH_2)_7COOH$	13
	*亚油酸	9,12-十八碳二烯酸	$H_2C\begin{smallmatrix}CH=CH-(CH_2)_7COOH\\CH=CH-(CH_2)_4CH_3\end{smallmatrix}$	−5
	*亚麻酸	9,12,15-十八碳三烯酸	$H_2C-C\begin{smallmatrix}H\\ \\ \end{smallmatrix}=CH(CH_2)_7COOH$ / $HC=CHCH_2CH=CHCH_2CH_3$	−49
	*花生四烯酸	5,8,11,14-二十碳四烯酸	$CHCH_2CH=CH(CH_2)_3COOH$ / CH / CH_2 / $HC=CHCH_2CH=CH(CH_2)_4CH_3$	−49

* 过去在命名上述高级脂肪酸时,常用"Δ"代表双键,将双键位次写在右上角。

含一个烯键的不饱和脂肪酸中,构型常为顺式,但反式烯是存在的。如:

$CH_3(CH_2)_7—C—H$ / $HOOC(CH_2)_7—C—H$
顺-9-十八碳烯酸

$CH_3(CH_2)_7—C—H$ / $H—C(CH_2)_7COOH$
反-9-十八碳烯酸

最常见的多烯酸是含 2~6 个顺式烯键的酸,每两个双键之间都隔着一个饱和碳原子。如:

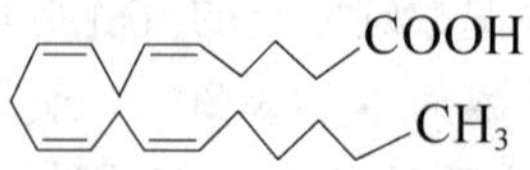

$$顺,顺,顺,顺,-5,8,11,14-二十碳四烯酸$$

多数脂肪酸在体内均能合成,只有亚油酸、亚麻酸、花生四烯酸等在人体内不能合成或合成不足,这类维持机体功能不可缺的必须由食物供给的脂肪酸称为"营养必需脂肪酸"。

问题 13-2 你能用化学方法鉴别下列化合物吗?
(1)三硬脂酸甘油酯和三油酸甘油酯 (2)花生油和石油 (3)十八碳酸和亚麻酸

(二)油脂的命名

由 3 个相同的脂肪酸和甘油组成的甘油三脂肪酸酯叫作单甘油酯。由不同的脂肪酸和甘油形成的酯叫作混甘油酯。一般油脂多为 2 个或 3 个不同脂肪酸的混合甘油酯。

传统的甘油酯命名是将甘油名称放在前,脂肪酸名称放在后,叫作甘油某酸酯。如果是混合甘油酯,须将脂肪酸的位次按 α、β 顺序分别表明。例如:

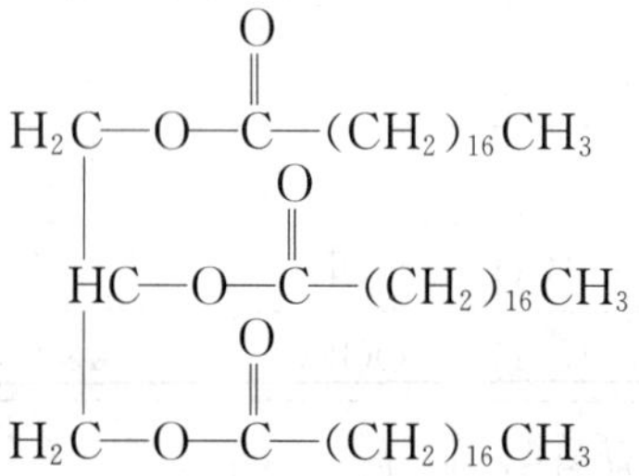

甘油三硬脂酸酯

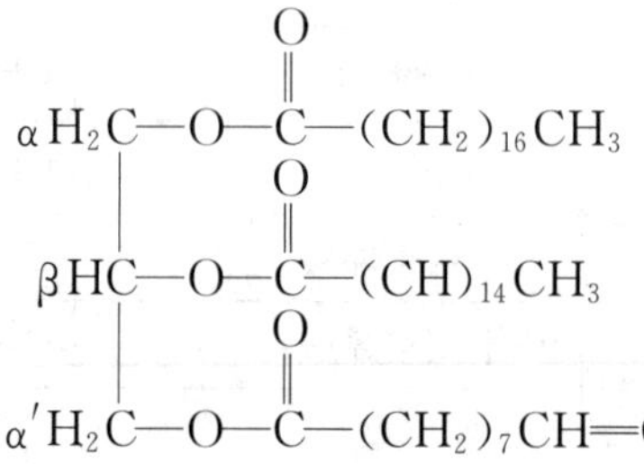

甘油-α-硬脂酸-β-软脂酸-α′-油酸酯

目前已逐渐不再采用上述命名方法,而把单甘油三酯称为单三酰甘油,具体命名时即称为某某脂酰甘油,混甘油酯称为混三酰甘油。

另外,国际纯粹与应用化学联合会及国际生物化学联合会(IUPAC-IUB)的生物化学命名委员会(commission on biochemical nomenclature)建议采用以下原则:

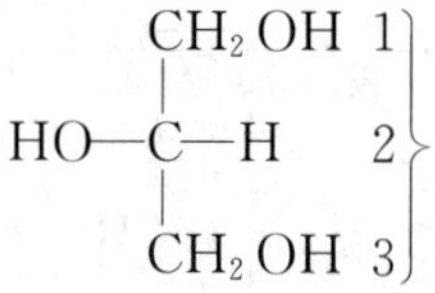

次序规则

上式为费歇尔投影式,碳原子编号自上而下不能颠倒,第 2 号碳原子上的—OH 一定要放在左边。这种编号称为立体专一编号(Stereo-Specific numbering),常用 Sn 表示,写在化合物名称的前面。根据这些原则,上述甘油三硬脂酸酯和甘油-α-硬脂酸-β-软脂酸-α′-油酸酯,应书写和命名为下列形式:

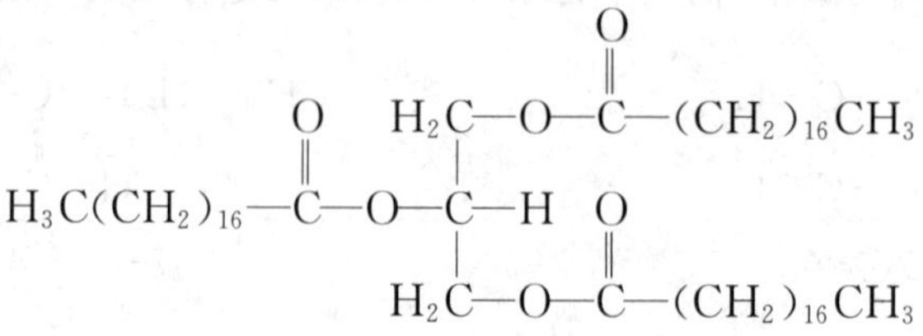

三硬脂酰甘油

$$H_3C(CH_2)_{14}-C-O-CH \begin{array}{c} H_2C-O-C-(CH_2)_{16}CH_3 \\ \\ H_2C-O-C-(CH_2)_7CH=CH(CH_2)_7CH_3 \end{array}$$

Sn-1-硬脂酰-2-软脂酰-3-油酰甘油

二、油脂的物理性质

纯净的油脂是无色、无味的物质,天然油脂都是混合物,所以往往带有颜色和气味。油脂的相对密度比水小,其熔点和沸点与组成甘油酯的脂肪酸的结构有关,脂肪酸的链越长越饱和,油脂的熔点越高;脂肪酸的链越短越不饱和,油脂的熔点则越低。油脂不溶于水,易溶于乙醚、氯仿、丙酮、苯及热乙醇等有机溶剂。

微课:油脂的
物理性质

三、油脂的化学性质

(一) 水解与皂化

在酸或某些酶的作用下,油脂可以水解成脂肪酸和甘油。在氢氧化钠(或氢氧化钾)溶液中,油脂水解得到脂肪酸盐和甘油,这一反应称为皂化。高级脂肪酸的钠盐就是肥皂。

微课:油脂的
化学性质

$$\begin{array}{c} H_2C-O-C-R_1 \\ \\ HC-O-C-R_2 \\ \\ H_2C-O-C-R_3 \end{array} +3NaOH \longrightarrow \begin{array}{c} R_1COONa \\ R_2COONa \\ R_3COONa \end{array} + \begin{array}{c} H_2C-OH \\ \\ CHOH \\ \\ H_2C-OH \end{array}$$

油脂 　　　　　　　脂肪酸钠 　　甘油

使1g油脂完全皂化所需要的氢氧化钾的毫克数称为皂化值。皂化值与油脂中所含脂肪酸的平均相对分子质量大小成反比关系。几种常见油脂皂化值范围见表13-2。

表13-2 几种油脂皂化值和碘值的范围

油脂名称	皂化值/g	碘值/g
乳油	210~230	26~28
猪油	195~203	46~70
牛油	190~200	30~48
橄榄油	187~196	79~90
豆油	189~195	127~138
棉籽油	190~198	105~114
红花油	188~194	140~156
亚麻油	187~195	170~185

(二) 加成

含有不饱和脂肪酸的油脂可以和氢、碘等发生加成反应。

1. 加氢　含不饱和脂肪酸较多的油脂,可以通过催化加氢使油脂的不饱和程度降低,油脂由液态转为半固态或固态,称为"油脂的硬化"。当油脂含不饱和脂肪酸较多时,容易氧化变质,经硬化后的油脂较难被氧化,而呈半固态或固态,利于贮存和运输。

2. 加碘　不饱和脂肪酸甘油酯的碳碳双键也可以和碘发生加成。把100 g油脂所能吸收碘的最大克数称为碘值。根据碘值,可以判断组成油脂的脂肪酸的不饱和程度。碘值大,表示油脂的不饱和度大。碘值也是油脂分析的重要指标之一。几种常见油脂碘值的范围见表13-2。

（三）酸败

"油脂酸败"指油脂和含油脂的食品,在贮存过程中因微生物,酶,空气中的氧、水分等作用,产生了酸、醛、酮类以及各种氧化物等,使油脂中的游离的脂肪酸增加,而发生变色、气味改变等变化。中和1 g油脂中的游离脂肪酸所需氢氧化钾的毫克数称为酸值,常用于表示其缓慢氧化后的酸败程度。酸值越大,酸败程度越严重。一般酸值大于6的油脂不宜食用。

油脂酸败不但改变了油脂的感官性质,食用了酸败的油脂常会造成不良的生理反应或食物中毒,其高度氧化可能有致癌作用。所以贮存油脂时,应封存于避光的密封容器中,放置在干燥、阴凉的地方;也可以加入少量抗氧化剂,如维生素E等。植物油脂比动物油脂难于发生酸败,是因为植物油脂中含有天然的维生素E,具有抗氧化作用。

问题 13-3　以下"三值"是油脂的重要分析指标,你能说出它们分别代表什么意义吗?
（1）皂化值　　　　　　　　（2）碘值　　　　　　　　（3）酸值

第二节　磷　　脂

磷脂是含有一个磷酸基团的类脂化合物,是构成细胞膜的基本成分,在脑和神经组织以及植物的种子和果实中有广泛分布。

磷脂种类较多,主要分为甘油磷脂和神经磷脂。

微课:甘油磷脂

一、甘油磷脂

甘油磷脂是最常见的磷脂,可看作是磷脂酸的衍生物,结构如下:

$$\begin{array}{c} \quad\quad\quad\quad\quad\quad O \\ \quad\quad\quad\quad\quad\quad \| \\ O \quad\quad H_2C-O-C-R \\ \| \quad\quad\quad\quad\quad\quad\quad O \\ R'-C-O-CH \quad\quad \| \\ \quad\quad H_2C-O-P-OH \\ \quad\quad\quad\quad\quad\quad | \\ \quad\quad\quad\quad\quad\quad OH \end{array}$$

L-磷脂酸

最常见的甘油磷脂有2种:卵磷脂和脑磷脂。卵磷脂是磷脂酸中磷酸与胆碱结合形成的酯,也称磷脂酰胆碱,卵磷脂水解可得到甘油、磷酸、高级脂肪酸和胆碱;脑磷脂则是磷脂酸中磷酸和乙醇胺(胆胺)所形成的酯,也称磷脂酰乙醇胺,脑磷脂水解可得到甘油、磷酸、高级脂肪酸和胆胺。磷酸酯部分因保留一个酸性氢,同时又含有一个碱性的氨基,因而可以在分子内形成偶极离子。

卵磷脂和脑磷脂的结构中,均包含有极性和非极性部分,它们和肥皂、洗涤剂具有相同的结构,也是良好的乳化剂。正是由于这种结构特点,使得磷脂类化合物在细胞膜中起着重要的生理作用。

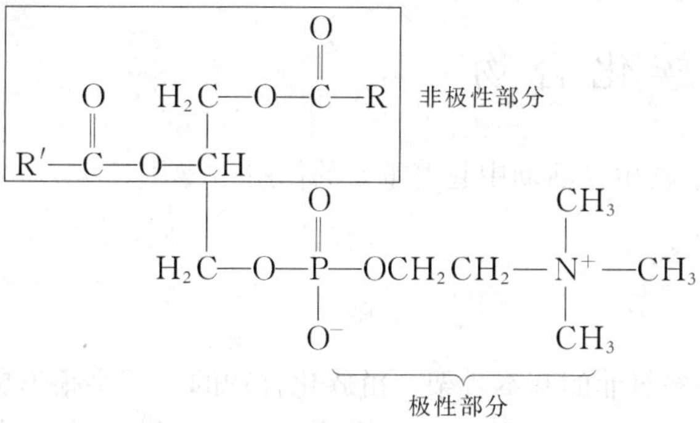

卵磷脂 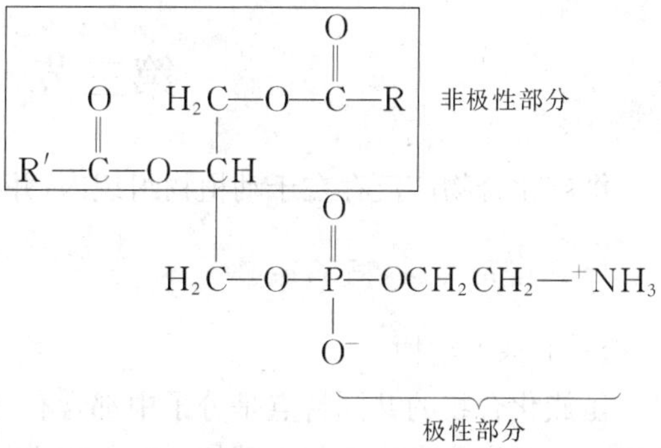　　　　　　　　　　　　　　　　　脑磷脂

卵磷脂属于一种混合物,是存在于动植物组织以及卵黄之中的一组黄褐色的油脂性物质,其构成成分包括磷酸、胆碱、脂肪酸、甘油、糖脂、甘油三酸酯以及磷脂。卵磷脂被誉为与蛋白质、维生素并列的"第三营养素"。

纯的卵磷脂是吸水性的白色蜡状物,在空气中由于不饱和脂肪酸的氧化而变为黄色或棕色。卵磷脂不溶于水及丙酮,易溶于乙醚、乙醇及氯仿中。卵磷脂在脑、神经组织、肝脏、肾上腺及红细胞中含量较多,蛋黄中含量较丰富(占 $8\%\sim10\%$)。

脑磷脂以前指一组类似卵磷脂但含有 2 - 乙醇胺或 L - 丝氨酸以取代胆碱的磷脂酸酯,现指磷脂酰乙醇胺和磷脂酰丝氨酸的统称。脑磷脂在体内广泛分布,特别富集于脑和脊髓,临床上可用作止血药和肝功能检查的试剂。

脑磷脂的性质与卵磷脂相似,也不稳定,易吸收水分,在空气中氧化成棕黑色。脑磷脂能溶于乙醚,但难溶于乙醇,利用这一性质可与卵磷脂分离。

二、神经磷脂

神经磷脂(又称鞘磷脂)的组成与结构和甘油磷脂不同,神经磷脂分子中含有一个长链不饱和醇即神经氨基二元醇而不是甘油。一分子神经磷脂完全水解可得神经氨基醇、脂肪酸、磷酸和胆碱各一分子。神经氨基二元醇的结构如下:

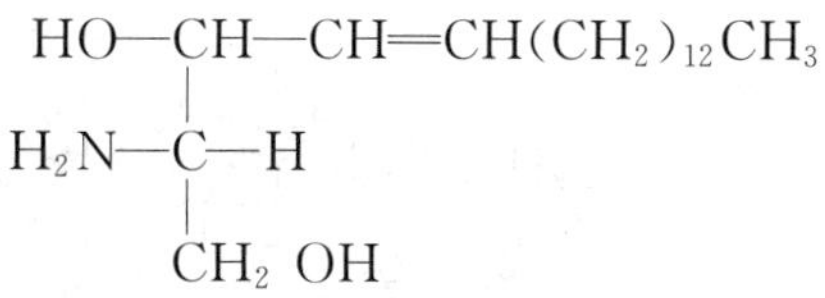

神经氨基二元醇 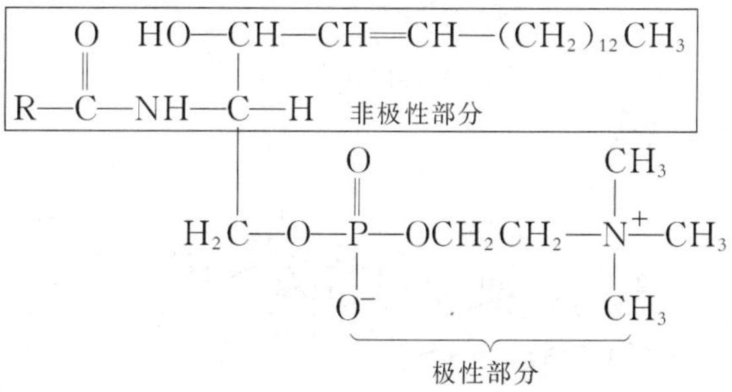　　　　　　　　　　　　　神经磷脂

神经磷脂分子中的脂肪酸连接在神经氨基醇的氨基上,磷酸以酯的形式与神经氨基醇及胆碱结合。神经磷脂是细胞膜的重要成分之一,大量存在于脑和神经组织中,是围绕着神经纤维鞘样结构的一种成分。

问题 13 - 4　说明下列化合物在结构上的差异和共同点。
(1) 油脂和磷脂　(2) 甘油磷脂和神经磷脂　(3) 卵磷脂和脑磷脂　(4) 麦角固醇和胆固醇

第三节　甾族化合物

甾族化合物广泛存在于动植物组织内,并在动植物生命活动中起着重要的作用。

一、甾族化合物的结构

(一) 基本结构

甾族化合物的共同特点是分子中都含有环戊烷多氢菲的基本骨架。甾族化合物的"甾"字很形象地表示了这类化合物的基本碳架:其中"田"表示四个环,"巛"表示为三个侧链,R_1、R_2一般为甲基,称为角甲基,R_3为其他含有不同碳原子数的取代基。许多甾体化合物除这三个侧链外,甾核上还有双键、羟基和其他取代基。四个环从左至右依次用 A、B、C、D 编号,碳原子也按固定顺序用阿拉伯数字编号。

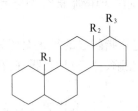

环戊烷多氢菲

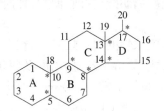

甾族化合物的基本骨架与编号

(二) 立体结构

甾族化合物的立体结构复杂。环上有 7 个手性碳原子,可能有的立体异构体数目为 $2^7 = 128$ 个。天然的甾族化合物现知的只有两种构型,一种是 A 环和 B 环以反式稠合,另一种是 A 环和 B 环以顺式稠合。而 B 环和 C 环、C 环和 D 环之间是以反式稠合的。

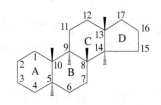

A、B 反式

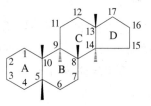

A、B 顺式

构象式为:

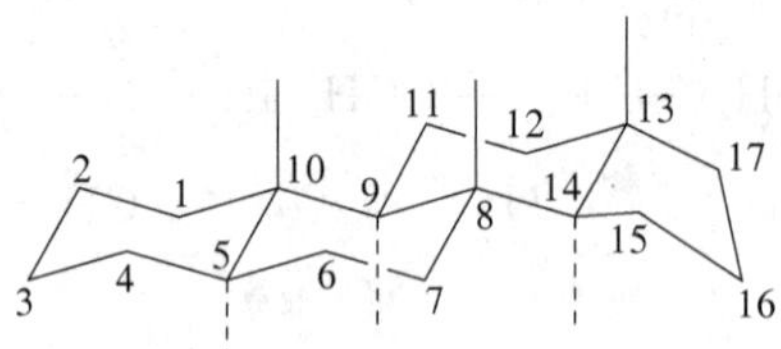

A、B 反式(5α 系) 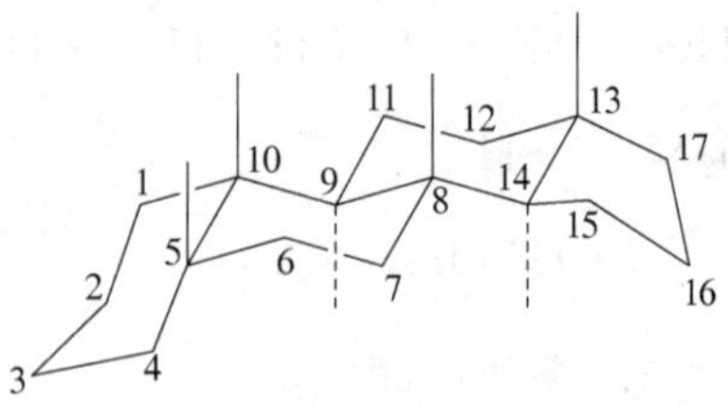　　　　　　A、B 顺式(5β 系)

问题 13-5　写出甾体化合物的基本结构并编号,并简述其结构特点。

二、甾族化合物的分类和命名

(一) 命名

甾族化合物的命名相当复杂,通常用与其来源或生理作用有关的俗名。

（二）分类

根据甾族化合物的存在和化学结构，可分为甾醇、胆汁酸、甾族激素、甾族生物碱等。

（三）重要的甾族化合物

1. 甾醇

（1）胆甾醇（胆固醇）　是最早发现的一种甾体化合物，存在于人及动物的血液、脂肪、脑髓及神经组织中。

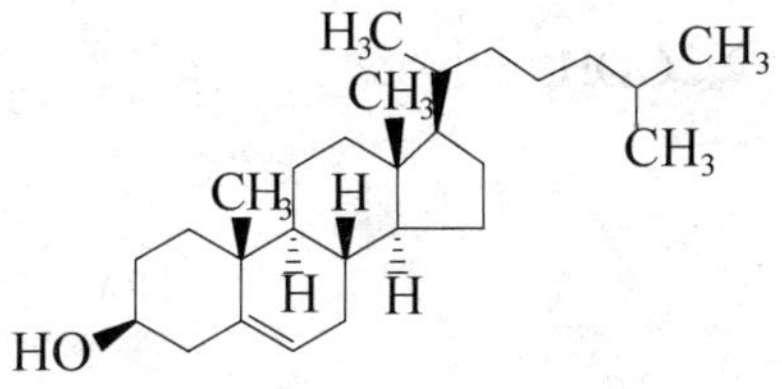

胆甾醇

无色或略带黄色的结晶，熔点 148.5 ℃，在高真空度下可升华，难溶于水，易溶于乙醇、乙醚、氯仿等有机溶剂。人体内发现的胆结石几乎全是由胆甾醇所组成的，胆固醇的名称也是由此而来的。

人体中胆固醇含量过高是有害的，它可以引起胆结石、动脉硬化等症。但人体内胆固醇含量长期偏低也会引起营养不良，免疫力低下等问题，因此，既要补充维持机体正常生理功能的胆固醇，又要避免摄入过多。

影响甘油三酯及胆固醇在血清中含量的因素有以下几点。①饮食：高脂饮食可使它们在血中的浓度增高，食后 3～6 小时血脂趋于正常，故临床上采用清晨空腹 12～14 小时血清作为测定血脂的样品；②年龄、性别：两者在血中浓度随年龄增加而升高，一般男性高于女性，绝经期后女性显著增高；③职业：脑力劳动者常高于体力劳动者；④疾病：原发性高脂血症和继发性高脂血症可见升高。

（2）7-脱氢胆甾醇　胆甾醇在酶催化下氧化成 7-脱氢胆甾醇。7-脱氢胆甾醇存在于皮肤组织中，在日光照射下发生化学反应，转变为维生素 D_3：

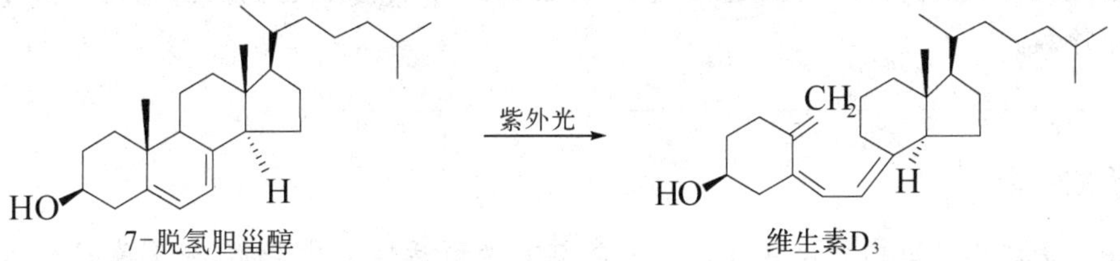

7-脱氢胆甾醇　　　　　　　紫外光　　　　　　维生素D_3

维生素 D_3 广泛存在于动物体中，含量最多的是脂肪丰富的鱼类肝脏，也存在于牛奶、蛋黄中。维生素 D_3 是从小肠中吸收 Ca^{2+} 过程中的关键化合物。体内维生素 D_3 的浓度太低，会引起 Ca^{2+} 缺乏，不足以维持骨骼的正常生成，儿童患佝偻病，成人则患软骨病，因此维生素 D_3 也称为抗佝偻病维生素。维生素 D_3 实际上不属于甾族化合物，只是它可以由某些甾族化合物生成。

（3）麦角甾醇　是一种植物甾醇，最初是从麦角中得到的，但在酵母中更易得到。麦角甾醇经日光照射后，B 环开环而成前钙化醇，前钙化醇加热后形成维生素 D_2（即钙化醇）。

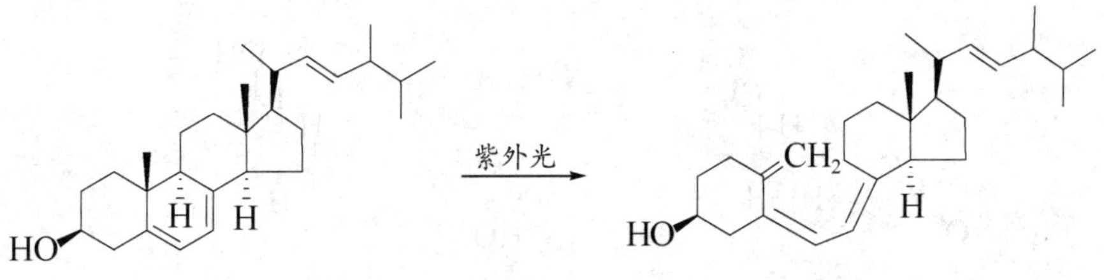

麦角甾醇　　　　　　　　　紫外光　　　　　　维生素D_2

　　维生素 D_2 同维生素 D_3 一样,也能抗软骨病,因此,可以将麦角甾醇用紫外光照射后加入牛奶和其他食品中,以保证儿童能得到足够的维生素 D。

　　2. 胆汁酸(胆甾酸类)

　　在人体和动物胆汁中含有几种与胆甾醇结构类似的大分子酸,称为胆甾酸。它们在机体中是由胆固醇形成的。较重要的有胆酸、脱氧胆酸、鹅(脱氧)胆酸、石胆酸等。上面几种胆甾酸的结构特征是 A/B 环均为顺式构型,羟基均为 α 型。下面是胆酸、脱氧胆酸甘氨胆酸、牛磺胆酸的结构:

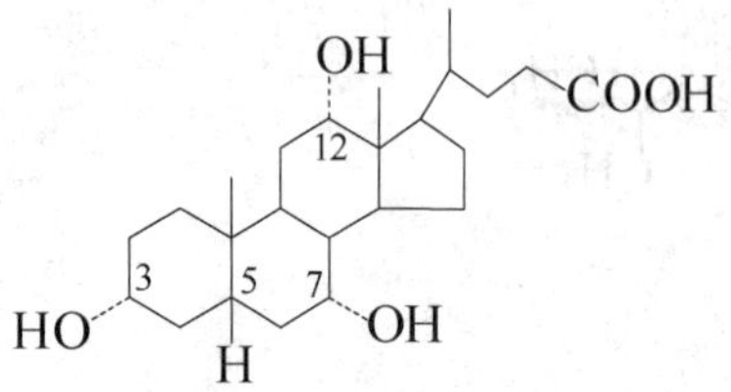

胆酸 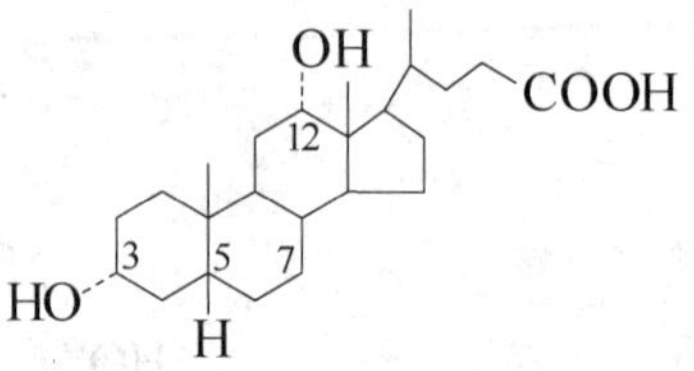　　　　　　　　　　　　　　　　　　脱氧胆酸

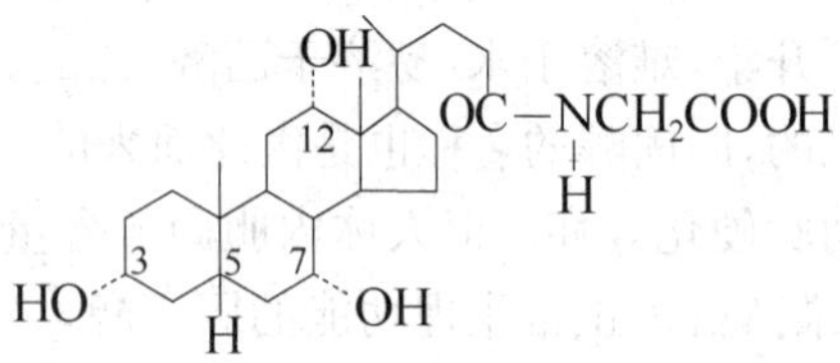

甘氨胆酸 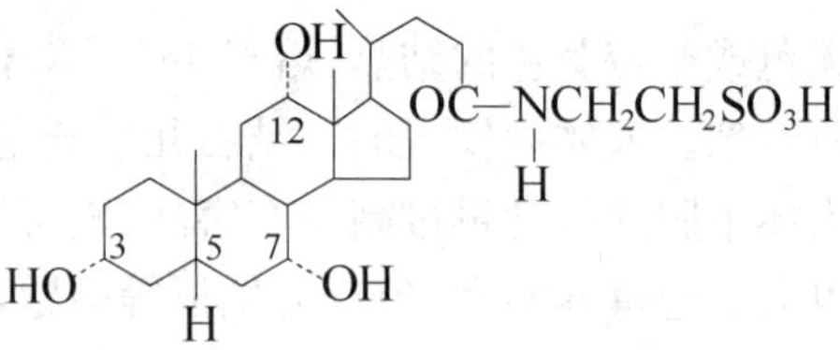　　　　　　　　　　　　　　　　牛磺胆酸

　　胆甾酸在胆汁中大多和甘氨酸(H_2NCH_2COOH)或牛磺酸($H_2NCH_2CH_2SO_3H$)结合成酰胺存在,各种结构胆酸以不同比例共存于各种动物的胆汁中,总称为胆汁酸。例如甘氨胆酸、牛磺胆酸。

　　胆汁酸存在于动物的胆汁中,从人和牛的胆汁中所分离出来的胆汁酸主要为胆酸。在人体及动物小肠碱性条件下,胆汁酸以其盐的形式存在,称为胆汁酸盐,简称胆盐。胆汁酸盐是一种乳化剂,它能降低水与脂肪的界面张力,使脂肪呈微粒状态,以增加油脂与消化液中脂肪酶的接触面积,使油脂易于消化吸收,故胆酸被称为"生物肥皂"。临床上还发现,胆汁酸和它们的衍生物对治疗老年慢性支气管炎有一定疗效。

自阅材料　甾族激素

　　激素是由动物体内各种内分泌腺分泌的一类具有生理活性的化合物,它们直接进入血液或淋巴液中循环至体内不同组织和器官,对各种生理机能和代谢过程起着重要的协调作用。激素可根据化学结构分为两大类:一类为含氮激素,它包括胺、氨基酸、多肽和蛋白质;另一类即为甾族化合物。

　　甾族激素根据来源分为肾上腺皮质激素和性激素两类,它们的结构特点是在 C_{17}(R_3)上没有长的碳链。

　　(1) 性激素　是高等动物腺的分泌物,有控制性生理、促进动物发育、维持第二性征(如声音、体形等)的作用。它们的生理作用很强,量虽少却能产生很大的影响。

　　性激素分为雄性激素和雌性激素两大类,两类性激素都有很多种,在生理上各有特定的生理功能。例如:

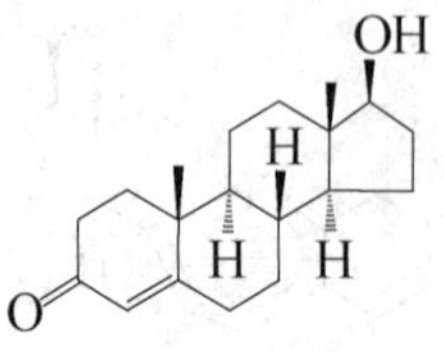

睾丸酮素 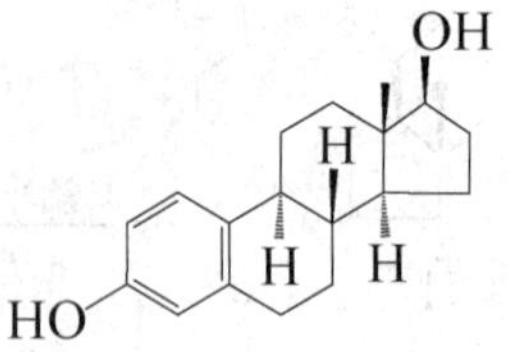　　　　　　　　　　　　　　　　雌二醇

睾丸酮素是睾丸分泌的一种雄性激素,有促进肌肉生长、声音变低沉等第二性征的作用,它是由胆甾醇生成的,并且是雌二醇生物合成的前体。雌二醇为卵巢的分泌物,对雌性的第二性征的发育起主要作用。动物体内分泌的睾酮和雌二醇的量极少,从 4 吨猪卵巢中只能提取到 0.012 g 雌二醇。

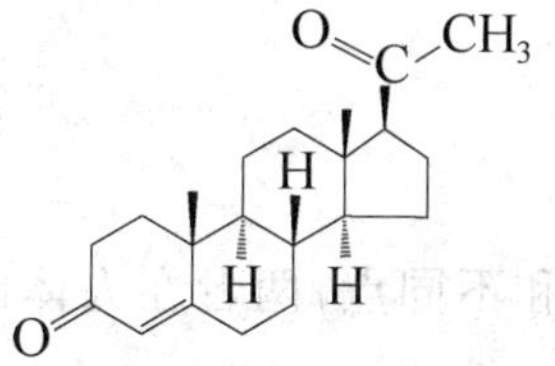

孕甾酮
炔诺酮 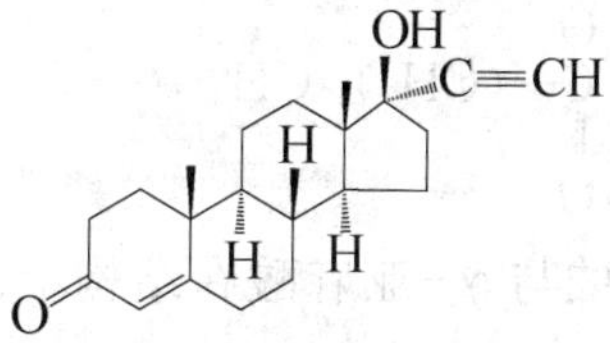

孕甾酮的生理功能是在月经期的某一阶段及妊娠中抑制排卵,临床上用于治疗习惯性子宫功能性出血、痛经及月经失调等。炔诺酮是一种合成的女用口服避孕药,在计划生育中有重要作用。

（2）肾上腺皮质激素　是哺乳动物肾上腺皮质分泌的激素,皮质激素的重要功能是维持体液的电解质平衡和控制碳水化合物的代谢。动物缺乏它会引起机能失常以至死亡。皮质醇、可的松、皮质甾酮等皆是此类中重要的激素。

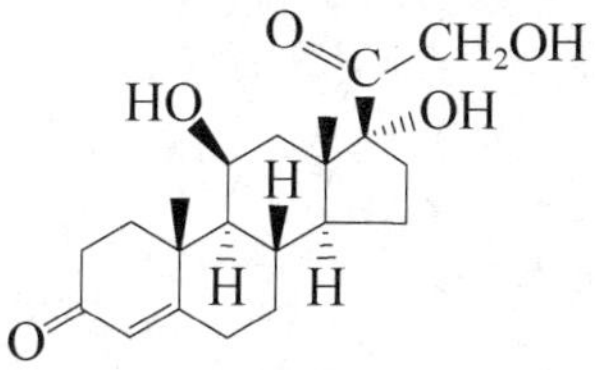

皮质醇
可的松 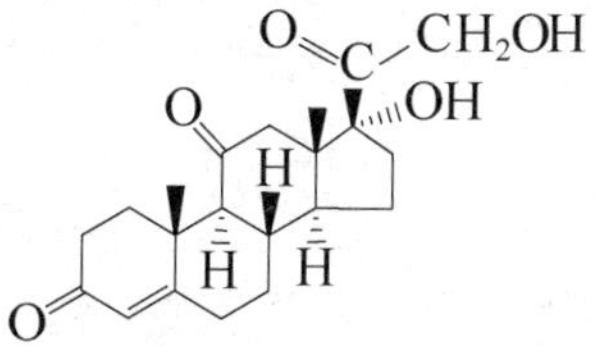
皮质甾酮 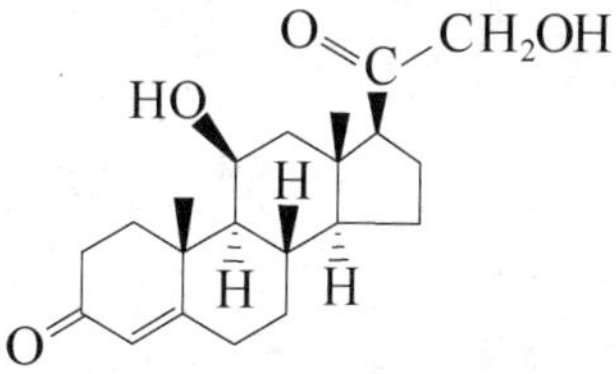

拓展阅读

习　题

1. 解释下列名词。
（1）皂化值　　　　　（2）碘值　　　　　（3）酸败
2. 指出用哪些简单的化学方法能区分角鲨烯、金合欢醇、柠檬醛和樟脑?
3. 命名或写出结构式。

（1）胆固醇
（2）胆酸
（3）亚油酸
（4）9-十八碳烯酸
（5）磷脂酰乙醇胺(脑磷脂)
（6）磷脂酰胆碱(卵磷脂)

（7） 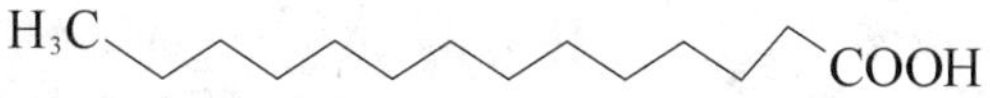 H₃C〜〜〜〜〜COOH

（8）

（9） 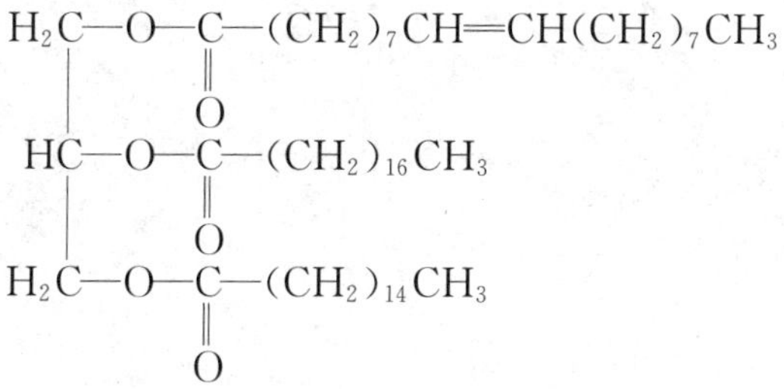
$$H_2C-O-C-(CH_2)_7CH=CH(CH_2)_7CH_3$$
$$|\quad\quad O$$
$$HC-O-C-(CH_2)_{16}CH_3$$
$$|\quad\quad O$$
$$H_2C-O-C-(CH_2)_{14}CH_3$$
$$\quad\quad O$$

(10) 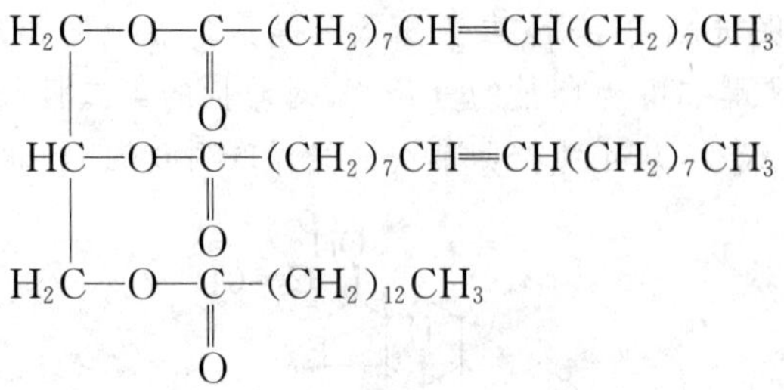 $\text{H}_2\text{C}-\text{O}-\overset{\overset{\displaystyle }{\underset{\displaystyle \text{O}}{\|}}}{\text{C}}-(\text{CH}_2)_7\text{CH}=\text{CH}(\text{CH}_2)_7\text{CH}_3$

$\text{HC}-\text{O}-\overset{\overset{\displaystyle }{\underset{\displaystyle \text{O}}{\|}}}{\text{C}}-(\text{CH}_2)_7\text{CH}=\text{CH}(\text{CH}_2)_7\text{CH}_3$

$\text{H}_2\text{C}-\text{O}-\overset{\overset{\displaystyle }{\underset{\displaystyle \text{O}}{\|}}}{\text{C}}-(\text{CH}_2)_{12}\text{CH}_3$

4. 比较 α-亚麻酸与 γ-亚麻酸在结构上的相同点和不同点,两者在人体内能否相互转化,为什么?

5. 举例说明什么是必需脂肪酸。

6. 2 g 油脂完全皂化,消耗 0.5 mol/L 的 KOH 溶液 15 mL,试计算该油脂的皂化值。

(况媛媛)

第十四章

氨基酸、多肽和蛋白质

蛋白质(protein)是一类结构复杂、功能特异的天然高分子化合物。它存在于所有的生物体中,是与生命活动密切相关的基础物质之一,可以说没有蛋白质就没有生命。例如,在新陈代谢中起催化作用的酶和起调节作用的某些激素,在抗御疾病中起免疫作用的抗体以及致病的病毒、细菌等也都是蛋白质。近代生物学研究表明,蛋白质的作用不仅表现在遗传信息的传递和调控方面,而且对细胞膜的通透性及高等动物的思维、记忆活动等方面也起着重要的作用。

蛋白质的特殊功能是由其复杂的结构决定的。蛋白质经酸、碱或蛋白酶催化水解,分子逐渐降解成相对分子质量越来越小的肽段,直到最终成为 α-氨基酸(amino acid)的混合物。因此,α-氨基酸是组成多肽(peptide)和蛋白质的基本结构单位;蛋白质多肽链中 α-氨基酸的种类、数目和排列顺序决定了每一种不同蛋白质的空间结构,从而又决定了其生理功能。

除蛋白质部分水解可产生长短不一的各种肽段外,生物体内还存在很多生物活性肽(bioactive peptide),它们具有特殊的生物学功能,在生长、发育、繁衍及代谢等生命过程中起着重要的作用。

第一节　氨　基　酸

一、氨基酸的结构、分类和命名

微课:氨基酸的结构、分类和命名

氨基酸是一类取代羧酸,可视为羧酸分子中烃基上的氢原子被氨基取代的一类化合物,根据氨基和羧基在分子中相对位置的不同,氨基酸可分为 α-、β-、γ-、…、ω-氨基酸。

目前在自然界中发现的氨基酸有数百种,但由天然蛋白质完全水解生成的氨基酸中主要有 20 种与核酸中的遗传密码相对应,用于在核糖体上进行多肽合成,这 20 种氨基酸称为编码氨基酸(coding amino acid),均属于 α-氨基酸(脯氨酸除外,为 α-亚氨基酸)。由于氨基酸分子中既含有酸性的羧基,又含有碱性的氨基,分子可以发生酸碱中和作用。因此,在生理条件下,羧基几乎完全以 —COO⁻ 形式存在,大多数氨基主要以 —NH₃⁺ 形式存在,所以氨基酸分子是一偶极离子,一般以内盐(偶极离子或两性离子,zwitterion)形式存在,可用通式表示为:

$$\begin{array}{c} R\!-\!\underset{\underset{\overset{|}{+}NH_3}{|}}{CH}\!-\!COO^- \end{array}$$

式中,R 代表侧链基团,不同的氨基酸只是侧链 R 基团不同。20 种编码氨基酸中除甘氨酸(R=—H)外,其他各种氨基酸分子中的 α-碳原子均为手性碳原子,都具有旋光性。

氨基酸的构型通常采用 D/L 标记法,有 D-型和 L-型两种异构体。以甘油醛为参考标准,凡氨基酸的 Fischer 投影式中 α-氨基的位置与 L-甘油醛手性碳原子上 —OH 的位置相同者为 L-型,相反为 D-型。构成蛋白质的编码氨基酸均为 L-型。如用 R/S 法标记,则除半胱氨酸为 R 构型外,其余皆为 S 构型。

$$
\begin{array}{c}
\text{COO}^- \\
| \\
\text{H}_3\text{N}^+ \!-\!\!-\!\!-\! \text{H} \\
| \\
\text{R}
\end{array}
\qquad\qquad
\begin{array}{c}
\text{COO}^- \\
| \\
\text{H} \!-\!\!-\!\!-\! \text{NH}_3 \\
| \\
\text{R}
\end{array}
$$

L-氨基酸   D-氨基酸

　　编码氨基酸的分类方法很多。根据 R 基团的化学结构,可分为脂肪族氨基酸(如丙氨酸、亮氨酸等)、芳香族氨基酸(如苯丙氨酸、酪氨酸等)和杂环氨基酸(如组氨酸、色氨酸等),其中以脂肪族氨基酸为最多。也可根据分子中所含氨基和羧基的相对数目,分为中性氨基酸、酸性氨基酸和碱性氨基酸三类。中性氨基酸含有一个氨基和一个羧基,由于羧基电离能力较氨基大,其水溶液实际显微酸性,如甘氨酸、苯丙氨酸等。酸性氨基酸含有两个羧基和一个氨基,如天冬氨酸、谷氨酸等;而碱性氨基酸则含有一个羧基和两个氨基,如赖氨酸、精氨酸等。在医学上则常根据氨基酸侧链 R 基团的极性及所带电荷,将 20 种编码氨基酸分为四类:非极性 R 基氨基酸(如丙氨酸、亮氨酸等)、不带电荷的极性 R 基氨基酸(如丝氨酸、半胱氨酸等)、带正电荷的 R 基氨基酸(如赖氨酸、精氨酸、组氨酸)、带负电荷的 R 基氨基酸(如天冬氨酸、谷氨酸)。

　　氨基酸可采用系统命名法命名,但天然氨基酸更常用的是俗名,即根据其来源和特性命名,如从蚕丝中得到的丝氨酸、最初从天门冬的幼苗中发现的天冬氨酸和具有甜味的甘氨酸等。IUPAC-IBC 规定了常见的 20 种编码氨基酸的命名及三字母、单字母的通用缩写符号(表 14-1),这些符号在表达蛋白质及多肽结构时被广泛采用。

表 14-1　20 种编码氨基酸的名称和结构

名　称	中文缩写	英文缩写		结　构　式	pI
甘氨酸(α-氨基乙酸) Glycine	甘	Gly	G	$\begin{array}{c}\text{CH}_2\text{COO}^- \\ | \\ {}^+\text{NH}_3\end{array}$	5.97
丙氨酸(α-氨基丙酸) Alanine	丙	Ala	A	$\begin{array}{c}\text{CH}_3\!-\!\text{CHCOO}^- \\ | \\ {}^+\text{NH}_3\end{array}$	6.02
亮氨酸(γ-甲基-α-氨基戊酸) Leucine*	亮	Leu	L	$\begin{array}{c}\text{CH}_3\text{CHCH}_2\!-\!\text{CHCOO}^- \\ |\qquad\qquad\quad | \\ \text{CH}_3\qquad\quad {}^+\text{NH}_3\end{array}$	5.98
异亮氨酸(β-甲基-α-氨基戊酸) Isoleucine*	异亮	Ile	I	$\begin{array}{c}\text{CH}_3\text{CH}_2\text{CH}\!-\!\text{CHCOO}^- \\ |\qquad\quad | \\ \text{CH}_3\; {}^+\text{NH}_3\end{array}$	6.02
缬氨酸(β-甲基-α-氨基丁酸) Valine*	缬	Val	V	$\begin{array}{c}\text{CH}_3\text{CH}\!-\!\text{CHCOO}^- \\ |\qquad\quad | \\ \text{CH}_3\; {}^+\text{NH}_3\end{array}$	5.97
脯氨酸(α-吡咯啶甲酸) Proline	脯	Pro	P	结构式(吡咯啶环-COO⁻,环上 N⁺H₂)	6.30
苯丙氨酸(β-苯基-α-氨基丙酸) Phenylalanine*	苯丙	Phe	F	$\begin{array}{c}\text{C}_6\text{H}_5\!-\!\text{CH}_2\!-\!\text{CHCOO}^- \\ | \\ {}^+\text{NH}_3\end{array}$	5.48

续 表

名 称	中文缩写	英文缩写		结 构 式	pI
蛋(甲硫)氨酸(α-氨基-γ-甲硫基戊酸) Methionine*	蛋	Met	M	$CH_3SCH_2CH_2{-}\underset{\underset{\overset{+}{N}H_3}{\mid}}{C}HCOO^-$	5.75
色氨酸[α-氨基-β-(3-吲哚基)丙酸] Tryptophan*	色	Trp	W	$CH_2\underset{\underset{\overset{+}{N}H_3}{\mid}}{C}HCOO^-$ (吲哚环)	5.89
丝氨酸(α-氨基-β-羟基丙酸) Serine	丝	Ser	S	$HOCH_2{-}\underset{\underset{\overset{+}{N}H_3}{\mid}}{C}HCOO^-$	5.68
谷氨酰胺(α-氨基戊酰胺酸) Glutamine	谷胺	Gln	Q	$H_2NOCCH_2CH_2\underset{\underset{\overset{+}{N}H_3}{\mid}}{C}HCOO^-$	5.65
苏氨酸(α-氨基-β-羟基丁酸) Threonine*	苏	Thr	T	$CH_3\underset{\underset{OH}{\mid}}{C}H{-}\underset{\underset{\overset{+}{N}H_3}{\mid}}{C}HCOO^-$	5.60
半胱氨酸(α-氨基-β-巯基丙酸) Cysteine	半胱	Cys	C	$HSCH_2{-}\underset{\underset{\overset{+}{N}H_3}{\mid}}{C}HCOO^-$	5.07
天冬酰胺(α-氨基丁酰胺酸) Asparagine	天胺	Asn	N	$H_2NOCCH_2\underset{\underset{\overset{+}{N}H_3}{\mid}}{C}HCOO^-$	5.41
酪氨酸(α-氨基-β-对羟苯基丙酸) Tyrosine	酪	Tyr	Y	$HO{-}C_6H_4{-}CH_2{-}\underset{\underset{\overset{+}{N}H_3}{\mid}}{C}HCOO^-$	5.66
天冬氨酸(α-氨基丁二酸) Aspartic acid	天	Asp	D	$HOOCCH_2\underset{\underset{\overset{+}{N}H_3}{\mid}}{C}HCOO^-$	2.77
谷氨酸(α-氨基戊二酸) Glutamic acid	谷	Glu	E	$HOOCCH_2CH_2\underset{\underset{\overset{+}{N}H_3}{\mid}}{C}HCOO^-$	3.22
赖氨酸(α,ω-二氨基己酸) Lysine*	赖	Lys	K	$H_3\overset{+}{N}CH_2CH_2CH_2CH_2\underset{\underset{NH_2}{\mid}}{C}HCOO^-$	9.74
精氨酸(α-氨基-δ-胍基戊酸) Arginine	精	Arg	R	$H_2N{-}\underset{\underset{\overset{+}{N}H_2}{\parallel}}{C}{-}NHCH_2CH_2CH_2\underset{\underset{NH_2}{\mid}}{C}HCOO^-$	10.76
组氨酸[α-氨基-β-(4-咪唑基)丙酸] Histidine	组	His	H	$CH_2{-}\underset{\underset{\overset{+}{N}H_3}{\mid}}{C}HCOO^-$ (咪唑环)	7.59

* 为必需氨基酸。

　　表中所列大多数氨基酸可在体内合成,但带＊号的8种氨基酸(赖氨酸、色氨酸、苯丙氨酸、蛋氨酸、苏氨酸、异亮氨酸、亮氨酸、缬氨酸),在人体内不能合成或不能合成足够的量而又是生命活动中所必不可少的,必需依靠食物供应,若缺少则会导致许多种类蛋白质的代谢和合成失去平衡从而引发疾病,这些氨基酸称为必需氨基酸。

　　20种编码氨基酸是构成蛋白质的基本组成单位,生物体中众多蛋白质的生物功能,无不与构成蛋白质的氨基酸种类、数量、排列顺序及由其形成的空间结构密切相关。因此,氨基酸对维持机体蛋白质的动态平衡有着极其重要的意义。生命活动中,人及动物通过消化道吸收氨基酸并通过体内转化而维持其动态平衡,若其动态平衡失调,则机体代谢紊乱,甚至引起病变。许多氨基酸还参与代谢作用,对免疫器官、淋巴组织,单核-吞噬系统功能及抗感染能力都有一定作用,不少已用来治疗疾病。如甘氨酸是体内合成磷酸肌酸、血红素等的成分,并能对芳香族物质起解毒作用;丝氨酸在合成嘌呤、胸腺嘧啶和胆碱中供给碳链;酪氨酸为合成甲状腺素和肾上腺素的前体;精氨酸参与鸟氨酸循环,具有促使血氨转变为尿素的作用,是专用于因血氨升高引起的肝性脑病药物;谷氨酸与谷胺酰胺可用于改善脑出血后遗症的记忆障碍;谷胺酰胺和组氨酸用于治疗消化道溃疡;甘氨酸和谷氨酸可调节胃液酸度;亮氨酸能加速皮肤和骨头创伤的愈合,亦用作降血糖及头晕治疗药。谷氨酸、色氨酸等能作用于神经系统,天冬氨酸、半胱氨酸、精氨酸、苯丙氨酸、组氨酸、赖氨酸等能提高免疫功能,而半胱氨酸、精氨酸、谷氨酸等具有解毒功能。医药上氨基酸主要用于复合氨基酸输液,由必需氨基酸等混合配成,作为高营养剂供病人注射用。氨基酸混合粉可作为运动员、高空工作者的补品。此外,α-氨基酸还作为工业原料合成多肽药物,如谷胱甘肽、促胃液素、催产素等。

　　除编码氨基酸外,还有一些非编码氨基酸能以游离或结合的形式存在于自然界中,它们中有的是L-型 α-氨基酸的类似物或取代衍生物,有的是 β-、γ-、δ-氨基酸,有的则是D-型氨基酸,但普遍具有独特的生物活性。如 γ-氨基丁酸和L-多巴是重要的神经传导递质,其中 γ-氨基丁酸存在于脑组织中,具有抑制中枢神经兴奋作用,由谷氨酸经谷氨酸脱羧酶作用形成;当 γ-氨基丁酸含量降低时,可影响脑细胞代谢而影响其机能活动。L-瓜氨酸与L-鸟氨酸是氨基酸代谢(尿素循环)的中间体等;L-甲状腺素存在于甲状腺球蛋白中,为甲状腺的主要激素,控制氧消耗和总代谢率。

　　问题 14-1　组成天然蛋白质的氨基酸有多少种? 其结构特点是什么?

微课:氨基酸的
物理性质

微课:氨基酸的
化学性质

二、氨基酸的性质

　　α-氨基酸为无色结晶,熔点较高,一般在200～300 ℃,这是因为晶体中氨基酸以内盐形式存在,并且多数在熔化前受热分解放出 CO_2。一般的氨基酸能溶于水,不溶于乙醚、丙酮、氯仿等有机溶剂。除甘氨酸外,所有编码氨基酸都具有旋光性,用测定比旋光度的方法可以测定氨基酸的纯度。

　　氨基酸的化学性质取决于分子中的羧基、氨基和侧链R基以及这些基团间的相互影响。氨基酸的羧基具有酸性,与碱作用成盐,与醇作用成酯,加热或在酶的作用下脱羧等;氨基具有碱性,与酸作用成盐,与 HNO_2 作用定量放出氮气,氧化脱氨基生成酮酸,与酰卤或酸酐反应生成酰胺;侧链R基的性质因基团的不同而异,如两分子半胱氨酸可被氧化成胱氨酸,酪氨酸具有酚羟基的性质等。

(一) 两性和等电点

　　氨基酸分子中同时含有酸性的羧基和碱性的氨基,因此氨基酸是两性化合物,能分别与酸作用生成铵盐或与碱作用生成羧酸盐。但氨基酸的酸性比一般脂肪酸弱,碱性也比一般脂肪胺弱。一般情况下将氨基酸溶于水时,氨基酸不是以游离态的羧基和氨基存在的,而是以内盐的形式存在,此时它的酸性基团是—NH$_3^+$而不是—COOH,碱性基团是—COO$^-$而不是—NH$_2$。若将此溶液酸化,则两性离子与 H$^+$离子结合成为阳离子;若向此水溶液中加碱,则两性离子与 OH$^-$结合成为阴离子。

$$R\text{—}CH\text{—}COOH$$
$$|$$
$$NH_2$$
$$\Updownarrow$$

$$R\text{—}CH\text{—}COO^- \underset{OH^-}{\overset{H^+}{\rightleftharpoons}} R\text{—}CH\text{—}COO^- \underset{OH^-}{\overset{H^+}{\rightleftharpoons}} R\text{—}CH\text{—}COOH$$
$$|\qquad\qquad\qquad |\qquad\qquad\qquad |$$
$$NH_2\qquad\qquad\quad NH_3^+\qquad\qquad\quad NH_3^+$$

阴离子(pH>pI)　　　两性离子(pH=pI)　　　阳离子(pH<pI)

由上可见,氨基酸的荷电状态取决于溶液的 pH,利用酸或碱调节溶液的 pH,可使氨基酸的酸性解离与碱性解离相等,所带正、负电荷数相等,氨基酸处于等电状态,净电荷为零。此时,溶液的 pH 称为该氨基酸的等电点(isoelectric point),以 pI 表示。在等电点时,氨基酸溶液的 pH=pI,氨基酸主要以电中性的两性离子存在,在电场中不向任何电极移动;溶液的 pH<pI 时,氨基酸带正电荷,在电场中向负极移动;而溶液的 pH>pI 时,氨基酸带负电荷,在电场中向正极移动。

各种氨基酸由于组成和结构不同,具有不同的等电点。等电点是氨基酸的一个特征常数,常见氨基酸的等电点见表 14-1。中性氨基酸由于羧基的电离略大于氨基,故在纯水中呈微酸性,其 pI 略小于 7,一般在 5.0~6.5;酸性氨基酸的 pI 在 2.7~3.2;而碱性氨基酸的 pI 在 7.5~10.7。

利用氨基酸等电点的不同,可以分离、提纯和鉴定不同氨基酸。氨基酸在等电点时,净电荷为零,在水溶液中溶解度最小。在高浓度的混合氨基酸溶液中,逐步调节溶液的 pH,可使不同的氨基酸在不同的 pI 时分步沉淀,即可得到较纯的氨基酸。在同一 pH 的缓冲溶液中,各种氨基酸所带的电荷不同,它们在直流电场中,移动的方向和速率不同,因此也可利用电泳分离或鉴定不同的氨基酸。

问题 14-2　何谓氨基酸的等电点? 中性氨基酸的等电点是小于 7,等于 7,还是大于 7?

(二) 与亚硝酸反应

除亚氨基酸(脯氨酸等)外,α-氨基酸分子中的氨基具有伯胺的性质,能与亚硝酸反应定量放出氮气,利用该反应可测定蛋白质分子中游离氨基或氨基酸分子中氨基的含量,此方法称为 Van Slyke 氨基氮测定法。

$$R\text{—}CH\text{—}COOH + HNO_2 \longrightarrow R\text{—}CH\text{—}COOH + N_2\uparrow$$
$$|\qquad\qquad\qquad\qquad\qquad\qquad |$$
$$NH_2\qquad\qquad\qquad\qquad\qquad\quad OH$$

(三) 与茚三酮的显色反应

α-氨基酸与水合茚三酮溶液共热,能生成蓝紫色物质——罗曼紫(Rubeman's purple)。罗曼紫在波长为 570 nm 处有强吸收峰,化合物的颜色深浅与氨基酸的含量成正比,因此,可作为 α-氨基酸定量分析的依据,该显色反应也常用于氨基酸和蛋白质的定性鉴定及标记,如在层析、电泳等实验中应用。

罗曼氏紫

在 20 种 α-氨基酸中,脯氨酸与茚三酮反应显黄色(可在 440 nm 进行定量分析),而 N-取代的 α-氨基酸以及 β-氨基酸、γ-氨基酸等不与茚三酮发生显色反应。

（四）成肽反应

在适当条件下,氨基酸分子间氨基与羧基相互脱水缩合生成的一类化合物,叫作肽。例如二分子氨基酸缩合而成的肽叫二肽。

$$H_2NCHCOOH+H_2NCHCOOH \xrightarrow{-H_2O} H_2NCHCO-NHCHCOOH$$

$$\underset{R_1}{\qquad} \underset{R_2}{\qquad} \underset{R_1}{\qquad} \underset{R_2}{\qquad}$$

肽分子中的酰胺键(—CO—NH—)常称作肽键(peptide bond)。二肽分子中仍含有自由的羧基和氨基,因此可以继续与氨基酸缩合成为三肽、四肽⋯⋯多肽、蛋白质等。

第二节　肽

一、肽的结构和命名

肽是氨基酸分子间通过肽键连接的一类化合物。虽然存在着环肽,但绝大多数多肽为链状分子,以两性离子的形式存在:

$$\overset{+}{H_3}NCHCO-NH-CHCO-NH-CHCO-NH-CHCO\cdots NH-CHCOO^-$$

$$\underset{R_1}{\qquad} \underset{R_2}{\qquad} \underset{R_3}{\qquad} \underset{R_4}{\qquad} \underset{R_n}{\qquad}$$

多肽链中的每个氨基酸单元称为氨基酸残基(amino acid residue)。

在多肽链的一端保留着未结合的—NH_3^+,称为氨基酸的 N-端,通常写在左边;在多肽链的另一端保留着未结合的—COO^-,称为氨基酸的 C-端,通常写在右边。

肽的结构不仅取决于组成肽链的氨基酸种类和数目,而且也与肽链中各氨基酸残基的排列顺序有关。例如,由甘氨酸和丙氨酸组成的二肽,可有两种不同的连接方式。

$$\overset{CH_3}{\underset{}{|}}$$
$$\overset{+}{H_3}NCH_2CONHCHCOO^-$$
甘氨酰丙氨酸(甘丙肽)

$$\overset{CH_3}{\underset{}{|}}$$
$$\overset{+}{H_3}NCHCONHCH_2COO^-$$
丙氨酰甘氨酸(丙甘肽)

同理,由 3 种不同的氨基酸可形成 6 种不同的三肽,由 4 种不同的氨基酸可形成 24 种不同的四肽,如果肽链中有 n 个不同的氨基酸则可形成 $n!$ 种不同的多肽。因此氨基酸按不同的排列顺序可形成大量的异构体,它们构成了自然界中种类繁多的多肽和蛋白质。

肽的命名方法是以含 C-端的氨基酸为母体,把肽链中其他氨基酸名称中的酸字改为酰字,按它们在肽链中的排列顺序由左至右逐个写在母体名称前。例如,甘氨酰丙氨酰脯氨酸或甘丙脯肽,也可用三字母的通用缩写符号表示为 Gly - Ala - Pro 或 G - A - P。

二、肽键的结构

肽键是构成多肽和蛋白质的基本化学键,肽键与相邻的两个 α-碳原子所组成的基团(—C_α—CO—NH—C_α—)称为肽单位(peptide unit)。多肽链就是由许多重复的肽单位连接而成,它们构成多肽链的主链骨架。各种多肽链的主链骨架都是一样的,但侧链 R 的结构和顺序不同,这种不同对多肽和蛋白质的空间构象有重要影响。

根据对一些简单的多肽和蛋白质中的肽键进行精细结构测定分析,得到常见的反式构型肽键的键长和键角等参数,如图 14-1 所示。

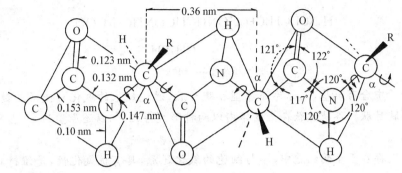

图 14-1 肽键平面及各键长、键角数据

肽键具有以下特征:

(1) 肽键中的 C—N 键长为 0.132 nm,较相邻的 C_α—N 单键的键长(0.147 nm)短,但比一般的 C=N 双键的键长(0.127 nm)长,表明肽键中的 C—N 键具有部分双键性质,因此肽键中的 C—N 之间的旋转受到一定的阻碍。

(2) 肽键的 C 及 N 周围的 3 个键角和均为 360°,说明与 C—N 相连的 6 个原子处于同一平面上,这个平面称为肽键平面。

(3) 由于肽键不能自由旋转,肽键平面上各原子可出现顺反异构现象,顺式肽键因大基团间的相互排斥作用处于高能态,所以多肽和蛋白质中的肽键主要是以反式肽键存在,即与 C—N 键相连的 O 与 H 或 2 个 C_α 原子之间呈较稳定的反式分布。然而在与脯氨酸的亚氨基和其他氨基酸残基形成的肽键中,顺式肽键的比例会增加。

肽键平面中除 C—N 键不能旋转外,两侧的 C_α—N 和 C—C_α 键均为可旋转的 σ 键,因此,相邻的肽键平面可围绕 C_α 旋转。多肽链的主链可以看成是由一系列通过 C_α 原子衔接的刚性肽键平面所组成。肽键平面的旋转所产生的立体结构可呈多种状态,从而导致蛋白质和多肽呈现不同的构象。

问题 14-3 什么是肽单位? 它有哪些基本特征?

三、生物活性肽

生物体内有许多以游离态存在的肽类,具有各种特殊的生物学功能,人们称为内源性生物活性肽,如谷胱甘肽、神经肽、催产素、加压素、心房肽等。此外,人们从微生物、动植物蛋白中也可分离出具有潜在生物活性的肽类,这些特殊肽在消化酶的作用下释放出来,以肽的形式被吸收后,参与摄食、消化、代谢及内分泌的调节,这种非机体自身产生的却具有生物活性的肽类物质称为外源性生物活性肽。饲料和食物是外源性生物活性肽的重要来源,目前研究的主要外源性生物活性肽有外啡肽、免疫调节肽、抗微生物肽、抗凝血肽、抗应激肽、抗氧化肽等。

无论是从结构或从功能来说,生物活性肽是自然界中种类、功能较复杂的一类化合物。生物活性肽在生物的生长、发育、细胞分化、大脑活动、肿瘤病变、免疫防御、生殖控制、抗衰老及分子进化等方面起着重要的作用,具有涉及神经、激素和免疫调节、抗血栓、抗高血压、抗胆固醇、抗细菌病毒、抗癌、抗氧化、清除自由基等多重功效。它们在体内一般含量较低,但生物功能极其微妙,结构相同或极为相似的活性肽,由于产生于不同器官,行使的功能也有所不同。

（一）谷胱甘肽

谷胱甘肽（glutathione），学名 γ-谷氨酰半胱氨酰甘氨酸，其结构中的谷氨酸是通过它的 γ-羧基与半胱氨酸的 α-氨基之间脱水形成 γ-肽键：

$$\overset{\gamma}{H_3}\overset{+}{N}\overset{\alpha}{C}H\overset{\beta}{C}H_2\overset{\gamma}{C}H_2CONHCHCONHCH_2COO^-$$

$$\underset{COO^-}{\qquad\qquad} \underset{CH_2SH}{\qquad\qquad}$$

还原型谷胱甘肽

谷胱甘肽分子中含有巯基，故称为还原型谷胱甘肽，通过巯基的氧化可使两肽链间形成二硫键，即成为氧化型谷胱甘肽。谷胱甘肽在生物体内以两种形式存在，但以还原型为主（占 99% 以上），两者可以相互转化。

谷胱甘肽广泛存在于生物细胞中，参与细胞的氧化还原，具有抗氧化性，是维持机体内环境稳定不可缺少的物质。它是机体代谢中许多酶的辅酶，并可通过其还原性巯基参与体内重要的氧化还原反应，如巯基与体内的自由基结合转化成容易代谢的酸类物质，从而加速自由基的排泄，减轻自由基对细胞膜、DNA 的损伤；也可保护细胞内含巯基酶的活性（如 ATP 酶），防止因巯基氧化而导致的蛋白质变性。谷胱甘肽另一重要功能是解毒，目前临床上已将谷胱甘肽用于肝炎的辅助治疗、有机物及重金属的解毒、癌症辐射和化疗的保护等。

（二）催产素和加压素

催产素（oxytocin）和加压素（vasopressin）是最早从脑下垂体分离、鉴定的垂体后叶激素，美国科学家 Vigneaud 于 1954 年完成了这两种激素的分离、纯化、结构测定及化学合成，并于 1955 年获得诺贝尔生理学或化学奖。这两种激素在结构上较为相似，都是由 9 个氨基酸残基组成的，肽链中的两个半胱氨酸通过二硫键形成部分环肽，其 C-端不是游离的羧基而是酰胺。两者只是残基 3 和 8 不同，其余氨基酸顺序一样：

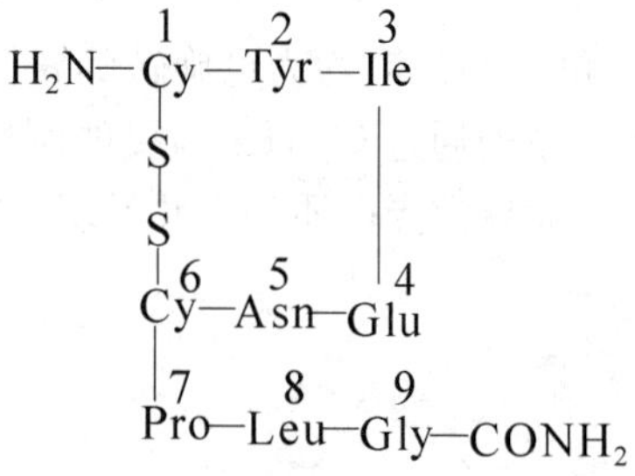

人催产素 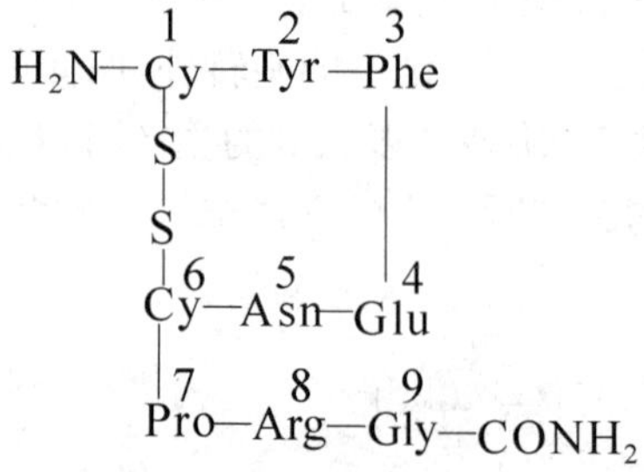　　　　　　　　　　加压素

催产素能促使子宫平滑肌收缩，具有催产及排乳作用；加压素能使小动脉收缩，从而增高血压，并有减少排尿作用，也称为抗利尿激素，对于保持细胞外液的容积和渗透压有重要的作用，是调节水代谢的重要激素。近年来有资料表明加压素还参与记忆过程，分子中的环状部分参与学习记忆的巩固过程，分子中的直线部分则参与记忆的恢复过程；催产素正好与加压素相反，是促进遗忘的。

（三）*Delta*-诱眠肽

1977 年，Monnier 等从被剥夺睡眠的兔脑脊液中分离纯化了一个具有促睡眠活性的肽类化合物，由于其主要的生理活性是促进兔的慢波睡眠，并能特异性地增强兔脑电图中的 δ 波，故取名为 *Delta*-诱眠肽（*Delta* Sleep-Inducing Peptide，DSIP），它是氨基 N-端为色氨酸的九肽，结构为：

Trp—Ala—Gly—Gly—Asp—Ala—Ser—Gly—Glu

该九肽在兔体内含量极微，但活性很强。作为第一个阐明化学结构的睡眠物质，引起了化学工作者的浓厚兴趣，已有 DSIP 及其类似物的合成报道。目前 DSIP 在临床上已用于调节睡眠障碍，也可用于预防中风，还有可能作为良好的抗癫痫剂及抗心律不齐的药物。

（四）神经肽

中枢神经系统中有一组小分子的肽，它们有非常特殊的生物化学功能，对人的情绪、痛觉、记忆和行为等生理现象产生较大的作用，故统称为神经肽（neuropeptide）。神经肽既能起递质或调质的作用，又能起激素的作用，使神经和内分泌两大系统的功能有机结合，共同调节机体各器官的活动。

P 物质是最早被发现的神经肽，属速激肽类物质，是一种 11 肽，其结构如下：

$$Arg—Pro—Lys—Pro—Gln—Gln—Phe—Phe—Gly—Leu—Met$$

P 物质对大脑皮质神经元、运动神经元和脊髓后角神经元都有缓慢的兴奋作用，还具有舒张血管、降压等作用。吗啡和脑啡肽能阻止 P 物质的释放。

内源性阿片肽包括脑啡肽（5 肽）、β-内啡肽（31 肽）、强啡肽 A（17 肽）、强啡肽 B（13 肽）、孤啡肽（17 肽）和内吗啡肽（4 肽）等，它们具有不同的氨基酸序列，在人体内有广泛的分布和多种生物学效应，参与痛觉信息调制和免疫功能的调节，还参与应激反应，并在摄食饮水、肾脏、胃肠道、心血管、呼吸体温等生理活动的调节中发挥重要作用，阿片肽还与学习记忆、精神情绪的调节有关。

第三节　蛋　白　质

蛋白质的结构极其复杂，种类繁多，估计人体内就有几十万种以上的蛋白质，其质量约占人体干重的 45%。蛋白质的组成元素主要是 C、H、O、N 四种，此外大多数蛋白质含有 S，少数含有 P、Fe、Cu、Mn、Zn，个别还含有 I 或其他元素。蛋白质与多肽均是氨基酸的多聚物，它们都是由各种 α-氨基酸残基通过肽键相连，通常将相对分子质量在 10 000 以上的称为蛋白质，10 000 以下的称为多肽。

一、蛋白质的结构

蛋白质是氨基酸的多聚物，它承担着多种多样的生理作用和功能，这些重要的生理作用和功能是由蛋白质的组成和特殊空间结构所决定的。氨基酸彼此间以肽键结合成肽链，再由一条或多条肽链按各种特殊方式组合成蛋白质分子。为了表示其不同层次的结构，通常将蛋白质结构分为一级、二级、三级和四级结构。蛋白质的一级结构又称为初级结构或基本结构，二级以上的结构属于构象范畴，称为高级结构。随着科学的发展，对蛋白质结构的研究还在深入，近年来又在四级结构的基础上提出两种新的结构层次，即超二级结构和结构域。

（一）一级结构

蛋白质分子的一级结构（primary structure）是指多肽链中氨基酸残基的连接方式和排列顺序以及二硫键的数目与位置。有些蛋白质分子中只有一条多肽链，而有些则有两条或多条多肽链。在一级结构中肽键是其主要的化学键，另外在两条肽链之间或一条肽链的不同位置之间也存在其他类型的化学键，如二硫键、酯键等。任何特定的蛋白质都有其特定的氨基酸残基顺序，如牛胰岛素分子的一级结构如图 14-2 所示。牛胰岛素由 A 和 B 两条多肽链共 51 个氨基酸残基组成。A 链含有 11 种共 21 个氨基酸残基，N-端为甘氨酸，C-端为天冬酰胺；B 链含有 16 种共 30 个氨基酸残基，N-端为苯丙氨酸，C-端为丙氨酸。A 链内有一链内二硫键，A 链和 B 链之间通过两条链间二硫键相互连接。

蛋白质分子的一级结构是其生物活性和特异空间结构的基础，它包含着结构的全部信息，并决定了蛋白质分子构象的所有层次及其生物学功能的多样性和种属的特异性。不同的蛋白质，其一级结构是不同的，甚至在不同种属的同一种蛋白质中的氨基酸组成及其排列顺序也可能稍有差异。例如，人胰岛素和猪胰岛素相差一个氨基酸残基，人胰岛素和牛胰岛素有三个氨基酸残基不同。蛋白质的一级结构是由基因上的遗传密码的排列顺序决定的，体内某些蛋白质分子由于遗传基因的突变而引起其一级结构的改变,使蛋白质的功能异常,从而引起病变,这就是分子病(molecular disease)。镰刀型血红蛋白贫血症是一种典型的遗传性分子病,它是由于正常血红蛋白的多肽链中 N-端第 6 位的谷氨酸被缬氨酸替代,使得分子表面的负电荷减少,亲水基团成为疏水基团,促使血红蛋白分子不能正常聚合,溶解度降低,导致红细胞变形,呈镰刀状,并易于破裂。这种变形的红细胞寿命缩短,从而严重影响了其运载 O_2 的功能,导致出现溶血性贫血。

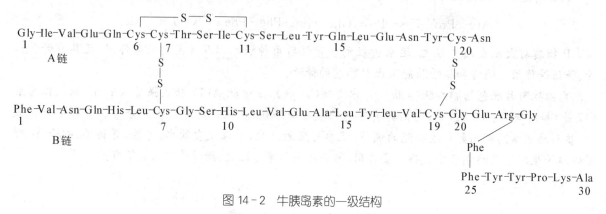

图 14-2　牛胰岛素的一级结构

蛋白质的一级结构是其空间构象的基础,因此测定蛋白质的氨基酸顺序有重要意义,目前主要使用氨基酸自动分析仪和肽链氨基酸顺序自动测定仪来进行测定。

(二) 蛋白质的空间结构

一条任意形状的多肽链是不具有生物活性的。蛋白质分子有特定的三维结构,在主链之间、侧链之间和主链与侧链之间存在着复杂的相互作用,使蛋白质分子在三维水平上形成一个有机整体。蛋白质的构象又称空间结构、高级结构、立体结构、三维结构等,指的是蛋白质分子中所有原子在三维空间的排布,主要包括蛋白质的二级结构、超二级结构、结构域、三级结构和四级结构。肽键为蛋白质分子的主键,除肽键外,还有各种副键维持着蛋白质的高级结构。这些副键包括氢键、二硫键、盐键、疏水作用力、酯键、范德华力、配位键(图 14-3)。以上这些副键中氢键、疏水作用力、范德华力是维持蛋

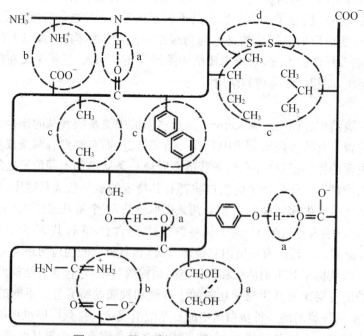

图 14-3　蛋白质分子中维持构象的次级键

a. 氢键　b. 盐键　c. 疏水作用力　d. 二硫键

白质空间结构的主要作用力,虽然它们的键能较小,稳定性不高,但数量多,故在维持蛋白质分子的空间构象中起着重要的作用;盐键、二硫键或配位键虽然作用力强,但数量少,也共同参与维持蛋白质空间结构。

蛋白质分子的多肽链并不是走向随机的松散结构,而是盘曲和折叠成特有的空间构象。蛋白质的二级结构(secondary structure)是指蛋白质分子多肽链本身的盘旋卷曲或折叠所形成的空间结构。二级结构主要包括 α-螺旋、β-折叠、β-转角和无规则卷曲等基本类型。二级结构是依靠肽链间的亚氨基与羰基之间所形成的氢键而得到稳定的,是蛋白质的基本构象。

蛋白质分子的三级结构(tertiary structure)是指一条多肽链在二级结构的基础上进一步卷曲、折叠所形成的一种不规则的、特定的、更复杂的三维空间结构。

许多有生物活性的蛋白质是由两条或多条肽链构成;每条肽链都有各自的一、二、三级结构,相互以非共价键连接,这些肽链称为蛋白质亚单位(subunit)。由亚单位构成的蛋白质称为寡聚蛋白质。蛋白质分子的四级结构(quaternary structure)就是各个亚单位在寡聚蛋白质的天然构象中的排列方式。四级结构依靠氢键、盐键、疏水作用力、范德华力等维持。

有关蛋白质空间结构的详细讨论将在后续课程——生物化学中继续学习。

问题 14-4　什么是蛋白质结构中的主键和副键?

二、蛋白质的性质

蛋白质的性质取决于蛋白质的分子组成和结构特征。不同类型的蛋白质其物理性质可存在很大差异,但化学性质却往往相似。

(一)胶体性质

蛋白质分子是高分子化合物,相对分子质量很大,其分子直径一般在 $1\sim100$ nm,在水中形成胶体溶液,具有布朗运动、丁达尔效应、电泳现象、不能透过半透膜等特点。

蛋白质的水溶液是一种比较稳定的亲水溶胶,蛋白质分子表面的极性基团可吸引水分子在它的表面定向排列形成一层水化膜。蛋白质分子表面的可解离基团,在适当的 pH 条件下,都带有相同的净电荷,与周围的反离子构成稳定的双电层。蛋白质溶液由于具有水化层与双电层两方面的稳定因素,能在水溶液中使蛋白质分子颗粒相互隔开而不致下沉。

蛋白质的胶体性质是蛋白质分离、纯化的基础。利用胶粒不能透过半透膜的特点,将蛋白质置于半透膜制成的包裹里,放在流动的水或适当的缓冲溶液中,可将蛋白质溶液内小分子的杂质渗出半透膜,从而与蛋白质分离开,达到纯化蛋白质的目的。根据这一原理采用的方法称为透析法(dialysis)。蛋白质胶体稳定的基本因素是蛋白质分子表面的水化层和同性电荷的作用,若破坏这些因素即可促使蛋白质颗粒相互聚集而沉淀,这就是蛋白质盐析、有机溶剂沉淀法的基本原理。此外,还可利用超速离心机产生的强大引力场,使大小不同的蛋白质分步沉降,从而达到分离蛋白质的目的,超速离心法还可用于测定蛋白质的相对分子质量。

(二)两性和等电点

蛋白质分子末端和侧链 R 基团中仍存在着未结合的氨基和羧基,另外还有胍基、咪唑基等极性基团。因此,蛋白质和氨基酸一样,也具有两性电离和等电点的性质,在不同的 pH 条件下,可解离为阳离子和阴离子,即蛋白质的带电状态与溶液的 pH 有关。在等电点时,因蛋白质不带电,不存在电荷的相互排斥作用,蛋白质易沉淀析出。此时蛋白质的溶解度、黏度、渗透压和膨胀性等最小。

蛋白质的两性解离和等电点的特性不仅使它成为生物体内重要的缓冲剂，还对其分离和纯化具有重要的意义。蛋白质在偏离等电点的酸碱溶液中时，带有正电荷或负电荷，在电场中分别向不同的电极移动。由于不同蛋白质分子的大小和形状不同，使蛋白质在溶液中的迁移速度不同，这就是电泳法分离和鉴定蛋白质的依据。电泳已成为研究蛋白质的一种重要手段，常见的有纸上电泳、醋酸薄膜电泳和凝胶电泳。

问题 14－5　人血清白蛋白的等电点 pI＝4.64，在水溶液中是以正电荷还是负电荷形式存在？为什么？怎样调节该溶液的 pH 才能使白蛋白处于等电点状态？在 pH＝3.00 的缓冲溶液中其电泳方向是什么？

（三）变性

某些物理或化学因素的作用可以破坏蛋白质分子中的副键，从而使蛋白质分子的构象发生改变，引起蛋白质生物活性和理化性质的改变，这种现象称为蛋白质的变性（denaturation）。物理因素包括加热、高压、紫外线、X 射线、超声波、剧烈搅拌等；化学因素包括强酸、强碱、胍、尿素、重金属盐、生物碱试剂和有机溶剂等。

蛋白质变性后，分子从原来有规则的空间结构变为松散紊乱的结构，形状发生改变，原来藏在分子内部的疏水基团暴露在分子表面，分子表面的亲水基团减少，使蛋白质水化作用减弱。变性蛋白质与天然蛋白质最明显的区别是生物活性丧失，如酶失去催化能力、抗体失去免疫作用、激素失去调节作用等。此外还表现出各种理化性质的改变，如溶解度降低、黏度增加、易被蛋白酶水解等。蛋白质变性时，蛋白质中的肽键未被破坏，仍保持原有的一级结构。

蛋白质的变性作用在实际生活中的应用很多。如蛋白质的变性与凝固已有许多实际应用。如豆腐就是大豆蛋白质的浓溶液加热加盐而成的变性蛋白凝固体。临床分析化验血清中非蛋白质成分，常常用加三氯醋酸或钨酸使血液中蛋白质变性沉淀而去掉。为鉴定尿中是否有蛋白质常用加热法来检验。在急救重金属盐中毒（如氯化汞）时，可给患者喝大量乳品或蛋清，其目的就是使乳品或蛋清中的蛋白质在消化道中与重金属离子结合成不溶解的变性蛋白质，从而阻止重金属离子被吸收进入体内，最后设法将沉淀从肠胃中洗出。又如临床工作中经常用高温、紫外线或酒精进行消毒，使细菌或病毒的蛋白质变性而失去其致病性及繁殖能力；用放射线同位素杀死癌细胞等。又如制备具有生物活性的蛋白质制品（疫苗、酶制剂）时，既要避免变性因素（高温、重金属离子和剧烈搅拌等）在操作过程中引起的变性作用，同时也可以利用变性作用来专一地除去不需要的杂蛋白，通常用加热、加变性剂等使杂蛋白变性沉淀。生物体中的许多现象与蛋白质的变性有关，例如人体衰老、皮肤粗糙干燥，是因为蛋白质逐渐变性，亲水性相应减弱；紫外照射引起眼睛白内障，主要是由于眼球晶体蛋白的变性凝固。

（四）沉淀

不同类型的蛋白质在水溶液中的溶解度有很大差异。如果用物理或化学方法破坏蛋白质胶体溶液的稳定因素，则蛋白质分子将发生凝聚而沉淀。变性蛋白质一般易沉淀，但在特定条件下，也可不发生沉淀；此外，蛋白质不变性，也可沉淀。使蛋白质沉淀的方法主要有：盐析法、有机溶剂沉淀法、重金属盐沉淀法及某些酸类沉淀法等。

拓展阅读

1. 写出下列化合物的结构式。

（1）L-丝氨酸　　　　　　　　　（2）S-苯丙氨酸

（3）胱氨酸　　　　　　　　　　（4）丙氨酰甘氨酸

2. 写出丙氨酸与下列试剂反应的产物。

（1）$NaNO_2 + HCl$　　　　　　（2）$NaOH$

（3）HCl　　　　　　　　　　（4）CH_3CH_2OH/H^+

（5）CH_3COCl

3. 写出在下列 pH 介质中各氨基酸的主要荷电形式（参考表 14-1）。

（1）谷氨酸在 pH＝3.22 的溶液中

（2）丝氨酸在 pH＝1 的溶液中

（3）甘氨酸在 pH＝7 的溶液中

（4）赖氨酸在 pH＝12 的溶液中

4. 推导题。

（1）化合物 A($C_5H_9O_4N$)具有旋光性，与 $NaHCO_3$ 作用放出 CO_2，与 HNO_2 作用产生 N_2，并转变为化合物 B($C_5H_8O_5$)，B 也具旋光性。将 B 氧化得到 C($C_5H_6O_5$)，C 无旋光性，但可与 2,4-二硝基苯肼作用生成黄色沉淀，C 经加热可放出 CO_2，并生成化合物 D($C_4H_6O_3$)，D 能起银镜反应，其氧化产物为 E($C_4H_6O_4$)。1 mol E 常温下与足量的 $NaHCO_3$ 反应可生成 2 mol CO_2，试写出 A、B、C、D、E 的结构简式。

（2）一个有光学活性的化合物（A）的分子式是 $C_5H_{10}O_3N_2$，用 HNO_2 处理再经水解得到 α-羟基乙酸和丙氨酸，试写出 A 的结构简式。

（赵云洁）

第十五章

核 酸

核酸(nucleic acids)是一种重要的生物大分子,是存在于细胞中的一种酸性物质。核酸对遗传信息的储存和蛋白质的合成具有决定性的作用。1869 年,瑞士外科医生米歇尔(F.Miescher)从脓细胞中提取到一种富含磷元素的酸性化合物,因存在于细胞核中而将它命名为"核质"(nuclein)。1889年,奥特曼(R.Altmann)提取到不含蛋白质的核质,更名为核酸。1944 年,埃弗雷(Avery)把从 S 型肺炎球菌中提取的 DNA 与 R 型肺炎球菌混合后,使某些 R 型菌转化为 S 型菌,且转化率与 DNA 纯度呈正相关,证实了 DNA 就是遗传物质。从此确立了核酸是遗传物质的重要地位,人们把对遗传物质的研究从蛋白质转移到了核酸上。研究核酸,特别是 DNA 结构与功能的关系,将有助于人们从分子水平上了解生命现象的本质。

第一节 核酸的分类

天然存在的核酸有两类,即脱氧核糖核酸(deoxyribonucleic acid,DNA)和核糖核酸(ribonucleic acid,RNA)。DNA 存在于细胞核和线粒体内,是遗传物质,携带遗传信息,控制着蛋白质的合成,对生物的生长、发育、繁殖、遗传和变异等各项生命活动起着主导作用,与遗传病、代谢病、肿瘤等疾病的发生息息相关。RNA 主要存在于细胞质中,少量存在细胞核中,RNA 在蛋白质合成过程中起着重要作用。除病毒 RNA(以 RNA 为遗传物质)外,其他所有生物均以 DNA 作为遗传物质。

有 3 种 RNA 在蛋白质合成中起重要作用,分别是:核糖体 RNA(ribosomal RNA,rRNA),是细胞合成蛋白质的主要场所;转运 RNA(transfer RNA,tRNA)起着携带和转移活化氨基酸的作用;信使 RNA(messenger RNA,mRNA),是合成蛋白质的模板,把 DNA 上的遗传信息精确无误地转录下来,然后再由 mRNA 的碱基顺序决定蛋白质的氨基酸顺序,完成基因表达过程中的遗传信息传递过程。

第二节 核酸的结构

一、核酸的化学组成

组成核酸的元素为 C、H、O、N 和 P 等,其中 P 含量比较恒定,为 9%～10%。因此,可通过测定生物样品中 P 含量来推测样品中核酸含量。

二、核酸的基本组成单位——核苷酸

核酸是生物体内由核苷酸聚合而成的一类生命大分子物质,分子量从几万、几十万到几千万,在酶的作用下水解为核苷酸,可见核酸的基本组成单位是核苷酸(图 15-1)。每个核苷酸由三部分组

成,即磷酸、戊糖和碱基(basic group)。

$$核酸 \xrightarrow{水解} 核苷酸 \xrightarrow{水解} 核苷 \begin{cases} 戊糖 \\ 碱基 \end{cases} \quad 磷酸$$

图 15-1 核酸的分子组成

(一) 戊糖

核酸中所含的戊糖有 2 种,即 β-D-核糖(构成 RNA 的戊糖)和 β-D-脱氧核糖(构成 DNA 的戊糖),都是呋喃型环状结构。为了与含氮碱基中的碳原子相区别,戊糖中碳原子顺序以 1′ 到 5′ 表示。脱氧核糖的化学稳定性优于核糖,因此 DNA 是作为遗传信息的载体。

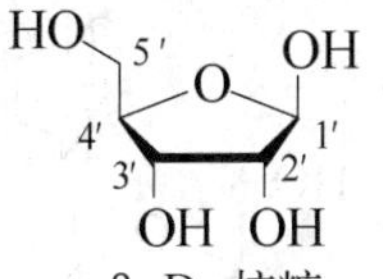

β-D-核糖 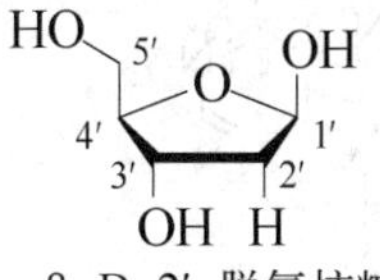　　　　　β-D-2′-脱氧核糖

(二) 碱基

核酸中的碱基是两类含氮的杂环化合物,即嘌呤和嘧啶的衍生物。嘌呤碱有两种:腺嘌呤(简称 A)和鸟嘌呤(简称 G);嘧啶碱有 3 种:胞嘧啶(简称 C)、胸腺嘧啶(简称 T)和尿嘧啶(简称 U)。组成 DNA 的碱基有 A,G,C 和 T 4 种,组成 RNA 的碱基有 A、G、C 和 U 4 种。这 5 种常见碱基因受生物体内不同环境 pH 影响,其酮基或氨基可以形成酮-烯醇或氨基-亚氨基互变异构体。

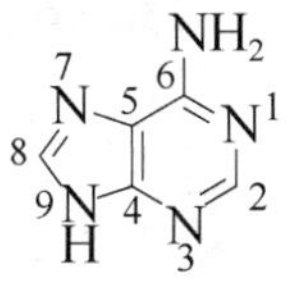

腺嘌呤(A) 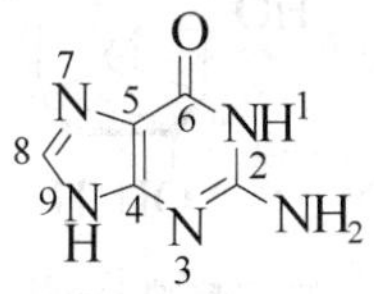　　鸟嘌呤(G) 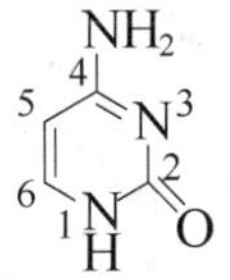　　胞嘧啶(C) 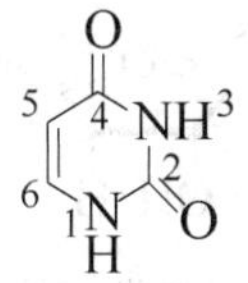　　尿嘧啶(U) 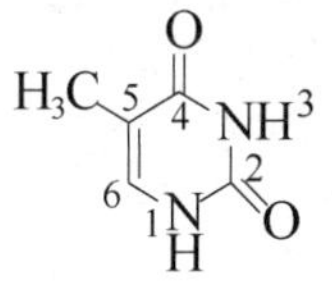　　胸腺嘧啶(T)

问题 15-1　写出鸟嘌呤、尿嘧啶和胸腺嘧啶的酮式和烯醇式互变异构。

(三) 核苷

戊糖与碱基之间通过糖苷键连接而成的化合物称为核苷(nucleoside),根据所含戊糖不同分为核糖核苷和脱氧核糖核苷,又可根据所含碱基不同分为嘌呤核苷和嘧啶核苷。核苷是通过戊糖 C_1' 上的 β-半缩醛羟基与嘧啶碱 1 位氮原子或嘌呤碱 9 位氮原子上的氢脱水缩合,以 C-N 糖苷键形式结合而成。天然条件下,由于空间位阻效应,核糖与碱基以反式构象存在。

RNA 中常见的 4 种核苷的结构及名称:

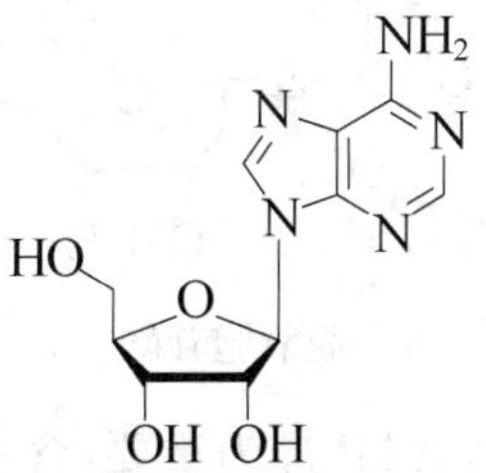

腺嘌呤核苷 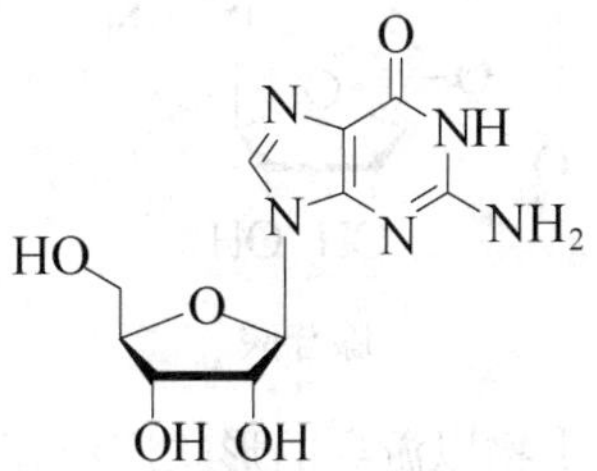　　　　　鸟嘌呤核苷

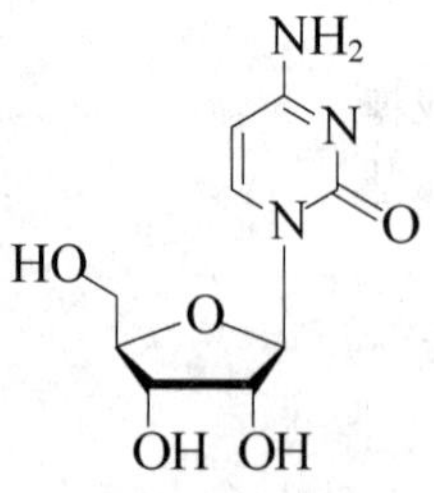

胞嘧啶核苷 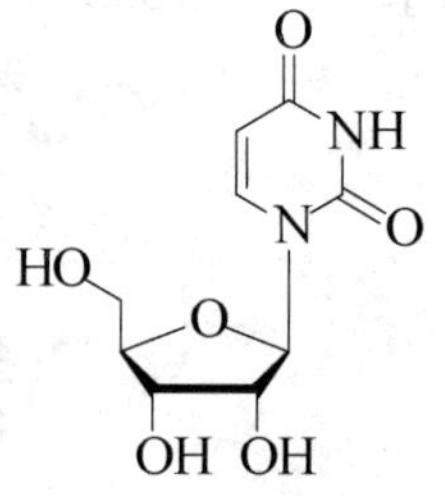   尿嘧啶核苷

DNA 中常见的 4 种脱氧核苷的结构及名称：

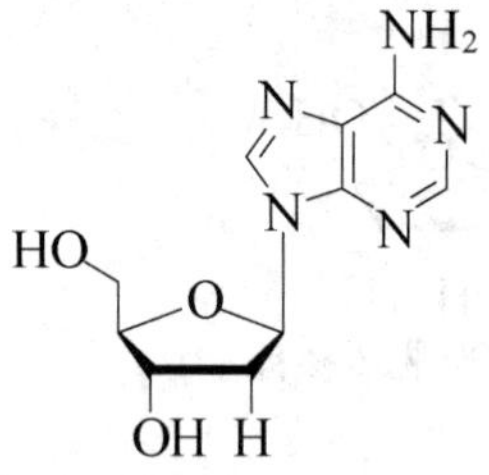

腺嘌呤脱氧核苷 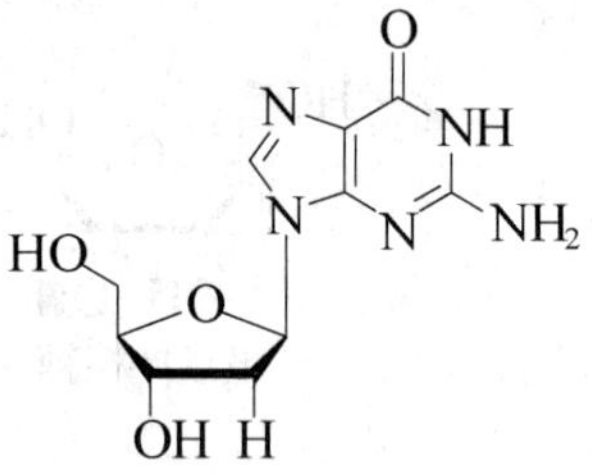   鸟嘌呤脱氧核苷

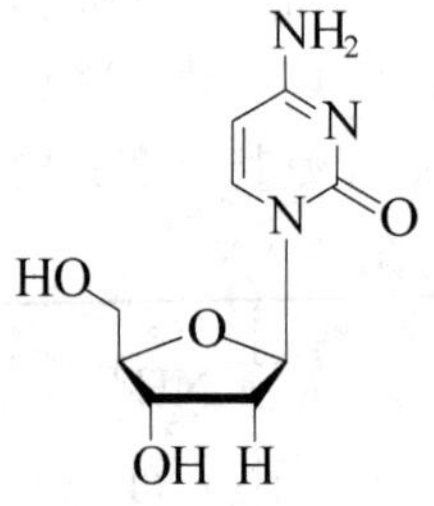

胞嘧啶脱氧核苷 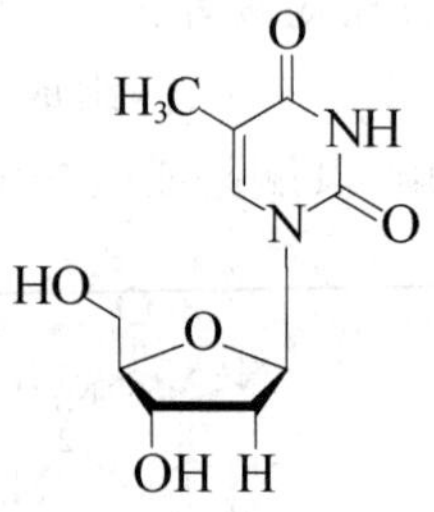   胸腺嘧啶脱氧核苷

（四）核苷酸

核苷戊糖分子上的自由羟基与磷酸之间通过磷酸酯键而成的化合物称为核苷酸（nucleotide），可分为核糖核苷酸和脱氧核糖核苷酸，核糖分子中 C_2'、C_3'、C_5' 上有自由羟基，可与磷酸缩合形成 $2'$-核糖核苷酸、$3'$-核糖核苷酸和 $5'$-核糖核苷酸三种；脱氧核糖分子的 C_3'、C_5' 上有自由羟基，因此能和磷酸缩合形成 $3'$-脱氧核糖核苷酸和 $5'$-脱氧核糖核苷酸两种。生物体内游离存在的多为 $5'$-核糖核苷酸或 $5'$-脱氧核糖核苷酸，一般 $5'$ 省略，称为核糖核苷酸或脱氧核糖核苷酸。

腺苷酸 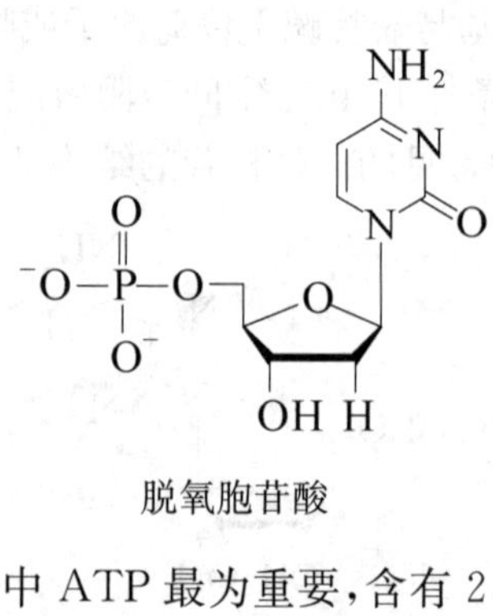   脱氧胞苷酸

核苷酸的衍生物以游离的形式广泛存在于生物细胞中，其中 ATP 最为重要，含有 2 个高能磷酸键，水解时释放出大量的能量，是体内能量代谢的中心。

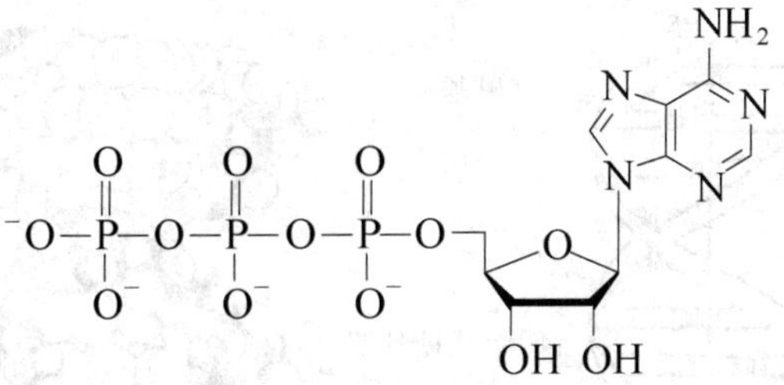

三磷酸腺苷(ATP)

问题 15-2 写出三磷酸尿苷、三磷酸脱氧胞苷的结构。

(五) 核酸中核苷酸的连接方式

核酸分子中的核苷酸通过磷酸二酯键连接(图 15-2),即一个核苷酸 C_3'上羟基与下一个核苷酸 C_5'上磷酸基脱水形成 3′,5′-磷酸二酯键。多核苷酸链具有方向性,即 5′→3′(磷酸末端→羟基末端)。核酸分子巨大,在书写时多采用简写式(图 15-3),从左往右,从 5′到 3′,P 代表磷酸酯。

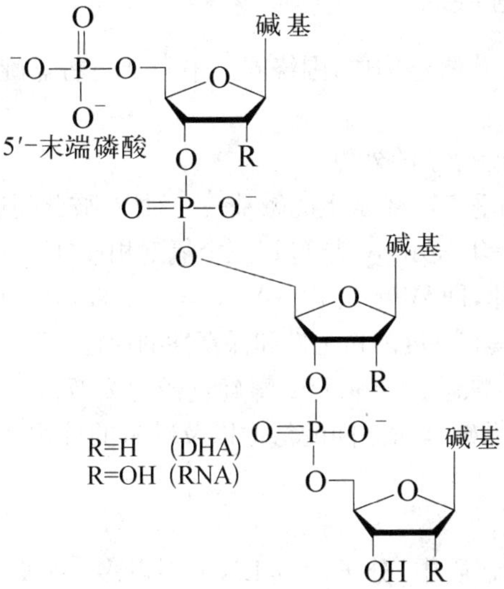

碱基
5′-末端磷酸
R=H (DHA)
R=OH (RNA)
3′-末端羟基

图 15-2 核苷酸的连接方式

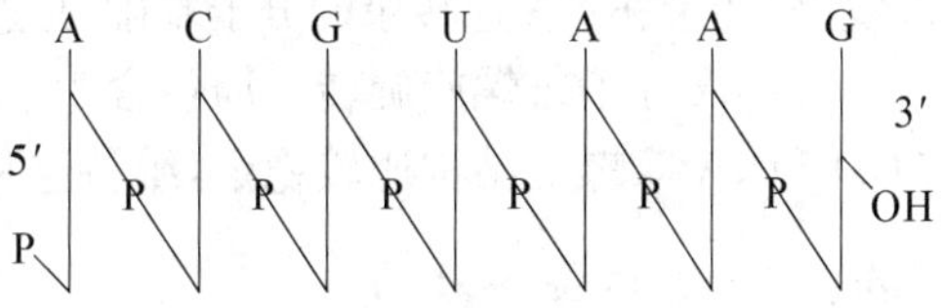

A C G U A A G
5′
3′
OH
RNA 5′ACGUAAG 3′

图 15-3 多核苷酸链的简写式

三、DNA 的分子结构

(一) DNA 的一级结构

DNA 的一级结构是指 DNA 分子中脱氧核糖核苷酸的种类、数量及排列顺序。DNA 的一级结构是单链的线形结构,由 5′→3′,维持 DNA 分子一级结构稳定的化学键是 3′,5′-磷酸二酯键。生物的遗传信息就储存在 DNA 的脱氧核糖核苷酸的序列中。

(二) DNA 的空间结构

1953 年,美国生物学家沃森(J.D.Watson)和英国物理学家克里克(F.Crick)根据 X 线衍射图及其他化学分析结果提出了 DNA 的双螺旋结构模型(图 15-4),阐述了 DNA 分子的二级结构。DNA 双螺旋结构的阐明揭示了生物界遗传性状得以世代传递的分子机制,将 DNA 的结构与功能联系起来,从而有力地推动了核酸的研究和生命科学的发展,在生物界具有里程碑式的意义。其主要内容如下:

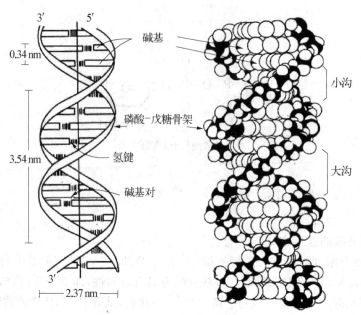

图 15-4 DNA 双螺旋结构示意图

(1) DNA 分子是由 2 条走向相反且平行的多聚脱氧核苷酸链构成,围绕同一中心轴向右盘旋,形成右手双螺旋结构。

(2) 由脱氧核糖和磷酸间隔相连而成的亲水骨架在螺旋分子的外侧。

(3) 疏水碱基位于双螺旋结构的内侧,碱基平面与螺旋轴垂直,2 条链上的碱基一一对应,彼此间通过氢键相连,组成互补的碱基对,即 A 与 T 以二个氢键相连(A═T 表示),C 与 G 以三个氢键相连(C≡G 表示)。DNA 分子中这种碱基互补配对关系称为碱基互补规律,即 A═T、T═A、C≡G、G≡C,它是 DNA 复制、转录、RNA 逆转录的分子基础,是遗传信息传递具有高度的稳定性和保真性的保证。

(4) DNA 分子每螺旋旋转一周包含 10 个碱基对(bp),螺距为 3.54 nm,螺旋直径为 2.37 nm。

(5) DNA 双螺旋结构比较稳定,维持这种稳定性主要靠碱基对之间的氢键以及碱基的堆积力。

四、RNA 的分子结构

RNA 是在细胞核内经 DNA 转录生成,主要分布在细胞质中,分子量较 DNA 小得多,一级结构是指 RNA 分子中核糖核苷酸的种类、数量和排列数序,为单链线形结构。RNA 可自身发生回折,使可配对的碱基相遇构成双螺旋或发夹式结构,不能配对的碱基形成环状突起,组成 RNA 的二级结构和三级结构。DNA 与 RNA 在化学组成和结构功能上是有区别的(表 15-1)。

表 15-1 DNA 与 RNA 在化学组成和结构的区别

名 称	分 布	戊糖	碱 基	结 构	功 能
DNA	主要在细胞核	脱氧核糖	A、G、C、T	双链双螺旋结构	遗传的物质基础
RNA	主要在细胞质	核糖	A、G、C、U	单链线形结构	参与蛋白质合成

转运 RNA(transfer RNA,tRNA)是蛋白质合成中的氨基酸载体。tRNA 分子许多区域由于有可配对的碱基(A═U、C≡G)使自身发生回折、局部形成假双链结构,使其二级结构呈三叶草形结构(图 15-5),但只由一条单链组成。

tRNA 二级结构即三叶草形结构,包括双氢尿嘧啶环(DHU 环)、假尿嘧啶环(TΨC 环)、反密码环、附加叉和氨基酸臂。氨基酸臂与反密码环相对,DHU 环和 TΨC 环位于两侧,氨基酸臂 3'-末端有 CCA—OH 三个碱基,是与活化的氨基酸连接的位置,即氨基酸的羧基与 3'-末端的羟基以酯键相连,反密码环由 7～9 个核苷酸组成,居中的 3 个核苷酸构成一个反密码子,反密码子可依照碱基互补方式与 mRNA 分子上的遗传密码识别并结合。在蛋白质合成中 tRNA 将活化的氨基酸携带、转运到核糖体的特定位置上。tRNA 转运氨基酸具有严格选择性,即一种 tRNA 只识别和转运一种氨基酸。tRNA 的三级结构呈倒 L 形(图 15-6)。

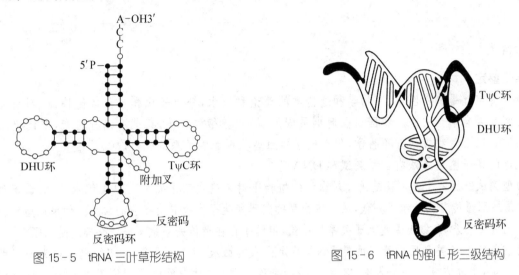

图 15-5　tRNA 三叶草形结构　　　　图 15-6　tRNA 的倒 L 形三级结构

第三节　核酸的性质

一、物理性质

DNA 为白色纤维状固体,RNA 为白色粉末,核酸具有生物大分子的一般特性。DNA 比 RNA 分子量大、链长,因此 DNA 比 RNA 黏度大,在发生变性时黏度下降,DNA 在机械力作用下易发生断裂;各种核酸分子大小及所带电荷各不相同,可用电泳和离子交换层析等方法进行分离、提纯;核酸分子在引力场的作用下可以沉降,分子构象不同的核酸在超速离心机的引力场作用下沉降速率有很大的差异,可以用来分离、纯化核酸。

核酸为两性电解质,因核苷酸含有磷酸基与碱基,磷酸基和碱基可以解离,在不同 pH 条件下解离程度不同,在一定条件下可形成兼性离子,表现为两性离子状态,通常表现为酸性。核酸微溶于水,而不溶于乙醚、氯仿等有机溶剂。

核酸分子所含的嘌呤碱和嘧啶碱都具有共轭双键,故核酸、核苷酸、核苷分子都具有紫外吸收的性质(吸收波长 240～290 nm 紫光,中性条件下,最大紫外吸收值位于波长 260 nm 处),这一特性常被用来对核酸进行定性和定量分析,也可以作为核酸变性和复性的指标。

根据 260 nm 波长吸光度值,可以计算样品溶液中 DNA 和 RNA 含量。蛋白质的最大紫外吸收波长是 280 nm,利用 260 nm 和 280 nm 波长吸光度比值判断样品溶液中核酸或蛋白质的纯度,DNA 纯品 A_{260}/A_{280} 应为 1.8,而 RNA 纯品 A_{260}/A_{280} 应为 2.0。若此比值下降,则说明核酸样品中有蛋白质和酚等杂质。

二、DNA 的功能

DNA 的基本功能是以基因的形式荷载遗传信息,并作为基因复制和基因表达的模板,它是生命遗传的物质基础。

基因是具有特定遗传效应的 DNA 功能片段,是遗传的基本单位。基因在染色体上呈直线排列,一个 DNA 分子可看作是许多基因片段的集合,一般不会相互重叠。

按存在部位分为细胞核基因和细胞质基因;按功能分为结构基因和调控基因,结构基因是决定某种多肽链(蛋白质或酶)合成的基因,调控基因是调节和控制结构基因表达的基因。

基因的功能:① 储存遗传信息;② 基因表达;③ 基因突变。

自阅材料

亲子鉴定

亲子鉴定就是利用医学、生物学和遗传学的理论和技术,分析子代和亲代遗传特征,判断父母与子女之间是否有亲生关系。我国三国时期吴国人所著《会稽先贤传》记载有滴骨验亲,宋代记录有滴血验亲法。以上两种方法并不科学,但开创了用血型鉴别血缘关系的先河。

现代的亲子鉴定方法有血型测试和 DNA 鉴定。

血型测试进行亲子鉴定就是通过对血型的检验比对来确定亲子关系。19 世纪末,人们认识到人类的血型是按照遗传基因传给下一代,故一定血型的父母所生子女也具有相应的血型。如果血型检验的结果表示无遗传关系,可做出否定亲子关系的结论,但结果存在遗传关系也不能完全确定是亲子关系。

目前鉴定亲子关系用得最多的是 DNA 鉴定。人的血液、毛发、唾液、口腔细胞及骨头等都可以用于亲子鉴定,十分方便。一个人有 23 对(46 条)染色体,同一对染色体同一位置上的一对基因称为等位基因,一般一个来自父亲,一个来自母亲。如果检测到某个 DNA 位点的等位基因,一个与母亲相同,另一个与父亲相同,证明存在亲缘关系。利用 DNA 进行亲子鉴定,只要做十几至几十个 DNA 位点作检测,如果全部一样,就可以确定亲子关系,如果有 3 个以上的位点不同,则可排除亲子关系,有一两个位点不同,则应考虑基因突变的可能,加做一些位点的检测进行辨别。DNA 亲子鉴定,否定亲子关系的准确率几近 100%,肯定亲子关系的准确率可达到 99.99%。

肽核酸

肽核酸(peptide nucleic acid, PNA)是一类全新的 DNA 类似物。最初是由 Nielsen 等利用 N－(2－氨基乙基)甘氨酸骨架代替糖-磷酸酯骨架作为重复结构单元,通过亚甲基羰基连接碱基而合成的以肽键连接的寡核苷酸模拟物,该结果发表于 1991 年 Science 杂志上。由于 PNA 不带电荷,与

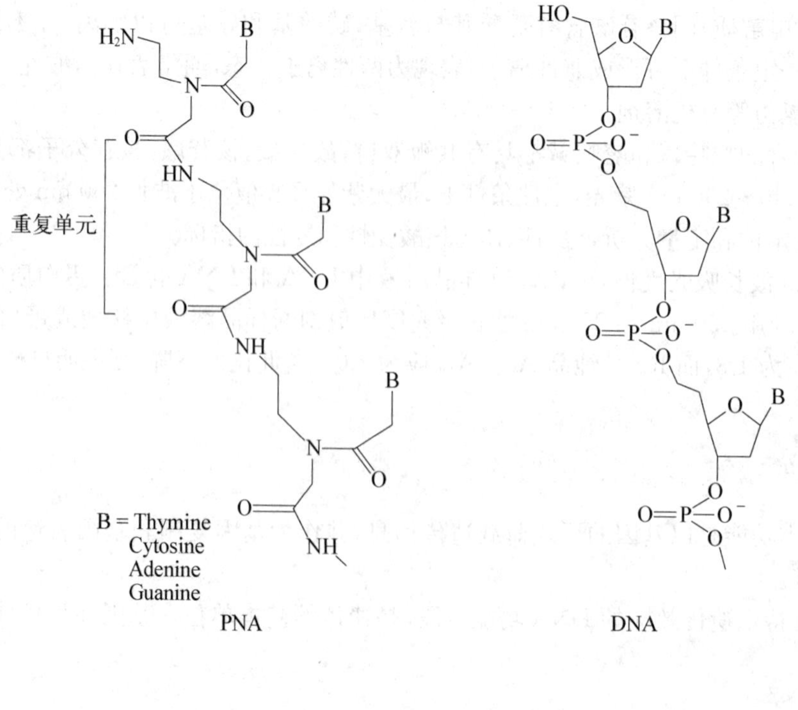

B = Thymine
　　　Cytosine
　　　Adenine
　　　Guanine

PNA　　　　　　　　　　　　　　DNA

DNA 和 RNA 之间不存在静电斥力，结合亲和力强，碱基配对特异性强，与 DNA 或 RNA 杂交时，可形成稳定的双链或三链螺旋结构复合体，能针对性地调控 DNA 复制、基因转录、翻译等生物学行为。因此，PNA 被广泛用于诊断和检测的探针、生物传感器以及基因治疗制剂等，特别是 PNA 特异性地识别和结合互补核酸序列被引进用于分子生物学和功能基因的研究，展示了其独特的生化属性，作为杂交探针大大提高了遗传学检测和医疗诊断的效率和灵敏度，成为基因奥秘的探索者。

习　题

1. 名词解释。

(1) DNA 的一级结构

(2) 基因

(3) DNA 双螺旋结构

2. 问答题。

(1) 核苷酸由哪些组分构成？核酸中连接核苷酸的是什么化学键？

(2) 写出由 A、T、C、G、C、A 组成的脱氧核苷酸的两种结构简化形式。

(3) 叙述 DNA 双螺旋结构的要点。

(4) 简述 tRNA 二级结构的基本特点。

(5) RNA 和 DNA 在分子组成、结构及功能有何不同？

(6) 简述 RNA 种类及功能。

(7) 一段 DNA 分子具有核苷酸的碱基序列 TACTGGTAC，与这段 DNA 链互补的碱基顺序是什么？

(8) 某 DNA 样品中含有约 30% 胸腺嘧啶和 20% 胞嘧啶，可能还含有哪些有机碱？含量为多少？

(9) 维持 DNA 的二级结构稳定性因素是什么？

3. 完成下列反应方程式。

(1) 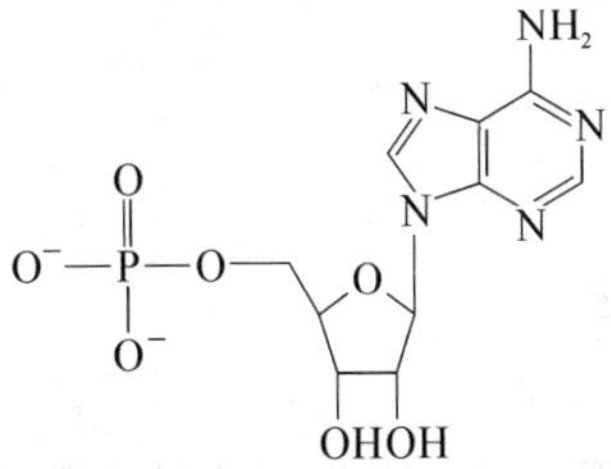 （腺苷酸）$\xrightarrow{\text{稀 NaOH}}$

(2) 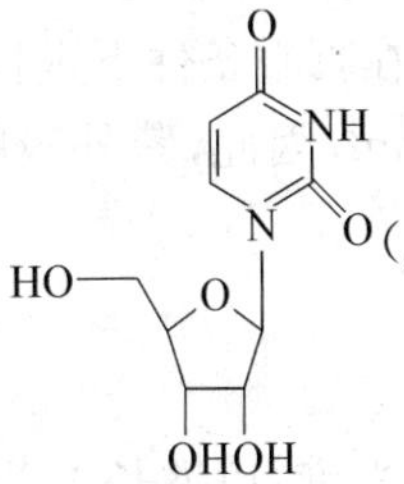 （尿嘧啶核苷）$\xrightarrow{\text{H}_2\text{O}/\text{H}^+}$

（李　雪）

第十六章
有机波谱学基础知识

有机波谱学及其迅速发展的相关新技术、新仪器已成为测定表征有机化合物组成与结构不可或缺的常规手段。本章介绍紫外光谱（Ultraviolet spectroscopy，UV）、红外光谱（Infrared spectroscopy，IR）、核磁共振谱（Nuclear Magnetic Resonance spectroscopy，NMR）和质谱（Mass spectroscopy，MS）的基础知识及其在有机物结构测定表征方面的应用。它们通常被称为"四大光谱"，前三者为吸收光谱，而 MS 不属于吸收光谱。

分子、原子等各种微观运动是分能级（量子化分立不连续）的，当运动从低能级向高能级跃迁时，就会吸收特定能量及相应频率波长的电磁波。因此，分子的电磁波性质对应着相关的分子微观运动及结构信息，如表 16-1。

表 16-1 分子微观运动能级跃迁及对应的电磁波吸收（吸收波谱）

波　长	<10 nm	10~400 nm	400~760 nm	0.76~1 000 μm	0.1~10 cm	>10 cm
光谱区域	X 射线	紫外光	可见光	红外光	微波	无线电波
跃迁类型	内层电子	价电子		分子振动与转动	分子转动	核磁共振

电磁波的能量与波长或频率关系为：

$$E = h\nu = hc/\lambda$$

式中：h 为 Planck 常数；ν 为频率，单位为 Hz；c 为光速，λ 为波长，单位为 μm 或 nm（1 cm＝10 000 μm，1 μm＝1 000 nm）。

第一节　紫　外　光　谱

紫外光的波长范围为 10~400 nm，分为 2 个区段：近紫外区（200~400 nm）和远紫外区（10~200 nm）。远紫外光能被空气中的 O_2、N_2 等吸收，测定有机物的吸光度必须在真空条件下进行，条件要求高，用途较少。一般紫外可见分光光度计测量的波长范围为 200~800 nm，因此，紫外吸收光谱一般是指近紫外光谱。

一、紫外光谱的表示方法

一定浓度的样品溶液经近紫外光照射扫描，测得各种波长下相应的吸光度，以波长 λ 为横坐标，以吸光度 A、摩尔吸收系数 ε（或 $\lg \varepsilon$）为纵坐标作图，即得到紫外光谱图，如图 16-1 所示。

吸光度 A、摩尔吸收系数 ε 之间的关系符合 Lambert-Beer 定律：

$$A = \varepsilon c L$$

式中，c 为样品溶液的物质的量浓度，L 是吸收池的厚度（cm）。

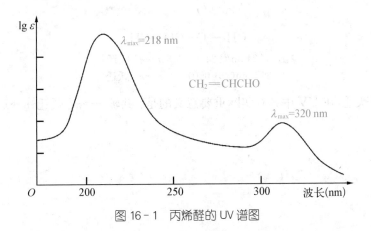

图 16-1 丙烯醛的 UV 谱图

图中吸收曲线的高峰为吸收峰,其波长 λ_{max} 及对应的摩尔吸收系数 ε_{max},是各化合物的特征常数。

二、紫外光谱的常用术语

1. 生色基(chromophore) 在紫外可见光区有特征吸收的基团。一般是具有 π 电子的不饱和基团,常见的有 $C=C$、$C=O$、$C=N$、$N=N$、$-NO_2$ 等。

2. 助色基(auxochrome) 基团本身在紫外可见光区无特征吸收,但它与生色基相连时,能增加生色基吸收峰的波长和强度。一般是具有 p 电子的饱和基团,常见的有 $-OH$、$-NH_2$、$-Cl$ 等。

3. 红移(red shift) 由于取代基或溶剂效应而引起吸收峰波长向长波方向移动。

4. 蓝移(blue shift) 由于取代基或溶剂效应而引起吸收峰波长向短波方向移动。

5. 增色效应(hyperchromic effect) 使吸收强度增加的效应。

6. 减色效应(hypochromic effect) 使吸收强度减少的效应。

由于溶剂能使 λ_{max} 红移或蓝移,因此记录 λ_{max} 时,必须注明溶剂;查对文献数据时,应注意所用的溶剂。

三、电子跃迁

有机物的 UV 谱是由电子跃迁产生的,故又叫电子光谱,从分子轨道来看,重要的电子跃迁有四种:$\sigma \rightarrow \sigma^*$、$\pi \rightarrow \pi^*$、$n \rightarrow \sigma^*$、$n \rightarrow \pi^*$,如图16-2。

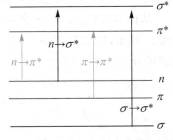

图 16-2 分子轨道和各类电子跃迁

1. $\sigma \rightarrow \sigma^*$ 跃迁 该跃迁所需能量最高,多在远紫外区(~ 150 nm),因而在近紫外区没有吸收。烷烃类跃迁属此类。由于烷烃如正庚烷等在近紫外区是透明的(无吸收),故常被用作 UV 测定时的溶剂。

2. $n \rightarrow \sigma^*$ 跃迁 含有 n 电子的基团如 $-OH$、$-X$ 等产生此类跃迁,吸收波长接近于 200 nm,例如:

	CH_3-OH	CH_3-I
λ_{max}	183 nm(ε150)	258 nm(ε378)

3. $\pi \rightarrow \pi^*$ 跃迁 双键或三键的 π 键发生此类跃迁。非共轭双键吸收波长常低于 200 nm,共轭双键吸收波长红移、增色。此类跃迁吸收强度很大,例如:

	$CH_2=CH_2$	$CH_2=CH-CH=CH_2$
λ_{max}	175 nm(ε10 000)	217 nm(ε21 000)

4. $n \rightarrow \pi^*$ 跃迁 不饱和杂原子如 $=O$、$=N$ 能发生此类跃迁,同时有 $\pi \rightarrow \pi^*$ 跃迁。$n \rightarrow \pi^*$ 跃迁所需能量较小,波长较长(~ 300 nm),但吸收峰强度较弱($\varepsilon < 100$)。例如:

$$CH_3—C—CH=CH_2$$

$$\overset{\displaystyle O}{\overset{\|}{}}$$

λ_{max}　324 nm(ε 24)　　　　$n \to \pi^*$ 跃迁

　　　217 nm(ε 21 000)　　$\pi \to \pi^*$ 跃迁

上述四种电子跃迁,在 UV 中具有实际重要意义的是:共轭 $\pi \to \pi^*$ 跃迁、$n \to \pi^*$ 跃迁。

问题 16 - 1　在 UV 中,全部处于近紫外区的电子跃迁是哪几种?

问题 16 - 2　3 -戊烯- 1 -醇有 n 轨道与 π^* 轨道,是否能发生 $n \to \pi^*$ 跃迁?

四、吸收带

电子跃迁类型相同的吸收峰称为吸收带,常见的吸收带有:

1. R 带　由 $n \to \pi^*$ 跃迁引起,特点是吸收强度很弱($\varepsilon_{max} < 100$),吸收波长通常大于 270 nm。例如:乙醛在正己烷中 λ_{max} 为 291 nm(ε 17)。

2. K 带　由共轭双键 $\pi \to \pi^*$ 跃迁引起,特点是吸收强度很强($\varepsilon_{max} > 10\ 000$)。例如:1,3,5 -己三烯在正己烷中 λ_{max} 为 258(ε 3 500)。

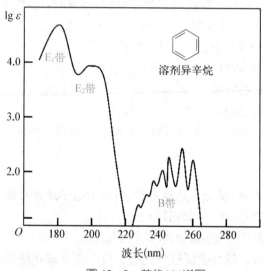

图 16 - 3　苯的 UV 谱图

3. B 带　B 带是由芳环 $\pi \to \pi^*$ 跃迁与芳环振动共同引起,为芳环特征吸收带,λ_{max} 通常在 260 左右,ε_{max} 200～3 000。例如苯分子的 B 带:λ_{max} 254 nm(ε 250)。一些芳香化合物的 B 带具精细结构——由几个小峰组成的多重峰,常用于识别芳香族化合物,如图 16 - 3。

4. E 带　E 带是由芳环 $\pi \to \pi^*$ 跃迁引起,是芳香化合物的另一特征吸收,分为 E_1 和 E_2。

E_1 带吸收峰通常 < 200 nm,一般紫外光谱仪上看不到,不常用。

E_2 带本质与 K 带相同:苯分子 E_2 带在 204 nm(ε 8 800)处。当苯与生色基相连(即形成 π - π 共轭),E_2 带与 K 带合并为 K 带。例如,以乙醇为溶剂,苯乙酮的 K 带(即 E_2 带)λ_{max} 240 nm(ε_{max} 13 000)。

问题 16 - 3　1,3 -环己二烯和 1,4 -环己二烯中哪一个在波长 200 nm 以上有紫外吸收?

问题 16 - 4　2 -戊烯醛与 4 -戊烯醛在 UV 中有何明显不同?

五、紫外吸收与分子结构的关系

UV 主要作用是提供共轭体系的结构信息。

在 λ_{max} 220 nm 以上有强吸收峰(ε_{max} 10 000 以上):此为 K 带,则含有共轭烯烃或 α,β -不饱和醛酮等。如果在波长为 260 nm、300 nm 处有强吸收带,则很可能含有 3 个、4 个、5 个共轭双键,如化合物有颜色,则可能含有更多的共轭双键。

在 λ_{max} 250～300 nm 处有中等强度吸收(ε_{max} 200～3 000):此为 B 带。通常含有芳香环的结构。

在 λ_{max} 270～350 nm 处有弱吸收（ε_{max}＜100）：此为 R 带。含有不饱和杂原子如 C＝O、N＝O 等或含有 p-π 共轭的杂原子 C＝C—O、C＝C—X 等。

在 λ_{max} 200～400 nm 无吸收峰，分子中无共轭结构，一般认为是饱和化合物或无共轭的不饱和化合物。

UV 除了提供共轭结构信息及相关的构型、分子骨架结构分析外，在定量分析、反应跟踪等方面也有广泛的应用。

第二节　红　外　光　谱

以连续波长的红外线照射扫描样品，所测得的吸收光谱为红外光谱。

红外光分 3 个区：近红外区（λ 0.75～2.5 μm），中红外区（λ 2.5～25 μm）和远红外区（λ 25～1 000 μm）。用于有机结构分析通常是中红外区。

一、红外光谱图

以百分透光率（$T\%$）为纵坐标，波数（σ）或波长（λ）为横坐标作图得到红外吸收曲线，如图16-4。

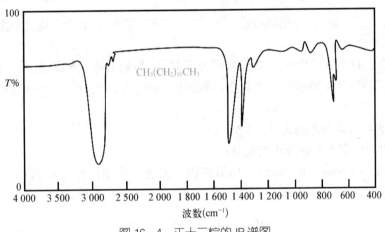

图 16-4　正十二烷的 IR 谱图

波数 σ 为波长 λ 的倒数：$\sigma=1/\lambda$，单位是 cm^{-1}，是频率的另一种表示方法，定义为电磁波在 1 cm 的行程中振动的次数。

IR 吸收峰用位置（峰位）、形状（峰形）和强度（峰强）来描述：

峰位：吸收峰所处的波长或波数位置。是 IR 最主要参数，常见基团的峰位见表 16-2。

峰形：有宽峰（broad, br）、尖峰（sharp, sh）、可变（virable, v）等。

峰强：有很强峰（vs），强峰（s），中强峰（m），弱峰（w）。

问题 16-5　IR 吸收峰波数 σ 与吸收峰频率 ν 有何数学关系？

二、分子振动与红外吸收

分子振动能级跃迁是引起分子红外吸收的主要因素。

（一）红外吸收峰位置与化学键振动频率的关系

红外吸收峰位置（峰位）取决于化学键振动频率。

分子内两个以化学键连接的原子，可简单看作质量为 m_1 和 m_2 的 2 个小球，而化学键则看作连接这两个小球的弹簧,这样便构成了一个谐振子。

可以用 Hooke 定律简易粗略推算激发共价键振动所需要吸收的红外频率或波数 σ。根据 Hooke 定律:

$$\sigma = \frac{1}{2\pi c} \left[\frac{f}{m_1 m_2 / (m_1 + m_2)} \right]^{\frac{1}{2}}$$

式中,c 为光速($cm \cdot s^{-1}$),f 为键力常数($g \cdot s^{-2}$)。

根据上式,可做两点推论:

1. σ 与键力常数 f 成正比　键的强度 f 越大,振动频率(波数)越高。因此:

	C≡C	C=C	C—C
σ (cm^{-1})	2 100～2 260	1 600～1 670	800～1 200
	C≡N	C=N	C—N
σ (cm^{-1})	2 210～2 260	1 630～1 690	1 200～1 360

从单键到双键再到三键,由于键的强度 f 增加(双键和三键的力常数大概是单键的两倍和三倍),伸缩振动频率依次增加。

2. σ 与成键原子的质量成反比　即连接的原子越轻,振动频率(波数)越高。如 O—H、N—H、C—H 键由于氢的质量最小,伸缩振动波数在高频区(2 700～3 800 cm^{-1}),而 C—C、C—O、C—N 键等一般在 2 500 cm^{-1} 以下。

(二)红外吸收与振动方式的关系

多原子分子的振动方式可分为两大类型:

1. 伸缩振动(stretching vibration)　指沿键轴方向进行伸缩的振动,用符号 υ 表示,包括对称(symmetrical)和不对称(asmmetrical)伸缩振动,分别用以 υ_s 和 υ_{as} 表示。

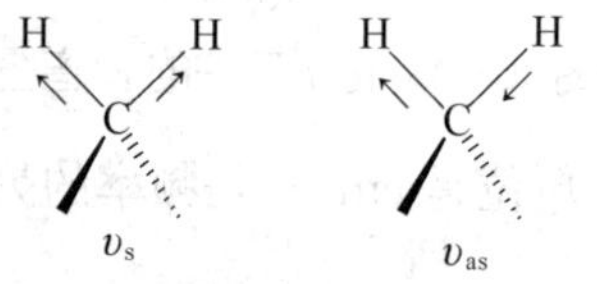

2. 弯曲振动(bending vibration)　指改变键角的振动。用符号 δ 表示,分为面内弯曲振动 δ_{ip}(in plane)和面外弯曲振动 δ_{oop}(out of plane)。面内弯曲又可分为剪式和面内摇摆振动,面外弯曲又分为面外摇摆和扭曲振动。

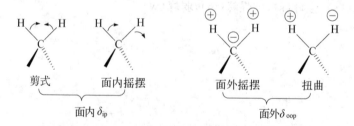

图中 ⊕ ⊖ 分别表示原子垂直于纸面向前和向后运动

不同类型振动的振动频率:伸缩振动高于弯曲振动,在伸缩振动中,不对称伸缩振动高于对称伸缩振动;在弯曲振动中,面内弯曲振动高于面外弯曲振动。即振动频率顺序为:

$$\upsilon_{as} > \upsilon_s > \delta_{ip} > \delta_{oop}$$

问题 16-6 IR 吸收峰波数越高,则表示频率吸收频率越高,峰强也越强,这种说法对吗?

三、IR 分区及特征吸收峰

(一) IR 分区

IR 谱图分为两个区域:

1. 特征谱带区(也叫官能团区 functional group region) 区域范围 4 000～1 350 cm^{-1},官能团的特征吸收峰都在此区域,彼此间很少重叠,容易辨认。不过,此区域并非所有的峰都是特征峰,不一定都能一一做出判断。

在特征谱带区中能用于鉴定官能团存在的吸收峰,称为特征吸收峰,如 1 850～1 650 cm^{-1} 处的强峰是羰基的特征峰(特征伸缩振动峰)。

2. 指纹区(fingerprint region) 范围区域 1 350～600 cm^{-1},此区吸收峰相当多,有伸缩、弯曲振动,还有转动引起的吸收,较复杂。分子中结构的细微变化,都会引起吸收峰位置和强度的明显改变。犹如人的指纹,每一个化合物在指纹区都有它自己的特征光谱,此区域内吸收峰的数目繁多,大部分难以找到归属。

此区域对于鉴别结构有细微差别的化合物很有价值,例如,当确定两个化合物是否为同一物时,除两者应具备相同的特征峰外,还必须查对指纹区峰形是否完全一致。

(二) 特征吸收峰

表 16-2 常见基团的特征吸收频率(峰位)

波数/cm^{-1}	峰 强	引起吸收的键	化 合 物 类 别
3 650～3 100		O—H、N—H	醇、酚、胺、酰胺
3 300～3 000	s	(三键碳)C—H	炔
3 100～3 000	m	(双键碳)C—H	烯、芳香化合物
3 000～2 800	s	(单键碳)C—H	烷
2 880～2 700	w	(羰基碳)C—H	醛
2 300～2 100	w	C≡C、C≡N	炔、氰
1 900～1 650	s	C=O	醛、酮、羧酸、酯
1 675～1 500	m-w	C=C,N=O	烯、芳香化合物、硝基化合物
1 470～1 350	v	C—H 弯曲	烷
1 300～1 000	s	C—O,C—N	醇、醚、羧酸、酯、胺
1 000～650	s	C—H 面外弯曲	取代烯烃、取代苯、烷

注:除标明为弯曲振动外,其他指伸缩振动。

(1) υ_{O-H}:烯溶液在～3 600 cm^{-1} 有尖峰,浓溶液在 3 100～3 400 cm^{-1} 处出现宽峰,羧羟基峰更宽。

(2) 烷烃的 δ_{C-H}:甲基在～1 460 cm^{-1} 和～1 380 cm^{-1} 有两个吸收峰,亚甲基仅在～1 470 cm^{-1} 有吸收。

(3) 苯环伸缩振动:在 1 600 cm^{-1}、1 500 cm^{-1}、1 450 cm^{-1} 有特征吸收峰。

(4) 取代苯 C—H 的面外弯曲振动:单取代 750 和 700(双峰);二取代:邻位 735～750 cm^{-1},间位 810 cm^{-1} 和 700 cm^{-1}(双峰),对位 850～800 cm^{-1}。

一个基团有数种振动形式,而每种振动往往有相应的吸收峰,这些相互依存有相互印证的吸收峰称为相关峰。如—CH₃的相关峰有:υ_{as}(C—H)2 960 cm^{-1}、υ_s(C—H)2 870 cm^{-1}、δ_{as}(C—H)1 470 cm^{-1}、δ_s(C—H)1 380 cm^{-1}、δ(面外)(C—H)~720 cm^{-1}。在确定某官能团是否存在时,先找特征吸收峰,再找相关峰,相关峰的存在是一个有力的辅证。

四、红外光谱的解析

红外光谱解析的一般方法:从高波数区开始往低波数区检查,先在官能团区寻找特征吸收峰以确定存在哪种官能团,再观察指纹区,寻找相关峰。

例1:某化合物 IR 光谱如图 16-5,试问:存在什么基团? 不存在什么基团?

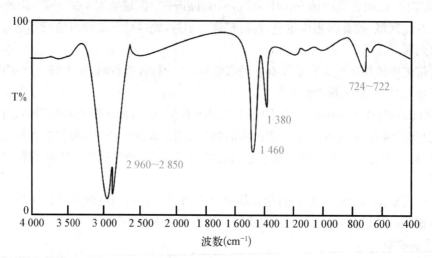

图 16-5 辛烷的 IR 谱图

解:(1) 在 3 000 cm^{-1},以上无吸收峰,说明无 O—H、N—H、不饱和碳的 C—H 基团;

(2) 在 2 960,2 850 cm^{-1}吸收峰为饱和 C—H 伸缩振动;

(3) 在~2 200 cm^{-1}无吸收峰,可能无碳碳、碳氮三键;

(4) 在 1 500~1 670 cm^{-1}无吸收峰,无碳碳双键结构,无苯环结构;

(5) 在 1 460,1 380 cm^{-1}吸收峰为饱和 C—H 弯曲振动,与(2)相关峰;

综上所述,该物质是饱和化合物,无 O—H、N—H,有饱和 C—H。

例2:某化合物 IR 光谱如图 16-6,试问是否属于芳香化合物,是单取代还是二取代苯?

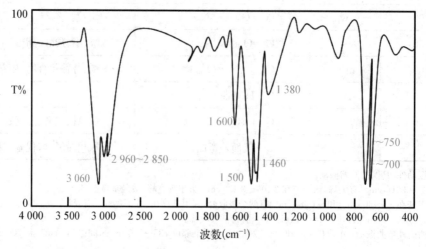

图 16-6 甲苯的 IR 谱图

解：(1) 在 3 100 cm^{-1} 以上无吸收峰，说明无 O—H、N—H；

(2) 在 3 060 cm^{-1} 有吸收峰，说明有双键或苯的 C—H 伸缩振动；

(3) 在 ~2 200 cm^{-1} 无吸收峰，可能无碳碳、碳氮三键；

(4) 在 1 600~1 900 cm^{-1} 无强吸收峰，无羰基；

(5) 在 1 600 cm^{-1}，1 500 cm^{-1}，1 460 cm^{-1} 吸收峰为苯环伸缩振动；

(6) 在 750 cm^{-1}、700 cm^{-1} 有双吸收峰为饱和 C—H 的弯曲振动。

综上所述，该物质是单取代的芳香化合物，无 O—H、N—H，有饱和 C—H。

第三节　核磁共振谱

具有磁矩的原子核，在强磁场的作用下，吸收电磁波产生自旋能级跃迁所形成的吸收光谱为核磁共振谱（NMR）。有 ^{1}H - NMR 和 ^{13}C - NMR。本节介绍 ^{1}H - NMR。

一、核自旋和核磁共振

质量数和质子数均为偶数的核没有自旋，如 $^{12}C_6$、$^{16}O_8$。两者有一奇数的核是自旋的，如 $^1H_1$、$^{13}C_6$。自旋核自旋会产生磁场，具有磁矩 μ，故自旋核像一个小磁铁。在外磁场 H_0 中，有两种自旋取向：一种是磁矩与外磁场同向（低能级），$E_1 = -\mu H_0$；另外一种是磁矩与外磁场反向（高能级），$E_2 = +\mu H_0$。两个自旋能级之间能量差值为：

$$\Delta E = E_2 - E_1 = \mu H_0 - (-\mu H_0) = 2\mu H_0$$

用电磁波照射自旋核，当电磁波的能量 $h\nu$ 与自旋能级能量差 $2\mu H_0$ 相等时，自旋核就发生从低自旋能级向高自旋能级的跃迁，称为核磁共振。即：

$$h\nu = 2\mu H_0 \quad \text{或} \quad \nu = 2\mu H_0 / h$$

由上式可知，实现核磁共振有两种方法：一种是固定外磁场的强度 H_0，不断改变电磁波的频率以达到共振条件，称为扫频法；另一种是固定电磁波的频率 ν，不断改变外磁场的磁场强度以实现共振，称为扫场法。因后者较简便，故目前仪器一般采用扫场法。

问题 16 - 7　^{1}H - NMR 的跃迁涉及原子核能级，需要能量远高于 UV 的电子能级跃迁与 IR 的振动转动能级跃迁吗？

问题 16 - 8　如果没有外磁场，是否就不存在 2 个高低自旋能级？

仪器的分辨率等与磁场强度成正比，随着超导磁体材料发展，核磁共振仪已从 20 世纪的 60 MHz 发展到 950 MHz。

二、化学位移与电子屏蔽效应

化学位移是指核磁共振吸收峰的位置，由于有机分子各种氢核的化学环境不一样，因此各种氢的核磁共振吸收峰出现不同的磁场位置（扫场法）。

在一个分子中，化学环境相同的氢核（等性氢）在相同的外磁场强度（位置）下发生吸收，化学环境不同的氢核则在不同的外磁场强度（位置）下发生吸收，所以在核磁共振谱中，有几组核磁共振吸收峰就表示该分子中有几种类型的氢原子(图 16-7)。

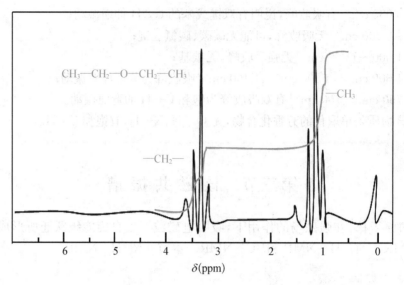

图 16-7　乙醚的 ^{1}H-NMR 谱图

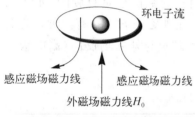

图 16-8　电子对质子的屏蔽作用

有机分子氢核的周围电子,在外磁场作用下产生与外磁场相对抗的感应磁场,因此氢核实际受到的磁场强度 $<H_0$,这种作用称为电子屏蔽效应(electron shielding effect),如图 16-8。

氢核外围电子云密度高,则屏蔽效应增加,需要提高外磁场强度才能实现核磁共振,因此核磁共振吸收峰位于高磁场区域。

氢核外围电子云密度低,则屏蔽效应减弱,较低外磁场强度就可以实现核磁共振,因此核磁共振吸收峰位于低磁场区域。

有机分子各氢核的吸收峰的位置,取决于氢核电子云密度及屏蔽效应。

通常把屏蔽效应最大的四甲基硅烷 $[(CH_3)_4Si$,英文简称 TMS]作为参照物,令 TMS 的信号位置为原点"零",其他氢核信号相对于原点的距离定义为化学位移 δ(chemical shift)。

$$\delta = \frac{H_{样} - H_{标}}{H_{仪}} \times 10^{-6}$$

在 ^{1}H NMR 中横坐标用 δ 表示,按照左正右负的规定,δ_{TMS} 在谱图的右端,一般有机分子的氢核 δ 在 0~14 之间。常见氢核的化学位移(δ)列于表 16-3 与图 16-9。

表 16-3　常见氢核的化学位移(δ/ ppm 值)

氢核类型 CH$_2$ 邻接饱和原子	δ	氢核类型 CH$_2$ 邻接不饱和原子	δ	氢核类型 官能团氢	δ
RCH$_2$—R	1.3	RCH$_2$—CR=CR$_2$	1.8	R—CO$_2$H	10~13
RCH$_2$—Cl	3.5	RCH$_2$—Ar	2.7	R—CH=O	9~10
RCH$_2$—Br	3.4	RCH$_2$—CHO	2.2	R—OH	1~6
RCH$_2$—I	3.2	RCH$_2$—COR	2.3	R—NH$_2$	1~5
RCH$_2$—OR	3.4	RCH$_2$—COOR	2.2	Ar—H	6~9
RCH$_2$—OCOR	4.0	RCH$_2$—C≡CR	2.1	R$_2$C=CH$_2$	4.5~6
RCH$_2$—NR$_2$	2.6	RCH$_2$—C≡CN	2.3	R—C≡CH	2~3

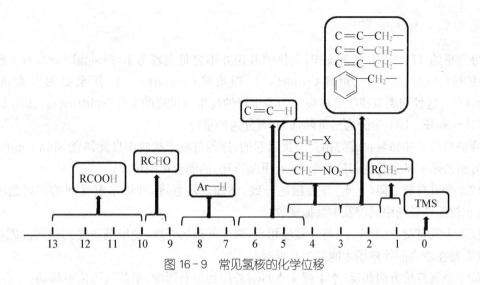

图 16 - 9　常见氢核的化学位移

各类氢的化学位移是分子结构的重要信息,因此熟记各类氢的化学位移对推测分子结构至关重要。

问题 16 - 9　屏蔽效应、外磁场强度、化学位移三者存在什么变化关系?

问题 16 - 10　指出吸电子效应对 CH_3CH_2Cl 的各氢化学位移的影响。

问题 16 - 11　指出下列化合物有几组核磁共振吸收峰。

(1) CH_3CH_2Cl　　　　(2) $(CH_3)_2CHCOCH_3$　　　　(3) CH_3CH_2OH

三、峰面积与氢核数目

在 ^1H - NMR 谱图上,各吸收峰的面积与引起各吸收峰的氢核数目成正比。解析谱图时,只要通过比较各吸收峰的面积,就能计算出各种氢核的相对数目。核磁共振仪配有自动积分仪,对峰面积进行积分,得到阶梯式积分曲线。各峰积分曲线高度之比等于相应氢核数之比。

例如,⟨苯基⟩—CH_2CH_3 的 ^1H - NMR,如图 16 - 10 所示,其中有三组峰,积分曲线高度比为 5.5：2.2：3.3,分别代表苯基的 5 个 H、亚甲基的 2 个 H、甲基的 3 个 H。

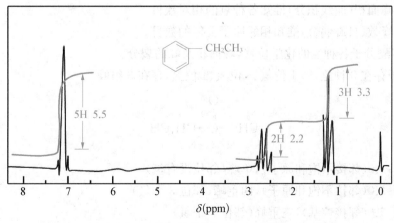

图 16 - 10　乙苯的 ^1H - NMR 谱图

四、自旋偶合和峰的裂分

在高分辨率的 ^1H-NMR 的谱图中,氢核的共振并不总是表现为单峰(singlet,s),有一些是一组峰。有二重峰(doublet,d)、三重峰(triplet,t)、四重峰(quaterlet,q),甚至更为复杂的多重峰(multiplet,m)。这种同类氢核吸收峰裂分为多重峰的现象叫做峰的裂分(splitting)。如图 16-10 所示乙苯的 ^1H-NMR:CH_3 裂分为三重峰,CH_2 裂分为四重峰。

吸收峰的裂分是相邻氢自旋的相互干扰引起的,这种自旋干扰叫作自旋偶合(spin coupling)。

以下分析乙苯甲基氢受到邻位 2 个氢(亚甲基所连)的偶合影响情况:

若邻位 2 个氢自旋方向(↑↑)与外磁场一致,增加磁场强度,使甲基氢受到的实际磁场强度加大,甲基氢在较低外磁场中就能发生共振吸收。

若邻位 2 个氢自旋方向(↓↓)与外磁场相反,减弱外磁场强度,使甲基氢受到的实际磁场强度减弱,甲基氢需要在较高的外磁场才能发生共振吸收。

若邻位 2 个氢自旋方向相反(↑↓或↓↑),对外磁场没有影响,甲基氢峰位不移动。

以上 3 种情况的发生概率之比是 1∶1∶2。

故甲基氢裂分为三重峰:有低移、不移动、高移 3 个共振吸收峰,各峰峰强(峰面积)与偶合概率成正比,为 1∶2∶1。

同样道理,乙苯亚甲基氢被邻位 3 个氢(甲基所连)裂分为四重峰。

一般来说,只考虑相邻氢的自旋偶合影响,相隔 3 个 σ 单键的 2 个氢偶合可以忽略不计。

等性氢之间不发生偶合裂分,如甲基 CH_3 中的 3 个氢之间没有偶合裂分,如 $BrCH_2—CH_2Br$ 中的 4 个氢没有偶合裂分,为一单峰。

活泼氢不发生偶合裂分,如 $CH_3—OH$,$—OH$ 中活泼 H 通过氢键能快速交换,它与 CH_3 偶合而不裂分,两种 H 都表现为单峰。

在理想状态下,相邻有 n 个等性氢,可使吸收峰裂分为 $n+1$ 个峰。

各裂分峰的面积比等于二项式 $(a+b)^n$ 展开式各项系数,n 为相邻氢数(了解)。

五、核磁共振谱的解析

^1H-NMR 谱可以提供 4 个有用信息。

1. 根据吸收峰的数目大致推知存在多少种类氢。
2. 根据吸收峰的位置(化学位移)可大致推知存在哪些种类氢。
3. 根据吸收峰面积(曲线积分)推知各种氢的相对数目。
4. 根据裂分峰数(自旋偶合)推知相邻原子上氢的数目。

例 1：分析丁酮分子各种氢的化学位移,峰面积及峰的裂分。

解：丁酮分子存在 3 种氢,即 1 位氢、3 位氢、4 位氢,存在 3 组峰

$$\begin{matrix} & & O & & \\ & & \| & & \\ CH_3 & — & C & — & CH_2CH_3 \\ 1 & & 2 & & 3 \quad 4 \end{matrix}$$

1 位氢：δ：~2.0(邻接不饱和原子),单峰(邻位没有氢)

3 位氢：δ：~2.0(邻接不饱和原子),四重峰(邻位 3 个氢)

4 位氢：δ：~1.0(邻接烷基),三重峰(邻位 2 个氢)

例2： 某化合物分子式为 C_8H_9Br，^1H - NMR 如图 16 - 11，试推导其结果。

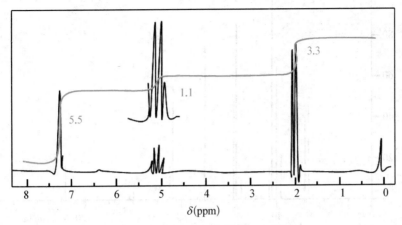

图 16 - 11　C_8H_9Br 的 ^1H - NMR 谱图

解：^1H - NMR 谱图中三组峰：峰面积比为 5.5：1.1：3.3，对应 3 中氢的数目分别为 5,1,3。

$\delta \sim 7.5$：为苯氢吸收峰，为 C_6H_5—（单峰）；

$\delta \sim 5.0$：为—CH—基团（1 个氢面积），邻接甲基（四重峰）；

$\delta \sim 2.0$：为—CH_3 基团（3 个氢面积），邻接次甲基（二重峰）；

因此该化合物结构是：C_6H_5—CH(Br)CH_3。

第四节　质　谱

自高分辨质谱仪的产生及电子计算机技术的发展，尤其近年来又与气相色谱、高效液相色谱联用，使该法成为复杂有机物（天然化合物、生物活性物质等）分析鉴定和分离的强有力工具。

一、基本原理

质谱仪由离子源、质量分析器和离子检测器三个部分组成。

在离子源中，样品分子受高能电子束的轰击失去电子转变为分子离子、碎片离子及分子碎片。

在质量分析器中，把各种离子按质荷比（m/z：离子的质量与电荷的比值，ratio of mass to charge）进行分离。

在离子检测器中，检出各种离子，得质谱图。

问题 16 - 12　MS 与 UV、IR、NMR 相比有一个显著的不同点是什么？

二、质谱图

横坐标为质荷比 m/z 值，纵坐标为离子的相对丰度，以丰度最大的离子峰（称基峰，base peak）定为 100%。其余峰值按其与基峰的百分比加以表示，如图 16 - 12。

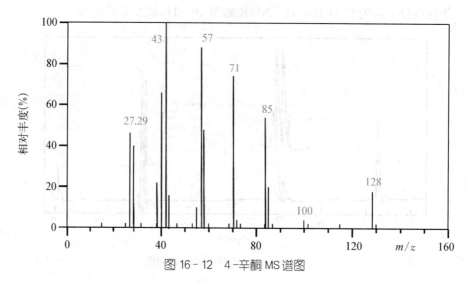

图 16-12　4-辛酮 MS 谱图

$m/z=43$ 为基峰，$m/z=71$ 峰的相对强度为 78%。

所以质谱图可看作是所生成的离子的质量及其相对丰度的记录。现简单介绍 MS 图中常见的几种 MS 峰。

三、重要的质谱峰

（一）分子离子峰

分子离子是指失去一个电子生成的离子，用 M.⁺。

由分子离子产生的峰称为分子离子峰（molecular ion peak）。由于 $z=1$，所以分子离子的质合比 $m/z=M$，即是该化合物的分子量。分子离子峰经常出现在 MS 图的最右端。

（二）碎片离子峰

分子离子再接收能量，化学键会进一步破裂，生成碎片离子。如：

$$CH_3CH_2CH_2-\overset{O^+}{\underset{M=m/z\ 128}{C}}-CH_2CH_2CH_3 \nearrow CH_3CH_2CH_2+CH_3CH_2CH_2CH_2CO^+ \quad m/z\ 85$$
$$\searrow CH_3CH_2CH_2CH_2+CH_3CH_2CH_2CO^+ \quad m/z\ 71$$

上式中$(CH_3)_2CHCHCO^+$、CH_3CCO^+均称为碎片离子，

由碎片离子所产生的峰称为碎片离子峰，如图 16-12 所示。

碎片离子与分子结构有密切的关系，根据反应中形成的几种主要的碎片离子来推测原来化合物的大致结构。

（三）同位素峰

有机物 C、H、O、N、S、Cl、Br 等都有同位素，因此在 MS 中常出现 M+1、M+2 同素峰（isotopic ion peak），这些峰的强度与该同位素的天然丰度等有关。同位素$^{13}C/^{12}C$、$^{37}Cl/^{35}Cl$、$^{81}Br/^{79}Br$ 的丰度百分比分别为 1.08%、32.5%、98.0%。由于^{37}Cl、^{81}Br 与各自对应的同位素的丰度比相当大，因此 M+2 峰相当强，通过比较 MS 中 M 峰和 M+2 峰的相对强度，就能判断化合物中是否含有 Cl、Br 等元素，以及含有几个这样的元素。若含有一个 Br，就会出现强度比约为 1:1 的 M 峰和 M+2 峰，若 MS 图上出现强度比约为 3:1 的 M 峰和 M+2 峰，则该分子很可能含有一个 Cl 原子。

自阅材料 核磁共振技术

在过去的 60 年里,波谱学已经改变了化学家、材料学家、药学家、生物学家、生物医学家等的日常工作。波谱技术成为探究大自然中分子内部秘密的最可靠、最有效的手段之一,而且在将来的科学和技术发展中必不可少。

1946 年,美国斯坦福大学的 F.Bloch 和哈佛大学的 E.M.Purcell 各自独立发现了波谱学中的核磁共振(NMR),也因此获得了 1952 年诺贝尔物理学奖。到目前为止,已有 12 位科学家因在 NMR 方面的突出贡献而获得诺贝尔奖,同时,也形成了有完整理论的一门新兴学科——核磁共振波谱学。

由于 NMR 可以深入到物质内部而不破坏样品,且具有准确、迅速、分辨率高等优点,NMR 方法与技术作为分析物质的手段已经得到迅速发展和广泛应用。如今,它已经从物理学渗透到化学、地质、药学、医学、生物、农业、环境、矿业、脑科学、纳米材料、软物质、超导材料以及材料等学科,在科研和生产中发挥了巨大作用。如 NMR 在化学分析中是一种不可缺少的手段;在材料科学领域,高功率固体 NMR 是研究玻璃、陶瓷、高分子聚合物、树脂、新型表面活性剂等非常重要的方法;在药物结构研究领域,NMR 在药物质量控制和创新药物研究方面应用广泛;在生命科学领域,NMR 是用于溶液中蛋白质的三维构象探测的唯一手段,瑞士联邦理工学院的 K.Wüthrich 还因为利用多维 NMR 在测定溶液中蛋白质三维构象方面的突出贡献而获得 2002 年的诺贝尔生理学或化学奖。

习 题

1. 试比较下列化合物的 UV 的 λ_{max} 波长,按照由高至低的顺序排列。

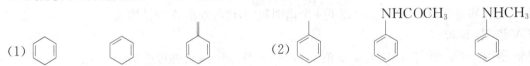

2. 丙烯醛 $CH_2=CH-CHO$ 在 UV 中有哪些吸收带? 丙烯醇 $CH_2=CH-CH_2-OH$ 在 UV 中有哪些吸收带?

3. 化合物 A 的 IR 具有以下特征:$2\ 960\ cm^{-1}$,$2\ 820\ cm^{-1}$,$2\ 720\ cm^{-1}$,$1\ 700\ cm^{-1}$(s),$1\ 460\ cm^{-1}$,$1\ 380\ cm^{-1}$,推断出 A 具有哪些官能团。

4. 化合物 A 的分子式为 C_8H_{10},UV 具有 B 带、E 带,IR 具有以下吸收:$3\ 030\ cm^{-1}$,$2\ 950\ cm^{-1}$,$1\ 630\ cm^{-1}$,$1\ 500\ cm^{-1}$,$1\ 450\ cm^{-1}$,$1\ 380\ cm^{-1}$,$800\ cm^{-1}$,推断出 A 的可能结构。

5. 试比较质子 δ 值,按照由高至低的顺序排列。

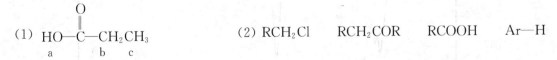

6. 试预测下列各化合物中在 ^1H NMR 中的信号数(吸收峰数)以及各信号裂分峰数。

7. 根据 ^{1}H NMR 数据,分析属于哪种化合物。

(1) δ 1.05(三重峰)　　　δ 2.47(四重峰)

(2) 两个单峰

(3) δ 1.02(二重峰)　　　δ 2.14(单峰)　　　δ 2.22(七重峰)

A. $(CH_3)_2CHCOCH_3$　　　　　B. $(CH_3)_3CCHO$　　　　　C. $CH_3CH_2COCH_2CH_3$

D. $CH_3CH_2CH_2COCH_3$　　　　E. $(CH_3)_2CHCH_2CHO$

8. 对于下列各组化合物,你能用几种吸收光谱加以区别(UV,IR,^{1}H NMR)? 怎么区别?

(1) CH_3COCH_3　　　　　　　　CH_3CH_2CHO

(2) $CH_3COOCH_2CH_3$　　　　　$CH_3CH_2COOCH_3$

(3) $C_6H_5CH_2CHO$　　　　　　　$C_6H_5COCH_3$

9. 某含氧化合物 IR 光谱如图 16-13,存在什么基团? 不存在什么基团?

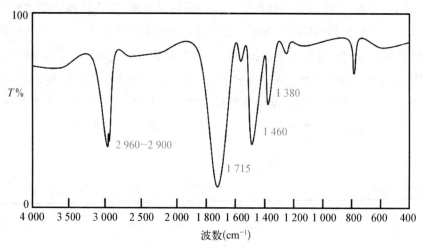

图 16-13　某含氧化合物的 IR 谱图

10. 化合物 $A(C_6H_{11}OX)$,具有以下 4 个谱图数据,试推断出 A 的结构式。

UV 谱图:R 带

MS 谱图:m/z 值 178(M^+)、m/z 值 178(M^++2);同位素峰强度比 1:1。

IR 谱图:如图 16-14。

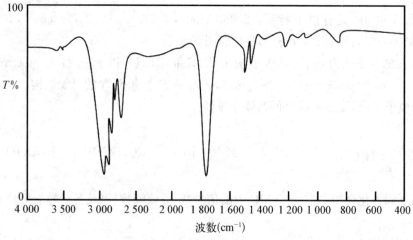

图 16-14　化合物 A 的 IR 谱图

^{1}H NMR 谱图：δ 0.96(t,6)，δ 2.08(q,4)，δ 9.72(s,1)，如图 16 - 15。

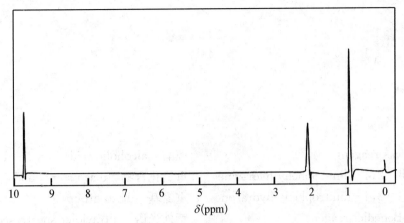

图 16 - 15　化合物 A 的 ^{1}H NMR 谱图

（石　英　李航鹰）

附录

中英文对照

Lucas 试剂　Lucas reagent
2,4-二硝基苯肼　2,4-dinitrophenylhydrazine
2,4-二硝基苯腙　2,4-dinitrophenylhydrazone
Benedict 试剂　Benedict reagent
Fehling 试剂　Fehling reagent
Tollens 试剂　Tollens reagent
Clemmensen 还原　Clemmensen reduction
α-螺旋　α-helix
β-折叠　β-pleated sheet

A

氨基酸　amino acids
氨基酸残基　amino acid residue
胺　amine

B

吡啶　pyridine
吡咯　pyrole
卟吩　porphin
苯　benzene
苯并[b]芘　benzopyrene
苯甲酸　benzoic acid
巴比妥酸　barbituric acid
吡喃糖　glycopyranose
变旋光现象　mutarotation
差向异构化　epimerization
波数　wavenumber
编码氨基酸　coding amino acid
变性　denaturation

C

次序规则　sequence rules
船式构象　boat conformation
醇　alcohol

醇酸　alcoholic acids
重氮化合物　diazo compound
重氮基　diazo group
紫外光谱　ultraviolet spectroscopy,UV
生物活性肽　bioactive peptide

D

定位基　oriention group
对称面　symmetric plane
对称中心　symmetry center
对映体　enantiomers
碘仿反应　iodoform reaction
碘仿　iodoform
单糖　monosaccharide
多糖　polysaccharides
淀粉　starch
碘值　iodine number
胆甾醇(胆固醇)　cholesterol
单峰　singlet,s
电子屏蔽效应　electron shielding effect
蛋白质　protein
等电点　isoelectric point
电泳　electrophoresis
多肽　peptide

E

二烯烃　dienes
蒽　anthracene
二硫键　disulfide bond
二甲亚砜　dimethyl sulfoxide,DMSO
二重峰　doublet,d

F

呋喃　furan

芳香烃 aromatic hydrocarbons
芳香性 aromaticity
付-克反应 Friedel-Crafts reaction
菲 phenanthrene
非对映体 diastereomers
非手性分子 achiral molecules
福尔马林 formalin
芳香酸 aromatic acid
酚酸 phenolic acids
呋喃糖 glycofuranose
峰的裂分 splitting
分子离子峰 molecular ion peak
酚 phenol
分子病 molecular disease

G

官能团 functional group
共轭效应 conjugated effect
国际纯粹与应用化学联合会 International Union
   of Pure and Applied Chemistry, IUPAC
构象 conformation
寡糖 oligosaccharides
甘油磷脂 glycerophosphatide
官能团区 functional group region
甘油三硝酸酯 glyceryl trinitrate
冠醚 crown ether
谷胱甘肽 glutathione

H

环烃 cycli hydrocarbon
横键 equaorial bond
核苷 nucleoside
核苷酸 nucleotide
核酸 nucleic acids
核糖核酸 ribonucleic acid, RNA
红外光谱 infrared spectroscopy, IR
核磁共振谱 nuclear magnetic resonance
   spectroscopy, NMR
红移 red shift
化学位移δ chemical shift

J

加成反应 addition reaction
甲醛 formaldehyde
甲酸 formic acid
交酯 lactide
碱基 basic group
极性共价键 polar covalent bonds
极化 polarization
极化度 polarizability
键长 bond length
键角 bond angle
键能 bond energy
减色效应 hypochromic effect

K

可待因 codeine
喹啉 quinoline
凯库勒 Kekule
醌 quinone

L

离子型反应 ionic reactions
雷米封 rimifon
卤代反应 halogenation reaction
螺环烃 spiro hydrocarbons
卤代酸 halogeno acids
离去基团 leaving group
卤代烃 halohydrocarbon
卤代烷 haloalkane
氯化苄 chloro benzyl
卵磷脂 lecithin
磷脂 phospholipid
蓝移 blue shift
磷酸酯 phosphate ester
硫醇 mercaptan
硫醚 thioether
两性离子 zwitterion

M

马尔可夫尼克夫规则 Markovnikov's Rule
吗啡 morphine

嘧啶 pyrimidine

麦芽糖 maltose

醚 ether

酶 enzyme

N

鸟嘌呤 guanine

萘 naphthalene

内消旋体 meso compound

内酯 lactone

脑磷脂 cephalin

O

氧化还原反应 oxidation reaction

羟醛缩合 aldol condensation

亲核加成反应 nucleophilic addition

偶极矩 dipole moment

P

嘌呤 purine

普通命名法 common nomenclature

Q

取代反应 substitution reaction

炔烃 alkyne

桥环烃 bridged hydrocarbons

亲电取代反应 electrophilic substitution reaction

羟基酸 hydroxy acids

醛酸 aldehyde acids

取代羧酸 substitutied carboxyllic acids

亲核试剂 nucleophilic reagent

亲核取代反应 nucleophilic substitution reaction

醛糖 aldoses

醛 aldehyde

羟基 hydroxyl

巯基 mercapto

亲电加成反应 electrophilic addition reaction

R

乳糖 lactose

软脂酸 palmitic acid

S

生物碱 alkaloid

手性 chirality

手性分子 chiral molecules

手性碳原子 chiral carbon atom

顺反异构 cis-trans isomerism

竖键 axial bond

羧酸 carboxylic acid

水解 hydrolysis

四氯化碳 tetrachloromethane

三氯甲烷 chloroform

肾上腺皮质激素 adrenal cortical hormone

伸缩振动 stretching vibration

四甲基硅烷 tetramethyl silane,TMS

三重峰 triplet,t

四重峰 quaterlet,q

生育酚 tocopherol

四氢呋喃 tetrahydrofuran,THF

生色基 chromophore

T

烃 hydrocarbon

同分异构现象 isomerism

同系物 homolog

羰基化合物 carbonyl compounds

羰基试剂 carbonyl reagent

酮 ketone

脱羧反应 decarboxylation

碳水化合物 carbohydrate

糖 saccharide

糖苷(甙) glycoside

糖原 glycogen

酮糖 ketoses

脱氧核糖核酸 deoxyribonucleic acid,DNA

同素峰 isotopic ion peak

肽单位 peptide unit

肽键 peptide bond

U

尿素 urea

W

烷烃　alkane
外消旋体　racemate
维生素　vitamin
维生素 D　vitamin D
弯曲振动　bending vibration

X

消除反应　elimination reaction
烯烃　alkene
系统命名法　systematic nomenclature
腺嘌呤　adenine
休克尔规则　Hückel rule
旋光性　optical activity
旋光性物质　optically active compounds
酰基　acyl group
酰卤　acyl halide
酸酐　anhydride
酰胺　amide
兴斯堡反应　Hinsberg reaction
消除反应　elimination reaction
纤维二糖　cellobiose
纤维素　cellulose
烯醇　enol

Y

有机化学　organic chemistry
有机化合物　organic compounds
颜色反应　color reaction
衍生物　derivative
异构体　isomer
罂粟碱　papareine
诱导效应　inductive effect
椅式构象　chair conformation
乙酐　acetic anhydride
乙酸　acetic acid
乙酰氯　acetyl chloride
乙酸乙酯　ethyl acetate

乙二酸　oxalic acid
乙酰乙酸乙酯　3 - oxobutanoic acid ethyl ester
亚硝基胺　nitrosoamines
营养必需脂肪酸　nutritional essential fatty acids
油脂　grease
油　oil
油酸　oleic acid
硬脂酸　stearic acid
性激素　sex hormones
𨦡盐　oxonium salt

Z

杂环化合物　heterocyclic compound
自由基反应　free-radical reaction
脂环烃　slicyclic hydrocarbons
致癌烃　carcinogenic hydrocarbons
酯　ester
酯化反应　esterification
脂肪酸　fatty acid
重氮化合物　diazo compound
蔗糖　sucrose
转化糖　invert sugar
直链淀粉　amylose
支链淀粉　amylopectin
甾族激素　steroid hormone
脂类　lipids
脂肪　fat
甾族化合物　steroids
皂化　saponification
皂化值　saponification number
指纹区　fingerprint region
自旋偶合　spin coupling
质荷比 m/z：　ratio of mass to charge
质谱　mass spectroscopy, MS
酯化反应　esterification
助色基　auxochrome
增色效应　hyperchromic effect